Eric Gray Forbes

Tobias Mayer
1723–1762

Pionier der Naturwissenschaften
der deutschen Aufklärungszeit

Vandenhoeck & Ruprecht

Gedruckt mit freundlicher Unterstützung des Tobias Mayer Vereins, Marbach.

Bibliografische Information der Deutschen Bibliothek:
Die Deutsche Nationalbibliothek verzeichnet diese Publikation in
der Deutschen Nationalbibliografie; detaillierte bibliografische Daten
sind im Internet über https://dnb.de abrufbar.

© 2023 Vandenhoeck & Ruprecht, Robert-Bosch-Breite 10, D-37079 Göttingen,
ein Imprint der Brill-Gruppe (Koninklijke Brill NV, Leiden, Niederlande; Brill USA Inc.,
Boston MA, USA; Brill Asia Pte Ltd, Singapore; Brill Deutschland GmbH, Paderborn,
Deutschland; Brill Österreich GmbH, Wien, Österreich)
Koninklijke Brill NV umfasst die Imprints Brill, Brill Nijhoff, Brill Hotei, Brill Schöningh,
Brill Fink, Brill mentis, Vandenhoeck & Ruprecht, Böhlau, Verlag Antike und V&R unipress.
Alle Rechte vorbehalten. Das Werk und seine Teile sind urheberrechtlich geschützt.
Jede Verwertung in anderen als den gesetzlich zugelassenen Fällen bedarf der vorherigen
schriftlichen Einwilligung des Verlages.

Das Umschlagbild ist ein Pastellbild aus Familienbesitz, über das Franz Xaver von Zach
im 3. Band der 1799 erschienenen »Allgemeinen geographischen Ephemeriden« (S. 116–117)
berichtet. Gemalt wurde es demnach von Joel Paul Kaltenhofer (1716–1777).

Aus dem Englischen übersetzt von Maria Forbes und Hans Heinrich Voigt
unter Mitwirkung von Erwin Roth
Digitalisierung von Erhard Anthes 2020
Herausgeber: Erhard Anthes
Satz: textformart, Göttingen | www.text-form-art.de
Umschlaggestaltung: SchwabScantechnik, Göttingen
Druck und Bindung: ⊕ Hubert & Co KG BuchPartner, Göttingen
Printed in the EU

Vandenhoeck & Ruprecht Verlage | www.vandenhoeck-ruprecht-verlage.com

ISBN 978-3-525-31145-5

Inhalt

Vorwort zur deutschen Übersetzung (Erwin Roth 1992) 7

Kurzbiographie: Eric Gray Forbes 9

Vorwort von E. G. Forbes 11

Anmerkung des Herausgebers (Erwin Roth 1992) 15

Vorwort des Herausgebers der Neuausgabe 2022 17

Einführung 19

Kapitel 1: Erste Werke 23

Kapitel 2: Kartographie der Erde und des Mondes 43

Kapitel 3: Der mathematische Kosmograph 69

Kapitel 4: Mayers Jahre in Göttingen 99

Kapitel 5: Der Professor 125

Kapitel 6: Die Mondtafeln 157

Kapitel 7: Der Wiederholungskreis und das verbesserte Astrolabium 177

Kapitel 8: Der Praktische Astronom 203

Kapitel 9: Der Längenpreis 223

Kapitel 10: Erdbeben-, Magnetismus- und Farbentheorie 241

Anhang 257

Literaturverzeichnis 283

Literatur ab 1980 291

Register 293

Vorwort zur deutschen Übersetzung
(Erwin Roth 1992)

Vom Zufall gelenkte, widrige Umstände haben dazu geführt, dass Tobias Mayer, einer »der größten Astronomen aller Zeiten und aller Länder« (Delambre), bis vor wenigen Jahren weitgehend in Vergessenheit geraten war. Der Unberechenbarkeit des Zufalls ist es aber auch zuzuschreiben, dass wir Glück und Leid seines Lebens und die Bedeutung seines Werkes heute wieder detailliert vor Augen haben.

Der Zufall brachte 1959 den jungen Schotten E.G. Forbes mit dem unveröffentlichten Nachlass von Tobias Mayer zusammen und wählte dabei einen Wissenschaftler aus, der in der Lage war, die Qualität des Mayerschen Schaffens zu erkennen und engagiert genug, es in jahrelanger Forschung aufzuarbeiten.

Ein zweiter Zufall, die 1980 von mir in die Wege geleitete Renovierung des Geburtshauses von Tobias Mayer, bzw. die Gründung des Tobias-Mayer-Museum-Vereines im darauf folgenden Jahr und die dabei erwachende Neugier für Marbachs zweitberühmten Sohn, wäre nicht sonderlich hoch anzusetzen, wenn sie nicht zu einer immer intensiver werdenden Zusammenarbeit mit Forbes geführt hätte, diese Zusammenarbeit dann aber mit seinem überraschenden Tod im Jahr 1984 allzu früh abgebrochen und aus der zunächst »einfachen« nun eine ›doppelte‹ Verpflichtung geworden wäre, das Gedenken an Mayer und an Eric Gray Forbes, seinen Biographen, zu verbreiten.

Den Plan, die seit 1980 vorliegende Lebensbeschreibung zusätzlich in deutscher Sprache zu veröffentlichen, fassten Forbes und ich schon 1983. Damals schwebte uns eine überarbeitete und erweiterte Fassung vor, zu der es nun leider nicht mehr kommt, weil Forbes keine entsprechenden Konzepte hinterlassen hat und ich eine redigierte Bearbeitung der ›Werktreue‹ wegen nicht für passend hielt; es blieb also nichts anderes übrig, als eine weitgehend unveränderte deutsche Fassung vorzulegen. Bis auf geringfügige Druckfehlerberichtigungen ist dies mit dem vorliegenden Buch geschehen. Der vielen Erweiterungsmöglichkeiten und Arbeit wegen wurde der Anhang original aus der englischen Vorlage übernommen und das nun sozusagen unbrauchbar gewordene Personen- und Sachregister weggelassen; schließlich wurde noch »Mayers Stammbaum« des leichteren Drucks wegen verkleinert und geteilt. Zusätzliche Anmerkungen boten sich zwar an; um das Original zu wahren, habe ich mich hierauf jedoch kaum eingelassen; die wenigen Anmerkungen sind, wie üblich, mit meinen Initialen gekennzeichnet.

Allein schon die simple Übersetzung bereitete Mühe und hätte die Kräfte des Vereines überstiegen, wenn nicht Frau Maria Forbes die Dolmetscherarbeit und Professor Dr. Hans-Heinrich Voigt, als emeritierter Direktor der Göttinger Universitätssternwarte sozusagen ein Nachfolger von Tobias Mayer, die erste und entscheidende Durchsicht und Überprüfung des Manuskripts übernommen hätten. Die vorläufige »Computer-Reinschrift« fertigte meine Frau an, und bei den anschließenden Korrekturen musste ich immer wieder feststellen, dass dieses ›Abschreiben‹ eines mit vielen Änderungen versehenen Manuskriptes eine recht anspruchsvolle Arbeit war. Der »letzte Schliff« erforderte schließlich mehr Mühen, als mir lieb war, vor allem, weil viele Zitate wieder in der »originalen deutschen Quellenliteratur« zusammengesucht werden mussten und weil die langen Passagen mit Symbolen und Sonderzeichen aller Art das Textverarbeitungsprogramm (und die Konzentration) überforderten; ich habe zwar versucht, »alles richtig zu machen«, kann jedoch keine Gewähr für das Resultat übernehmen und ggf. nur auf das Original verweisen (das allerdings auch nicht druckfehlerfrei ist). Frau Anja Schifferdecker hat mir bei allem sehr geholfen und die letzten »Computerarbeiten« erledigt; wenn die »schwere Geburt« nach den langjährigen Vorarbeiten doch noch zum Abschluss kam, dann ist dies hauptsächlich ihr Verdienst.

Die vorliegende Übersetzung der Mayer-Biographie ist also eine Teamarbeit, und der Dank, den ich als Herausgeber im Namen des Tobias-Mayer-Museum-Vereines aussprechen darf, gilt allen Beteiligten. Es ist zu wünschen, dass dieses Buch dazu beiträgt, das Andenken an Tobias Mayer zu bewahren und zu verbreiten.

Kurzbiographie: Eric Gray Forbes

Eric Gray Forbes, Professor für Geschichte der Naturwissenschaften an der Universität Edinburgh, wurde am 30. März 1933 in St. Andrews (Schottland) geboren. Dort besuchte er die Schule und anschließend die Universität und konnte hier bereits 1954 sein Studium mit einem Diplom in Astronomie mit Auszeichnung abschließen. Unter Anleitung des ehemaligen Professors Erwin Finlay-Freundlich begann er dann in St. Andrews, das Problem der solaren Rotverschiebungen zu untersuchen. Zwischen 1957 und 1960 nahm er an den Sternwarten Arcetri und Göttingen eigene Sonnenspektren auf und promovierte 1961 an der Universität St. Andrews mit einer Dissertation über diese Forschungen zum Doktor der Philosophie (Ph.D.). Einige Monate darauf wurde er am St. Mary's College in Twickenham zunächst als Dozent in Physik angestellt und wenig später zum Senior-Dozent in Mathematik befördert.

1965 kehrte er nach Schottland zurück, um an der Universität Edinburgh die neugeschaffene Position eines Dozenten für Geschichte der Naturwissenschaften zu besetzen. Seither lehrte und forschte er ausgiebig über verschiedene Aspekte dieser Disziplin. Er widmete sich insbesondere der europäischen Astronomie des 17. und 18. Jahrhunderts und verfasste mehrere Bücher über die bis dahin vernachlässigten Arbeiten des Göttinger Wissenschaftlers Tobias Mayer (1723–1762) sowie Bücher über die frühe Geschichte des Greenwich Observatory und die Gresham Lectures von John Flamsteed, Englands erstem »königlichen Astronomen«. Außerdem war er Sekretär des XV. Internationalen Kongresses für Geschichte der Naturwissenschaften (1977) und Generalsekretär der Internationalen Union für Geschichte und Philosophie der Wissenschaften. Von 1978 bis 1984 hatte Forbes den persönlichen Lehrstuhl für die Geschichte der Naturwissenschaften an der Universität Edinburgh inne. Er starb überraschend am 21. November 1984.

Vorwort von E. G. Forbes

Lassen Sie mich diese Biographie mit einer kurzen Erklärung darüber beginnen, wie ich statt A.G. Kästners Ideal »eines jungen Mannes von außerordentlicher Fähigkeit« durch das Schicksal dazu auserkoren wurde, »Mayer wieder zu beleben ... zu einem späteren Zeitpunkt« (ER: Forbes spielt hier auf einen Satz in Kästners »Elogium« an). Meine erste Begegnung mit Mayers literarischem Nachlass geschah während des Winters 1959/60, als drei große Kartons mit seinen zahlreichen unveröffentlichten Manuskripten vorübergehend in der Gauß-Bibliothek der Göttinger Sternwarte aufbewahrt wurden. Ich schrieb dort meine Doktorarbeit über ein Problem der Sonnenphysik. Vier Jahre später, nachdem ich promoviert und meine Karriere als Astronom zugunsten der eines Historikers der Naturwissenschaften geopfert hatte, entdeckte ich mit Verblüffung, dass dieser vernachlässigte Stoß von Papieren der Hauptnachlass desselben Autors war, dessen Mondtafeln 1755 internationalen Ruf gewannen und seitdem als Basis zur Kalkulation von Mond-Distanzen im ersten Nautischen Almanach dienten.

Ich erkannte die historische Bedeutung von Mayers Beiträgen zur Bestimmung der Länge auf See und kehrte im Frühjahr 1965 nach Göttingen zurück, um das gesamte Manuskriptmaterial genauer zu studieren. Dabei stellte ich fest, dass es hauptsächlich aus Sammlungen von Beobachtungen, Berechnungen, Tafeln und Rohentwürfen bestand, die sich auf Mayers Forschungen in verschiedenen Gebieten der Astronomie, Geographie und der mathematischen Physik bezogen. Daraus wählte ich als zur Veröffentlichung geeignet zehn Manuskripte über Astronomie und Geographie aus, zwei Vorlesungen über Artillerie und Mechanik sowie eine Abhandlung in Latein über die Magnettheorie mit einer kurzen Ergänzung ihrer Anwendung auf den Erdmagnetismus. Diese wurden von Vandenhoeck und Ruprecht unter dem Titel »The Unpublished Writings of Tobias Mayer« (›Die unveröffentlichten Werke von Tobias Mayer‹) in drei Bänden veröffentlicht (Göttingen 1972).

Um nun Mayers Forschungen über die Theorie der Mondbewegung genau verstehen zu können, hielt ich es für notwendig, auch seinen Briefwechsel mit Leonhard Euler zu studieren. Gleichzeitig übersetzte ich die »Opera Inedita Tobiae Mayeri I...« (Göttingen 1775) von Georg Christoph Lichtenberg, so dass ich mir ein klares Urteil über Mayers Beobachtungstechnik, seine Rechenmethoden und sonstigen Beiträge zur Wissenschaft bilden konnte. Die Ergebnisse dieser zusätzlichen Forschungen erschienen in zwei getrennten Bänden unter den Titeln »The Euler-Mayer Correspondence« (1751–1755) und »Tobias Mayer's Opera Inedita« 1971 bei Macmillan in London (»Euler-Mayer Briefwechsel« und »Tobias Mayers unveröffentlichtes Werk«). Drei Jahre später wurden diese ergänzt durch meine für das National Maritime Museum geschriebene Monographie The Birth of »Navigational Science« (Die Geburt der Navigations-Wissenschaft; H. M. S. O., London 1974). Darin wird zum Ausdruck gebracht, welche zentrale Rolle Mayers Mondtafeln im 18. Jahrhundert bei der Entwicklung der Navigation spielten.

Zusätzlich zu diesen Büchern habe ich in den zehn Jahren von 1966 bis 1976 mehr als zwanzig Artikel über verschiedene Aspekte der wissenschaftlichen Arbeit Mayers veröffentlicht. Darauf wird unter den Überschriften der einzelnen Kapitel im Quellenverzeichnis der gedruckten Bücher und Artikel am Ende dieses Buches Bezug genommen. Während der ganzen Zeit war es stets meine Absicht, die vorliegende ausführliche Biographie zu schreiben, die nun zweifellos den einzigen Gesamtüberblick gibt über Mayers Leistungen und deren Einbettung in das damalige Beziehungsgefüge zwischen literarischen Quellen, persönlichen Kontakten, äußeren Lebensbedingungen und seiner intellektuellen Entwicklung. Wegen der ständigen Wechselwirkung zwischen der Entwicklung von Mayers wissenschaftlichen Forschungen und den Umständen seiner jeweiligen Umwelt, durch die seine Arbeit eingeschränkt wurde, entspricht die Aufteilung der Kapitel nicht genau dem chronologischen Ablauf seines Lebens. Sie ist vielmehr thematisch geordnet, wie aus der Inhaltsübersicht hervorgeht.

Für finanzielle Unterstützung, die ich während der vergangenen dreizehn Jahre für meine Arbeit an diesem Werk erhielt, gilt mein aufrichtiger Dank der Göttinger Akademie der Wissenschaften, der Alexander von Humboldt-Stiftung (Bonn) und der Universität Edinburgh. Mein Dank gilt ebenso allen Personen, die mir Ratschläge gaben oder meine Fragen beantworteten, die ich an sie selbst oder die Institutionen, die sie vertreten, gestellt habe. Ganz besonders bedanken möchte ich mich bei Herrn Dr. Klaus Haenel und seinen Mitarbeitern in der Handschriftenabteilung der Niedersächsischen Staats- und Universitätsbibliothek Göttingen, bei Herrn Dr. H. Vogt, dem Direktor dieser Bibliothek, der mich stets ermutigte, meine Forschungen fortzusetzen, und es schließlich ermöglichte, dass diese Biographie als Band 17 der »Arbeiten aus der Niedersächsischen Staats- und Universitätsbibliothek Göttingen« veröffentlicht wurde. Für ausgezeichnete Zusammenarbeit danke ich Herrn Professor Hans-Heinrich Voigt, Direktor der Göttinger Universitäts-Sternwarte und Präsident der Göttinger Akademie der Wissenschaften, sowie den Vertretern anderer Göttinger Stellen, wie Universitätsarchiv, Stadtbücherei und Akademie der Wissenschaften, bei welchen ich beraten wurde. Mein Dank gilt weiterhin den Direktoren und dem Personal aller Archive, Bibliotheken und Museen, die im Quellenverzeichnis für Manuskripte aufgeführt sind. Die Bibliotheken in Großbritannien, in welchen ich die für dieses Projekt erforderliche ergänzende Literatur fand, waren die Edinburgher Universitätsbibliothek und die Crawford Library der Königlichen Sternwarte in Edinburgh sowie die British Library und die Royal Society Library in London. Abschließend möchte ich Herrn Dr. med. Rudolf Mayer danken, der die Bilder des alten Esslinger Hospitals, die er noch von seinem Vater hatte, und die Unterlagen für den Stammbaum am Ende dieses Buches zur Verfügung stellte.

Die nur wenig bekannte Skizze der leider nicht mehr vorhandenen Tobias Mayer-Büste von Friedrich Wilhelm Auge, die auf dem vorderen Einband [der englischen Ausgabe] des Buches zu sehen ist, wurde mit freundlicher Genehmigung des Direktors des Schiller National Museums in Marbach reproduziert. Für die Illustrationen wird an den entsprechenden Stellen gedankt.

26. August 1979   Eric Gray Forbes

Anmerkung des Herausgebers
(Erwin Roth 1992)

Am Wirken des im Dezember 1931 gegründeten Tobias-Mayer-Museum-Vereines nahm Eric Gray Forbes beinahe von Anfang an teil. Er initiierte die erste Tobias-Mayer-Gedächtnisausstellung 1984 im Planetarium Stuttgart und hielt auch den Festvortrag. Wenige Wochen nach der Eröffnung der im gleichen Jahr folgenden Marbacher Mayer-Ausstellung starb er jedoch völlig überraschend nach einer Herzoperation am 21. November 1984. Was die Tobias-Mayer-Forschung und die Wissenschaft an Forbes verlor, drückte Dr. D. B. Herrmann, Direktor der Archenhold-Sternwarte Berlin-Treptow, mit folgenden Sätzen aus:

Mit Professor Eric Forbes hat die astronomiegeschichtliche Forschung einen umfassend gebildeten humanistischen Wissenschaftler verloren, der sich durch sein wissenschaftliches Engagement überall in der Welt hohe Achtung erwarb. Er hat einen bedeutenden wissenschaftlichen Beitrag geliefert und sich mit der ganzen Kraft seiner Persönlichkeit für eine völkerverbindende wissenschaftliche Forschung auf dem Gebiet der Wissenschaftsgeschichte eingesetzt. Seine Leistungen und sein Einsatz für eine friedliche internationale Zusammenarbeit der Wissenschaftler werden unvergessen bleiben

Vorwort des Herausgebers der Neuausgabe 2022

Nachdem nur noch wenige Exemplare der von Erwin Roth betreuten und von Maria Forbes gefertigten deutschen Übersetzung der Mayer-Biographie von Eric Gray Forbes vorhanden waren, stellte sich die Frage nach einem Neusatz, da sich insbesondere die kleine Schrift der deutschen Ausgabe von 1992 als beschwerliches Lesehindernis erwiesen hatte. Die digitale Vorlage der Ausgabe von 1992 war nicht mehr verfügbar, so dass mit Hilfe einer Texterkennungs-Software die vorhandene Druckvorlage komplett eingescannt werden musste. Die danach notwendigen Korrekturen von Erkennungsfehlern mussten Zeile für Zeile per Hand ausgeführt werden. Die Übersetzung von 1992 blieb dabei fast vollständig erhalten, nur einige wenige Korrekturen von Satzzeichen und – zum besseren Verständnis – von Texten wurden vorgenommen. Die meisten mathematischen Formeln und die Zeichnungen wurden aus dem englischen Originaltext von 1980 entnommen, so dass einige englische Begriffe nicht zu vermeiden waren. Die im laufenden Text vorhandenen Bezeichnungen (z. B. mit griechischen Buchstaben) wurden entsprechend dem englischen Originaltext eingesetzt. Wie schon von Erwin Roth sind Anmerkungen [EA: ...] eingefügt, die auf neuere Ergebnisse der Mayer-Forschung hinweisen. Die von Forbes eingesetzten Tafeln wurden auch in die deutsche Ausgabe übernommen und, soweit es entsprechende Vorlagen gibt, in Farbe gedruckt. Es wurden die Druckrechte erworben und durch Angaben in den Bildunterschriften kenntlich gemacht. Das Literaturverzeichnis enthält nicht die von E. G. Forbes in verschiedenen Archiven aufgespürten Manuskripte, wie sie im englischen Original von 1980 (dort S. 227–232) gelistet sind. Das Literaturverzeichnis wurde ergänzt durch Literatur, die ab 1980 erschienen und in Forbes englischer Biographie nicht aufgeführt ist. Besonders hingewiesen sei auf die Tobias-Mayer-Werkausgabe des Verlages Olms-Weidmann, die in den Jahren 2005 bis 2009 alle Publikationen Mayers als Reprints verfügbar macht. Ein Namensindex und ein Begriffsindex für die deutsche Ausgabe wurden neu erstellt. Ein großer Dank geht an Armin Hüttermann für seine hilfreiche Beteiligung an dieser Neuausgabe.

Im Jahr 2023 feiert der Tobias-Mayer-Verein Marbach e. V. den 300. Geburtstag des Namensgebers. Es ist eine dankenswerte Fügung, dass der Verlag Vandenhoeck & Ruprecht zu diesem Jubiläum die Biographie von Eric Gray Forbes in deutscher Sprache vorlegt und so das Fest besonders gewürdigt wird. Dazu kommt, dass im Jahre 2013 der Neubau des Tobias-Mayer-Museums in Marbach eingeweiht werden konnte, in dem Mayers Leistungen und Einflüsse auf die Entwicklung der Wissenschaften dokumentiert, ausgestellt und kommentiert werden. Das Museum wird durch die engagierte und ehrenamtliche Mitwirkung der Vereinsmitglieder betrieben; die Öffnungszeiten lassen sich auf der Homepage des Museums nachlesen.

Markgröningen, Mai 2022　　　　　　　　　　　　　　　　　Erhard Anthes

Einführung

Die beste, dem Genie Mayers je erwiesene Hochachtung war die Gedenkrede von Professor Gotthelf Kästner, seinem Nachfolger als Direktor der Göttinger Sternwarte. Er trug sie bei einer Sitzung der Göttinger Akademie der Wissenschaften am 13. März 1762 vor, gerade drei Wochen nach Mayers Tod. Dieses »Elogium Tobiae Mayeri« (Gedenkrede auf Tobias Mayer) ist ein ausgezeichneter Versuch, die Leistungen eines Mannes hervorzuheben, den Kästner als Kollege und Freund hoch geschätzt hatte. Trotz der erforderlichen Kürze werden darin die wichtigsten wissenschaftlichen Forschungen Mayers erklärt, und es enthält den einzigen bekannten Hinweis auf Mayers Kenntnisse des Lateinischen und seine Vorliebe für Klassiker, wodurch er sich bei seinen Literaturkollegen Respekt verschaffte. Mit anderen Worten, Mayer wurde sowohl von den Geisteswissenschaftlern als auch den Naturwissenschaftlern und Technikern geschätzt.

Da in dieser Lobrede alle Themen angesprochen werden, die in den zehn Kapiteln dieser Biographie ausführlicher erörtert werden, eignet sie sich gut als Einführung in Mayers Leben und Werk und soll aus diesem Grund nachstehend in vollem Wortlaut in englischer Übersetzung wiedergegeben werden (ER: Das Elogium wurde 1984 in der Schriftenreihe des Tobias-Mayer-Museums-Vereines in einer lateinisch-deutschen Fassung, übersetzt von F. Seck, veröffentlicht, weshalb wir hier auf einen nochmaligen Abdruck verzichten).

Dem lateinischen Originaltext dieser Gedenkrede, die von F.A. Rosenbusch für den Verlag Schulz in Göttingen gedruckt wurde, geht folgende Trauer-Ode zum Andenken an Mayer voraus (ER: Übersetzung siehe Anmerkung oben).

> Meer und Erd' und den grenzenlosen Himmel
> Hast du, Mayer, gemessen:
> Nun aber deckt dich geringen Staubes spärliche Gabe
> nah der geschlossenen Kirche; nichts ist dir nütze
> Daß du den schweifenden Mond regiert, die Stern' am Himmel
> bewegt hast,
> Da du doch sterben mußtest.
> Was der Seemann bei Horaz für die Asche des Archytas getan hat,
> das tat für Mayers Andenken der
> *Verfasser A. G. K*

Mayer als »Vermesser der Erde, des Meeres und des grenzenlosen Himmels« zu bezeichnen, ist ein sehr treffendes Epigramm, welches sowohl die Art als auch das Ausmaß seiner Leistungen in Geographie, Navigation und Astronomie einschließt, wogegen die letzten Zeilen auf seine epochemachenden Entwicklungen in der Mondtheorie und die bahnbrechende Studie der Eigenbewegungen der Sterne hinweisen, die weitgehend seiner geschickten Beobachtungsmethode, sorgfältigen Datenreduktion und seiner genauen Messung der Himmelsbögen zuzuschreiben sind.

Angefügt an Kästners Gedenkrede ist ein Katalog über Mayers Werke. Davon sind besonders zu erwähnen seine »Neue und allgemeine Art alle Aufgaben aus der Geometrie vermittelst der geometrischen Linien leichte aufzulösen…« (Esslingen 1741), der »Mathematische Atlas« (Augsburg 1745), fünf Abhandlungen über astronomische Themen in den »Kosmographischen Nachrichten und Sammlungen auf das Jahr 1748« (Nürnberg 1750) und acht Artikel in den »Commentarii Societatis Regiae Scientiarum Gottingensis« von 1752–1755. Eine zusätzliche wichtige Informationsquelle bildeten die in den »Göttingischen Anzeigen von gelehrten Sachen« von 1753–1762 erschienenen Kurzberichte von Mayers Vorlesungen, die er vor der Göttinger Akademie der Wissenschaften gehalten hatte. Die nachgelassenen Ergebnisse seiner astronomischen Untersuchungen erschienen nicht lange danach in den von Nevil Maskelyne mit Sorgfalt geschriebenen Ausgaben über seine »Theoria lunae juxta systema Newtonianum« (London 1767) und »Tabulae motuum solis et lunae novae et correctae auctore Tob. Mayer: quibus accedit methodus longitudinum promota eodem auctore« (London 1770). Georg Christoph Lichtenberg gibt einen weiteren Einblick und erklärt Mayers astronomische Messgeräte und Methoden, seine meteorologischen Untersuchungen und seine Theorie der Farbenmischung in »Opera inedita Tobiae Mayeri I« (Göttingen 1775). Um die Jahrhundertwende wurden in Esslingen Biographien über seine frühe Kindheit und Jugend von D. Hausleutner (1793), J. J. Keller (1798), C. C. Nopitsch (1802), F. X. von Zach (1803 und 1804), J. F. Benzenberg (1812) herausgegeben, und sein Name erscheint auch oft in wissenschaftlichen Werken jener Zeit.

Mayers Andenken wurde ebenfalls bewahrt durch Würdigungen von Leonhard Euler, Lichtenberg, Johann Heinrich Lambert (der ihn als »Genie erster Größe« anerkannte), Carl Friedrich Gauß, Joseph Lalande, Jean Delambre und vielen anderen. Gauß nannte ihn beispielsweise den »unsterblichen Mayer« und stellte 1810 einen Antrag bei der zuständigen Behörde in Kassel, seine Statue im Hof des neuen Göttinger Observatoriums, das gerade gebaut wurde, errichten zu lassen. Leider war er erfolglos. Delambre ging sogar so weit, dass er Mayer über seinen berühmten Landesgenossen, den Abt Nicolas Louis De la Caille und den englischen königlichen Astronomen James Bradley stellte und ihm die höchstmögliche Anerkennung in dem nach seinem Tod veröffentlichten Werk »Histoire de l'astronomie au XVIII siècle« (Paris 1827) zukommen lässt durch seine Aussage: »Tobias Mayer ist universell als einer der größten Astronomen zu betrachten, nicht nur des 18. Jahrhunderts, sondern aller Zeiten und aller Länder«.

Diese Beurteilung gewinnt an Bedeutung durch die Tatsache, dass Delambre kurz zuvor eine eingehende Studie über die Geschichte von Mayers Fachgebiet angestellt und drei Bände über die alte und mittelalterliche Astronomie geschrieben hatte. Darüber hinaus wird etwa fünfundzwanzig Jahre später diese Anerkennung wiederholt durch Robert Grant in dessen bekannter »History of Physical Astronomy« (London 1852), indem er sagt:

> Mayer hat ein Recht darauf, zu den größten Astronomen der Alt- und Neuzeit gerechnet zu werden, aber, wie im Fall seiner berühmten Zeitgenossen Bradley oder Lacaille, sind seine Arbeiten nicht der Art, allgemein anerkannt zu werden und deshalb ist sein Ruf weniger weit verbreitet, als der manch anderen Individuums, dessen Beitrag zur Wissenschaft, obwohl spektakulärer aber dennoch von weitaus geringerer Bedeutung ist.

Diese lobenden Zeugnisse über Mayers Fähigkeit als Astronom sind nur eine kleine Auswahl derer, die in den astronomischen Fachzeitschriften des 18. und 19. Jahrhunderts erschienen. Sie genügen jedoch, um zu beweisen, dass Mayer nicht als eine »zweitrangige« Figur in der Geschichte der Naturwissenschaften abgetan werden kann. Die Gründe für das hohe Ansehen, welches er bei Zeitgenossen und Wissenschaftlern des 19. Jahrhunderts, die seine Werke kannten, genoss, sollen nun in den folgenden Kapiteln dargelegt werden.

Kapitel 1
Erste Werke

Eines der ersten historisch bedeutsamen Werke über das Leben und Wirken von Tobias Mayer (Abb.-Tafel 1) ist eine Autobiographie seiner frühen Kindheit. Darin werden die acht Jahre von seiner Geburt am 17. Februar 1723 in der kleinen Stadt Marbach am Neckar (Abb.-Tafel 2) bis kurz vor dem Tod seines Vaters am 12. August 1731 in Esslingen beschrieben. Dieser faszinierende Bericht ist von besonderem Interesse, weil Mayer ihn während seiner zwei letzten Lebensjahre schrieb; vielleicht schon wissend, dass er infolge einer Sepsis, welche er sich während der französischen Besatzung Göttingens im Siebenjährigen Krieg – einer Zeit großer Not und Entbehrungen für alle Bürger dieser unglücklichen Stadt – zugezogen hatte, bald sterben würde. Der folgende Text erschien (ER: unter anderem) in Johann Friedrich Benzenbergs Einleitung seines Buches »Erstlinge von Tobias Mayer« (Düsseldorf, 1812).

Ich habe das Licht dieser Welt zuerst erblickt 1723, den 17. Februar Abends zwischen 5 und 6 Uhr in der Württembergischen Amtsstadt Marbach. Mein Vater hieß Tob. Mayer, und trieb damahls das Wagnerhandwerk. Meine Mutter hieß Maria Catharina (ER: offiziellen Eintragungen nach hieß die Mutter Anna Catharina), und war eine geborne Finken. Ihre Anverwandten befinden sich meist in der Gegend des Remsthales, und ist besonders ein Bruder von ihr Bürgermeister zu Gronbach (Er hat, so viel ich weiß, noch im J. 1757 gelebt). Von meinen Voreltern habe ich nichts erfahren können, außer das mein Großvater väterlicher Seite gleichfalls Tobias geheißen. Es war dieses die zweyte Ehe meines Vaters, aus der ich gezeigt worden. Seine erste Frau war eine geborne Franken, und es sind aus der ersten Ehe zween Söhne und zwo Töchter (Christian, Georg Wilhelm, Margaretha, Justina) entsprossen. Die zweite Ehe war ebenfalls nicht unfruchtbar, denn außer einer Tochter (Eva Catharina), die zwey Jahre älter ist als ich, und mir selbst, hatten meine Eltern noch verschiedene Söhne, die aber alle sehr jung gestorben sind. Einer derselben aber wäre vielleicht noch am Leben, wenn er solches nicht durch einen unglücklichen Zufall hätte endigen müssen, als er kaum zwey Jahre alt war (ER: vermutlich Johann Wolfgang, * 12. Dez. 1724). Ein Kerl, welcher fast täglich in das Haus meines Vaters kam, traf einst dieses unglückliche Kind an dem Tische spielend an, da eben sonst niemand zugegen war. Er scherzte mit demselben, und um ihm vielleicht durch eine Abwechselung mehr Freude zu machen, nahm er eine

Flinte herunter, spannte den Hahn, und indem er gegen das lächelnde Kind zielte, drückte er los. Er erschrack nicht wenig, da ihm der Knall zu verstehen gab, daß das Gewehr geladen gewesen, noch mehr aber, als er sah, daß das Kindt todt niederfiel, und sein Gehirn an die Wand versprützt war. Zur Strafe für seine Unvorsichtigkeit mußte er einige Jahre auf der Bergfestung Asperg am Festungsbaue arbeiten, oder wie es daselbst genannt wird, schellenbergen (Diese Redensart scheint daher zu kommen, weil die Uebelthäter an einem Karren arbeiten müssen, der mit Schellen versehen ist, damit man ihn desto besser wahrnehmen könne). Er soll aber auch nach der Hand immer tiefsinnig und traurig geblieben seyn.

Ich bin getauft worden den Tag nach meiner Geburt nämlich den 18. Februar, und meine Taufpathen waren der damahlige Diaconus zu Ludwigsburg, nachher aber Special-Superintendent zu Herrenberg M. Georg Ludewig Gmelin und seine Frau Eva Gottliebin (H. Gmehlin ist nach der Hand von Herrenberg nach Dutlingen tanslocirt worden, allwo er um das Jahr 1756 gestorben. Seine Frau aber hat 1758 noch gelebt. Nach dem Schwäbischen Kreises Addreß-Handbuch 1754 war er in diesem Jahre noch zu Dutlingen Special-Superintendent und Stadtpfarrer). Ich habe noch ein Papier gefunden unter den Schriften meines Vaters, worin vermuthlich das Pathengeschenk eingewickelt gewesen, und worauf folgende Verse standen:

Das Pathengeld dir Christus gab
Durch sein Kreutz, Wunden, Tod und Grab.
Doch wollen wir zum Angedenken
Dir dieß aus treuer Liebe schenken.

Mein Vater war nicht reich und nährete sich mit seinem Handwerke, welches er fleißig trieb. Er war aber dabey ein verständiger Mann, der vor andern seines gleichen auf seinen Reisen sich vormahls zugleich auch um andere nützliche Dinge bekümmert hatte. Besonders hatte er sich eine gute Einsicht in den Wasserbau und Wasserleitungen, hernach auch eine ziemliche Geschicklichkeit im Zeichnen der Risse von Maschinen und dergl. zu Wege gebracht. Er wurde dadurch den Herren von Palm bekannt, welche, da sie in der Gegend um Esslingen ein kleines Schloß besaßen worauf Mangel an Brunnenwasser war, schon lange jemand gesucht hatten, der im Stande wäre, diesem Mangel abzuhelfen. Mein Vater unternahm dieses Werk, und führte solches zum Vergnügen der gedachten Herren aus. Dieses recommendirte ihn sobald bey den Herrn des Raths zu Esslingen, welche ihn deswegen als Brunnenmeister dahin berufften. Er verließ also seinen bisherigen Aufenthalt und zugleich sein Handwerk und zog im Jahre 1724 mit seinem ganzen Hauswesen nach Esslingen. Ob er sich viel verbessert habe, steht dahin; zum wenigsten ist mein Erbtheil dadurch nicht größer geworden. Die nützlichsten Dienste werden gemeiniglich am schlechtesten belohnt, zumahlen in Reichsstädten.

Gleich nach dieser Veränderung nahm mein Vater eine Reise nach Augsburg und andern Örtern vor, um sich in dem Wasserbau und Maschinenwesen noch mehr Einsicht zu erwerben. Diese Reise aber hat nicht lange gewährt, und sie soll auf Kosten der Stadt Esslingen vorgenommen worden seyn. Ich habe, als ich im Jahre 1744 nach Augsburg kam, einige Leute angetroffen, die meinen Vater daselbst noch gekannt hatten. Nach seiner Zurückkunft brachte er bey seinen müßigen Stunden die Zeichnungen von Maschinen, die er sich auf dieser Reise entworfen, nach und nach ins Reine. Dies war eben die Zeit, da mein Verstand sich allmählig entwickelte, und ich anfing, auf die Dinge, die außer mir in der Welt waren, aufmerksam zu werden. Mein Vater hatte einen sehr fleißigen Zuschauer bey seiner Zeichnungsarbeit an mir, so daß ich ihm fast niemahls von der Seite kam, und wenn er abwesend war, so bemühete ich mich, das, was ich ihn machen gesehen, nachzuahmen. Meine Mutter wurde deshalb von mir um Dinte, Feder und Papier mehr geplagt, als um Brod. Ich mahlete Häuser, Hunde, Hirsche, Pferde und andere Dinge, die meinen Verstand nicht überstiegen. Mein Vater, der diese außerordentliche Lust zu mahlen bey mir bald wahrnahm, unterdrückte dieselben keineswegs, sondern suchte sie vielmehr durch ein gemäßigtes Lob, und durch allerley Zeichnungen, die er mir nachzumachen vormahlte, noch mehr anzufeuern. Er gab mir Bücher unter die Hand, worin Bilder anzutreffen waren. Diese suchte ich fleißig durch und wenn meine Neugierigkeit an den Bildern, die ich darinnen fand, nicht genugsam gestillt war, so beschäftigte sie sich mit dem Anschauen der großen verzogenen Anfangsbuchstaben.

Hierdurch geschah es, daß ich zugleich diese Buchstaben nicht nur kennen, sondern auch schreiben lernte. Mein Vater lehrte mich vollends ohne viele Mühe lesen, und mit dem Schreiben ging es eben so leicht her. Ich hatte es hierinnen bereits im Jahr 1728 so weit gebracht, daß ich einem damals im Hause logirenden Kriegs-Commissario, Namens Schnaitmann, der zu den zu gleicher Zeit vor der Stadt campirenden Kreisvölkern gehörte, eine Handschrift vorzeigen konnte, die ihm so wohl gefiel, daß er mich mit einem Geldgeschenk dagegen beehrte, auch so lange er im Hause war, mir sonst allerley Gutes erzeigte. Ich mußte einstens mit ihm in seinem Wagen nach dem gemeldeten Lager, welches gleich vor dem obern Thor, zwischen Esslingen und Ober-Esslingen auf den sogenannten Krautgärten stund, hinausfahren. Der Aufzug und das Exercitium der Soldaten zog meine ganze Aufmerksamkeit auf sich, und kaum war ich wieder zu Hause angelangt, so verfertigte ich aus Papier Patrontaschen und Grenadiermützen, die ich noch dazu mit Farben, so gut ich konnte, bemahlte.

Mit diesem Aufzuge und einer von meinem Vater aus Holz geschnitzten Flinte und Degen erschien ich auf der Straße, und bald hatten alle benachbarten Kinder dergleichen Rüstung. Wie aber diese die Fähigkeit nicht hatten, ihre Mützen und Taschen selbst zu machen, so war es mir hingegen ein leichtes, durch allerley Veränderungen und Auszierungen die ihrigen zu übertreffen, und erlangte ich dadurch endlich die Ehre, daß ich von denselben zum Anführer gewählet wurde. Es wurden Tambours, Fähndriche und Hauptleute bestellet; man zog auf die Wache, man übte sich in den Waffen, und endlich kam es so weit, daß wir auch einen Feind zu Gesichte bekamen. Die Kinder aus einer andern Gegend der Stadt hatten sich indessen auf gleiche Art zusammen begeben und zogen gegen uns an. Der Spaß wollte sich eben in Ernst verwandeln, denn verschiedene hatten schon zerrissene Mützen und Taschen bekommen, wenn nicht die Eltern sogleich Friede gemacht hätten.

Auf diese Art bin ich noch mit dem Leben davon gekommen, welches ich aber um diese Zeit durch einen ernsthaften Zufall fast verloren hätte. Nicht weit von dem Hause meines Vaters war ein schmahler Wassergraben, den ein gewachsener Mensch gar leicht überschreiten konnte. Mein Nachahmungsgeist trieb mich an, ein gleiches zu versuchen. Der Schritt war aber zu kurz und ich fiel ohne Umstände so tief in das Wasser, daß ich von mir selbst gewiß nicht wieder herausgekommen wäre. Zum Glück sah mich ein Bedienter des obgemeldeten Commissarii in den Graben stürzen. Er lief zu, zog mich heraus, und brachte mich meinen Eltern die froh waren mich aus dieser Gefahr so glücklich entkommen zu sehen. Es brauchte nicht viel Warnens, mich vor dem Graben künftig zu hüten. Die eigene Erfahrung ist die beste Lehrmeisterin.

Ein anderer von den Bedienten des Commissarii, der Meißner hieß, und wo ich mich recht erinnere, sein Secretaire war, schenkte mir bey seiner Abreise (Der Commissarius war aus Kehl ohnweit Strasburg und ging auch dahin zurück; ich habe aber bey meinen reifern Jahren nichts weiter von ihm erfahren können.) ein klein Gemählde auf Pergament, welches einen gekeuzigten Christum vorstellte, zu dessen Füßen die Maria Magdalena weinend kniete. Ich hatte niemahls etwas schöneres gesehen. Zehnmahl habe ich es abgezeichnet, und noch zehnmahl bis es mir einmal gerieth, etwas ähnliches heraus zu bringen. Meine Geduld und mein Fleiß wurde nicht ermüdet durch so viele mißlungene Versuche. Der Gegenstand war allzu reizend für mich. Verschiedene Bekannte in dem Hause meines Vaters bekamen meine endlich mittelmäßig gerathene Abzeichnung dieses Bildes zu Gesichte, und es währte nicht lange, so wurde in der ganzen Stadt von mir auf eine sehr vortheilhafte Art gesprochen. Man hielt es für etwas außerordentliches, daß ein Kind von fünf Jahren nicht nur lesen und schreiben, sondern auch mahlen könne. Man machte die Sache vielleicht größer, als sie in der That war, und lobte mich mehr, als ich es verdiente. Indessen munterte mich dieser von jedermann bezeugte Beyfall desto mehr auf, in der Zeichenkunst mich zu üben. Die Begierde immer etwas neues zum nachmahlen zu erhalten, ging so weit, daß sie mich einsmahls zu einem sehr kindischen Streiche verleitete. Ein älterer und schlauerer Junge, als ich war, hatte sich eine Lotterie von Bildern, die er aus alten Kalendern, Kartenblättern, Büchern u. dergl. herausgeschnitten, zusammen gemacht. Die Einlage war ein messingener Knopf, dergleichen man an den Kleidern trägt, und womit die Knaben, als mit einer Münze, allerley Spiele wissen zu machen. Er wies mir diese Bilder, worunter mir insbesondere ein schön gemahlter Tambour in die Augen leuchtete. Um dieses Bild herauszuziehen, schnitt ich einen Knopf nach den andern von meinen Kleidern, bis endlich keiner mehr daran war, und ich ohne meine Absicht erreicht zu haben, in einem sehr lächerlichen Aufzuge, dabey aber mit sehr niedergeschlagenem Gemüthe wegen meines Unglückssternes zu meinen Eltern nach Hause kam. Nach einem wohlverdienten Verweise entdeckte mir mein Vater den Betrug des Jungen. Mein Unglück hatte mich witzig gemacht, und ich bediente mich meiner eigenen Fähigkeit im Zeichnen, eine ähnliche aber viel vollständigere Bilderlotterie zu machen. Sie fand so vielen Beifall, daß ich bald meinen vorigen Verlust ersetzt, und noch eine gute Anzahl Knöpfe darüber bekam.

Das zuvor gedachte Bild des gekreuzigten Christi, welches mir so vielen Vortheil zur Zeichenkunst brachte, machte mich zugleich auch auf die Begebenheit selbst, die es vorstellete, aufmerksam. Meine Eltern erklärten mir solches und bedienten sich dieser Gelegenheit, mir noch allerley andere biblische Geschichten, zum Exempel die Geschichte Josephs, Daniels, Tobiä u. dergl. zu erzählen, und mir dabey die ersten Gründe des Christenthums einzuprägen. Sie fanden mein Gedächtnis so gut, daß ich ihnen im Gegentheil eben diese Geschichten wiederum mit ziemlicher Fertigkeit zu erzählen im Stande war. Sie zeigten mir in der Bibel die Örter, wo ich diese Begebenheiten selbst nachlesen konnte. Weil mir nun solche aus der mündlichen Erzählung schon bekannt waren, so lernte ich dadurch einsehen, daß die gedruckten Wörter kein leerer Schall seyn, sondern eine Bedeutung und einen Zusammenhang haben, daß die Bücher auf eine besondere Art gleichsam zu reden wissen, und man in der Stille sich mit ihnen unterhalten könne. Es läßt sich leicht erachten, daß diese für mich so wichtige Entdeckung mir ein ganz besonder Vergnügen verursacht haben müsse; und dies ging auch wirklich so weit, daß ich fast Tag und Nacht über der Bibel saß. Und ob mir schon vieles dunkel darinnen vorkam, indem mir der ganze Umfang der Sprache, und also auch viele Wörter und Redensarte unbekannt waren; so konnte ich doch auch manches darinnen wirklich verstehen, besonders das Historische in dem alten und die Gleichnisse in dem neuen Testamente. Meine Eltern genossen öfters die unerwartete Freude, daß ich Historien aus der Bibel erzählte, von denen sie nicht vermutheten, daß ich sie wisse, weil sie mir davon noch niemals etwas gesagt hatten. Daß ich zugleich durch dieses fleißige lesen der Bibel schon damals einen deutlichen Begriff von der Religion sollte bekommen haben, läßt sich von einem sechsjährigen Verstande nicht verlangen. Indessen lernte ich dadurch das Wesentliche derselben; nämlich den Unterschied zwischen dem Guten und Bösen; einen Trieb zu jenem, und einen Abscheu vor diesem. Dieses, sage ich, zeigten mir die biblischen Geschichten, deren einige einen guten andere aber einen schlimmen Ausgang haben. Der gute Ausgang lehrte mich das Gute und Tugendhafte erkennen, und flößte mir natürlicher Weise eine Liebe dazu ein; so wie mir der schlimme Ausgang anzeigen konnte, was bös und lasterhaft, und daß solches eben darum zu verabscheuen sey. Da in der Bibel niemals eine böse That mit einem guten Ausgange vorgestellt wird, und so umgekehrt niemals eine gute That mit einem schlimmen Ausgang; so mußte mein Kennzeichen als das einzige, so damals meinem Verstande gemäß war, gleichwohl ein wahres und richtiges Kennzeichen seyn. Meine Eltern hatten auch wirklich ein frommes und folgsames Kind an mir, das sich ohne die sonst gewöhnlichen Zwangsmittel, der Schläge, der Ruthe u.s.w. von dem Bösen abhalten ließ. Wollte ja ein Trieb zu demselben in mir aufsteigen, so wußten sie durch Vorstellung eines, mir aus der Bibel mit seinen Folgen bekannten etwan ähnlichen Exempels, solchen, ohne daß es mir sauer ankam, zu unterdrücken. Nur ein einzigesmahl fand mein Vater nöthig, die Schärfe zu gebrauchen, wie ich solches hernach in seiner Ordnung anführen will. Ich schreibe die Umstände nicht aus der Absicht, um mich selbst zu loben, sondern zu zeigen, daß die Bibel ein Buch sey, aus welchem auch das zärteste Alter den Weg zur Tugend finden könne; auch thue ich solches aus einer Art von Dankbarkeit sowohl gegen den Urheber dieses Buches, als auch gegen diejenigen, die mir ein solches sobald in die Hände gegeben. Denn ohne dasselbe und ohne dessen frühzeitiges Lesen wäre ich vielleicht schlimmer geworden, als ich nun bin.

Bisher war ich noch in keine Schule gekommen. Ich bezeugte ein großes Verlangen, dahin zu gehen, als mir meine Eltern eröffneten, daß ich nun groß genug sey, solches zu thun, und daß die Schule ein Ort sey, woselbst man Schreiben und Lesen zur Vollkommenheit bringen, auch sonst noch andere Dinge lernen könne. Ich fing also an, in Gesellschaft meiner Schwester, die schon zuvor das Schulgehen gewohnt hatte, täglich nach der sogenannten obern Schule hinzugehen. Der Schulmeister, der Nicolai hieß, hatte bereits von meinem guten Kopfe, wie man es auszudrücken pflegte, gehöret. Er machte also nach seiner Art einen Versuch mit mir, und fand, daß ich zwar ziemlich gut lesen aber fast kein Wort richtig buchstabiren könne; entweder weil ich solches niemahls recht gelernt, oder über dem Lesen selbst wieder vergessen haben mochte. Er glaubte indessen, es mangele mir ein wesentlicher Theil seiner Schulwissenschaft, und ich mußte also, um gleichsam recht von der Pique auf zu dienen, mit dem Buchstabiren anfangen. Da ich nun nach der gewöhnlichen Ordnung täglich Vormittags drey bis vier Stunden und eben so viel Nachmittags in der Schule zubringen mußte, und mir gleichwohl der Schulmeister für jedesmahl nur drey bis vier Zeilen zum Buchstabiren im Buche vorzeichnete, so machte mir dieses die Weile ganz außerordentlich lang, und die Schule wurde in kurzer Zeit mir dadurch so verhaßt, daß ich endlich gar nicht mehr dahin gehen wollte. Einsmahls mußte mich meine Mutter selbst nach der Schule führen, weil ich sonst nicht dahin zu bringen war. Ich ging ganz geduldig mit ihr, kaum aber war ich vor der Thüre der Schule gekommen, als ich anfing aus allen Kräften zu schreyen, und zu bitten, mich wieder zurück zu nehmen. Der Schulmeister kam auf das Geschrey, so er vor seiner Thüre hörte, heraus, und da half nichts; er nahm mich auf den Arm, trug mich hinein und setzte mich an meinen Ort. Um mir einen größern Lust zur Schule und mehrere Liebe zu dem Schulmeister zu machen, stellten meine Eltern diesem heimlich eine Anzahl kleiner Lebkuchen zu, davon er mir jedesmahl, wenn die Schule zu Ende war, ein Stück überreichen mußte. Dieß half so viel, daß endlich mein kleiner Eigensinn gebrochen wurde, und ich die lange Weile in der Schule, welche, ob ich schon in derselben eine Gesellschaft von etlichen hundert Kindern hatte, mir doch immer als eine Einsiedeley vorkam, nach und nach gewohnte. Der Schulmeister hatte inzwischen auch von seiner strengen Methode etwas nachgelassen; denn da er sah, daß mir das Buchstabiren so leicht einging gab er mir eine größere Anzahl Zeilen für jedesmahl auf, und ich kam also desto eher durch das Büchlein, welches nothwendig jeder Schüler durchbuchstabiren muß, ehe er zum Lesen gelassen wird, hinaus, und dagegen an den Lesetisch.

 Mit dem Schreiben ist es mir fast ebenso gegangen, als mit dem Lesen. Ich hatte mir, ehe ich zur Schule kam, die Handschrift meines Vaters angewöhnt. Dem Schulmeister war kein einziger Buchstabe, den ich schrieb, nach seinem Sinne; und da war kein ander Mittel, ich mußte alle Grade des Schreibens vom niedrigsten, nämlich vom A b c an bis zum höchsten durchgehen. Dieses geschah indessen geschwinde; weil ich des Nachmahlens und Nachzeichnens ohnehin gewohnt war. Da es in der Schule eingeführt ist, nach der Ordnung zu sitzen, wie ein jeder nach dem Urtheil des Schulmeisters an dem wöchentlichen sogenannten Stechtage mit seiner Handschrift bestanden ist: so war ich in wenigen Jahren der Oberste in der Schule, und hatte die Ehre, über vielen, die noch einmahl so alt und groß als ich waren, zu sitzen.

 Außer dem Lesen und Schreiben, welches in der Schule gelehrt wird, unterrichtet man daselbst die Kinder auch in den Grundsätzen des Christenthums. Dieses geschiehet aber, wenigstens bey den jüngern, deren Urtheilskraft noch schwach ist, durch bloßes Auswendiglernen des Catechismi, etlicher hundert Sprüche aus der Bibel und der Bußpsalmen; der sogenannten Kinderlehre, welche eine weitläuftige, in Frage und Antwort verfaßte Auslegung des Catechismi ist; vieler Kirchenlieder, und endlich des Communion-Büchleins. Hieran haben die Kinder gemeiniglich ihre ganze Schulzeit durch, das ist wenigstens 8 bis 10 Jahre, zu lernen. Ja viele, deren Gedächtniß schwach ist, werden kaum mit der Hälfte fertig. Mir hingegen kam nichts leichter an, als dieses Auswendiglernen, so daß ich gemeiniglich über dasjenige, was mir der Schulmeister vorgegeben hatte, noch etliche von den folgenden Sprüchen oder Fragen herzusagen wußte. Ich durfte meine Lection nur drey oder viermahl durchlesen, um sie auswendig zu wissen, und ich habe noch überdieß zu Hause meinen Eltern, so oft es ihnen beliebte, einen Versuch mit mir zu machen, ein Kirchenlied von 8 bis 10 Strophen, das sie mir im Buche gezeiget, wenige Minuten darauf ohne Anstoß aus dem Gedächtnis hersagen können. Als ich in der Schule mit den auswendig zu lernenden Büchern so weit gekommen, daß nur noch das Communion-Büchlein, welches in 103 Fragen und Antworten bestehet, übrig war, so wollte ich gleichsam zum Abschiede dieser Bücher noch eine besondere Probe meines guten Gedächtnisses an den Tag legen. Der Schulmeister hatte mir die 4 oder 5 ersten Fragen zum Auswendiglernen im Buche bezeichnet. Den folgenden Tag sollte ich sie hersagen. Seine Frau, die nebst dreyen Töchtern die Schularbeit mit ihm theilte, hatte diesen Tag das Amt, die Kinder recitieren zu lassen. Die Reihe kam endlich an mich, vor ihren Tisch zu treten. Als ich meine vorgegebenen Fragen richtig hergesaget, und doch, zum Zeichen, daß ich noch etwas darüber gelernt, nicht abtreten wollte, so fuhr sie im Fragen fort, und ich dagegen im Antworten, und dieß währte so lange, bis endlich die 103 Fragen und also das ganze Büchlein von Anfang bis zum Ende, recitieret waren. Die Frau Schulmeisterin war über diese Begebenheit, die, wie sie sagte, sie in ihrem Leben nicht erhört hätte, ganz erstaunt. Sie nahm mich bey dem Arme und führte mich zu ihrem Manne, dem sie erzählte, was ich gethan habe. Dieser nicht weniger verwundert greift nach seinem Stecken, und schlägt damit etlichemahl auf seinen Tisch. Dieß ist das Zeichen, welches bedeutet, daß die Schulkinder stillschweigen sollen, weil er ihnen etwas kund zu machen habe. Er fing also, da ich indeß neben ihm stehen mußte, an, nach seiner Art zu haranguiren, strich meinen außerordentlichen Fleiß weitläuftig heraus, und stellte mich zu einem Exempel vor, dem seine Schulkinder nachfolgen sollen. Da ich solchergestalt alles dasjenige gelernt hatte, was ein Kind wissen muß, ehe es zum Abendmahl zugelassen wird, dabey aber die zu diesem letztern vorgeschriebenen Jahre noch nicht auf mir hatte, so gab mir der Schulmeister, weil er sonst weiter mit mir nichts vorzunehmen wußte, auf, noch eine größere Anzahl Kirchengesänge, Psalmen und Sprüche aus der Bibel, vornehmlich aber die in der obgedachten Auslegung des Catechismi citirten dicta probantia auswendig zu lernen. Hiermit verstrich meistens meine übrige Schulzeit, und es wird wenig fehlen, daß ich nicht den ganzen Psalter und das ganze neue Testament in das Gedächtnis, wiewohl leider in spem futurae oblivionis, bekommen habe. Eine bessere Gelegenheit, und bessere Umstände als die meinigen waren, hätten vielleicht diese meine glückliche Gemüthsgaben auf etwas wichtigeres lenken können.

So leicht es mir indessen ankam, alle diese Dinge zu lernen, so geschahe es doch mit einem großen Widerwillen, und ich glaube, es hat nicht leicht jemand so viel mit so wenigem Lust und Geschmack gelernet als ich. Die Weile wurde mir herzlich lange darüber, und das kam vermuthlich daher, weil ich wenig von allen dem, was ich auswendig gelernt hatte, verstund. Die Geheimnisse der Religion sind nicht für das zarte Alter; zum wenigsten gehöret mehr dazu, sie demselben beyzubringen, als das bloße Auswendiglernen. Es kann aber auch seyn daß, da die Jugend flüchtig und zu beständigen Veränderungen und Abwechselungen geneigt ist, mir deswegen die Schulmethode verdrüßlich wurde, weil sie gar zu einförmig war. In der Schule saß ich daher allezeit mit langer Weile, und zu Hause gab es wenig Zeitvertreib für mich, weil ich nicht nach meinem eigenen Willen auf der Straße unter andern Kindern herum laufen durfte, auch nicht wohl konnte, wenn ich anders alles dasjenige, was mir der Schulmeister mit nach Hause zu lernen und zu schreiben gegeben, ausführen sollte. Einsmahls, da ich von der Schule eine Vorschrift mit nach Hause bekommen, um solche nachzuschreiben, und des andern Tages vorzuzeigen, fiel ein so starker Platzregen, daß die Straße, in der ich wohnte, ganz mit Wasser überschwemmt wurde. Die Kinder welchen dieses ein neuer Anblick war, fanden sich alsbald ein, und belustigten sich nach ihrer Art mit Hin- und Herwaden in dem Wasser, und andern Dingen, die ihm diese Gelegenheit an die Hand gab. Ich konnte endlich dieser kindischen Lustbarkeit vom Fenster aus nicht mehr länger zusehen, sondern begab mich gleichfalls hinunter auf die Straße, um selbst Antheil daran zu nehmen. Darüber aber versäumte ich mein Schreiben, und als mein Vater, der indessen nach Hause gekommen, mich fragte, ob ich mit dieser Schrift fertig sey, antwortete ich aus Furcht mit Ja. Allein diese schlechte Ausrede wurde mir nach genauerer Untersuchung mit einigen Ohrfeigen, die mit einem noch härtern Verweis begleitet waren, sehr empfindlich belohnet. Dieß ist das einzigemahl, daß ich von meinen Eltern die strenge Art der Züchtigung empfunden. Man kann aus dem Verbrechen, auf welches sie erfolgt, urtheilen, ob eine allzu große Gelindigkeit von einer, oder ein natürlich lenksames Gemüth von der andern Seite die Ursache sey, warum ich von so harten Mitteln wenig empfunden.

An dieser Stelle endet das »Bruchstück …«.
Der Einblick, den diese Schilderung von Mayers früher Kindheit in seine pietistischen Meinungen über Religion und moralische Haltung gibt, ist interessant, weil er uns hilft, seinen Charakter zu beurteilen, und es überrascht nicht, zu erfahren, dass seine Eltern, deren Freunde und der Stadtschulmeister ihn für ein recht frühreifes Kind hielten. Drei Charakterzüge fallen in seiner Erzählung auf und sind besonderer Erwähnung wert, weil sie einen ausschlaggebenden Einfluss auf die Art seiner wissenschaftlichen Forschungen haben, und zwar: seine

Antipathie gegen irrelevantes oder unnützes Wissen, sein großes Kunsttalent und seine Faszination für das Militärwesen. Die Nutzlosigkeit vom Auswendiglernen einer Reihe von Fakten, nur um in der Lage zu sein, sie mechanisch aufsagen zu können, ohne ihren Sinn verstanden zu haben, das ist ein Thema, das Mayer in vielen seiner wissenschaftlichen Werke behandelt. Man kann aber aus einer Bemerkung schließen, die Abraham Gotthelf Kästner in seinem »Elogium Tobiae Mayeri« (Gottingae 1762) machte, dass diese Einstellung sich nicht nur auf die Kindheitserfahrungen bezieht, die Mayer gemacht hat, sondern bezeichnend ist für die weitverbreitete Unzufriedenheit über den übermäßigen Wert, den viele zeitgenössische Autoren auf unwichtige Einzelheiten legten.

Wie sich Mayers natürliches Talent für Zeichnen und Malen entwickelte, wissen wir von Carsten Niebuhr, einem Göttinger Studenten, der von 40 Jahre zurückliegenden Gesprächen mit Mayer berichtet: Es ergab sich, dass der Bürgermeister von Esslingen, Georg Andreas Schlossberg, der auch geholfen hatte, die finanziellen Angelegenheiten der Familie zu regeln, den Jungen einlud, ihn regelmäßig aufzusuchen. Er kümmerte sich sehr um seine Erziehung, da Tobias nach dem Tod seines Vaters noch zu jung war, um als Handwerker zu arbeiten, und es keine Mittel gab, ihn studieren zu lassen. Er nahm seine Mahlzeiten mit der Haushälterin des Bürgermeisters ein, schlief aber wahrscheinlich im Esslinger Waisenhaus. Wenn der Bürgermeister den Vormittag auf der Stadtverwaltung verbracht und sich nach dem Mittagessen etwas ausgeruht hatte, machte es ihm Freude, den Jungen um sich zu haben.

> Es machte ihm vornehmlich Freude, wenn der Knabe den Stock nahm, der ihm immer zu Seite stand, wenn er in seinem Lehnstuhl saß, und damit allerhand Figuren auf den Fußboden zeichnete. Die Haushälterin war zwar nicht zufrieden, wenn der schön mit Sand bestreute Fußboden so übel mitgenommen wurde. Ihr Herr aber munterte den Knaben auf, er solle nur mahlen; denn er wollte aus den Spielen desselben erforschen, zu welcher Profession er vorzüglich Lust und Geschicklichkeit hätte. Wenn die Kinder des alten Bürgermeisters sich am Sonntage bey ihrem Vater versammelten, so hatte er oft zu ihnen gesagt: in Tobias steckt gewiß ein großer Mahler, er mahlet schon ohne alle Anweisung, und dabei weiß er immer so vieles zu sagen; Tobias soll ein Mahler werden.

Der gutherzige Mann veranlasste sogar, dass sein junger Freund bei einem dortigen Maler in die Lehre gehen konnte. Leider respektierten die Kinder Schlossbergs nach dem Tode ihres Vaters dessen Wunsch nicht, weswegen Tobias mit vierzehn Jahren ganz im Waisenhaus bleiben musste.

Die Bauzeichnungen, die Mayer mit kaum vierzehn Jahren vom Gebäudekomplex des alten St. Katharinen-Hospitals in Esslingen (Abb.-Tafel 3) anfertigte, wo seine verwitwete Mutter als Krankenschwester Arbeit fand, beeindruckten einen älteren Füsilier namens Georg Geiger so sehr, dass er sich des Jungen annahm. Geiger war Unteroffizier in der schwäbischen Kreisartillerie, von der die Hälfte seit 1736 in Esslingen stationiert war. Das erste Zeichen seines Einflusses auf Mayer ist ein Stadtratsprotokoll vom 3. Dezember 1738, in dem Letzterer einen Antrag zur Aufnahme in dieselbe Truppe und für denselben Rang wie Geiger stellt. Dieser Antrag war notwendig, weil das Hospital unter Kontrolle und Schutz des Stadtrates stand. Vertreter des Stadtrats waren verantwortlich für Verwaltung, Einrichtung, Personal und das Wohlergehen der Kinder im Waisenhaus, welches zu diesem wichtigen Zentrum der öffentlichen Wohlfahrt gehörte. Zu Mayers Zeit leitete Johann Friedrich Caspart das Hospital, das sich in einer bedenklichen finanziellen Lage befand, seit es 1738 über eine halbe Million Florinen an den Stadtrat hatte zahlen müssen, und zwar als Beitrag zur Unterhaltung der Besatzungstruppen in Esslingen während des polnischen Erbfolgekriegs (1733–39) und des österreichischen Erbfolgekrieges, der 1741 auf den Tod des Kaisers Karl VI folgte.

Was auf Mayers Antrag hin geschah, war keineswegs das, was er erwartet hatte. Der Stadtrat glaubte zweifellos im besten Interesse dieses intelligenten, jedoch leicht zu beeinflussenden Jugendlichen zu handeln, indem er dessen Ehrgeiz vorläufig bremste und beschloss, ihn zunächst in die Lateinschule oder das Lyzeum zu schicken. Der traditionelle Unterrichtsplan bestand darin, Latein zu sprechen und zu schreiben, ferner gab es Grundlektionen in Griechisch, Syntax, Etymologie, Logik und Rhetorik der Worte und Ausdrücke, die in verschiedenen lateinischen Texten vorkommen. Musik und die Grundlagen der Geographie und Geschichte sowie der Katechismus waren ebenfalls Pflichtfächer. Die Lehrer, namentlich Georg Abraham Fischer, Johann Wilhelm Günther und Georg David Schmid, hatten darauf zu achten, dass jede Unterhaltung in Latein geführt wurde. Der Rektor, Johann Gottfried Salzmann, der in erster Linie für den Unterricht der drei Grundstufen verantwortlich war, versuchte mehrere Jahre lang, einige seiner fähigeren Schüler zu ermuntern, sich mit Philosophie zu beschäftigen als bessere Grundlage für weitergehende Studien. Diesen Unterricht erteilten die Esslinger Geistlichen, wie z. B. Elias Gottlieb Dietrich, Johann Friedrich Walliser und Wolfgang Jakob Pichler. Der Mangel an talentierten Schülern zwang den Rektor jedoch, diese Praxis wieder aufzugeben, ehe Mayer zu Beginn des Jahres 1739 einer seiner Schüler wurde.

Unter Geigers Anleitung stellte Mayer während seiner ersten drei Monate in der Lateinschule eine Mappe mit Plänen und Zeichnungen über Militärarchitektur zusammen. Kurz darauf zeichnete er den ältesten, heute noch vorhandenen Plan von Esslingen und seiner Umgebung. Auf Salzmanns Vorschlag hin wurde diese Karte zwei Jahre später von Gabriel Bodenehr aus Augsburg in Kupfer gestochen (Abb.-Tafel 4), und der Esslinger Stadtrat bestellte davon 50 Abzüge. Als Belohnung erhielt Mayer zwei Silbermünzen zum Andenken an den 200. Reformationstag im Jahre 1717 (Abb.-Tafel 5). Der Stadtrat schickte eine Kopie von Mayers Karte und seine Plänemappe (die von Geiger als Beweis für seine Pflichterfüllung vorgelegt wurde) an das Hauptquartier der schwäbischen Kreisartillerie, um zu versuchen, seinem jungen »Helden« bei der Erfüllung seines Wunsches zu helfen. Diesem Beweismaterial von Mayers künstlerischer Fähigkeit und Begeisterung für militärische Architektur wurde eine Bittschrift beigefügt, man möge ihm jetzt eine Gelegenheit bieten, seine Talente im Dienste von Schwaben schulen und ausüben zu können. Leider fiel dieser Plan ins Wasser, und Mayer musste sich damit trösten, sein neues Wissen den Söhnen zahlreicher Stadtbürger zu vermitteln, die eine Militärlaufbahn einschlagen sollten, denn er erteilte ihnen Privatunterricht in verschiedenen Gebieten der Artillerie, einschließlich Geometrie, Feldmessen und mathematischen Zeichnungen.

Inzwischen hatte Mayer in seinem Schulunterricht außerordentliche Fortschritte gemacht. Wie sehr er mit den Grundlagen der griechischen Grammatik vertraut war, geht aus seinen Deklinationen von griechischen Substantiven und Eigennamen hervor, die in einer Reihe seiner späteren, veröffentlichten und unveröffentlichten Werke immer wieder auftreten. Einer der von Kästner in seiner Gedenkrede angeführten Gründe für das bleibende Interesse Mayers an der klassischen Literatur ist, dass ihre poetische und rhetorische Ausdrucksweise ihm halfen, den Sprachfluss in seinen lateinischen Vorlesungen und wissenschaftlichen Arbeiten zu verfeinern. Demnach stimmt seine Einstellung zur Philologie im Allgemeinen auch mit seiner Entschlossenheit überein, nur das zu lernen, was entweder anwendbar oder nützlich ist. Er arbeitete mit einem solchen Eifer, dass er in wenig mehr als zwei Jahren das Pensum der unteren drei Stufen bis hin zur obersten Klasse der Schule erlernt hatte. Die normale Zeit dafür betrug sechs Jahre, und als Mayer achtzehn war, unterzeichnete er stolz als »Tobias Mejer Lycei Esslingensis primanus«. Diese Unterschrift erscheint in der Widmung zu seinem ersten veröffentlichten Werk, einem Buch über die Anwendung der analytischen Geometrie zur Lösung geometrischer Probleme, das folgenden langen Titel trägt »Neue und allgemeine Art, alle Aufgaben aus der Geometrie vermittelst der geometrischen Linien leichte aufzulösen; insbesondere wie alle reguläre und irreguläre Vielecke, davon ein Verhältnis ihrer Seiten gegeben, in den Circul geometrisch sollen eingeschrieben werden, sammt einer hiezu nötigen Buchstaben-Rechnenkunst und Geometrie« (Esslingen, 1741). Es wurde 1812 von Johann Friedrich Benzenberg neu gedruckt unter dem Titel »Mayers Erstlinge« – eine willkommene Abkürzung, die hier bei Zitierung benutzt wird.

Ehe wir uns in dieses Buch vertiefen, muss noch auf die Quellen von Mayers Mathematikkenntnissen hingewiesen werden, vor allem, da dieses Fach, wie wir gesehen haben, nicht auf seinem Unterrichtsplan erscheint. Folgende Anekdote – die übrigens von Mayer selbst stammt – beschreibt die freundschaftliche Beziehung zu einem Esslinger Schuster namens Gottlieb David Kandler, der oft sein

Handwerk mit einem Schuh auf einem Bein und einem Buch über elementare Mathematik auf dem andern ausgeübt haben soll:

> Mein Schuster und ich paßten gut zusammen, denn er war ein Liebhaber der mathematischen Wissenschaften und hatte Geld, um Bücher zu kaufen, aber keine Zeit sie zu lesen; er mußte Schuhe machen. Ich hatte dagegen Zeit zum Lesen, aber kein Geld Bücher zu kaufen. Er kaufte also die Bücher, welche wir zu lesen wünschten, und ich machte ihn des Abends, wenn er sein Tagewerk vollendet hatte, auf das aufmerksam, was ich merkwürdiges in den Büchern gefunden hatte.

Nach diesen Angaben zu urteilen, war Mayer eher Kandlers Lehrer als sein Schüler. 1739 gab es zwei Buchhändler in Esslingen (Mäntler und Schall), bei welchen Kandler seine mathematischen Lehrbücher gekauft haben könnte. Es gab auch eine von einem der genannten Buchhändler geführte Bücherei, in der man Bücher bestellen und bis zu einem Monat jeweils ausleihen konnte. Außerdem sollen Salzmann und dessen Assistent Johann Wilhelm Günther Mayer Mathematikbücher geliehen haben und ersterer erlaubt ihm sogar, bis in die frühen Morgenstunden in seiner Privatbücherei zu lesen. Aus einer Fortsetzung der erwähnten Anekdote geht hervor, dass Mayer stets sehr große Achtung vor Kandlers natürlicher Intelligenz hatte. Dieser interessierte sich nicht nur für Mathematik, sondern unterwies sich selbst auch in Gnomonik und Architektur, Messkunst, Kupfer- und Holzstechen und gab später sein Handwerk auf, um für den Esslinger Stadtrat und private Interessenten Pläne und Vermessungen zu machen. Als er starb, war er entweder für die Erziehung oder die allgemeine Betreuung der Kinder im dortigen Waisenhaus verantwortlich.

Was Mayer dazu bewegte, seine »Erstlinge« zu schreiben, steht im Vorwort, welches er an seinem 18. Geburtstag schrieb. Darin berichtet er erstens, dass das Studium der Mathematik ihm mehr Freude bereite, als jedes andere wissenschaftliche Fach, weil ihm nicht nur ihre Präzision und Klarheit, sondern auch ihr Zauber und ihre erfreuliche Vielseitigkeit gefielen; zweitens, dass das Hauptziel des gesamten Werkes darin liege, eine neue und generelle analytische Methode für ein in einen Kreis einbeschriebenes Polygon zu entwickeln – in der Militärbaukunst sicherlich ein Problem von großer praktischer Bedeutung, welches er nur durch sein großes Geschick in der analytischen Geometrie lösen konnte; drittens und letztens, dass er anderen autodidaktischen Mathematikern die Schwierigkeiten und Abschweifungen sparen wollte, die er selbst gehabt hatte, indem er eine einfachere und vollkommenere Darstellung wählte, als die in verschiedenen anderen Mathematikbüchern enthaltene, welche er benutzt hatte.

Die »Erstlinge« sind in drei Teile aufgeteilt, in welchen jeweils die Regeln und Rechenoperationen der Algebra, die Elemente der Geometrie und die Anwendung

dieser Kenntnisse zu dem von ihm beabsichtigten Zweck erläutert sind. Der erste Abschnitt hat 57 kurze Absätze, die meist nur aus einem Satz bestehen. Mayer beginnt mit der Aufzählung der gebräuchlichen Definitionen bekannter und unbekannter Größen und der Bezeichnungen für Addition, Subtraktion, Multiplikation, Division und Gleichungen. Er benutzt zunächst einfache Beispiele zur Illustration dieser Rechnungsarten und geht dann dazu über, Potenzen, Exponente, auch Quadrate, Quadrat- und Kubikwurzeln zu definieren. Dann bringt er folgende fünf Axiome:
1) Jede Größe ist sich selbst gleich.
2) Wenn zwei Größen addiert oder subtrahiert werden, so erhält man im ersten Fall die Summe und im anderen Fall die Differenz.
3) Wenn Gleiches mit Gleichem multipliziert oder dividiert wird, sind die Produkte und Quotienten wieder gleich.
4) Wenn Gleiche zu gleichen Potenzen erhoben werden, oder, wenn gleiche Wurzeln aus ihnen gezogen werden, so sind die Potenzen im ersten und die Wurzeln im zweiten Fall wieder gleich.
5) Das Ganze ist das Gleiche wie die Summe aller seiner Teile.

Diese Axiome wurden zweifellos von Mayer ausgesucht, weil sie für die Lösung von Problemen, die ihn beschäftigten, notwendig und hinreichend waren, denn wir wissen bereits, dass er eine natürliche Abneigung gegen unzweckmäßiges und nutzloses Wissen hatte. Er war jetzt in der Lage, Gleichungen zu definieren, wobei er lineare, quadratische und kubische unterschied, sowie arithmetische und geographische Proportionen und auch »reine« (einfache) und »unreine« (mehrfache) Wurzeln. »Reine« bzw. »unreine« Gleichungen enthalten einfache bzw. verschiedene Potenzen der Unbekannten. Durch eine einfache algebraische Substitution wird jedoch gezeigt, wie »unreine« quadratische und kubische Gleichungen in »reine« umgewandelt werden können. Mayers Annahme, dass dies auch bei Gleichungen höherer Ordnung möglich sei, war allerdings falsch. Dieser Abschnitt endet mit Girolano Cardanos Lösung der kubischen Gleichung.

Ähnlich geht Mayer an die Geometrie heran, welche er als eine Wissenschaft definiert, die sich auf das Messen von Größen, Längen, Breite und Dicke, Linien, Flächen und Körpern bezieht. Mayer beginnt echt euklidisch mit einer Reihe von Definitionen, Postulaten und Axiomen. Ein Punkt ist als das Extrem einer Linie definiert, die weder Länge, Breite noch Dicke besitzt; eine gerade Linie im Gegensatz zu einer gekrümmten ist eine Linie, deren Endpunkte alle dazwischenliegenden überdecken, während ein Kreis der Ort des Endpunktes einer Linie ist, welche um das entgegengesetzte Ende rotiert. Nach der Definition von Radius, Sehne, Umfang und Fläche eines Kreises, von Winkeln, Senkrechten, Dreiecken und Polygonen unterscheidet er zwischen gleichmäßigen Vielecken, bei welchen die Seiten und Winkel alle gleich sind und solchen, bei denen dies nicht der Fall ist. Er zeigt, wie man senkrechte und parallele Linien konstruiert; im letzten Fall, indem er einfach einen Bogen über jedes Ende einer Linie zeichnet und die Tangente zu beiden als die gesuchte Parallele identifiziert. Danach führt er die Regeln zur Bestimmung der Fläche von Parallelogrammen, Dreiecken, Quadraten sowie Rechtecken auf und gibt einen Beweis des Satzes von Pythagoras. Des Weiteren beweist er, dass senkrecht gegenüberliegende und Wechselwinkel gleich sind, dass Nebenwinkel Supplementwinkel sind, dass die Summe der Winkel in einem Dreieck 180° ist, dass ein Außenwinkel eines Dreieckes gleich der Summe der zwei gegenüberliegenden Innenwinkel, dass die Grundwinkel eines gleichschenkligen Dreiecks gleich sind, dass der Zentrumswinkel im Kreis zweimal so groß ist wie der Umfangwinkel, dass gleiche Winkel von gleichen Flächen gestützt werden, dass der Winkel in einem Halbkreis ein rechter Winkel ist und dass die entsprechenden Seiten in ähnlichen Dreiecken, die er ebenfalls definiert, einander proportional sind. Nach der Erklärung, wie man zu drei gegebenen eine vierte proportionale und zwischen zwei gegebenen eine mittlere proportionale Linie findet, schließt er jeweils mit einem Lehrsatz (gewöhnlich Ptolemäus zugeschrieben), dass das Produkt von Diagonalen eines zyklischen Viereckes gleich der Summe der Produkte eines jeden Paares gegenüberliegender Seiten ist. Auch hier wurde das vorangehend kurz zusammengefasste Wissen von ihm vorläufig als ausreichende Grundlage gehalten für die Art der Konstruktionsprobleme, die er lösen wollte.

Den letzten Abschnitt seines Buches beginnt Mayer mit dem Zusammenfassen der beiden mathematischen Disziplinen, indem er zuerst die Konzepte von Achsen, Abszissen, Ordinaten und Koordinatennullpunkt definiert und dann den Ort der Linien in einer Ebene als algebraische Gleichungen beschreibt. Er geht stufenweise von einer einfachen linearen Gleichung zu anderen über, bei denen entweder eine mittlere, dritte oder eine vierte Proportionale zu finden ist, und gibt fünf Grundregeln für die algebraische Lösung eines geometrischen Problems einschließlich des Schnittpunktes zweier gekrümmter Linien. In diesem Stadium löst er die Probleme des größtmöglichen in ein Dreieck eingeschriebenen Quadrates oder Rechtecks durch eine Methode, welche beweist, wie originell seine Denkungsweise und wie tief sein Einblick in diese Materie ist. Danach löst er das Problem, wie man ein Viereck mit Seiten in einem gegebenen geometrischen Verhältnis in einen Halbkreis mit unbekanntem Durchmesser einbeschreibt. Dabei verwendet er zwei Methoden. Die erste benutzt die Aufstellung von zwei algebraischen Gleichungen und die zweite die Konstruktion von zwei geometrischen Linien. Aus diesem Beispiel zieht er den allgemeinen Schluss, dass die letztere Methode bei weitem einfacher und normalerweise nützlicher ist. Diesem folgt ein noch komplizierteres, jedoch im Prinzip ähnliches Problem, nämlich die Konstruktion eines einbeschriebenen regelmäßigen Siebenecks in einen Kreis mit gegebenem Radius; dabei verwendet er nur die zweite, d. h. einfachere Methode.

Das bringt ihn zum eigentlichen Zweck dieser ganzen Abhandlung, dem Problem, wie man ein regelmäßiges Vieleck in einen gegebenen Kreis einbeschreibt. Er löst es durch das spezielle Beispiel eines regelmäßigen Fünfeckes ABCDEF folgendermaßen:

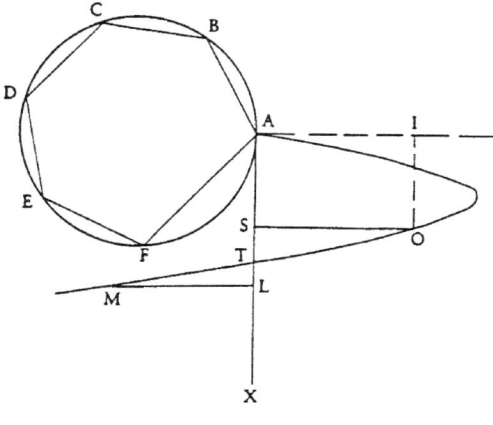

Fig. 1

Man nehme eine Achse AX und einen Koordinatennullpunkt A, trage eine Abszisse AS so viele Male auf den Umfang eines Kreises ab wie erforderlich – in diesem Fall fünfmal – bis der Endpunkt F erreicht ist. Dann nehme man die Entfernung AF und zeichne sie senkrecht zu AX von S bis O. O ist dann die Halbordinate der beliebig gewählten Abszisse AS. Hätte man stattdessen eine andere Abszisse AL gewählt und mehr als eine Umdrehung bei dem fünfmaligen Abtragen auf den Kreisumfang benötigt, dann hätte man LM rückwärts, d. h. in die entgegengesetzte Richtung zeichnen müssen. Bei Wiederholung dieses Verfahrens würden die Endpunkte der Halbordinaten auf der gekrümmten Linie AOTM liegen, die AX im Punkt T schneidet. AT ist dann die gesuchte Seitenlänge eines regelmäßigen Fünfecks.

Genau so kann natürlich im allgemeinen Fall eines regelmäßigen Vielecks mit beliebig vorgegebener Anzahl von Seiten vorgegangen werden. Umgekehrt, wenn AX, A und der Bogen ABCDEF bekannt sind, dann ist die senkrechte Sehne zu AX (beispielsweise AI), welche diesen Bogen in fünf gleiche Teile teilt, gleich AF. Nehmen wir an, dass die Fünfecklinie AOTM bekannt sei, dann ist die Position des Punktes I bestimmt durch Zeichnen der Linie OI parallel zu AX, um AI bei I zu schneiden und dann IO = AS die Sehne, welche ⅕ des Bogens ABCDEF ausmacht. Folglich wird dieser Bogen hiermit in fünf gleiche Teile geteilt. Demgemäß könnte die Konstruktion allgemein auf zwei verschiedene Weisen erfolgen, und zwar, durch graphische Interpolation, indem man mehrere Male versucht, die korrekte Seitenlänge des fraglichen, regelmäßigen Vielecks zu bestimmen (ein empirisches

Verfahren, für das man nur ein Lineal und einen Zirkel benötigt) oder durch das strengere deduktive Verfahren, indem man die passende analytische Gleichung der gekrümmten Kurve, die das Vieleck charakterisiert, findet, wozu die Lösung von mehrgliedrigen Gleichungen mit Koeffizienten höherer Ordnung erforderlich ist. Mayer bevorzugte die zweite Methode, wie aus seinen daraufolgenden Beispielen hervorgeht. Darin zeigt er, wie man die Gleichung einer Kurve dritten oder vierten Grades in zwei Gleichungen niedriger Ordnung umwandelt und wie man die gewünschte Wurzel aus der Gleichung einer gegebenen Kurve findet. Der Schlüssel zu seinen Lösungen dieser und ähnlicher Probleme, d. h. zur erfolgreichen Anwendung seiner Methode, liegt in der Verwendung von mittleren Proportionalen zwischen zwei Linien, von denen die zuerst Genommene eine Einheitslänge darstellt.

Mayers Abhandlung endet mit einer Aufstellung von zehn Problemen, von denen er behauptet, sie auf ähnliche Weise lösen zu können. Es hat den Anschein, dass sie als Aufgaben gestellt wurden, um das Verständnis des Lesers zu prüfen. Es handelt sich um die Konstruktion von mittleren Proportionalen, rechtwinkligen Dreiecken, einem zyklischen Viereck, einem unregelmäßigen Siebeneck und einem in eine Parabel einbeschriebenen Vieleck. Die letzte Aufgabe ist eine ziemlich schwierige Spezifikation mathematischer Bedingungen, die beim Entwurf von Festungsbauten für ein unregelmäßiges Siebeneck, von welchem die Seitenlängen zu bestimmen sind, erfüllt werden müssen.

Aus Mayers »Erstlingen« ist leicht zu erkennen, dass er der mathematischen Tradition folgte, die Johann Christoph Sturm in seinem Werk »Mathesis Enucleata« darlegte, denn aus seiner Einleitung geht hervor, dass er dieses Buch gelesen hatte. Sturm kritisiert zuerst den Mangel an Allgemeinheit, das Entbehrliche und das Indirekte bei den Methoden der synthetischen Geometrie der Klassiker und lobt dann die analytische Geometrie, welche Vieta, Thomas Harriot, René Descartes und deren Anhänger entwickelten. Er bezeugt auch seine Bewunderung für die Methoden der unteilbaren Größen und die Differentialrechnungen, welche Honorato Fabri in seiner »Synopsis Geometrica« (Lugduni, 1669) und Isaac Barrow in seinen »Lectiones ... Geometricae« (London, 1674) gerade erklärt hatten. Trotzdem teilt er nicht Fabris Ansicht, dass die analytische Terminologie bei geometrischen Darlegungen nicht angewandt werden sollte, weil Algebra für die Jüngeren zu schwierig sei. Sein Buch ist in fünf Punkte unterteilt. Es beginnt mit einer Darstellung, wie mehrere Lehrsätze in den Hauptwerken von Euklid, Archimedes und Apollo entweder von algebraischen Definitionen oder von dem dynamischen Konzept einer Größe, die durch einen sich bewegenden Punkt erzeugt wird, abgeleitet werden können, und es schließt mit ebener und sphärischer Trigonometrie, der Konstruktion und Anwendung von Sinus, Tangens und Logarithmentafeln, der Grundlehre von Algebra, d. h. höherer Geometrie. Gemäß seinem Titel sollte das Ganze den »nucleus«, d. h. den Kern der wichtigen, ersten Entdeckungen auf diesem Gebiet von Mathematikern wie Andreas Tacquet,

Fabri, Pardies, Lamy und anderen enthalten. Ein Vergleich der »Erstlinge« mit Sturms Buch zeigt, dass Mayer ihm zwar für die Methode, aber nicht für den Inhalt seines Buches zu danken hatte. In einem ganz bestimmten Fall war das gleiche Problem zu lösen und Mayers Lösung fiel ganz anders aus, was entweder ein Beweis für die Originalität seiner Abhandlung ist, oder dafür stehen mag, dass er ein anderes, nicht identifiziertes Werk ähnlicher Art benutzt hatte.

Mayer erwähnt in seiner Einleitung auch, die »Anfangsgründe aller mathematischen Wissenschaften« von Christian von Wolff gelesen zu haben. Dies war ein sehr bekanntes Lehrbuch, welches er später an der Georg-August-Universität in Göttingen als Textbuch für seine öffentlichen Vorlesungen und seinen Privatunterricht in angewandter Mathematik vorschrieb. Er widmet sogar seine »Erstlinge« diesem berühmten deutschen Philosophen, dem seine Professur in Halle auf Befehl Friedrich des Großen erst vor zwei Monaten wieder übertragen wurde, nachdem er 1723 von Friedrich Wilhelm I. aufgrund der Folgerungen aus seinen extrem rationalistischen Ansichten verwiesen worden war.

Man könnte diese Widmung lediglich als Zeichen für Mayers Dankbarkeit gegenüber Wolffs Kompendium – aus Gründen, die gleich erläutert werden – deuten; ein ebenso gewichtiger Grund könnte jedoch auch gewesen sein, dass Friedrich durch seine öffentliche Anerkennung der Wolffschen Philosophie tatsächlich die Lehre der Dreifaltigkeit verteidigte, die von dem Esslinger Theologen Johann Friedrich Walliser 1737 in seiner Schrift »Von der Übereinstimmung der Wolfischen Philosophie mit der Theologie« angenommen und von den Tübinger Theologen öffentlich bestritten wurde.

Bis 1741 erreichte Wolffs umfassendes und populäres Werk bereits fünf deutsche und zwei lateinische Auflagen. Sie beginnen generell mit einer Übersicht des gesamten logischen Systems der mathematischen Wissenschaften und behandeln dann jeweils folgende Themen: Arithmetik, Geometrie, ebene Trigonometrie, zivile Bautechnik, Artillerie, Festungsbau (oder Kriegsbaukunst), Mechanik, Hydrostatik, Aerometrie, Hydraulik, Optik, Katoptrik, Dioptrik, Perspektive, sphärische Trigonometrie, Astronomie, Geographie, Chronologie, Gnomonik, Algebra (einschließlich des Leibnizschen Infinitesimal- und Integralkalküls). Das Buch endet mit einem Inhaltsregister und einer kurzen Erörterung der bedeutendsten Werke in jedem dieser Fachbereiche. Das gesamte Werk ist eindeutig ein Versuch, die vorhandenen Kenntnisse im ganzen Bereich dessen, was man heute als reine und angewandte Mathematik bezeichnen würde, zusammenzufassen und zu rationalisieren; und als solche schließen die Elemente der reinen Mathematik allein alle wesentlichen Gedankengänge aus den »Erstlingen« ein.

Mayer sagte in seiner Einführung, dass er mit dem Studium der ersten Teile der Wolffschen »Anfangs-Gründe« spielend fertig geworden sei, bis er zum letzten Kapitel über analytische Geometrie kam, bei dem ihm die Schwierigkeiten, dies zu verstehen, zunächst unüberwindlich schienen. Es bedurfte ungeheurer geistiger

Anstrengungen, ehe er diesen Zweig der Mathematik beherrschte. Dadurch sei er angeregt worden, die »Erstlinge« zu schreiben, um die durch das gewissenhafte Studium des Wolffschen Lehrbuches hart erarbeiteten Erkenntnisse auch anderen Liebhabern der mathematischen Wissenschaften zu übermitteln. Obwohl kein Zweifel besteht, dass Mayer dieses Buch als Ausgangsmaterial benutzte, so zeigt sein eigenes Werk eine Klarheit der Darstellung und Unabhängigkeit der Gedanken, die bei einem so jungen Menschen bemerkenswert sind.

Kurz nach der Veröffentlichung der »Erstlinge« beschloss der Esslinger Stadtrat, Mayer mit einer Empfehlung für eine Karriere als Militäringenieur zur »Gesandtschaft« Friedrich des Großen in Ulm zu schicken. Diese Stadt war strategisch gut gelegen und war ein wichtiges militärisches Hauptquartier. Es zeigte sich aber, dass dieses löbliche Vorhaben nie verwirklicht wurde, hauptsächlich weil die Esslinger Finanzkammer das Geld für einen neuen Rock, den Mayer für diese günstige Gelegenheit benötigt hätte, nicht aufbringen konnte! Mittlerweile wurde er sehr ruhelos, denn er sehnte sich danach, Menschen kennenzulernen, die ihm helfen würden, seine Talente zu entwickeln und seine Kenntnisse zu erweitern, und er wusste, dass er dazu in Esslingen keine Gelegenheit haben würde. Als ihm nun zwei seiner Privatschüler, die zur Artillerie gegangen waren, schrieben, wie nützlich sein Unterricht für sie gewesen sei und dass sie nach kurzer Zeit bereits zu Unteroffizieren befördert worden seien, beschloss er, sich um ein Interview bei dem Kommandogeneral eines Corps Reichstruppen zu bemühen, die auf ihrem Weg zum Kampf für Friedrich den Großen im österreichischen Erbfolgekrieg durch Esslingen zog. Dabei war er nicht nur erfolglos, sondern verlor auch eine Mappe mit seinen besten Karten und Plänen, die er leichtsinnigerweise einem jungen Offizier, den er übrigens nie wiedersah, mit der Bitte anvertraut hatte, sie dem General vorzulegen. Diese Zeichnungen erwarb später Jonathan Lenz, ein Lehrer an der höheren Schule in Stuttgart, der Mayer und einige Freunde aus dessen Bekanntenkreis als Jugendlicher in Esslingen gekannt hatte. Nach dem Tod von Lenz wurden diese Unterlagen nach Ulm gebracht, wo sie lange lagen, ehe man sie als Makulaturpapier verwendete. Eine Zeichnung wurde jedoch anscheinend von Herrn Prof. C. F. Ofterdinger gerettet und ins Autographenbuch des Herzogs von Urach gesteckt. Der Verlust seiner Zeichnungen erschütterte Mayer zutiefst, denn sie hatten ihn sehr viel Zeit und Mühe gekostet, und er betrachtete sie als Passierschein für eine Militärkarriere, ein Wunsch, der sich, wie er genau wusste, aufgrund seiner sehr begrenzten Mittel anders nicht erfüllen ließ.

Am Ende jenes Jahres, 1741, verbesserte sich die Lage des enttäuschten jungen Mannes etwas, denn er wurde auf Salzmanns Empfehlung in das Collegium alumnorum oder Alumneum aufgenommen. Dieses Alumneum war keine höhere Schule, wie Wurm fälschlich annahm, sondern ein Wohlfahrtsinstitut, das man 1598 gegründet hatte. Hier erhielten die Söhne armer Bürger – zwölf an der Zahl zu Mayers Zeit – jeweils sechs Jahre Verpflegung und Unterkunft (einschließlich Beheizung, Beleuchtung und Bekleidung) und unentgeltlichen Unterricht in der Lateinschule. Als Gegenleistung hatten sie in den verschiedenen Kirchen Esslingens als Chorknaben zu singen. Wenn sie sich Taschengeld verdienen wollten, bestand die Möglichkeit, Privatunterricht zu erteilen oder während der Weihnachtszeit als Choralsänger in die Häuser prominenter Bürger zu gehen, sowie durch die Stadt zu ziehen. Mayer stellte beim Rat einen Antrag und durfte daraufhin sein Zimmer im Waisenhaus behalten, so dass er sich besser auf seine Studien konzentrieren konnte. Seine Mahlzeiten nahm er aber im Collegium mit den anderen Stiftskollegen ein. Daher erscheint sein Name nicht im Stammbuch des Alumneum, obwohl er dort ordentlicher Alumnus war.

Dies war jedoch nur ein vorübergehendes Übereinkommen, welches für Mayer keinerlei Aussichten auf eine feste Anstellung und gute Karriere bedeutete. Daher ist es kaum verwunderlich, dass er nur wenige Monate später, im April 1742 den Stadtrat um Erlaubnis nach Holland zu reisen und um ein Empfehlungsschreiben bat, das ihm bei der Erfüllung seines brennenden Wunsches, Artillerieoffizier zu werden, helfen sollte. Trotz Wiederholung seines Antrages bekam er eine ausweichende Antwort, wahrscheinlich aus dem einleuchtenden Grund, dass man es für unvertretbar hielt, einen unerfahrenen Jugendlichen eine so lange, anstrengende Reise unternehmen zu lassen ohne eine gewisse Garantie dafür, dass sein Glück dadurch besiegelt würde. Laut Jonathan Lenz machte Mayer mit einem anderen Jungen namens von Witt, der den gleichen Wunsch hegte, insgeheim Pläne, nach Holland zu reisen. Diese scheiterten jedoch daran, dass man von Witt vermisste, ehe Mayer folgen konnte, ihn in Cannstatt einholte und nach Esslingen zurückbrachte. Als Mayer erfuhr, dass er für seine Verwicklung in diesem Fluchtversuch bestraft werden sollte, floh er aus Esslingen, um der Demütigung zu entrinnen, die ihm seitens aller bevorstand, die ihm bisher nur Lob und Respekt gezollt hatten. Im Stadtratsprotokoll vom 12. Juni 1742 wird dieser Vorfall so berichtet, dass von Witt nicht allein, sondern mit einem anderen Waisenknaben namens Ott aufgebrochen war. Mayer wurde lediglich beschuldigt, die Ausreißer beraten und ermutigt zu haben, obwohl die Möglichkeit nicht auszuschließen war – es gab aber keinen Beweis für diese Annahme – dass er vorhatte, ihnen zu folgen. Lenz's Bericht über diesen Vorfall stimmt nicht mit dem Datum einer von Mayer vorhandenen Karte überein, welche die Aufschrift »Esslingen 1743« trägt. Demgemäß wäre er noch lange genug in seiner Heimatstadt geblieben, um in angemessener Weise bestraft zu werden. Carsten Niebuhr hatte den Eindruck, dass Mayers einziger Grund für sein Verlassen von Esslingen der war, dass er dort keine Möglichkeit für die Entwicklung seiner Talente sah. Angesichts der Tatsache, dass die Stadtprotokolle vom 5. Juli 1742 bis 1745 nicht vorhanden sind, werden das Datum von Mayers Abreise und die Umstände, die dazu führten, leider wohl immer unbekannt bleiben (ER: in der Zwischenzeit geklärt; nach I. Sonnenstuhl-Fekete verlässt T. M. Esslingen im August 1743).

Kapitel 2
Kartographie der Erde und des Mondes

Aus einer Anmerkung in Mayers Autobiographie geht hervor, dass er im Laufe des Jahres 1744 nach Augsburg kam. Hausleutner berichtet 1793, dass er dort »nach manchen Abentheuern, die vorzüglich aus seiner Unerfahrenheit und Dürftigkeit entstanden«, auftauchte. Ob Mayer sich der schwäbischen Kreisartillerietruppe, die am 1. Mai 1744 durch Augsburg zog, angeschlossen hatte, wird wohl ungeklärt bleiben. Es ist aber zu vermuten, dass er Augsburg jeder anderen Stadt Deutschlands vorzog, einerseits, weil sein älterer Stiefbruder Georg Wilhelm dort eine Kupferschmiede hatte, und andererseits, weil der Kupferstich seiner Karte von Esslingen (Abb.-Tafel 4) 1741 in Augsburg angefertigt worden war. Dieser Umstand veranlasste Paul von Stetten und aufgrund dessen Autorität auch moderne Historiker wie Maximilian Bobinger fälschlicherweise zu der Annahme, dass Mayers Aufenthalt in Augsburg 1741 begann. Diese Karte oder ein Empfehlungsschreiben der Firma Gabriel Bodenehr, welche den Kupferstich davon angefertigt hatte, könnte Mayer zu seiner Anstellung bei der kartographischen Firma Matthias Seutter verholfen haben, bei der er während seines relativ kurzen Aufenthaltes in diesem wichtigen, aber in Verfall geratenen Kulturzentrum gearbeitet haben soll. Vielleicht hat sein Stiefbruder ihn auch dem Augsburger Drucker Andreas Silbereisen vorgestellt, denn dieser soll ihn wie ein Mitglied seiner Familie behandelt haben, was für Mayer eine ganz neue Erfahrung gewesen sein muss und ihm die nötige Sicherheit gab, die er brauchte, um die Vorteile dieser größeren kulturellen Stätte genießen zu können. Als er älter war, soll er berichtet haben, dass er während dieser Lebensphase nicht nur viel durch seinen Umgang mit Gelehrten und Künstlern, sondern gleichzeitig auch fließend Französisch schreiben und Englisch sowie Italienisch lesen gelernt habe. Mayers bester Freund in Augsburg scheint Georg Friedrich Brander (1713–1784) gewesen zu sein. Dieser war in ganz Deutschland bekannt als Hersteller von sehr unterschiedlichen mathematischen, mechanischen und optischen Instrumenten, darunter auch sehr genauer Äquatorialsonnenuhren. Sie arbeiteten gemeinsam an der Konstruktion eines Glasmikrometers, welches Mayer, wie im folgenden noch eingehend berichtet wird, bei verschiedenen seiner späteren astronomischen Forschungen mit beachtlicher Geschicktheit und Erfolg benutzte.

Das größte Zeugnis von Mayers wissenschaftlichen Kenntnissen und natürlichem Kunsttalent aus dieser Entwicklungsphase seines Lebens ist jedoch sein beeindruckender »Mathematischer Atlas«, den die Firma Johann Andreas Pfeffel,

Kartograph und Kupferstecher in Augsburg, für ihn veröffentlichte. Obwohl es nirgendwo ausdrücklich erwähnt wurde, ist der Zusammenhang dieses 60seitigen Atlasses mit Mayers »Erstlingen« und Wolffs »Anfangsgründen« offensichtlich. Man erkennt den Versuch des Autors, die Gedankengänge, die er bei den »Erstlingen« verfolgte, hier auf den gesamten Bereich der mathematischen Wissenschaften, die Wolff behandelt hatte, auszudehnen. In einem Vorwort vom 18. Januar 1745 zur – dem Anschein nach – zweiten Auflage mit 8 zusätzlichen Tafeln über höhere Mathematik schreibt Mayer:

> … habe mich entschlossen das nöthigste und nützlichste auszulesen, und auf eine kurze jedoch leichte und deutliche Art denen Geneigten Liebhabern dieser herrlichen Wissenschaften in die Hände zu liefern.

Was die Aufmachung betrifft, so mag es mehr als ein Zufall sein, dass die kurze lateinische Abhandlung von Johann Christoph Sturm über Festungsbau von 1682 ebenfalls die Illustrationen in der Mitte hat, welche durch Text an beiden Seiten eingerahmt sind. Da Mayer zwei Ausgaben eines so umfassenden Werkes kaum in einem knappen Jahr hätte ausdenken, vorbereiten, vollenden und veröffentlichen können, muss man annehmen, dass einige Zeichnungen in seinem Atlas und viele Notizen, die er für den Text benutzte, früheren Datums waren. Diese Annahme wird im Werk auch bestätigt. Beispiele dafür sind die Tab. XV, in der er Esslinger statt Augsburger Maße für eine Kalkulation verwendet und Tab. XXXI, auf welcher die Karte die Aufschrift »Esslingen 1743« trägt. In Tab. XXV dagegen muss sein Hinweis auf das vorangegangene Jahr bedeuten, dass diese eine der letzten zu zeichnenden Tafeln war; folglich ist die Reihenfolge, in der sie erscheinen, nur in Bezug auf die fachliche Progression wichtig, und diese umfasst denselben Bereich der mathematischen Wissenschaften wie bei Wolff. Die Überschriften der zwölf Tafelgruppen in diesem Atlas sind folgende:
– Die Rechenkunst (Tab. I–III)
– Die Geometrie (Tab. IV–XV)
– Die Trigonometrie (Tab. XVI, XVII)
– Die Astronomie (Tab. XVIII–XXVII)
– Die Geographie (Tab. XXVIII–XXXI)
– Die Chronologie (Tab. XXXII, XXXIII)
– Die Gnomonik (Tab. XXXIV–XXXVI)
– Die Fortifikation (Tab. XXXVII–XLI)
– Die Artillerie (Tab. XLII–XLV)
– Die Civil-Baukunst (Tab. XLVI–XLIX)
– Die Optik (Tab. L–LIV)
– Die Mechanik (Tab. LV–LX)

In jedem Bereich war es stets möglich, neue Tafeln einzuschieben oder eine Auswahl aus den vorhandenen Tafeln zu treffen. In der Tat informiert Mayer seine Leser im Vorwort zum Atlas darüber, dass Pfeffel den Atlas in einer Serie von jeweils sieben oder acht Seiten herausbringen wollte, so dass man ihn in sechsmonatigen Raten im Laufe von drei oder vier Jahren kaufen konnte. Die Aufteilung war dabei so gedacht, dass man nie mehr als zwei Tafeln aus jedem Fachgebiet bei einer Aussendung erhielt. Wahrscheinlich hielt man es im Endeffekt doch nicht für rentabel, die acht zusätzlichen Tafeln getrennt zu veröffentlichen, sonst wäre dies sicher erwähnt worden. Insgesamt gesehen ist Mayers Atlas als Zeichen seines natürlichen Kunsttalentes und der von ihm noch im jugendlichen Alter größtenteils durch eigene Initiative erworbenen Kenntnisse anzusehen. Obwohl Mayers Hinweise im Text deutlich machen, dass er mit den Werken von Christian von Wolff, John Keill, Johann Leonhard Rost, Nicholas Bion und Leonhard Christoph Sturm vertraut war, ehe er Esslingen verließ, bleibt durch den Eklektizismus und die Originalität seiner Darstellung verborgen, wie viel er den Werken dieser Autoren verdankt. Der genaue Grund für Mayers Entscheidung, Augsburg trotz Pfeffels Angebot eines sehr großzügigen, künftigen Arbeitsverhältnisses im Laufe des folgenden Jahres zu verlassen, ist nicht eindeutig bekannt. Man kann ihn aber dem spärlichen Beweismaterial leicht entnehmen. Nach einem Bericht, den Jonathan Lenz, ein Jugendfreund von Mayer schrieb und den Hausleutner 1793 veröffentlichte, ging er fort, weil er in schlechte Gesellschaft geraten war, wodurch er moralisch bedroht wurde. Sophus Ruge berichtet dagegen 1885, dass Mayer wegen einer öffentlichen Ausschreibung ging, die 1746 von Johann Michael Franz, einem der Direktoren des Homannschen Kartographischen Büros in Nürnberg an alle geschickten Kartographen erging, die sich für einen festen Arbeitsplatz bei dieser sehr progressiven Firma interessierten. Franz war als Student in Halle ein enger Freund von Christoph Homann, dem Sohn des Gründers der Firma Johann Baptist Homann (1663–1724) gewesen. Christoph Homann vermachte Franz 1730 die Hälfte seines Vermögens, wahrscheinlich, um dadurch seine Dienste als Privatsekretär und Geschäftsleiter zu sichern, obwohl spätere Untersuchungen, die eigens angestellt wurden, um das diesbezügliche Testament und dazugehörige Dokumente zu finden, keinen aufschlussreichen Beweggrund für ein so großzügiges Geschenk zeigten. Dennoch mag es in diesem Zusammenhang von Bedeutung sein, dass Franz 1736, 1742 und 1746 jeweils größere Summen von seinem Anteil am Homannschen Erbe abzog, und zwar stets fast gleichzeitig mit der Veröffentlichung verbesserter Karten und Atlanten. Infolgedessen war er nicht lange danach sehr verschuldet. An seinen Problemen, welche in Kapitel 3 noch erläutert werden, war sein Partner Johann Georg Ebersperger (1695–1760) nicht beteiligt, denn dessen Name erscheint in keinem der von Franz getätigten Geschäftsabschlüsse. Ebersperger ging bei dem berühmten Nürnberger Kupferstecher Johann Adam Delsenbach in die Lehre. Später heiratete er die einzige Tochter des Johann Baptist Homann und teilte dadurch nach dessen Tod 1724 das Erbe mit Christoph Homann. Die Karten, die Ebersperger als alleiniger Direktor vor Franzens Eintritt in die Firma veröffentlichte, waren zum größten Teil Kopien von Stadtplänen, die geringe kartographische Bedeutung hatten. In Bezug auf technische Angelegenheiten war er trotzdem zweifellos der Experte.

Eine Prüfung des historischen Beweismaterials ergibt, dass Ruges Überlieferung von Mayers mündlicher Erklärung darüber, wie es zu seiner Zusammenarbeit mit diesem Nürnberger kartographischen Büro kam, insofern nicht genau stimmt, als Franz wohl keine öffentliche Ausschreibung an Kartographen erließ, sondern am 15. Juli 1746 in Deutsch und Französisch lediglich einen gedruckten Brief mit der Überschrift »Homännischer Bericht von Verfertigung großer Weltkugeln« rundschickte, in welchem er ankündigte, dass seine Firma eine Herstellungsfabrik für Himmels- und Erdgloben von drei Fuß (0.9144 m) Durchmesser aufmachen würde. Jeder, der einen solchen Globus kaufen wollte, wurde gebeten, die Mitglieder der geplanten Kosmographischen Gesellschaft im Homannbüro in Nürnberg davon in Kenntnis zu setzen. Die ersten 100 Besteller brauchten nur zwischen 250 und 300 Reichskronen zu zahlen, während der Preis für alle danach 400 Kronen sein würde. Nach Eingang von 100 Vorbestellungen würde Franz einen zweiten Rundbrief schicken, in welchem er den genauen Preis und die Lieferbedingungen angeben würde. ¼ des Festpreises musste im Voraus bezahlt werden und die restlichen ¾ bei Lieferung. Der reduzierte Preis war natürlich ein Ansporn, möglichst frühzeitig zu bezahlen, um so das für den Bau der geplanten Globusfabrik benötigte Geld schnell hereinzubekommen. Franz erwähnt, dass sein Schwager Georg Moritz Lowitz die planisphärischen Entwürfe der zwölf 30 Grad-Segmente für die Globen nach Regeln zeichnen würde, die man normalerweise nicht in Büchern über elementare Mathematik finden könnte und durch die sich der technische Vorgang des Stechens bestimmter Muster auf flache Kupferplatten vereinfachen ließe.

Man kann sich natürlich gut vorstellen, wie eine solche Ankündigung Mayers Interesse weckte, da sie bedeutete, dass möglicherweise ein geschickter Kartograph mit Kenntnissen in geometrischer Projektion und deren Anwendung auf Astronomie und Geographie gesucht wurde. Wenn Mayer Bewerbungsmaterial eingereicht hat, was wahrscheinlich der Fall ist, dann müsste sein Mathematischer Atlas genügt haben, um seine Fähigkeit auf diesem Gebiet zu beweisen und dafür zu sorgen, dass Franz und Lowitz ein Interesse daran haben mussten, ihn einzustellen. Mayer war mit den astronomisch-geographischen Arbeiten des Nürnberger Geschäftsmannes Johann Philipp Wurzelbau vertraut, denn er hatte das »Astronomische Handbuch« von Rost (Nürnberg 1718) gründlich gelesen und wusste daher, dass man in Nürnberg stolz war auf eine lange Geschichte in diesem Bereich, die bis ins späte 15. Jahrhundert auf Regiomontanus zurückging. Mit Hilfe der Ephemeriden des Regiomontanus fand Christoph Columbus seinen

Weg nach Amerika, und einer seiner Studenten, Bernhard Walther, benutzte das Triquetrum, um die ersten regelmäßigen Messungen von Sonnen-, Planeten- und Sternpositionen zu machen, welche Tycho Brahe und Johannes Kepler später für ihre eigenen Zwecke verwendeten. Walther könnte der erste gewesen sein, der eine mechanische Uhr für astronomische Beobachtungen benutzte, eine Tradition, die im 16. Jahrhundert von theoretischen und praktischen Astronomen, wie Johann Werner (1468–1528), Peter Apian (1495–1552), Johann Schoner (1477–1547) und dessen Sohn Andreas (1528–1590) gepflegt wurde. Danach scheint sie in Vergessenheit geraten zu sein bis 1678, als sie von dem Künstler Georg Christoph Eimmart (1638–1706) bei der Errichtung eines Observatoriums im Burggelände in Nürnberg wieder ins Leben gerufen wurde. Eimmart richtete diese Sternwarte 1691 vollkommen ein und wurde später Direktor der Nürnberger Kunstakademie, auch wenn er aufgrund seines Rufes als Astronom im staatlichen Sterberegister als Mathematiker eingetragen ist. Seine verheiratete Tochter Maria Clara Müller und Wurzelbau zählten zu den regelmäßigsten und gewissenhaftesten Mitarbeitenden des Eimmart-Observatoriums; die Tochter interessierte sich besonders für Sonnenflecken und den Entwurf von Mondkarten, während Wurzelbau in den Jahren zwischen 1682 und 1708 über 4000 Sonnenhöhen bestimmte.

Die Verbindung zwischen Wurzelbau und der Firma Homann entstand durch Johann Gabriel Doppelmaier (1671–1750), Professor für Mathematik am Nürnberger Aegydien-Gymnasium (dem heutigen Willstätter Gymnasium). Er war zu seiner Zeit bekannt als Hersteller von Sonnenuhren. Als enger Freund von Johann Baptist Homann gelang es ihm, dessen Firma für die Konstruktion von kleinen Armillarsphären, Taschengloben und anderen Artikeln astronomischer sowie geographischer Art zu gewinnen. Das bedeutendste literarische Attribut zur astronomischen Wissenschaft war sein »Atlas Coelestis« (Nürnberg 1742). Darin befindet sich in der unteren rechten Ecke der Karte mit dem Titel »Hemisphaerium Coeli Boreale« eine Abbildung des Eimmart-Observatoriums. Seine »Historische Nachricht von den Nürnbergischen Mathematicis und Künstlern« (Nürnberg 1730) ist ebenfalls ein Teil des kulturellen Erbes, worauf er stolz war. Der 1801 von Christian Conrad Nopitsch gegebene Hinweis auf das »Doppelmaier- – oder eher das Eimmart-Observatorium« lässt erkennen, wie eng die Beziehung zwischen Doppelmaier und diesem Zentrum der Astronomie war. Nopitsch erwähnt ebenfalls, dass Ebersperger 1739 einen genauen Sonnenquadranten von 2 ½ Fuß Durchmesser baute und dass er von dem 1711 gegründeten, nachbarlichen Observatorium in Altdorf auch den Auftrag hatte, einen 2-Fuß-Azimutalquadranten mit einem 18-Zoll-Teleskop und Okularmikrometer zu bauen. Die Instrumente, mit welchen am Eimmart-Observatorium gearbeitet wurde, waren im Allgemeinen einfacher. Wenn man die Illustrationen von Christoph Jakob Glaser aus seiner »Epistola Eucharistica«, 1691 (Abb.-Tafel 6) und die beiden Kupferstiche aus den Jahren 1716 und 1748 von Delsenbach (Abb.-Tafel 7), sowie das am 21. April

1751 von Lowitz erstellte handschriftliche Verzeichnis der Instrumente miteinander vergleicht, erkennt man eindeutig, dass Eimmarts eigenen Instrumenten in den dazwischenliegenden sechzig Jahren nichts hinzugefügt wurde. Demnach kann das Nürnberger Observatorium wohl kaum als typisch für die Entwicklung der astronomischen Wissenschaft jener Zeit in Deutschland angesehen werden. Andererseits trug das Homannische Büro, und zwar größtenteils durch die Unterstützung Doppelmaiers, sehr dazu bei, die astronomisch-geographische Tradition im frühen achtzehnten Jahrhundert zu bewahren.

Johann Baptist Homanns Inspirationsquelle zur Verbesserung der Geographie war natürlich die Neuausgabe der alten Schriften und Karten von Sebastian Münster und anderen. Abraham Ortelius und Daniel Cellarius leisteten einen großen Beitrag durch den Vergleich der Karten aus verschiedenen Ländern, welche Gerhard Mercator systematisch geordnet und Wilhelm sowie Johann Blaeu, Johann Jansson und andere korrigiert hatten. Für weitere Verbesserungen plädierten unabhängig voneinander Gilles Robert de Vaugondy in seinem Vorwort zu Nicolas Sansons »Introduction à la Géographie« (Paris 1743) und Hubert Francois Bourguignon d'Anville in verschiedenen seiner zahlreichen Werke, während Eberhard David Hauber sich speziell für Deutschland einsetzte in seinem »Discours von dem gegenwärtigen Zustand der Geographie, besonders in Deutschland« (Ulm 1727), in welchem er die politischen und historischen Zusammenhänge besonders hervorhebt. Guillaume De l'Isle war einer der ersten Wissenschaftler, die sich beim Entwurf von Karten mehr auf astronomische Beobachtung stützten. Trotzdem waren nicht alle seiner Karten von gleicher Qualität, und seine historischen Kenntnisse der von ihm gut gezeichneten Länder erwiesen sich oft als kärglich. Johann Matthias Haase, der in den ersten Jahren des Bestehens der Firma Homann Doppelmaiers rechte Hand war, folgte seinem Beispiel und erklärte die Vorteile der horizontalen stereographischen Projektion in einer Abhandlung mit dem Titel »Sciagraphia integri tractatus de constructione Mapparum omnis generis … et in specie, de projectionibus sphaerarum« (Lipsiae, 1717) und benutzte diese Projektion dann bei allen seinen Karten. Haases Arbeit beeindruckte Franz so sehr, dass er zwischen 1739 bis 1745 eine Reihe von dessen Karten auf seine Kosten veröffentlichte und diese im »Homannisch-Haasischen Gesellschaftsatlas« (Nürnberg 1747) zusammenfasste. Als Mayer der Firma beitrat, war dieser Atlas fast fertig und sollte Zeugnis der bedeutenden Beiträge sein, welche die Firma Homann zur allgemeinen Verbesserung der Kosmographie geleistet hatte, und zwar durch Haases Projektionsmethode, die Verwendung zuverlässiger neuer astronomischer Daten bei der Bestimmung von terrestrischen Längen und Breiten sowie durch die Einführung der deskriptiven Geschichtsgeographie.

Was den Bau von Globen betrifft, so wurden zunächst Berichte von alten Schriftstellern über terrestrische Globen gesammelt und von Johann Albertus Fabricius in seiner »Bibliotheca Graeca« (lib. 4, Kap. 1.4, S. 454) veröffentlicht.

Danach wurden sie von Eberhard David Hauber in dessen »Versuch einer umständlichen Historie der Landcharten« (1724) angewandt. Martin Beheim aus Nürnberg und Hieronimus Fracastorius aus Verona zählten zu den ersten modernen Globusherstellern. Gerhardt Valkens, Jodocus Hondius der Ältere, Wilhelm Blaeu und Marco Vincenzo Coronelli stellten im 16. und 17. Jahrhundert viele Globen her. Zu Beginn des 18. Jahrhunderts stellten Guillaume de L'Isle in Frankreich und Herman Moll in England noch bessere Globen her. In Deutschland waren die führenden Globenhersteller zu dieser Zeit Erhard Weigel, Johann Bayer, Johann Ludwig Andrea und Johann Georg Puschner in Nürnberg, welcher für Doppelmaier Globen produzierte. Die einzigen Globen aber, die in Art und Größe eine Ähnlichkeit mit den von Franz angebotenen hatten, waren die bereits überholten von Blaeu aus Amsterdam und die 1695 von Coronelli aus Paris gefertigten, doch diese waren selten und teuer geworden. Die Sternpositionen auf den Himmelsgloben hatte man im Allgemeinen den Katalogen von Tycho Brahe oder Johann Hevelius entnommen. Franz wollte jedoch den von La Caille verbesserten Flamsteed-Katalog verwenden, weil dieser neuer, gründlicher und genauer war. Dabei wurden die Werte der Himmelslängen um 1 Grad erhöht, um dadurch die Positionen von 1690 (unter Berücksichtigung einer jährlichen Präzession von 50") in die von 1762 umzuwandeln. Die Figuren der Konstellationen wurden in Blau und die Sterne in Gold eingetragen. Die Bahnen der jüngsten Kometen wurden ebenfalls eingezeichnet. Die Erdgloben konnten unter Verwendung neuer Informationen aus den Veröffentlichungen der führenden europäischen Akademien und anderer wissenschaftlicher Gesellschaften verbessert werden. Man zeichnete Loxodrome ein, weil diese zum Unterrichten der Grundlagen des Kompasses für Navigations- und Seekarten verwendet werden konnten.

Eine der wichtigsten neueren Entdeckungen der Mitglieder der Pariser Akademie der Wissenschaften war die, dass die Erde an den Polen etwas abgeplattet sei. Dies entsprach der von Colin Maclaurin 1741 gemachten eleganten geometrischen Darstellung der von Newton bereits vorausgesagten Abplattung, weil die Erde sich im Gleichgewicht zwischen Gravitation und der durch die tägliche Rotation bedingten Zentrifugalkraft befindet. Obwohl der eigentliche Wert dieser Abplattung, der aus geodätischen Messungen und Pendelexperimenten unter Pierre de Maupertuis in Tornea, Lappland, und unter Charles Marie de La Condamine sowie Pierre Bouguer in Quito (Peru) stammte, doppelt so groß war, als man ihn bei Verwendung des mechanischen Prinzips von Newton erwartet hätte, wurde diese Diskrepanz 1743 zufriedenstellend von Alexis Claude Clairaut, einem Mitglied der Maupertuis-Expedition, durch die Berücksichtigung der Inhomogenität der Zusammensetzung der Erde erklärt. Das Einsetzen der Werte für die Gravitationsbeschleunigung an verschiedenen geographischen Breiten in eine mathematische Formel, die als Clairauts Theorem bekannt ist, machte es möglich, den genauen Wert der Elliptizität, d. h. der Abplattung zu finden.

Lowitz erkannte, dass er diesen zwar geringen, aber dennoch nicht ganz zu vernachlässigenden Effekt bei der Vorbereitung der Planisphären für seine Erdgloben berücksichtigen musste und wandte sich zur Unterstützung bei dem mathematischen Aspekt dieser Arbeit an Leonhard Euler. Der in dieser Sache geführte Schriftwechsel wurde am 26. Oktober 1745 von Lowitz begonnen und wird im Archiv der Sowjetischen Akademie der Wissenschaften in Leningrad aufbewahrt. Aus dieser Korrespondenz geht hervor, dass Euler Lowitz über Konstruktionsprobleme des Meridians und der parallelen Breitengrade bei horizontaler, stereographischer Projektion seiner Weltkarte oder seines »Planiglobiums« (1746) und über die Projektionstheorie ganz allgemein beriet. Bei einem Globus von 3 Fuß Durchmesser betrug die Erdabplattung, die Euler selbst mit 1:200 berechnet hatte, nur ⅙ Zoll. Deshalb fand Lowitz es gerechtfertigt, sie zu vernachlässigen. Trotzdem war es erforderlich gewesen, eine strenge Theorie hierfür zu entwickeln, und Euler hatte Lowitz in den Briefen nützliche Ratschläge für ein Problem anderer Art gegeben, nämlich, wie man Sternkonfigurationen auf dem Himmelsglobus darstellt. Die Schwierigkeit lag darin, dass die Projektion dieser Figuren von Karten auf Segmente einer Sphäre eine Vertauschung von rechts und links verursachte. John Flamsteed, Giovanni Cassini und Georg Christoph Eimmart stimmten darin überein, die Figuren als richtige und nicht als transparente Gebilde anzusehen, hatten aber ihre Formen verzerrt, um die Namen, die Ptolemäus den Sternen gegeben hatte, beibehalten zu können. Auf Eulers Rat hin beschloss Lowitz, diese Verzerrungen, ohne von der Tradition abzuweichen, zu beseitigen. Die vernünftige Lösung dieses Problems wäre gewesen, die Zeichen seitenverkehrt einzusetzen. Eine ausführliche Beschreibung über den von Lowitz in diesen und anderen Dingen in Bezug auf den Globusbau gemachten Fortschritt ist im »Second Avertissement« (einer zweiten Benachrichtigung) enthalten, die vom Homannbüro am 1. Dezember 1749 veröffentlicht wurde (Kapitel 3).

Ein weiterer, besonders erwähnenswerter Teil seiner Arbeit ist ein Artikel mit dem Titel »Kurze Erklärung über zwey Astronomische Karten von der Sonnen- und Erd-Finsternis den 25. Julius 1748 ...«, den Joseph De L'Isle ins Französische übersetzte und am 23. und 27. März 1748 an der Pariser Akademie der Wissenschaften vortrug. Dieser Artikel enthält einen zusätzlichen Beweis dafür, dass Lowitz die stereographische und orthographische Projektionsmethode zur Darstellung der Erde fleißig benutzte. Kleinere Unstimmigkeiten, welche er beim Vergleich der Resultate von den zwei Projektionen entdeckte, schrieb er der Tatsache zu, dass die Erde gemäß der von Pierre de Maupertuis auf seiner Expedition nach Lappland gemachten Feststellungen keine perfekte Sphäre wäre. Gerade deshalb lag De L'Isle so viel daran, diesen Forschungsaspekt bei der Pariser Akademie, welche diese Expedition unterstützt hatte, zu erklären. Des Weiteren ergibt sich aus der Überschrift der ersten der beiden Finsterniskarten und – wenn auch in andere Worte gekleidet – aus Lowitzens Beschreibung der am 25. Juli 1748 zu erwartenden Sonnenfinsternis die interessante Tatsache, dass die Berechnungen für den Moment des Neumondes mit Hilfe der neuen Sonnen- und Mondtafeln von Leonhard Euler durchgeführt wurden. Diese Tafeln erschienen 1746 in »Opuscula varii argumenti I« in Berlin und man hatte sie benutzt, um die entsprechenden Ephemeriden im Berliner Kalender für 1746 zu berechnen.

Mayer selbst war unterdessen keinesfalls untätig. Nachdem er mindestens sechs Landkarten für die Firma Homann hergestellt hatte, war er bereits mit einigen anderen beschäftigt (siehe Anhang). Sein unveröffentlichtes Werk »Collectanea geographica et mathematica 1747« beweist eindeutig, wie sehr er mit der für seine karthographische Arbeit notwendigen Zusammenstellung von Tabellen der Breiten und Längen für Orte in Deutschland, Frankreich, der Schweiz, Italien usw. beschäftigt war. Zwei Auszüge aus dem 300-seitigen Quartformatmanuskript sind von Bedeutung, da sie einen Einblick gewähren in die Haltung, die seine damalige Arbeit charakterisiert. Ein Artikel trägt den Titel »Untersuchungen über die geographische Länge und Breite der Stadt Nürnberg«, welche für nachfolgende astronomische und geographische Arbeit in dieser Stadt unumgänglich sind, und beginnt wie folgt:

> Man weißt allzuwol, dass in der Erdbeschreibung sehr viel, ja das meiste an genauer Bestimmung der Breite und Länge vieler bekannten und merkwürdigen Örter gelegen. Diese zu erhalten ist eine der vornehmsten Absichten der Sternkunst, und diejenigen, welche sich mit dieser Wissenschaft beschäftigen, haben allezeit große Bemühung auf solche Observationen gewendet, woraus die geographische Lage, das ist die Länge und Breite des Orts wo sie sich befinden, kan hergeleitet werden. Wenige aber haben ihren Fleiß dahin erstrecket, wie sie ihre eigene Observationen zu ihrem Endzweck gehörig anwenden sollten.

Demnach war Astronomie die Dienerin der Geographie, und die Genauigkeitsbegrenzungen auf den Karten waren größtenteils darauf zurückzuführen, dass die Astronomen nicht in der Lage waren, ihre eigenen Beobachtungen, deren Genauigkeiten sie selbst am besten beurteilen konnten, für entsprechende Verbesserungen zu nutzen. Mayers Analyse von Wurzelbaus Beobachtungen und Bestimmungen der Breite von Nürnberg, welche er etwa zwei Jahre vorher unbesehen zur Vorbereitung seines »Mathematischen Atlasses« benutzt hatte, ist ein klarer Beweis dafür, weil leicht jemand irregeführt werden kann, der mit Hilfe von Beobachtungen anderer Schlüsse zieht, wenn es ihm nicht möglich ist, bestehende Fehler an den benutzten Instrumenten und die genauen Toleranzen abzuschätzen, die für physikalische Einwirkungen wie astronomische Refraktionen eingesetzt wurden.

Bei dem anderen Auszug, der den Titel »von der Construction der Landkarten. Mit dem Exempel einer Karte von Ober-Teutschland erkläret« trägt, kommt Mayer zu einem ähnlichen Schluss und sagt:

Der Erdbeschreiber, welcher gezeigt, wie weit er seine Untersuchungen erstrecken könne und was er für Geschicklichkeit besitze, sie anzuwenden, wird bei seinem Werk weiter nichts zu verantworten haben, als nur die Mittel die er gebraucht hat, solches wohl zusammen zu setzen. Es können in Errichtung einer Karte unendliche Verbindungen zusammen kommen, welche man nicht deutlicher erkennen kann, als wenn man dem Weg und der Ordnung des Geographen selbst folgt.

Auch das zeigt, dass die Geographie in der Aufklärung von enormer Bedeutung war und wie nötig es ist, dieses Gebiet gründlich zu beherrschen. Mayer wollte zwar die jeweiligen für die Kartographie erforderlichen geometrischen, astronomischen und geographischen Hilfsmittel berücksichtigen, gab dieses Vorhaben aber bald auf, als er gleich am Anfang vor dem schwierigen Problem stand, dass die Messungen aufgrund der unterschiedlichen Längenmaße, welche in den einzelnen Ländern und von den verschiedenen Autoren benutzt wurden, nicht übereinstimmten.

Ein wesentlich fruchtbareres Vorhaben, bei dem Mayer eine Reihe von Untersuchungen anstellte, trug schließlich maßgeblich dazu bei, dass er für die Nachwelt berühmt wurde. Es handelt sich um Mayers Mondfinsterniskarte mit dem Titel »Vorstellung der in der Nacht zwischen dem 8. und 9. August 1748 vorfallenden partialen Mondfinsternis…«. Kopien davon befinden sich in der 1752 in Nürnberg posthum herausgegebenen Ausgabe von Doppelmaiers »Atlas Coelestis«. Bei dieser Karte verwendet Mayer die übliche orthographische Projektionsmethode, um den Mond von der Erde aus gesehen zu zeichnen, aber die stereographische, wenn er die Erde so zeichnet, wie man sie vom Mond aus sehen würde. Die Abweichungen von den in Berlin für diese Finsternis bestimmten Zeiten, welche auf die alternativen Konstruktionen zurückzuführen sind, die mit Hilfe der schon erwähnten neuen und recht genauen Daten von Euler entstanden, können nur bedeuten, dass es nicht zulässig ist, eine orthographische Projektion zu verwenden, was bis dahin geschehen war. Dabei wird nämlich die Mondparallaxe praktisch vernachlässigt, und Mayer wusste, dass dadurch bei der Bestimmung der Länge unter Verwendung der Mondfinsternismethode die erreichbare Genauigkeit begrenzt wird.

Auf diese Weise registrierten Beobachter, die sich auf weit auseinanderliegenden Meridianen befanden, die wahren Sonnenzeiten, zu denen besonders markante Punkte auf der Mondoberfläche durch die fortschreitende Bewegung des Erdschattens verdeckt und später wieder frei wurden. Obwohl Uhrfehler normalerweise behoben wurden, benutzte man üblicherweise die mittlere Zeitdifferenz, die sich beim Vergleich der Ergebnisse von jeweils zweien dieser Beobachter ergab, untereinander als Längenunterschiedsmaß, ohne die Parallaxe zu berücksichtigen. Eine andere Fehlerquelle bei dieser Methode, bei der ein Teleskop nicht unbedingt erforderlich ist, war die falsche Identifizierung einiger topographischer Merkmale des Mondes. Bei der Vorbereitung dieser Projektion stellte Mayer tatsächlich mit Entsetzen fest, dass selbst die besten damals vorhandenen Mondkarten wie die in Giovanni Battista Ricciolis »Almagestum Novum« (Bonaniae, 1651) und in Johann Hevelius »Selenographia« (Gedani, 1662) unterschiedliche Nomenklaturen verwendeten und beträchtliche Fehler aufwiesen. Francesco Grimaldis Darstellung des Mondes in Ricciolis »Almagestum novum« war, sowohl was die genaue Einzeichnung der topographischen Merkmale des Mondes betrifft, als auch in Bezug auf die Qualität des Kupferstiches schlechter als die von Hevelius.

Die Tatsache, dass die Markierungen auf der Mondoberfläche mal näher und mal weiter entfernt vom Rand erscheinen, war eine zusätzliche Quelle für Ungenauigkeiten, die quantitativ bis dahin nicht berücksichtigt wurde. Giovanni Cassini erkannte zwar richtig, dass diese Erscheinung auf eine Schwankung oder Libration bei der Rotation des Mondes um seine Achse zurückzuführen war, weil er aber weder Beobachtungen, noch irgendwelche Ergebnisse darüber veröffentlichte, ist es zweifelhaft, ob er die Richtung der Achse oder die Periode des Mondumlaufs richtig bestimmt hatte. Der einzige andere Astronom, welcher diese Sache vorher gründlicher als Cassini untersucht hatte, war Gottfried Heinsius aus Leipzig. Heinsius schrieb hierüber eine kurze Abhandlung mit dem Titel »De apparentia aequatoris lunaris...« (Lipsiae, 1745). Trotzdem musste hier noch viel getan werden. Gemäß Cassini liegen beispielsweise die Achsen des Mondäquators, der Ekliptik und der Mondbahn immer in einer Ebene, wobei die erste einen Winkel von 2½° mit der zweiten und von 7½° mit der dritten bildet. Da nun angenommen wurde, dass diese Winkel konstant seien, bedeutete dies die Annahme, dass die Achse der Mondbahn mit der Achse der Ekliptik immer einen Winkel von 5° bildet. Dennoch weiß jeder, der die Mondbewegung kennt, dass dieser Winkel nicht konstant ist, sondern zwischen 5° 00' und 5° 18' schwankt. Es war äußerst schwierig zu entscheiden, ob die Achse des Mondäquators in Bezug auf die der Ekliptik oder in Bezug auf die der Mondbahn konstant ist. Im ersten Fall würde die Neigung zwischen 7½° und 7° 48' variieren, im zweiten Fall entsprechend zwischen 2½° und 2° 12'. Mayer war sich durchaus darüber im klaren, dass Unterschiede von 18' bei der Bestimmung von Positionen auf der Mondoberfläche wenn auch gering, so doch signifikant waren.

Mayer erkannte, dass er eine Theorie für die Berechnung des genauen Wertes der Mondlibration entwickeln musste, ehe er eine neue Mondkarte zeichnen könnte, die genau genug wäre, um als zuverlässige Grundlage für die Längenbestimmung benutzt zu werden. Diese Erkenntnis regte ihn dazu an, ab Februar 1748 vom Homann-Gebäude aus sehr gründliche Beobachtungen dieser Erscheinung durchzuführen. Dazu benutzte er zunächst ein 9 Fuß langes Teleskop von 1,4 Zoll Öffnung und nach zwei Monaten sein selbst entworfenes Glasmikrometer. Der wesentliche Vorteil seines Mikrometers lag darin, dass er nicht mehr bewegt werden musste, wenn er einmal gut in die Fokusebene eines rotierenden Okulars von 2,75 Zoll Brennweite eingesetzt war. Er bestand lediglich aus einem dünnen, hochpolierten Stück Glas, auf dem eine Vielzahl paralleler Linien im gleichen Abstand angebracht waren, die sich im rechten Winkel mit einer Reihe anderer Linien kreuzten (Fig.2).

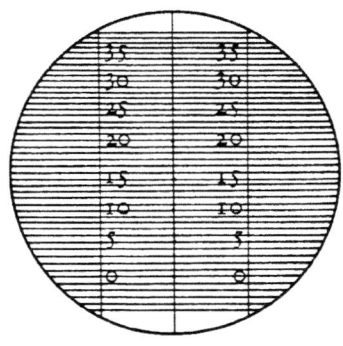

Fig. 2

Mayers Beschreibung über Konstruktion und Anwendung dieses Instrumentes befindet sich zusammen mit drei astronomischen Abhandlungen von ihm, die anschließend beschrieben werden, in den »Kosmographischen Nachrichten und Sammlungen auf das Jahr 1748« (Nürnberg, 1750). Da Mayer durch Ritzen des Glases mit einem Diamanten keine klar zu unterscheidenden Linien bekam, hatte er eine Glasseite dünn mit Tusche bestrichen und seine Linien mit einem Parallelen-Lineal und einem entsprechend geschnittenen »Schreibkiel« freigeschabt, dessen Breite der Weite der Zwischenräume entsprach. Die orthogonalen Linien waren auf der anderen Glasseite eingezeichnet. Die genauen Winkeltrennungen zwischen jedem Paar paralleler Linien wurden bestimmt, indem man das Teleskop auf ein Lineal fokussierte und die entsprechenden Linienabstände durch die Brennweite des Teleskops teilte. Danach wurde eine Kalibrierungstabelle gezeichnet.

Obwohl es kaum zu glauben ist, behauptete Mayer, dass man die Zahl der Bogensekunden zwischen zwei gezogenen Linien von 1' Abstand mit bloßem Auge schätzen könnte. Dies wird einfacher, weil die Abstände zwischen zwei parallelen Linien durch Benutzung des Mikrometers im Brennpunkt des Teleskops vergrößert werden (Abb.-Tafel 8). Nachdem er das Mikrometer in der Brennpunktebene so eingestellt hatte, dass die Linien parallel zum Äquator verliefen (was am Lauf der Sterne durch das Gesichtsfeld infolge der täglichen Bewegung zu kontrollieren ist), stellte er es so ein, dass der obere oder der untere Rand des Mondes genau an einer parallelen Linie auf dem Mikrometer lag. Von einer Sekundenuhr las er die (mittlere Sonnen-)Zeit ab, zu welcher der vorangehende Rand des Mondes eine der senkrechten Linien kreuzte und wenn möglich – obwohl dies nicht so leicht zu beobachten war – auch die Position des Nord- oder Südrandes zu demselben Zeitpunkt ab. Mayers geschätzte Zeiten waren manchmal sogar bis auf 0.1 s genau angegeben. Wenn der vorangehende Rand bei abnehmendem Mond nicht sichtbar war, begann er mit dem Zählen der Sekunden, ehe die Oberflächenmarkierung die senkrechte Linie erreicht hatte. Nach Abschluss dieser Beobachtungen widmete Mayer seine Aufmerksamkeit nicht der Uhr, sondern den Mikrometerpositionen der oberen und/oder unteren Ränder des Mondes sowie der Mondmarkierung, die er auf 3" bis 4" genau schätzen zu können behauptete. Er nahm an, dass die aus neun Beobachtungen bestimmten mittleren Werte etwa auf 1" genau seien. Dann reduzierte er seine Zahlen und berücksichtigte dabei, dass die Teilstriche auf seinem Mikrometer nicht genau 1' auseinanderlagen.

Nachdem er sich durch Rechnungen, die auf Newtons Theorie über die allgemeine Gravitation basierten, davon überzeugt hatte, dass der Mond hinreichend sphärisch ist, beschrieb Mayer, wie man den Monddurchmesser auch bestimmen kann anhand von Messungen des beobachteten Zeitintervalls (t Sekunden) zwischen den Durchgängen seines West- und Ostrandes durch den Meridian bei Vollmond mittels eines Bleilot-Pendels, das vorher und nachher mit einer Pendeluhr in einem anderen Raum verglichen wird. Wenn der vordere Rand des Mondes nicht sichtbar war, maß Mayer, wieviel Zeit die Hörner brauchten, um die senkrechten Linien auf dem Mikrometer zu passieren. Seine Formel für den geozentrischen Durchmesser in Bogensekunden (D) lautet:

$$D = \frac{21600 \cdot t \cdot \cos \delta}{m}$$

Dabei ist δ die geozentrische Deklination des Mondes zum Zeitpunkt der Beobachtung und m (Minuten) das mittlere Zeitintervall zwischen zwei aufeinanderfolgenden Kulminationen des Mondes durch den Meridian. Sowohl δ als auch m waren im Berliner Kalender tabelliert. Diese D-Werte mussten auf ihre entsprechenden scheinbaren Werte reduziert werden, ehe sie mit den Messungen verglichen werden konnten, bei denen das Mikrometer so verstellt war, dass die senkrechte Linie durch die beiden Hörner ging. Aufgrund der Variation in seiner Deklination blieb der Mond nicht zwischen denselben parallelen Linien, und wenn das untere Horn die Parallellinie erreichte, konnte er die Position des oberen Horns ablesen. Mayer maß ebenfalls die Zeit, welche die Hörner benötigten, um durch die senkrechten Linien zu ziehen, und errechnete mit ihr den Durchmesser und den Mikrometerstand in Fällen, wo sich die die Hörner verbindende Linie in einem sehr spitzen Winkel zu den parallelen Linien befand. Man sieht, dass, wenn man die beiden unabhängig bestimmten Werte des Monddurchmessers gleichsetzt und die Refraktionseinwirkung entsprechend berücksichtigt, die Zeit des Meridiandurchgangs bestimmt werden kann. Die Abhängigkeit von den Tabellen im Berliner Kalender konnte vermieden werden durch Verwendung eigener Beobachtungen der Mondbahnbewegung während eines kürzeren, aber sehr genau bestimmten Zeitintervalls. Wegen der Refraktion war es jedoch unratsam, dies dann zu tun, wenn die Mondhöhe weniger als 20° betrug.

Mit Hilfe seiner Mikrometermessungen konnte Mayer eine Tabelle über Winkelentfernungen der Markierungen von den Nord- und Westrändern des Mondes für jede beobachtete Mondphase aufstellen. Als geeignetste Struktur für seine Bestimmung der Position der Mondachse und der Librationsperiode um diese Achse wählte Mayer den kleinen Krater Manilius und zwar nicht nur deshalb, weil dieser sich zufällig in der Nähe der Scheibenmitte befand, sondern auch weil er der am schärfsten hervortretende Krater ist und in allen Phasen des zu- und abnehmenden Mondes gesehen werden kann. Beobachtungen anderer Mondmarkierungen, die an 46 Tagen zwischen dem 11. April 1748 und 28. August 1749 vorgenommen wurden, bezogen sich auf diese Achse. Mayer besaß jetzt (also) alle Angaben, die er benötigte, um die Mondmarkierungen eindeutig auf der Scheibe festzulegen. Durch eine einfache Verwandlung von kartesischen in Polarkoordinaten gab er diese jeweils nach ihren Entfernungen vom Scheibenzentrum und ihrem Positionswinkel in Bezug auf die Nordrichtung an, d. h. in Richtung des Stundenkreises oder der senkrechten Linien.

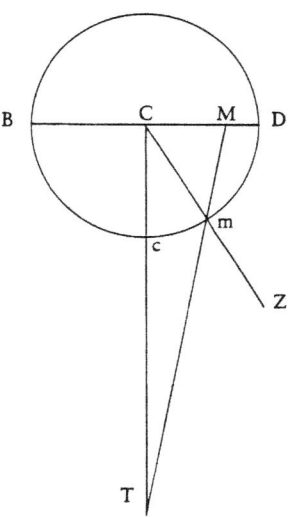

Fig. 3

Eine andere, allerdings wirklich nur minimale Reduktion, die Mayer aber für nötig hielt, war die Umwandlung des auf der Mondoberfläche in einer Ebene rechtwinklig zur Sichtlinie des Beobachters projizierten großen Kreisbogens CM – d. h. genau das, was eigentlich beobachtet wurde – in den Bogen cm auf der Mondoberfläche selbst (siehe Fig. 3).

Danach leitete Mayer eine Formel ab, um die Tatsache zu berücksichtigen, dass sich die Positionen der Mondmarkierungen eher auf den scheinbaren als auf den wahren Stundenkreis, d. h. den Deklinationskreis beziehen. Damit beziehen sich die Mondmarkierungen auf den Erd-Äquator.

Als nächstes verwandelte Mayer diese Positionen in ekliptikale Koordinaten, indem er diese auf den Breitenkreis durch den Pol der Ekliptik und das Zentrum des Mondes bezog. Er entnahm dem Berliner Kalender die wahren ekliptikalen Koordinaten und die Horizontal-Parallaxe des Mondes, leitete seine scheinbare Länge und Breite ab und berechnete den für seine Umwandlung benötigten Winkel.

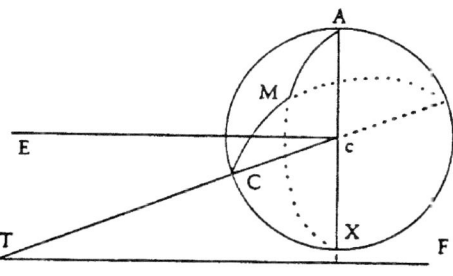

Fig. 4

Wenn dieser zum Positionswinkel addiert wird, erhält man den Winkel zwischen der Richtung zur Mondmarkierung vom Scheibenzentrum aus und der des Breitenkreises (ACM in Fig. 4).

Da AC = 90° und CM in dem sphärischen Dreieck ACM schon bekannt sind, können AM und CAM abgeleitet werden. Die Länge der Markierung erhält man durch Addieren und Subtrahieren des Winkels CAM, welcher die Längendifferenz zwischen Markierung und Mondzentrum angibt, zu oder von der Länge des Mondzentrums. Die Mondtabellen geben die Werte der scheinbaren Mondlänge von der Erde aus gesehen an. Dementsprechend stellen diese Werte plus/minus 180° die scheinbare Länge des Standortes des Beobachters auf der Erdoberfläche dar. Wenn der Winkel CAM addiert wird, ergibt dies die Länge der Mondmarkierung in der Ekliptik für irgendeinen hypothetischen Mondbewohner. Auf diese Weise gelang es Mayer, jede Beziehung zur Erde auszuschließen. Da die jeweiligen Distanzen der Markierungen vom Mondzentrum ebenfalls bekannt sind, besaß er alle für die Herleitung der axialen Mondrotation notwendigen Grundlagen.

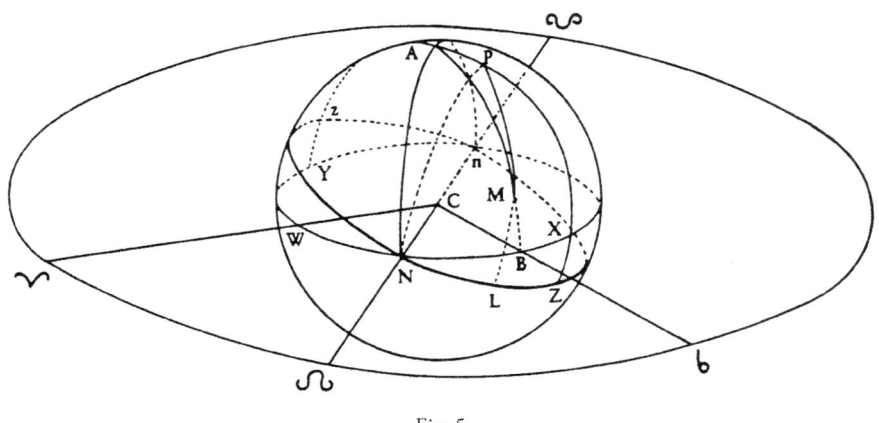

Fig. 5

Die von Mayer zur Erlangung der selenographischen Breite und Länge der einzelnen Mondmarkierungen angewandte Methode ist von großer historischer Bedeutung, da sie den als Methode der kleinsten Quadrate bekannten Vorgang vorwegnimmt, der über ein halbes Jahrhundert später von Carl Friedrich Gauß erstmals exakt dargestellt wurde. Die Prinzipien von Mayers eigener Behandlung sind aus Fig. 5 zu ersehen, in welcher C das Zentrum und P der Pol des Mondes ist. M ist die Maniliusposition. NLZ ist der Äquator des Mondes durch die Knoten N und n, wo er die Ebene der Ekliptik WNBXnY, deren Pol A ist, schneidet. α = AP ist die Winkeldistanz zwischen den beiden Polen oder die Neigung der Mondbahn gegen die Ekliptik. h = AM = 90° − MB ist die Winkeldistanz des Manilius zum Pol der Ekliptik. k = γ ist die Länge des aufsteigenden Knotens der Mondbahn. $\theta = \gamma\Omega = \gamma C\Omega$ = WCN ist die Längendifferenz zwischen dem aufsteigenden Knoten und dem aufsteigenden Äquinoktialpunkt. Folglich ist k + θ die Länge des aufsteigenden Äquinoktialpunktes; g = γCb = WCB die Himmelslänge von M und β = MB seine Himmelsbreite.

Mayer wendet zunächst die Kosinusformel auf das sphärische Dreieck APM an und erhält:

$$\sin \beta = \cos \alpha \cos h + \sin \alpha \sin h \sin (g - (k + \theta))$$

Da die Mondkrater feste Punkte der Mondoberfläche sind, ist *h* konstant und die Differentiation der Gleichung ergibt: β = 90° − h ± α. Folglich kann *h* niemals größer als 90° − ß + α oder kleiner als 90° − ß − α sein und ist zwischen diesen Größen mit einer Variationsbreite von 2 α begrenzt. Die Grenzwerte von *h* findet man durch eine Reihe von Beobachtungen, und *a* ergibt sich dann als halbe Differenz. Zum Beispiel, da am 5. Juni 1748 der größte Wert für Manilius mit h = 76° 59′

und am 27. Dezember 1748 der kleinste Wert mit 73° 35' erreicht wurde, ist α = ½ 3°23' = 1°41 ½', also β = 90° - 75°17 ½' = 14° 42 ½'. Die Grenzwerte von *h* entsprechen der Bedingung

$$\sin(g - (k + \theta)) = = 1 \text{ oder } g - k - \theta = 90° \text{ oder } 270°.$$

Die entsprechenden Werte von g und k an diesen beiden besagten Daten können dem Berliner Kalender entnommen werden. Im Fall, wo h für Manilius beispielsweise am größten war, ergab θ = 90° - (g - k) = + 21° 26', was etwas größer ist als von Mayer angenommen; aber es reagiert so empfindlich auf Änderungen von h, dass ein Fehler von nur +/- 5' in dieser Größe genügen würde, die Diskrepanz auf Null zu reduzieren. Deshalb hielt Mayer es für berechtigt, die üblichen Näherungswerte für kleine Winkel einzuführen, d. h. sin α = α, sin θ = θ, womit er seine ursprüngliche Formel dann entwickelte und vereinfachte zu:

$$\beta - (90° - h) = \alpha \sin(g - k) - \alpha \sin\theta \cos(g - k)$$

und diese schließlich dazu benutzte, um die drei Winkel α, θ, β zu berechnen. Im Idealfall sollte man zu diesem Zweck drei Beobachtungen mit wesentlich unterschiedlichen h-Werten haben, die außerdem zu etwa um 90° auseinanderliegenden (g - k) Werten gehören sollten. Mayer verwendete diese Kriterien, indem er Beobachtungen vom 2., 10. und 15. Juli 1748 aussuchte. Die Länge des aufsteigenden Mondknotens für den Anfang jenes Jahres wurde Eulers Mondtafeln entnommen und eine passende Korrektur für die drei fraglichen Tage aus den bekannten jährlichen und täglichen Mondbewegungen interpoliert. Mayer stellte für die entsprechenden Tage drei solche Gleichungen mit den passenden Werten von h und g - k auf, indem er zuerst β durch jeweilige Subtraktion des ersten und des zweiten Wertes vom dritten eliminierte und dann nacheinander die beiden neuen Gleichungen für α und α sin θ und damit für θ löste. Auf diese Weise erhielt er: α = 1°40', θ = + 3°36', folglich β = 14°33'. Er war sich jedoch genau darüber im Klaren, dass g und h merkliche Fehler enthalten konnten, welche den Wert dieser Resultate schmälerten. Erst nachdem er die Berechnung mit acht anderen Gruppen von je drei Beobachtungen wiederholt und die so gewonnenen Werte von α, β und θ gemittelt hatte, glaubte er eine zuverlässige Näherung des wahren Wertes gewonnen zu haben. Als Vorarbeit zu einer solchen Berechnung tabellierte er zunächst die mittlere Position des aufsteigenden Knotens k für jede Beobachtungszeit und subtrahierte den Wert von der Länge des Kraters Manilius, um g - k = NAM (Fig. 5) zu erhalten. Dann teilte er die 27 Bedingungsgleichungen in drei Gruppen von je 9 Gleichungen auf und zwar wie folgt:

$\alpha > 0$ und größer als in den übrigen 18
$\alpha < 0$ und größer als in den übrigen 9
$\alpha \sin \theta$ größer als in den übrigen 18

Zum Schluss addierte er die Koeffizienten von α, β und θ für alle neun Gleichungen in jeder Gruppe und löste die drei verbleibenden Gleichungen auf dieselbe Weise wie vorher. Der Vorteil dieses Vorganges war, dass dadurch die Differenzen bei den drei Summen der Koeffizienten so groß wie möglich wurden, was dazu beitrug, die Genauigkeit der Resultate zu erhöhen. Weil $\alpha = 89.9'$, $\theta = -3°\,45'$ und $\beta = +14°33'$ betrug die Nutation oder die Neigung der Mondbahn gegen die Ekliptik $1°\,30'$ – einen ganzen Grad weniger als Cassinis Wert – die Länge des aufsteigenden Äquinoktialpunktes für Anfang 1745 belief sich auf $315°\,11'$ und die selenographische Breite des Manilius auf $14°\,33'$ N.

Mangels einer Fehlertheorie nahm Mayer, wie wir heute wissen, fälschlicherweise an, dass zufällige Fehler direkt proportional mit der Zahl unabhängiger Beobachtungen abnehmen. Eine Wiederholung seiner Berechnungen mit drei Gruppen von drei Bedingungsgleichungen für Dionysius ergab eine sehr zufriedenstellende Übereinstimmung bei α und θ, aber die Resultate einer anderen Analyse von drei Gruppen von vier Bedingungsgleichungen für Censorinus waren nicht so gut; möglicherweise, weil dieser Krater vom Scheibenzentrum weit entfernt ist. Obwohl Mayer die Hypothese annimmt, dass die Länge des aufsteigenden Äquinoktialpunktes mit der mittleren Länge des aufsteigenden Mondknotens identifiziert werden kann, (äquivalent zu $\theta = 0°$), erkannte er, dass seine Resultate kaum zuverlässig genug waren, um diese Annahme zu rechtfertigen. Ihre provisorische Annahme ermöglichte ihm dennoch die Vereinfachung seiner grundlegenden Gleichung für das $\triangle APM$ zu:

$$\sin h = \cos\beta + \alpha \sin\beta \sin(g - k)$$

Die Anwendung der sin-Formel ergibt $\cos p = {}^{(\sin h)}\!/\!_{(\cos\beta)} \cos(g - k)$, wobei $p = NPM$ den Winkel am Pol des Äquators zwischen der Mondmarkierung (im Besonderen der des Manilius) und dem aufsteigenden Äquinoktialpunkt bezeichnet. Mit diesen beiden Formeln kann man leicht zeigen, dass in hinreichender Näherung gilt:

$$p = g - k - \alpha \tan\beta \cos(g - k), \text{ wenn } \beta < 75°$$

Mayer benutzt diese Gleichung, um p für die 27 Beobachtungen von Manilius, die neun von Dionysius und die zwölf von Censorinus zu bestimmen. Dabei stellt er fest, dass diese Größe mit der Zeit zunimmt. Dies bedeutet, dass die Mondoberfläche sich in Bezug auf den Äquinoktialpunkt N in eine östliche Richtung bewegt, wogegen Letzterer selbst sich langsam um den gleichen Betrag in die entgegengesetzte Richtung bewegt, das für die Rückkehr des Mondes zur gleichen Position auf der Ekliptik von der Erde aus gesehen nötig ist. Deshalb sehen wir im Laufe der Jahre stets dieselbe Seite des Mondes. Mayer überlegte, ob nicht jemand einen mechanischen Grund entdecken könnte, warum die Umlaufzeit des Mondes in seiner Bahn und die Rotationszeit einander gleich sind, während er selbst sich auf die Vorbereitung einer genauen Mondkarte konzentrierte. Er berechnete selenographische Breiten aus $\beta = 90° - h + \alpha \sin(g - k)$, die er durch das Einsetzen von $\theta = 0°$ in seiner Grundgleichung fand. Ehe selenographische Längen gefunden werden konnten, war die Definition eines Nullmeridians nötig. Im Gegensatz zur Erde war dies nicht ganz willkürlich. Die natürliche Wahl fiel auf den Meridian, der in derselben Ebene lag wie die seine Mitte mit der Position der mittleren Erde verbindende Linie. Da die variable Bewegung der Erde um die Sonne leicht festzulegen war, konnte die Relation zwischen der mittleren und der tatsächlichen Position leicht berechnet werden. So ist die mittlere Länge der Erde zu irgendeiner gegebenen Zeit gleich der des Mondes +/- 180°, während die Länge des aufsteigenden Punktes N gleich der des aufsteigenden Knotens (Ω) ist. Diese Information ist durch Interpolation von Mondtafeln leicht erhältlich.

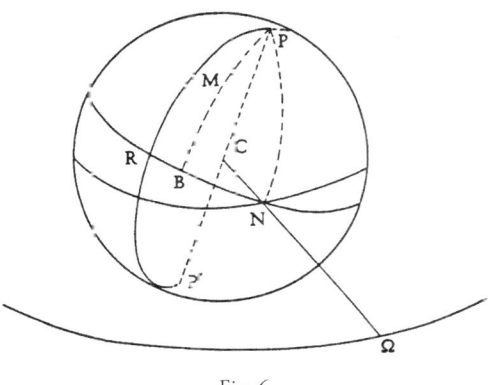

Fig. 6

In Fig. 6 ist der Nullmeridian PRP', R die mittlere Erde und NR der beobachtete Winkelabstand der mittleren Erde von diesem Punkt, wobei der Winkel von Westen nach Osten genau in demselben Maß wächst, wie der Winkel zwischen einer Mondmarkierung und dem aufsteigenden Äquinoktialpunkt. R kann niemals weit vom Zentrum der Mondscheibe entfernt sein: R würde festbleiben, wenn die scheinbare Bewegung der Erde um den Mond gleichförmig wäre. Die Länge einer Markierung ist RB = NR - NB (Osten oder Westen), wobei

$$NR = (\lambda \pm 180°) - \Omega = (\lambda - \Omega) \pm 180° \text{ und } NB = NPM = p.$$

Die Eigenschaften der Mondrotation um seine Achse wurden also durch eine Analysemethode untersucht, bei welcher Mayer mehr intuitiv als durch Logik ganz korrekt drei Normal-Gleichungen von einem System aus 27 Bedingungsgleichungen aufstellte und damit das Gaußsche Verfahren vorwegnahm. In der VII. Auflage der »Encyclopaedia Britannica« bestätigt James Browne im Hinblick auf die Entdeckung von Gauß und im Licht der von Joseph Delambre in seiner »Histoire de l'astronomie au dix-huitième *siècle*« (Paris, 1827) dargelegten technischen Bewertung von Mayers Beiträgen zur Astronomie, Mayers Priorität, diese Analysemethode anzuwenden, und sagt darüber: Mayers Abhandlung über die Mondlibration sei

> die erste, worin man sich bei einer Aufgabe, die nicht mehr als drei Beobachtungen zu erfordern und auch nicht zuzulassen schien, die Methode der Bedingungsgleichungen vorstellte, welche anstelle von drei eigentlich notwendigen Observationen die Anwendung von tausenden erlaubt und die zugleich zu den richtigsten oder wahrscheinlichsten Ergebnissen aus den gesamten Beobachtungen führt. Man hat in der Tat erkannt, dass die Fehler, welche unvermeidlich waren und für die es keinen Grundsatz gab, jedesmal anders auftraten und sich durch die gegenseitige Kompensierung von selbst korrigierten. Dieser Methode verdanken wir größtenteils die Präzision der modernsten astronomischen Tafeln. Obwohl sie die Aufmerksamkeit der Astronomen einige Zeit nicht auf sich lenkten, wird sie jetzt allgemein angewendet, und auf diese Weise sind durch hunderte und gar tausende Beobachtungen die Tafeln gebildet worden, welche Lalande in der dritten Auflage seiner Astronomie übernommen hat.

Dieses 1792 in Paris veröffentlichte Werk von J. de Lalande enthält in der Tat eine 16 Seiten lange Erörterung über die »*Méthode pour déterminer par approximation, l'Equateur lunaire, en employant un grand nombre d'observations*«. (Das Näherungsverfahren zur Bestimmung des Mondäquators unter Verwendung einer großen Anzahl von Beobachtungen.) – ein klarer Hinweis über Mayers Einfluss auf dieses wichtige Verfahren vor der Entwicklung einer Analyse nach der formalen Methode der kleinsten Quadrate.

Mayer gab für die Libration des Mondes folgende Ursachen an: a) die Wechselwirkung seiner regelmäßigen axialen Rotation mit einer unregelmäßigen Bewegung in seiner Bahn; b) die Nutation seiner Achse in Bezug auf die Ekliptik; c) die Präzession seiner Winkeldurchmesser und seine Parallaxe; und er nahm dann die Trennung und Größen-Abschätzung dieser jeweiligen Auswirkungen vor. Sein Erfolg hierbei ermutigte ihn dazu, mit der Vorbereitung der Mondgloben zu beginnen. Dieses Projekt kam ihm sicherlich auch sehr gelegen, weil er hierbei eine weitere Gelegenheit hatte, seine angeborenen Kunsttalente zu entwickeln; dazu kam der praktische Beweggrund, dass die Verwendung solcher Globen die notwendigen Rechnungen reduzieren würde. Mayer schätzte, dass die beiden selenographischen Koordinaten für die topographischen Merkmale bis zu ± 10' zuverlässig seien, was bei einem Globus von 15 Zoll Durchmesser, wie er sie bauen wollte, weniger als 0,05 Zoll bedeutet. In einer 1750 von der Kosmographischen Gesellschaft zu Nürnberg veröffentlichten Broschüre beschreibt er seine Pläne und zählt ein Dutzend Probleme auf, deren Lösungen bei Benutzung solcher Globen erleichtert würden. Er kündigt sogar an, dass er vorhabe, eine andere Broschüre mit den Globen herauszubringen, in welcher weitere Verwendungszwecke erklärt würden. Allen, die sich dazu bereiterklären, bis Ende 1750 eine Vorauszahlung von 30 Gulden, d. h. der Hälfte des geschätzten Gesamtpreises zu leisten, wird eine Lieferung bis Ostern 1752 versprochen.

Dieses Projekt kam jedoch aus verschiedenen Gründen nie zustande. Einerseits stand die Firma Homann aufgrund ihres teuren Publikationsprogramms und der hochfliegenden Pläne vor dem Bankrott, und andererseits beanspruchten Mayers Verpflichtungen in der Astronomie sowie in der Herstellung der Landkarten zunehmend mehr Zeit und Aufmerksamkeit. Mayers Hoffnung, dieses Ziel dennoch zu erreichen, schwand im Laufe der vier Monate vor Ostern 1751 vollkommen durch seine Berufung zum Professor nach Göttingen, seine Eheschließung und den Wechsel des Wohnsitzes. Diese grundlegende Änderung von Mayers Lebensumständen und sein gleichzeitiger Arbeitseinsatz bei der Herstellung neuer und verbesserter Erd- und Mondkarten sowie der Entwicklung astronomischer Methoden zur Bestimmung geographischer Koordinaten wirkten ebenfalls einem erfolgreichen Abschluss dieses Projektes entgegen. Dennoch wurde es in den Jahren gleich nach seinem Tod wieder aufgegriffen. Dies wird in Kapitel 10 weiter erläutert.

Obwohl Mayer, wie gerade beschrieben, mit verschiedenen zeitraubenden Projekten sehr beschäftigt war, nahm er sich Zeit, die aktuelle astronomische Literatur zu überfliegen, um sich über die von anderen bisher zusammengestellten Beobachtungsdaten bezüglich anderer bekannter Methoden zur Längenbestimmung zu informieren. Zwei seiner Hauptquellen waren »L'histoire céleste« (Paris, 1741) von Pierre Le Monnier und die »Mémoires« der Pariser Akademie der Wissenschaften seit 1710. Darin entdeckte er, dass die zeitliche Bestimmung der Finsternisse der Jupitermonde oft bis zu 10^s bis 20^s falsch waren. Diese Abweichung schien hauptsächlich durch die Existenz einer Jupiter-Atmosphäre bedingt zu sein. Daher hingen die Ergebnisse vom Auflösungsvermögen des benutzten Teleskops ab. Sonnenfinsternisse konnten genauer beobachtet werden, fanden aber leider zu selten statt, um von allgemeinem Nutzen zu sein. Ziemlich regelmäßig waren dagegen Mondbedeckungen der Sterne, die mit einem hohen Genauigkeitsgrad beobachtet werden konnten, und zwar entweder durch genaue Abschätzung des Augenblicks, in welchem sie stattfinden, oder durch Interpolation einer Reihe von Mikrometermessungen des Winkelabstands Stern – Mond kurz vor und kurz nach den Bedeckungen. In seiner Beschreibung solcher 1747 und 1748 vom Homanngebäude aus gemachten Beobachtungen nimmt Mayer speziell Bezug auf Beobachtungen derselben Bedeckungen, die De L'Isle in Paris gemacht und ihm übermittelt hatte. Mayer veröffentlicht hier jedoch lediglich die Einzelheiten seiner eigenen Beobachtungen über die Sternbedeckungen vom 20. Oktober 1747, 9./10. Juli und 3. August 1748 sowie über Konjunktionen vom 3., 15. und 16. August und 9. Oktober 1748, für die er nicht nur dasselbe Teleskop und dasselbe Mikrometer benutzte, sondern auch eine ähnliche Beobachtungstechnik, wie er sie bei seiner fast gleichzeitig stattfindenden Untersuchung der Mondlibration verwendet hatte. Mayers Bericht über die o-Sagittarius-Bedeckung vom 9./10. Juli 1748 zeigt, dass er praktische Schwierigkeiten hatte, das Mikrometer so einzustellen, dass seine parallelen Linien mit der Richtung der täglichen Erdbewegung übereinstimmen. Am folgenden Tag begann er sich für ein anderes sehr wichtiges astronomisches Ereignis vorzubereiten, nämlich eine große partielle Sonnenfinsternis, die für den 25. Juli 1748 vorausgesagt war. Vom Homanngebäude aus machte er mit einem großen Messingfernrohrquadranten von 18 Zoll Radius, welchen Franz für die Firma gekauft hatte, Beobachtungen korrespondierender Höhen der Sonne. Um den Uhrfehler zu finden, wiederholte er diese Beobachtungen sechsmal, während und nach dem Tage der Finsternis. Zur Kontrolle seiner Ergebnisse maß er wiederholt die Bedeckungen verschiedener Sterne durch ein entferntes vertikales irdisches Objekt und bestätigte, dass seine Uhr pro mittleren Sonnentag um 14 bis 15 Sekunden zu schnell ging. Das mit Ruß eingeriebene Glas zwischen seinem Auge und dem Okular war so dunkel, dass bei normalem Tageslicht nichts hierdurch gesehen werden konnte, während der Sonnenrand und die Sonnenflecken sehr klar zu erkennen waren. Am Morgen der Finsternis wurden die parallaktische Montierung und das Teleskop in eine günstige Position gestellt, so dass sie von allen Seiten von Mauern und Häusern umgeben waren, um das mögliche Verderben der atmosphärischen Sicht durch konvektive Luftströmungen zu reduzieren. Diese Vorsichtsmaßnahme stellte sich jedoch als unnötig heraus, weil die Luft sehr ruhig war. Die Penduluhr wurde in ein höheres Stockwerk des Homanngebäudes gestellt, wo man sie gut hören konnte.

Die Einzelheiten über Mayers zahlreiche Beobachtungen der Mondhörner sowie der nördlichen, südlichen, östlichen und westlichen Sonnen- und Mondränder zu 132 Zeitpunkten in einem dreistündigen Zeitintervall vor und nach dem Mittag sind in einem zweiten Beitrag zu den »Kosmographischen Sammlungen« veröffentlicht. Darin sind seine 131 Mikrometerablesungen oft bis zur nächsten 0",01 interpoliert. Der scheinbare, aus 16 Beobachtungsgruppen gewonnene Sonnendurchmesser betrug in Übereinstimmung mit Eulers neuen Sonnentafeln 31'36". Der mittlere Wert von 15'48" für den halben Durchmesser wurde anschließend benutzt, um die Distanzen der Sonnenhörner und die südlichen, westlichen und östlichen Ränder des Mondes von den Zentren ihrer jeweiligen Scheiben zu erhalten. Diese Resultate wurden weiter reduziert, um sowohl die Position des Zentrums und den Halbmesser der Mondscheibe als auch die Differenzen zwischen Sonne und Mond in Rektaszension und Deklination in 5-Minuten-Abständen während der ganzen Finsternis zu erhalten. Sie wurden auf ½" genau angegeben. Der durch Mittelung der 38 in dieser Tafel enthaltenen Werte gefundene mittlere Winkeldurchmesser des Mondes war 29'31" oder 18" kleiner als der für die angenäherte Zeit der Mitte der Finsternis aus dem für 1748 veröffentlichten Berliner Kalender hergeleitete. Das bedeutete, dass Euler die Entfernung des Mondes von der Erde unterschätzt hatte.

Ehe Mayer diese Abhandlung schrieb, hatte er natürlich das ganze Jahr hindurch viele andere ähnliche Beobachtungen des scheinbaren Monddurchmessers angestellt. Infolgedessen wusste er, dass diese Größe 31'9" oder 21" kleiner war als der von Eulers Tabellen für die mittlere Monddistanz abgeleitete Wert. Mit anderen Worten ausgedrückt war der beobachtete Wert etwa 1/90 kleiner als der theoretische. Als Mayer entdeckte, dass die im Berliner Kalender für 1749 angegebenen Werte dieser Größe kleiner waren als für die vorangehenden drei Jahre, vermutete er, dass Euler diese Diskrepanz auch bemerkt und sie durch Verkleinerung der Mondparallaxe im gleichen Verhältnis beseitigt hatte.

Mayer erkannte, dass diese Größe auch gefunden werden konnte durch einen Vergleich der scheinbaren stündlichen Mondbewegung, errechnet aus seinen eigenen Beobachtungen, mit der wahren (oder geozentrischen), stündlichen Bewegung für den gleichen Zeitpunkt, errechnet aus Eulers Mondtafeln. Ehe er damit beginnen konnte, musste er jedoch die interpolierten Werte der in den äquatorialen Koordinaten zwischen Sonne und Mond beobachteten Differenzen in entsprechende Differenzen in der ekliptikalen Koordinaten (Himmelslänge und -breite) umwandeln. Alsdann war noch zu berücksichtigen, dass die Horizontal-Parallaxe der Sonne selbst etwa 10" betrug. Weil durch Interpolation der Zeitpunkt der Konjunktion dieser beiden Himmelskörper und die stündliche Sonnenbewegung aus Eulers Sonnentafeln bekannt waren, konnte für die Zukunft die mittlere Position der Sonne zu jeder Zeit bestimmt werden. Die mittlere Neigung der Mondbahn in Bezug auf die Bahn der Sonne (d. h. die Ekliptik), der nach passender Berücksichtigung der Parallaxen in Himmelslänge und -breite gefunden wurde, betrug 3°17'30". Die Lage der diesem Wert entsprechenden Knoten wurde dann anhand von Eulers Mondtafeln gefunden. Auf diese Weise demonstrierte Mayer durch seine Forschung den zeitgenössischen Astronomen, welche Fülle an Informationen aus sorgfältig durchgeführten Beobachtungen einer Sonnenfinsternis gewonnen werden konnte.

Ermutigt durch seinen Erfolg bei diesen Beobachtungen sandte Mayer dem berühmten französischen Astronomen und Geographen Joseph Nicolas De L'Isle (1688–1768), der über Angelegenheiten dieser Art bereits mit Franz korrespondiert hatte, eine Beschreibung seiner Methode. Als Antwort auf dieses Schreiben schickte ihm De L'Isle eine Zeichnung und Berechnungen über den am 9. Oktober 1748 fälligen Durchgang des Mondes durch das Siebengestirn (Plejaden), welche er selbst gemacht hatte. In einem anderen Brief bat De L'Isle in einem Schwall von Fragen um Einzelheiten eines ähnlichen, am 30. Dezember zu erwartenden Ereignisses, wodurch wiederum Mayers eigene Beobachtungen von der erwähnten Konjunktion ans Licht kamen. Als der Franzose in einem späteren Brief auf kleine Veränderungen in den Höhen der Sonnenwenden Bezug nahm, welche Cassini und Miraldi 1740 entdeckt hatten und welche sich auf die Polhöhe oder Breite der Pariser Sternwarte bezogen, veranlasste dies Mayer dazu, den – wie er es nannte – »gut erklärten Effekt« darzulegen, nämlich dass:

> Quand le solstice d'été arrive la Lune étant dans sa plus grande latitude boreale. La hauteur sostitiale observeé en meme tems sera plus grande de 3″, qu'au cas quand le meme solstice arrive la Lune etant dans son limite australe. C'est une variation bien arrée.

Diese interessanten Resultate wurden in der »Histoire de l'Académie Royale des Sciences« für 1742 als »Projet d'Expériences sur la réciprocation du pendule, ou sur un nouveau mouvement de la terre« bekanntgegeben, um festzustellen, ob die Behauptung von Nicolaus Claudius Fabricius de Peirese, dass tägliche Variationen in der Richtung des Lots auf die allgemeine Gravitationsanziehung, insbesondere auf die des Mondes zurückzuführen seien, begründet war. Wie Euler beim Verfassen des Kalenders für 1748 feststellte, verhielt es sich ähnlich mit den scheinbaren Breiten der Sterne. Sie mussten wegen der Auswirkung, die Jupiters Anziehung auf die Erde ausübte, korrigiert werden. Tägliche Variationen der Lotrichtung waren dagegen auf die Anziehungen von Sonne und Mond zurückzuführen. Darüber hinaus durfte die Möglichkeit, dass instrumentelle Fehler die Genauigkeit der Beobachtungen anderer beeinträchtigen könnten, nicht außer Acht gelassen werden. Diese Gedanken, die Mayer – wie er am 11. April 1749 schrieb – schon seit einiger Zeit beschäftigten, mögen De L'Isles früheren Entschluss bekräftigt haben, die Breite von Nürnberg neu zu bestimmen und damit die von Wurzelbau hergeleitete zu ersetzen, da deren unkorrekte Berücksichtigung der Refraktionen sowohl seinen Wert für die Schiefe der Ekliptik als auch andere Elemente seiner Sonnentheorie beeinflusst hatte. La Caille prüfte unterdessen in Paris die Beobachtungen von Walther genau, um die Elemente der Sonnentheorie während des späten 16. Jahrhunderts zu finden, denn er beabsichtigte, diese bei einer Untersuchung der Variation der Schiefe der Ekliptik, der Polhöhe (oder Breite) des Sonnenapogäum, der Bahnexzentrizität usw. zu verwenden. Diese Forschung zeigte, dass merkliche Unterschiede bestanden zwischen der von Walther an zwei unbekannten Orten beobachteten Breite, der von Wurzelbau am Eimmart-Observatorium und der von Mayer selbst vom Homanngebäude aus beobachteten.

De L'Isle schrieb deshalb Ende 1749 an Mayer und bat ihn dringend, die noch ohne Teleskop durchgeführten Beobachtungen von Wurzelbau neu zu analysieren und mit seinen eigenen zu vergleichen, um ihre Übereinstimmung unter genauer Berücksichtigung der Entfernung zwischen den jeweiligen Sternwarten klarzustellen. Im letzten seiner vier Briefe an De L'Isle, datiert vom 14. Januar 1751, führt Mayer entsprechende Beobachtungen auf, die er in den Jahren 1748 und 1749 jeweils im Laufe des Septembers von den hellen Sternen ß und γ Draconis gemacht hatte. Nach Korrekturen wegen Refraktion, Präzession und Aberration ergaben Mayers Messungen der scheinbaren Zenitdistanz dieser Sterne um 37' kleinere Werte als andere, die Jacques Cassini und Pierre Le Monnier etwa eine Dekade früher in Paris gefunden hatten. Dies bedeutete, dass die Breite des Homanngebäudes 49°27'10" N betrug oder die des Hauses von Wurzelbau, welches 7" südlicher stand, 49°27'03" und nicht 49°28'07". Dieses Resultat wurde von De L'Isle dankend bestätigt, und er bemerkte, dass er jetzt nur noch zu entdecken brauchte, wo genau sich die von Walther benutzten Sternwarten befanden. Franz hatte sein Versprechen, De L'Isle einen Plan von Nürnberg mit den verschiedenen Sternwarten zu schicken, noch nicht eingehalten, und Letzterer war skeptisch bezüglich Rosts Aussage auf Seite 288 im »Astronomischen Handbuch« (Nürnberg, 1718), dass Wurzelbau in Walthers Haus gewohnt hätte. Wie dem auch sei, infolge des drastischen Wechsels in Mayers Lebens- und Arbeitsverhältnissen korrespondierte in Nürnberg in Zukunft hauptsächlich Lowitz mit De L'Isle über Dinge, die sich auf den engen Bereich von Astronomie und Geographie bezogen.

Kapitel 3

Der mathematische Kosmograph

Als Mayer das erste Mal seinen Fuß über die Schwelle von Franzens Büro setzte, war die Globenfabrik zwar geplant, aber sie bestand noch nicht. Franz spricht in seiner ersten Ankündigung darüber, dass er Ziele und Geschäftsordnung der »Kosmographischen Gesellschaft« in Nürnberg zu einem späteren Zeitpunkt bekanntgeben würde, und er tut dies 1747 in der Einführung zum »Homannisch-Hasischen Gesellschafts-Atlas« (Nürnberg 1747) sowie in einer getrennten Veröffentlichung mit dem Titel: »Homannische Vorschläge von den nöthigen Verbesserungen der Weltbeschreibungswissenschaft und einer diesfalls bei der Homann'schen Handlung zu errichtenden neuen Akademie«.

In dieser kurzen Abhandlung würdigt Franz zunächst den derzeitigen Stand der Geographie und betont dann, wie unbedingt notwendig die Übereinstimmung in Bezug auf die Wahl des Nullmeridians, der Projektionsmethode und der Maßeinheit sei. Die von De L'Isle und Haase zugrunde gelegten 20° als Länge für Paris östlich von Ferro war eine gute pragmatische Wahl, aber die letzte Bestimmung dieser Längendifferenz ergab 19° 51' 33", was von nun an von französischen Kartographen, zu denen auch De L'Isle gehörte, als Alternative benutzt wurde. Da die Erde etwa eine Kugel ist, besteht der Vorteil der horizontal stereographischen Projektion darin, dass sie zu keinen erwähnenswerten Verzerrungen der Landgebiete oder der Entfernungen zwischen Orten führt, wie dies bei anderen Projektionen, zum Beispiel bei der von Mercator der Fall ist. Astronomische Beobachtungen der Polhöhen und Differenzen im Stundenwinkel waren ein direktes Maß für geographische Breiten und Längendifferenzen. Alle in diesem Atlas benutzten Maße wurden kritisch geprüft, um die Diskrepanzen zwischen den von verschiedenen »Autoritäten« angegebenen Werten für diese Koordinaten auf ein Minimum zu reduzieren. Bevorzugt wurden natürlich die Werte, welche auf Beobachtungen an den großen europäischen Sternwarten basierten. Auf jeder Karte wurde das Jahr der Veröffentlichung angegeben, weil die Landesgrenzen sich von Zeit zu Zeit durch Waffenstillstandsverträge und durch physikalische Einflüsse, welche die Verschiebung der natürlichen Grenzen verursachten, änderten. Vor allem fehlten genaue Karten kleinerer Gebiete im großen Maßstab, wie die, welche Mayer von Esslingen und Umgebung gezeichnet hatte.

Franz hielt den Zeitpunkt für gekommen, sich von den traditionellen Methoden loszulösen und die Kartographie auf einer neuen und gesunden Basis aufzubauen. Seiner Meinung nach sollte jemand von staatlicher Seite mit der amtlichen Kontrolle aller Vermessungen beauftragt werden und verantwortlich sein für die Auswahl geeigneter Personen, um die unterschiedlichen Aufgaben auszuführen. Es ist zwar schön und gut, aktuelle astronomische Werke, gelehrte Tagebücher und die wichtigsten Fachzeitschriften – wie die »Connaissance des Temps« und den »Berliner Kalender« – gründlich zu lesen, um die Werte der Breiten und Längen zu finden, aber solche Artikel enthielten fast nie die Namen der Beobachter, weder eine Beschreibung der benutzten Instrumente, noch eine Erläuterung der Berechnungsgrundlage, welche zu diesen Resultaten geführt hatte. Es gab noch so viele Orte, an denen niemand Beobachtungen durchgeführt hatte, obwohl diese als Grundlage für die genaue Kartenzeichnung ebenso wichtig waren, wie andere, für die Tabellen mit Werten bereits zur Verfügung standen. Franz weist darauf hin, wie wünschenswert eine Datensammlung mit kurzer Beschreibung des Beobachters selbst sowie seiner Instrumente und Beobachtungsmethode usw. wäre. Der Kosmograph müsste im gegenseitigen Interesse enger mit dem Historiker zusammenarbeiten. So wie ein Historiker die zeitliche Folge von Ereignissen zu kennen habe, müsse ein Kosmograph die Namen der ihn umgebenden Orte und seine relative Lage zu ihnen kennen. Außerdem müsse er auch mit der Geschichte aller möglichen Dinge vertraut sein, welche die Bedingungen in seiner eigenen Nachbarschaft betreffen, einschließlich des Zivilrechts und natürlicher Gegebenheiten. Jeder Staat sollte seinen eigenen Kosmographen haben, dessen Pflicht es wäre, Informationen über die Geographie seines eigenen Bezirks zu sammeln. Er müsse ebenfalls für die Zusammenstellung jüngster Informationen über wichtige Angelegenheiten auf seinem Wissenschaftsgebiet sorgen und ein Verfahren für die Klassifizierung und Auswahl der Karten darlegen. Der ideale Kosmograph sollte gleichzeitig Mathematiker und Historiker sein, da projektive Methoden entwickelt werden müssten, um die Abweichung der Erdgestalt von der einer idealen Kugel – was die Resultate der französischen Expeditionen nach Lappland und Peru vermuten lassen – zu berücksichtigen.

Es ist schwer zu beurteilen, in wieweit Franzens Vorstellung eines Kosmographen, der in der Lage ist, ein ausgedehntes Wissenssystem aus historischen Tatsachen und dem Rahmenwerk der Mathematik aufzubauen, den Einfluss der Wolffschen Philosophie widerspiegelt. Als Student in Halle hatte Franz sich gewiss damit auseinandergesetzt und mit Johann Christoph Homann so manchen Abend die Vorlesungen von Wolff studiert und darüber diskutiert. Daher wäre es keineswegs überraschend, wenn seine grundlegende Auffassung von dieser Quelle stammte. Aber als Direktor eines kartographischen Büros mit schwindendem Kapital beschäftigten ihn zweifellos auch materielle Betrachtungen in starkem Maße. Er war sich darüber im Klaren, dass seine Idealvorstellung nur dann verwirklicht werden könnte, wenn er Leute, Geld und Gönner auf seiner Seite hatte. Allein schon der Titel des Atlasses, den er jetzt bekanntgab, weist auf den posthumen Einfluss von Homann als dem führenden Geist, der das mathematische Prinzip der Projektion von Haase als einheitliches Element in allen Karten benutzte und vielen Arbeitern in seiner Firma sein Wissen vermittelte.

Die von Franz begründete Struktur und die Ziele der »Cosmographischen Societät« sind nun dargelegt. 1885 teilt Ruge mit, dass zu den führenden Mitgliedern der Societät außer Haase, welcher 1742 starb, Franz, Lowitz und Mayer auch Anton Friedrich Büsching, Johann Heinrich Drümel, Johann Christoph Harenberg, August Gottlob Böhme und Jakob Heinrich Franz gehörten. Es gab zwei Klassen der Mitgliedschaft, in welchen die genannten Herren und wahrscheinlich einige andere Angestellte der Firma Homann sich ihrer Arbeit widmeten: die mathematische und die literarisch-historische Klasse. Eine dritte Klasse, die aus korrespondierenden Mitgliedern bestand, war nur für interessierte Laien gedacht. Tatsächlich hat es den Anschein, dass die Cosmographische Societät – oder »die neue Akademie«, wie Franz sie nennt – die gleiche Beziehung zur Philosophie von Wolff hat wie die »Royal Society« in London zu der von Francis Bacon; dennoch wäre es falsch, diese Analogie zu weit zu treiben. Ein grundlegender Unterschied, der die einander widersprechenden Haltungen in diesen beiden Philosophien zeigt, besteht darin, dass Franz die Wichtigkeit einer Person betont, die über eine weite Wissensspanne und über Erfahrung verfügt, um die einzelnen Arbeiten aller Beteiligten zu koordinieren, wogegen bei der Royal Society in deren ersten Jahren solch ein führender Geist nicht vorhanden war. Skeptiker könnten natürlich Franzens Vorstellung seinem Streben nach persönlichem Ansehen zuschreiben.

Als Mitglieder der »Mathematischen Klasse« hatten sich Lowitz und Mayer folgende Ziele gesetzt:

1. neue und allgemeinere Prinzipien der geodätischen Vermessung und Methoden der geometrischen Projektion zu suchen
2. die nützliche Anwendung solcher Projektionsmethoden bei Himmelserscheinungen – wie Finsternisse und Bedeckungen – zu beweisen
3. praktische Astronomie zu betreiben, und zwar sowohl alte und neue Beobachtungen anderer zu sammeln, als auch eigene genaue Beobachtungen durchzuführen, um eine zuverlässige Datenliste mit geographischen Koordinaten von Orten zu erstellen
4. Himmelsatlanten, Globen, Planetarien und andere wissenschaftliche Instrumente und Geräte zu erfinden, zu entwerfen, zu bauen und Beschreibungen dazu anzufertigen
5. genaue Messungen über Variation und Inklination der Magnetnadel für so viele Orte wie möglich durchzuführen und zu vergleichen, um so die Gesetze zu entdecken, welche diese Phänomene bestimmen und wie diese auf die Kosmographie anzuwenden sind.

Die »Historische Klasse« war für folgende Aufgaben verantwortlich:
1. in jedem Staat, in dem Grenzen zu bestimmen waren, ein Büro zu eröffnen und zu leiten
2. die Daten zu koordinieren, welche für die Herstellung der Karten benutzt wurden, Ratschläge zu erteilen, wie vorhandene geographische Probleme zu lösen seien, und neue Projekte vorzuschlagen, die in Angriff genommen werden sollten
3. die Beschreibung von Ländern und Orten neu zu verfassen bzw. zu überholen
4. neue Globen, verschiedenartige Karten und Pläne unter Berücksichtigung der neuesten Projektionstechniken und historischer Berichte und Quellen herzustellen und zu beschreiben
5. eine gründliche geschichtliche Untersuchung anzustellen und eine zuverlässige Aufstellung über natürliche und soziale Veränderungen in den Ländern anzufertigen
6. alle Bücher und sachdienlichen Beiträge, die von anderen außerhalb der kosmographischen Gesellschaft veröffentlicht wurden, zu beschreiben und zu beurteilen
7. alle Land- und Seekarten, Zeitschriften über Seekunde, Pläne, Zeichnungen, Beschreibungen von Orten, Ländern und Reisen während der Antike, des Mittelalters und der Neuzeit zum Zwecke der Einrichtung einer Spezialbibliothek für diese Art Forschung zu sammeln.
8. Ideen für alle möglichen Verbesserungen in der Wissenschaft der Kosmographie zu entwickeln.
9. Textbücher für die Schulen und leichtverständliche Bücher für die Allgemeinheit zu verfassen
10. alle, die eine Reise planen, über die Zustände, die sie in den verschiedenen Ländern erwarten, und über den Wert ihrer Beobachtungen für die Kosmographie zu informieren.

Die »Korrespondierende Klasse« bestand aus Mitgliedern, die zwar nur über geringe mathematische und geschichtliche Kenntnisse verfügten, aber ihre Heimat gut kannten. Man erwartete von ihnen lediglich Berichte über charakteristische Vorgänge ihrer Umgebung in Bezug auf Natur, Gesellschaft, Welt und Religion, und diese sollten veröffentlicht werden. Mitglieder der historischen Klasse hatten die zusätzliche Aufgabe, solche Korrespondenten zu ermutigen und ihre Bemühungen zum allgemeinen Nutzen zu fördern. Der Einfachheit halber wurde mit Mitgliedern in Deutschland, Holland, England, Dänemark und Schweden in Deutsch korrespondiert; in Frankreich, Spanien, Portugal und Italien in Latein und in Russland, Polen, Ungarn und Griechenland in einer der slawischen Sprachen. Bücher und Karten wiesen durch die Unzulänglichkeit ihrer Autoren in einigen dieser Sprachen viele Fehler auf; man hoffte jedoch, die Fehler durch die Begrenzung der zulässigen Sprachen zu reduzieren. Zudem wurden gute Karten aus der Türkei, aus Persien, Indien, China, Afrika und Amerika benötigt. Der Brennpunkt bzw. die Institution, von der diese gesamte intellektuelle Arbeit koordiniert werden musste, war natürlich die Firma Homann, deren Lage in Nürnberg sehr günstig war, weil die Mitglieder der ersten beiden Klassen vorzugsweise innerhalb Deutschlands wohnten und ihre Werke auf Deutsch veröffentlichen. Diese Institution wurde vorgestellt als »die deutsche Akademie der Weltbeschreibungs-Wissenschaft«.

Die Nützlichkeit dieser Akademie war nach Franz' Ansicht unbestreitbar, aber es bedurfte noch der königlichen (Kaiser Franz) oder zumindest einer adeligen Schutzherrschaft, um den finanziellen Druck loszuwerden, den die Veröffentlichung des Atlasses mit sich gebracht hatte, und um zu überleben. Durch die Einführung der neuen Wissenschaft der Kosmographie würden die Gebiete der Geschichte und Mathematik erweitert und populär. Die Publikation würde »Homannische Nachrichten und Sammlungen von der verbesserten Weltbeschreibung« lauten und unterteilt werden in einen Teil mit kritischen Jahresberichten über den Stand der Kosmographie in und um Deutschland und in einen Teil mit Ergebnissen über die Untersuchungen seitens der Mitglieder. Franz vertrat sogar die Ansicht, dass sie verdiene, unter dem Titel »Ephemerides et Mémoires cosmographiques« ins Französische übersetzt zu werden.

Dies sei der erste Schritt zu Franzens Ziel, der zweite sei die Kosmographische Gesellschaft und der dritte die Globenfabrik. Der Bau der Erd- und Himmelsgloben hätte dabei Vorrang vor dem Atlas von Deutschland, der noch lange nicht fertig sei, obwohl er vor mehr als vierzig Jahren bereits von Haase begonnen worden sei. Die Gesellschaft gliche einem Fluss, der mit Hilfe seiner Nebenflüsse die ganze Welt befruchte und in das große Becken des Wissens münde. Die Entdeckung der Wahrheit bewahre die Ehre der Wissenschaft. Anscheinend hat Franz diese Idealvorstellungen anderen Mitgliedern der Kosmographischen Gesellschaft zur Stellungnahme übermittelt, ehe er sie zum Druck gab. In einem Nachtrag, der separat veröffentlicht wurde und nicht in der Ausgabe erschien, die als Einführung zum »Homannisch-Haasischen Gesellschafts-Atlas« herauskam, betonten Franzens Kollegen, dass dieser Atlas »der wichtigste Grundstein der ganzen Gesellschaft« sei und wiesen auf den gegenseitigen Nutzen hin, den ihre Arbeit deren bringe, deren Unterstützung sie für ihr ehrgeiziges Unternehmen zu gewinnen hofften.

Der Atlas mag für das Prestige gut gewesen sein, aber die Subskriptionen für die großen Globen waren vermutlich die Haupteinnahmequelle der Gesellschaft. Am 1. Dezember 1749 veröffentlichte Franz die zweite Werbeschrift für die Globen, worin er den Fortschritt der von Lowitz geleisteten Arbeit bekanntgab. Sie enthielt eine Musterzeichnung eines Segments von einem der Erdgloben, auf dem ein Teil von Kanada und Westindien zu sehen war, signiert mit »Sebastian Dorn«, welchen Lowitz mit dieser speziellen Zeichnung beauftragt haben muss. Die Beschreibung dazu ist in zwei Teile aufgeteilt, einen mathematischen und einen mechanischen. Im ersten Teil bringt Lowitz ohne Beweis die ziemlich komplizierte Gleichung für die Projektion einer kugelförmigen Erde, die er mit Eulers Hilfe, wie in Kapitel 2 erwähnt, entwickelt hatte. Euler selbst hatte in Frankreich, Lappland und Peru durchgeführten Messungen miteinander verglichen und dabei eine Abplattung an den Polen von 1 : 201 festgestellt, was für einen Globus von drei Fuß Durchmesser nur zwei Linien oder ⅙ Zoll entsprach. Weil dies so wenig ist, hielt Lowitz es für gerechtfertigt, es vollkommen zu ignorieren.

Er beabsichtigte, sich bei seinen Zeichnungen nach der 1744 von Cassini de Thury hergestellten »Nouvelle Carte« von Frankreich, dem Atlas von Russland, den in Stockholm angefertigten Karten von Schweden, den Karten des Mittelmeers von Jacques Nicolas Bellin usw. zu richten. Die Asienkarte würde von Jean Baptiste Nicolas Denis nach Mannevillettes »Le Neptune Oriental« (Paris 1745) und nach Abbé Guyons »Lettres Edifiantes« sowie »L'Histoire des Voyages« gezeichnet werden. Die spanischen Jesuiten in Manila hatten eine Karte von den Philippinen und vom St. Lazare Archipel angefertigt, die der Firma Homann durch Pater Joseph Franz in Wien übergeben worden war. Der nördliche Teil Asiens wurde dem Atlas von Russland entnommen, während die Darstellung des afrikanischen Kontinents nach einer kritischen Untersuchung der Berichte von Thomas Shaw und anderen vorgenommen werden sollte. Bourguignon D'Anville hatte in Paris zwei schöne Karten von Amerika herausgebracht, wovon eine sämtliche während der französischen Expedition nach Peru gemachten geographischen Beobachtungen enthielt. Auch die von Admiral Lord Anson während seiner Weltreise gemachten Entdeckungen würde man in Betracht ziehen. Lowitz und seine Mitarbeiter lasen eifrig die »Abrégés Géographiques« von Kazimierz Holowka und Johannes Tomka Szaszky in der Absicht die orthographischen Projektionen der Karten von Polen und Ungarn zu verbessern. Die Ortsnamen in den Sprachen ihrer Ursprungsländer waren in der Regel den Werken »The Geography of England« oder »La Géographie de Danemarc« entnommen.

Für Deutschland richtete man sich nach der sogenannten »mappa critica…«, welche Mayer gerade mit der größtmöglichen Sorgfalt herstellte, um festzustellen, welchen Genauigkeitsgrad ein geschulter Kartograph wie er selbst mit den besten zu der Zeit verfügbaren Hilfsmitteln erreichen könnte. Sein Quellenmaterial bestand aus mühsam geprüften Bestimmungen der Breite, Karten in großem Maßstab sowie aus den Reiseplänen u. a. nach Jerusalem und denen von Antonius und Augustus. Mayer vollendete diese Karte 1750, und drei Jahre später veröffentlichte die Firma Homann diese im »Atlas Germaniae Specialis«. Von den etwa 200 darin eingezeichneten Orten waren nur 33 durch astronomische Breitenbestimmungen festgelegt. Dennoch wird sie von modernen Kartographiehistorikern als Prototyp der Karten angesehen, die später auf genauen astronomischen Beobachtungen und trigonometrischen Messungen basierten. Mayer selbst beschreibt sie 1753 in

»Kurze Nachricht von dem neuesten Homännischen Atlas von Deutschland…« als das deutsche Äquivalent der neuen Karte von Cassini. Er weist jedoch auf Folgendes hin: Während die Herstellung dieses Atlasses fast fünfzig Jahre in Anspruch nahm, d. h. eine Menge an Zeit, Arbeit, Auslagen und Schriftwechsel erforderte, ohne ganz zufriedenstellend zu sein, hatte die Vermessungskarte von Frankreich unter Leitung von Jean Domenique Maraldi und Cassini de Thury den französischen König mehr als 300.000 Pfund zusätzlich zu Cassinis Jahresgehalt von 5000 Pfund gekostet. Mayer schätzte, dass eine ähnliche Vermessungskarte von Deutschland 100.000 Taler kosten würde, was die Mittel der Firma Homann weit überstieg, weswegen die Mitglieder der Kosmographischen Gesellschaft so krampfhaft versuchten, wichtige Persönlichkeiten davon zu überzeugen, dass die Kartographie in Deutschland immer noch sehr kümmerlich war.

Aus dieser Mitteilung ist klar ersichtlich, dass Lowitz nur einen geringen oder gar keinen Fortschritt mit den Himmelsgloben gemacht hatte. Einer der Gründe hierfür war das in Kapitel 2 erwähnte Problem, das Lowitz mit Euler diskutierte, nämlich wie man die Sternbilder zeichnen sollte. Ein anderes Problem lag in der Notwendigkeit, Aberration und Nutation der Sterne quantitativ genau zu berücksichtigen. Die Existenz der Nutation hatte James Bradley, der sie entdeckt hatte, erst ein Jahr vorher veröffentlicht. Diese astronomischen Erscheinungen verursachen kleine Änderungen in der Präzession des Himmelspols um den Pol der Ekliptik, und das bedeutet die Notwendigkeit, Flamsteeds-Sternpositionen entsprechend zu korrigieren, was John Bevis und Bradley gerade durchgeführt hatten. Dazu kam auch noch die Notwendigkeit, eine Maschine in jeden Globus einzubauen, um die langsame Drehung der Achse durch die Himmelspole um die Achse durch die Pole der Ekliptik zu realisieren. Wenn dies nicht geschieht, könnte man die Globen nur etwa 150 Jahre benutzen. Aber eine solche Vorrichtung würde den ursprünglich anvisierten Preis sehr anheben. Ein Paar Globen würde jetzt entweder 500 oder 3000 Florinen kosten, die zu leistende Vorauszahlung entweder 150 oder 1.500 Florinen betragen und zwischen der Anzahlung und Fertigstellung der Globen wäre eine Zeitspanne von 30 Monaten erforderlich. Jeder Besteller würde nach Anzahlung folgende Quittung erhalten:

> La Societé Cosmographique de Nuremberg soussignée, declare par la presente avoir recu par anticipation 36 Ducats, du prix reglé de 120 Ducats, qui est le plus juste prix d'une Paire de Globe, cont la qualité et la grandeur ont été determinées dans l'avertissement publié en date du 1re Decembre L'An 1749. La soudite Compagnie s'oblige encore par ce Billet, de tenir prete la dite Paire de Globe, dans le terme de 30 Mois a compter de la date presente, pour l'envoyer au lieu de leur destination, à condition qu'on Lui remettre le Reste de 84 Ducats, y non compris les frais de l'Emballage et de la Voiture. Faut à Nuremberg le l'an 17… Au nom de la Societé Cosmogr.

Diese Quittung ist von Franz und Lowitz unterzeichnet und trägt ein Bild von Merkur, der vor einem Hintergrund von Sternen über einen Erdglobus schreitet unter dem Motto »Non unus sufficit orbis« (ein Globus genügt nicht). Unter der Erde stehen die Worte »Societatis Cosmographica«, und das Ganze ziert ein elliptischer Rahmen.

Der geschäftliche Aspekt des wohlgemeinten Vorhabens von Franz war jedoch bedenklich, denn die Kosten zur Herstellung des Homann-Atlasses 1747, die Etablierung der Globenfabrik, die Verfassung der »Kosmographischen Nachrichten und Sammlungen auf das Jahr 1748« im Jahr 1750 und die Vorbereitung des »Atlas Germaniae Specialis« (1753) ließen wenig Geld in Franzens Händen. Um mehr Geld zu beschaffen, wandte er sich an den fränkischen Staatskonvent und die staatliche geodätische Kommission, die »Messings Commission« und beantragte eine Summe von 20.000 bis 25.000 Reichstaler als Vorauszahlung für die Dienste von Lowitz und Mayer bei anfallenden wichtigen Landvermessungen. Obwohl auf diesen Antrag örtlich nicht reagiert wurde, war es doch wohl kein reiner Zufall, dass Franz 1749 über den Grafen von Haugwitz vom österreichischen Kaiser einen Vertrag zur Vermessung des österreichischen Erzherzogtums erhielt, woran neben seinen beiden geschätzten Kollegen auch andere Experten beteiligt waren. Aufgrund dieser Einladung erwog Franz, ob er nicht unter der Schutzherrschaft des Kaisers in Wien eine kosmographische Akademie gründen sollte. Er hielt sich deshalb achtzehn Wochen dort auf, während der er die Bekanntschaft zahlreicher Staatsminister machte, bei welchen seine Pläne Anklang fanden. Es wurde sogar vorgeschlagen, seine Akademie dazu zu autorisieren, gegen Entrichtung einer Gebühr von 200 Dukaten ein Diplom auszustellen, und dass diese eine königliche Kommission für Landvermessung im Österreichischen Kaiserreich erhielte. Bedauerlicherweise wurde jedoch eine Bedingung gestellt, die Franz mit seinem Gewissen nicht vereinbaren konnte, nämlich, dass die Mitglieder seiner Akademie alle Katholiken sein oder werden müssten.

Aber dies lieferte immerhin einen Anlass, um die Möglichkeit eines ähnlichen Abkommens mit einem protestantischen Hof zu erkunden, und Franz versuchte, ausfindig zu machen, ob der fränkische Staat seine Pläne mit Geldern aus der Staatskasse unterstützen würde.

Zu den an diesen Verhandlungen wahrscheinlich Beteiligten gehörte Feldmarschall von Schmettau, der in erster Linie daran interessiert war, dass Franz und seine Mitarbeiter die gesamte Kosmographische Gesellschaft und die Globenfabrik nach Berlin verlegten, um seinen Wunsch – die Herstellung eines großen deutschen Atlasses – dort zu erfüllen. Franz lehnte dieses Angebot mit der scheinbaren Begründung ab, dass es undurchführbar sei, mehr als fünfzig Personen – seine Angestellten und deren Familien – von ihrer vertrauten Heimat und Umgebung in eine fremde Gegend zu verfrachten. Aber nicht lange danach erzählte er dem hannoverschen Hofrat C.L. Scheidt vertraulich, dass sein Personal gegenüber einem Umzug nach Göttingen viel weniger abgeneigt wäre. Als Mayer nun am 26. November 1750 von Gerlach Adolph von Münchhausen, dem Premierminister König Georgs II in Hannover seinen Ruf als Professor der Ökonomie nach Göttingen erhielt – diese Position war durch den Tod von Johann Friedrich Penther frei geworden – mag dies bis zu einem gewissen Grad ein erster diplomatischer Schritt zur Realisierung dieses Planes gewesen sein. Diese Vermutung wird durch ähnliche Einladungen 1754 an Lowitz und 1755 an Franz bestätigt. Die hierbei gestellten Bedingungen werden im Folgenden beschrieben. 1751 waren zunächst beide traurig, dass ihr geschätzter Mitarbeiter Mayer Nürnberg verließ, und beide verfassten eine Gedenkschrift, die diesen größten Wendepunkt seiner Karriere zum Anlass nahm.

Franzens Schrift »Gedanken von einem Reise-Atlas und von der Notwendigkeit eines Staats-Geographus...« beginnt mit einer Erläuterung darüber, dass der Homännische Atlas, die »Kosmographischen Nachrichten« und die Globenfabrik alle während Mayers erfolgreicher Verbindung mit dem Homann-Büro entstanden, wobei er »bei Nacht den Himmel und vornehmlich den Mond [und] bei Tag die Erde maß«. Diese Gedanken können als Weiterführung der »Vorschläge, wie die Erdbeschreibung in Absicht Deutschlands zu verbessern sey« betrachtet werden, welche nur einige Monate vorher 1750 in Nürnberg in den »Kosmographischen Nachrichten und Sammlungen auf das Jahr 1748« erschienen waren. In diesen Vorschlägen lobt er Mayer als »sehr geschickt in der Kunst der Kartographie (des Kartenzeichnens)« und beurteilt seine »mappa critica« als eine Karte, die »alles Erreichbare innerhalb der Genauigkeitsgrenzen in der Kartographie« aufweist. Nach anderen Empfehlungen bringt Franz als Hauptregel vor, dass, soweit es Deutschland betrifft, die Geographie durch die Förderung und den Schutz des obersten Regenten eines jeden Staates verbessert werden sollte und dass vielleicht zwei Mitglieder der Kosmographischen Gesellschaft zu Staatsgeographen ernannt werden sollten, womit sicherlich Mayer und Lowitz gemeint waren. Um die für diese Arbeit erforderlichen mathematischen Aufgaben lösen zu können, müssten diese Geographen über Kenntnisse in Architektur und Festungsbau verfügen, da dazu auch astronomische Beobachtungen gehörten.

Die 1751 erschienenen »Gedanken von einem Reise-Atlas und von der Notwendigkeit eines Staats-Geographus...« enthalten zehn Punkte, unter welchen die Fähigkeiten, Pflichten und Verantwortungen eines Staatsgeographen gemäß Franz genau definiert sind. Zusammengefasst heißt es darin:

1. Er sollte in Mathematik, Geschichte, Naturphilosophie, ja eigentlich in allen Wissenschaften kundig sein, die in der Einführung zu den Kosmographischen Nachrichten aufgeführt werden; darüber hinaus in Politik, Rechtswissenschaft, Genealogie, Heraldik usw.
2. Er sollte fähig sein, Verträge mit Landbesitzern aufzustellen, wonach er rechtmäßig ihr Land vermessen und die Ergebnisse in einem Kabinettsatlas zusam-

men mit der Landaufteilung und mit Landes- und örtlichen Rechten usw. zu Protokoll bringen kann. Er müsste auch die Grundbesitzsteuern kontrollieren können.
3. Er sollte eine detaillierte Beschreibung und genaue Vermessungen von jedem Ort anfertigen.
4. Man sollte ihn autorisieren, Lehrinstitute für Staatsgeographie einzurichten, in welchen er als ständige Lehrkraft tätig wäre und in denen wichtige Karten hergestellt und mit Genehmigung des Grundbesitzers veröffentlicht würden.
5. Aufgrund seiner erworbenen Kenntnisse sollte er zweckdienliche Vorschläge unterbreiten und seine Daten aus Land- und Bauwirtschaft, Handel und Verkehr auswerten.
6. Er sollte Reisende über Verkehrswege, Straßen, Unterkünfte usw. informieren.
7. Er sollte über neue Daten und Bücher über Land- und Seekarten und über Sternatlanten auf dem Laufenden sein, sollte Bibliotheken bei der Erweiterung ihrer Sammlungen helfen und den Staatshistoriker unterstützen, soweit bei dessen Schriften Geographiekenntnisse erforderlich sind.
8. Er sollte für den Geographieunterricht an den Schulen zuständig und – wie in Frankreich – Privatlehrer der jungen Adeligen sein. Er müsste auch ein Geographiehandbuch, vornehmlich für Fürsten schreiben.
9. Seine Kenntnisse würden zu Kriegszeiten von großem Nutzen sein, denn er könnte Zeichnungen von Armeeingenieuren einholen und sie systematisch ordnen, ehe sie den Landbesitzern übergeben würden.
10. Er selbst oder ein von ihm Delegierter müsste Fürsten, Adlige und sonstige Würdenträger auf Reisen begleiten, ein Reisetagebuch führen und gelegentlich Beobachtungen anstellen.

Man fragt sich in der Tat, wer wohl die erforderliche Vielfalt an Talenten in Bezug auf das Wissen und die Erfahrung besitzen könnte, um derart vielseitige Pflichten zu erfüllen. Franz gibt mit seiner rhetorischen Frage die Antwort: »Wer auf dieser Welt würde dazu fähiger sein als Professor Mayer?«.

Lowitz drückte seine Verehrung Mayer gegenüber erwartungsgemäß nicht in spekulativer Weise aus, sondern gab die Lösung zu folgendem astronomischen Problem, das sie vermutlich vor Mayers Abreise diskutiert und das Lowitz nun als Erster geklärt hatte:

Aus der gegebenen Rektaszension und Deklination zweier Sterne S und s und aus den mit einer gut gehenden Pendeluhr beobachteten Zeitpunkten, zu denen sie durch unbekannte, aber feste Vertikale V' und V" gehen, soll Folgendes bestimmt werden:
1) Winkelabstand der beiden Sterne vom Meridian zu den Zeitpunkten, an denen sie in den Vertikalen stehen;

2) die (geographische) Breite des Beobachtungsortes;
3) das Azimut des einen oder des anderen der beiden Vertikale;
4) die wahre Beobachtungszeit, wenn der Gang der Uhr in Bezug auf die mittlere Sonnenbewegung bekannt ist.

Nach seiner Herleitung der Gleichungen zur Lösung dieser Aufgabe erwähnt Lowitz, wie traurig er darüber sei, dass sein höchst geschätzter Freund und Verwandter Nürnberg verlasse, und wie schwer es ihm fallen werde, ihn zu vergessen, obwohl er hoffe, dass sie brieflich weiterhin in Kontakt bleiben werde. Er würde seine Besorgnis nicht los, bis er Nachricht erhielte, dass Mayer, dessen Gefährtin und Johann Andreas Friedrich Yelin, ein anderer guter Freund und enger Verwandter, diese schwierige Reise gut überstanden hätten.

Mayers Gefährtin war seine Frau Maria Victoria, das sechste Kind des Pfarrers Johann Christoph Gnüge, der, obwohl ursprünglich aus Thüringen stammend, den größten Teil seines Lebens in Bischofsheim im Kraichgau (Neckarbischofsheim) verbracht hatte. Nach dem Tod ihres Vaters im Jahr 1747 kam Maria, geboren am 7. März 1723 als reife junge Frau von 24 Jahren nach Nürnberg, wo sie bei Verwandten mütterlicherseits wohnte, die durch Heirat auch mit Franz verwandt (Familie Yelin?) waren. Hier traf Mayer sie und warb um sie. Er heiratete sie am 16. Februar 1751 [EA: in Wiedersbach/Mittelfranken], nur einen Monat vor seiner Abreise nach Göttingen am Vortag seines – wie wir sagen würden – 28., nach seiner eigenen Zählung jedoch 29. Geburtstages. Folglich fand die Hochzeit nicht in Göttingen statt, wie in einigen biographischen Artikeln über Mayer berichtet wird. Es war allem Anschein nach zu jener Zeit durchaus üblich, dass Verwandte von Pfarrern in nachbarlichen Dorfkirchen getraut wurden, und deshalb ist das Fehlen ihrer Heiratsregistrierung im Landeskirchlichen Archiv für Nürnberg sowie beim Evangelischen Stadtpfarramt von Neckarbischofsheim durchaus nicht überraschend.

Ihr Begleiter auf dieser Reise, die man als ihre Hochzeitsreise betrachten könnte, war höchstwahrscheinlich ein junger Vetter von Mayers Frau und durch Heirat ebenso Franzens Neffe. Er war vorher bei der Firma Homann tätig gewesen und sollte jetzt noch drei Jahre unter Mayers Anleitung in Göttingen studieren. Er hatte ihre Reisekarte: »Iter Mayerianum….« (Abb.-Tafel 9) nach anderen Homännischen Reiserouten gezeichnet. Walter Gresky macht in seiner Studie dieser Karte darauf aufmerksam, dass die Zollstädte besonders deutlich eingezeichnet sind. Die Reiseroute führte die Reisenden in die Bezirkskreise von Bayreuth, Bamberg, Würzburg und durch die Herzogtümer von Coburg, Römhild, Mainingen sowie Eisenach. Das hessische Gebiet vor Eisenach ist ein Teil der ehemaligen Grafschaft Hanneberg, auch als Schmalkaldische Exklave bekannt. Hessen lag zwischen Richelsdorf (Rugelsdorf) und Allendorf. Der Maßstab eines jeden Quadrats ist eine deutsche Meile = vier geographische bzw. Seemeilen = 7,4 km. Die gesamte Entfernung betrug also ungefähr 32 deutsche Meilen Luftlinie, welche die Reisenden in 64 Stunden bei einer durchschnittlichen Reisegeschwindigkeit von fast 4 km pro Stunde zurücklegten.

Einige Monate nach Mayers Abreise von Nürnberg wurde Lowitz Direktor des Eimmart-Observatoriums. Diese Position war im April 1751 durch Doppelmaiers Tod frei geworden. Er übernahm gleichzeitig die Rolle als Professor der Mathematik und Astronomie an der Aegydienakademie, dem heutigen Willstätter Gymnasium. Am 27. Dezember 1751 hielt er dort seine Antrittsrede über das Thema »Die wahre Nützlichkeit der höheren Mathematik für die Menschheit«. Franz schrieb aus diesem Anlass ein Essay über »die Nothwendigkeit eines zu errichtenden Lehrbegriffs der mathematischen Geographie bey der kosmographischen Gesellschaft«, worin er betont, dass an den Schulen mehr Lehrer für die mathematische Geographie benötigt würden, und er unterscheidet dabei zwischen astronomischer Geographie, geographischer Landvermessung und geometrischer Projektion als ihre drei Hauptzweige. Haase hatte die Methode der horizontalen, stereographischen Projektion in der Kartographie zwar eingeführt, aber es gab nur wenige Bücher mit einer Erklärung ihrer Regeln, und man behandelte immer noch die Sonderfälle, dass sich das Auge bzw. das Projektionszentrum entweder am Pol oder einem Punkt auf dem Erdäquator befindet. Eines der besten Bücher über die praktischen und theoretischen Aspekte der Herstellung von Karten und Plänen war die »Cosmographie« von Peter Smith (Amsterdam 1726). Die »Eléments d'Astronomie« von Jacques Cassini (Paris 1740) enthalten nichts, was nicht bereits in den Büchern von De la Hire und Rost steht, aber Varenius brachte in seiner »Geographica« mehr über die Grundlagen der Geographie.

Lowitz beabsichtigte, ein Lehrbuch über die mathematische Geographie und diesbezügliche Instrumente zu schreiben, welches die korrekte Methode für Landvermessungen erläutern sollte, obwohl ihm Cassini de Thurys Buch über »La méridienne de l'Observatoire de Paris« (Paris 1744) als Warnung diente in Bezug auf die enormen Schwierigkeiten, die ein solches Werk mit sich brachte. Haase hatte in seinem »Sciagraphiam methodi proiiciendi sphaeras et delineandi mappas« die Vorteile seiner Projektionsmethode bereits beschrieben, aber sein Tod verhinderte die Bekanntgabe ihrer Prinzipien. Als Lowitz dem Homann-Büro beitrat, bestand deshalb eine seiner Hauptaufgaben darin, die Prinzipien und die Theorie dieser Methode zu entwickeln. Dies hatte er jetzt geschafft und selbständig eine allgemeine Formel zur Anwendung dieser Projektion auf jede beliebige Kurve aufgestellt. Die großen Erd- und Himmelsgloben allein waren gewiss eine große und wichtige Aufgabe, dennoch standen sie nicht auf gleicher Ebene mit der mathematischen Genialität, die Lowitz in seinem Werk zeigte. Obwohl er niemals eine europäische Sternwarte gesehen hatte, war er ein geborener Astronom, der sogar ein Äquatorfernrohr in seinem Haus aufgebaut hatte. Auch hatte er das Glück, Doppelmaiers Bibliothek und Instrumente von dessen Sohn zu erben, der Lowitzens Talente sehr bewunderte. Franz schließt seine Lobschrift mit einem italienischen Sonett auf Lowitz, welches Marco Lorenzo Soralli schrieb und Franz selbst widmete.

Im Jahr 1752 wendete sich das Glück der Homanngruppe, und das gute Einvernehmen zwischen Franz, Lowitz und Mayer verschlechterte sich. Lowitzens unbegründeter Vorwurf des Plagiats gegen Mayer beendete ihren bisherigen freundschaftlichen Briefwechsel und brach ihren Kontakt – wie später in Kapitel 7 beschrieben – vorläufig ab. Andererseits brachte Franz aufgrund seiner zunehmenden Sorge wegen der durch Lowitz verursachten Verspätungen bei den avisierten Lieferterminen der großen Globen diesen dazu, am 2. Mai 1753 einen gesetzlichen Vertrag einzugehen, worin Lowitz akzeptiert, die Hälfte aller Verluste oder Gewinne zu übernehmen, die bei der Herstellung von Karten, Plänen und Globen in dem Teil der Firma Homann anfallen, für den Franz verantwortlich zeichnet.

Dieser Vertrag regelte auch die Aufteilung der Pflichten. Franz war verantwortlich für die Finanzierung, Werbung, Auslieferung der Globen und die ganze damit zusammenhängende Korrespondenz. Lowitz dagegen sollte die Zeichnungen, Segmente, Kreise usw. für die Globen anfertigen und anderen, die an diesem wichtigen Projekt mitarbeiteten – wie den für die Firma Homann eingestellten Kupferstechern – helfen. Daher war er berechtigt, seine Arbeitszeit für das Zeichnen der Planisphären der beiden 36 Zoll großen Globen, die Unkosten zur Beschaffung der erforderlichen Arbeitsgeräte und Vorrichtungen und alle bei diesem Projekt anfallenden Arbeiter in Rechnung zu stellen. Darüber hinaus hatte er das Privileg, seinen Namen auf die fertigen Produkte setzen zu können. Aus einem von Matthias Franz Cnopf am 28. Oktober 1755 an einen hannoveranischen Regierungsbeamten gerichteten unveröffentlichten Brief geht hervor, dass Juliana Sophia Maria Yelin, die Frau von Franz, mächtig gegen die Teilung der Gewinne protestierte und »an den Haaren gezogen werden musste«, um sie zum Unterschreiben zu bringen. Cnopf hatte zwei Vertragskopien vorbereitet, die von Franz, Lowitz und deren Frauen zu unterzeichnen waren.

Es mag damals den Anschein erweckt haben, als ob Franz Lowitz eine Gunst erwies, denn das Subskriptionsgeld wurde in einem besonderen Globenkonto – der Kugelkasse – aufbewahrt, und die darauf eingezahlten Bargelder sowie der davon unabhängige von Franz verwaltete Anteil der Kartenherstellung der Firma Homann betrugen im Allgemeinen über 12.000 Reichstaler. In Wirklichkeit wahrte Franz jedoch seine eigenen Interessen, denn er hatte die gesamte Kontrolle über die hereinkommenden Gelder und verringerte gleichzeitig seine persönliche Verantwortung für den Fall eines Verlustes. Etwa drei Monate später erschien das »Troisiéme Avertissement sur les Grands Globes oú la Société des Sciences Cosmographiques de Nurenberg rend compte au Public du Retardement de cet Ouvrage par George Maurice Lowitz, Membre de cette Société, Professeur Public des

Mathématiques & de la Physique & Directeur de l' Oberservatoire de Nurenberg«, also die dritte Ankündigung über die großen Globen, wo die Kosmographische Gesellschaft von Nürnberg den Verzug dieser Arbeit von Georg Moritz Lowitz, Mitglied dieser Gesellschaft, Professor der Mathematik und Physik und Direktor der Sternwarte bekanntgibt. Zunächst wird ein Überblick über die augenblickliche Lage gegeben, dem eine Erläuterung der Gründe für den Verzug von mehreren Jahren nach Ablauf der in der zweiten Nachricht von 1749 gesetzten 30-Monate-Frist folgt. Erstens: weil bis Mitte des Jahres 1752 nur 19 von einer ziemlich großen Zahl an Subskribenten ihre Zahlung wirklich geleistet hatten, reichte das Einkommen nicht aus, um die Kapitalkosten der Schneidemaschinen und Materialien zu decken. Lowitz musste später eine Liste mit den Namen und den Daten ihrer Zahlungen anfertigen, um zu zeigen, warum es bisher unmöglich war, die Fortsetzung dieser wichtigen, aber kostspieligen Arbeit in Erwägung zu ziehen.

Sodann führt Franz einige Vorteile auf, die sich aus dem erwähnten Verzug ergeben hatten. Der Himmelsglobus würde viele südliche Sterne enthalten, deren Positionen auf Beobachtungen der zirkumpolaren Sterne basierten, welche in der südlichen Hemisphäre von Abbé De la Caille gemacht worden seien, der in Kürze mit einer genauen Karte dieses Himmelsteiles zurückkehren würde. Der Erdglobus könnte noch verbessert werden durch Vermessungsergebnisse des Kirchenstaates von Roger Boscovich und Christoph Maire. Eine detaillierte Beschreibung darüber vom 21. Mai und 21. Juli sei gerade in Nürnberg eingetroffen. Auch russische Geographen verbesserten gerade ihren Atlas unter Berücksichtigung vieler Neuentdeckungen. Die bereits bestellten Segmente der Erdgloben seien fertig, und die Arbeit an den Meridianen und dem kostspieligen Mechanismus zur Bewegung der Achse der Himmelsgloben mache Fortschritte.

Ferner wird ein Brief der Witwe von John Senex in Bezug auf die großen Erd- und Himmelsgloben ihres verstorbenen Gatten erörtert, welcher in Ausgabe Nr. 493 der »Philosophical Transactions« für 1749 erschien und worin sie zu verstehen gibt, dass die Globen ihres verstorbenen Gatten niemals übertroffen werden könnten, und die Royal Society bittet, nicht in andere außerhalb der britischen Inseln hergestellte Globen zu investieren. Eine 1734 im Londoner »Course of Experimental Philosophy 1« von J. T. Desaguiler erschienene Anzeige beweist, das Senex zu jener Zeit bereits Globen verschiedener Größen bis zu 28 Zoll Durchmesser gebaut hatte. Nach Mary Senex bestand ein Vorteil dieser Globen, welche sie weiterhin von ihrem Haus in der Fleet Street London verkaufte, darin, dass sie zeichnerisch von sehr hoher Qualität waren. Die Konstellationen auf dem Himmelsglobus hatte ein geschulter örtlicher Handwerker unter Anleitung von Edmond Halley gezeichnet. Ein zweiter, nach ihrem Ermessen einmaliger Vorteil war, dass der Präzessionseffekt bei den beiden größten Globen von 17 bzw. 28 Zoll Durchmesser durch eine Schraube reguliert werden konnte, die bewirkte, dass der Pol des Äquators sich um den der Ekliptik drehte.

Lowitzens Zeit und Energie seien jetzt dem Bau der Globen gewidmet, versicherte Franz, aber an dieser Stelle unterließ er es, einen Fertigstellungstermin zu nennen. Alle, die bereits Vorauszahlungen geleistet hatten, sollten die Globen für 500 Florinen erwerben. Neue Subskribenten müssten jedoch die höhere Anzahlung von 300 Florinen leisten und den höheren Preis von 600 Florinen zahlen. Der Verkaufspreis für Nichtsubskribenten war 700 Florinen. Die jeweiligen Restbeträge waren auf den vorschriftsmäßigen Quittungen jeweils in Dukaten eingetragen.

Franz war sich auch darüber klar, dass er eine größere Werbekampagne in Gang setzen und denjenigen, deren Unterstützung er für sein Projekt zu gewinnen hoffte, neue Anreize – wie Prestige und finanziellen Gewinn – bieten musste, um das nötige Kapital zur Durchführung dieses Projektes aufzubringen. Deshalb greift er zurück auf seine Idee mit dem, was man heutzutage einen hochrangigen deutschen Staatsbeamten nennen würde: »Der deutsche Staatsgeographus mit allen seinen Berichtungen Höchsten und Hohen Herren Fürsten und Ständen im deutschen Reiche nach den Grundsätzen der kosmographischen Gesellschaft vorgeschlagen von den dirigierenden Mitgliedern der kosmographischen Gesellschaft« (Franckfurt und Leipzig 1753). Dieses Mal konzentriert er sich jedoch nicht nur auf die Eignung der Person, sondern bringt zum Ausdruck, wie wichtig bei wissenschaftlicher Arbeit staatliche Unterstützung ist, wie sie von Seiten aufgeschlossener Monarchen in Frankreich, Russland und Schweden bei großräumigen trigonometrischen Vermessungen sowie durch die Autorisation des Papstes bei den von Maire und Boscovich durchgeführten Vermessungen bereits geleistet worden war. Vier Kapitel widmet Franz einer Erörterung über die politische Nützlichkeit und Wichtigkeit des Besitzes genauester geodätischer Karten von Bezirken und Staaten in jedem Land. Seine Anregung dazu scheint zum Teil aus Veit Ludwig von Sechendorfs »Deutscher Fürstenstaat« zu stammen. Wenn man bei solch einem geographischen Werk Auslassungen, Fehler, Missverständnisse und Unklarheiten vermeiden wolle, sei es unbedingt erforderlich, eine hochqualifizierte Person einzustellen, welche die Gesamtkontrolle der Planung übernehmen würde, so wie Cassini dies bei der berühmten französischen Karte getan hatte. Für einen solchen »Staatsgeographus« genügte es nicht, Kartograph, Kompendienautor oder Reporter vom grünen Tisch zu sein, er müsste ein unermüdlicher Reisender sein, den nur der Tod vom Reisen abhalten könnte. Franz wiederholt dann die im Artikel von 1751 bereits aufgeführten zehn Punkte über unterschiedliche Funktionen, deren Mayer fähig ist.

Könnte eine solche Person nicht gefunden werden, wäre das Nächstbeste, in jedem Herzogtum ein Vermessungsamt einzurichten, in dem das Personal die Vermessung und geographische Beschreibung dieses Gebietes vornehmen müsste, eine unumgängliche Vorarbeit für genaues Kartenzeichnen. Informationen über die erforderliche Arbeitstechnik und -geräte sowie über zu treffende Vorkehrungen bei den eigentlichen Messungen könnte man Cassini de Thurys »La méridienne de … Paris« (Paris 1744) entnehmen oder noch besser einer kurzen, aber gründlichen Abhandlung von Lowitz, welche dieser als Antwort auf einen Vorschlag des österreichischen Kaisers zur Herstellung einer Großformatkarte seines Landes geschrieben hatte. Hier wird auf die »Mathematische Vorschrifft von der rechtmässigen Verfahrensart die Länder zu Messen und zu mappiren« von Lowitz Bezug genommen, welche als Anhang dieser langatmigen geographischen Propaganda erscheint. Wenn man seinen Quadranten nach den Prinzipien seiner »Beschreibung eines Quadranten« (Kapitel 7) von 1751 benutzen würde, könnte man im Idealfall eine Genauigkeit von fast 1" bei Winkelmessungen garantieren.

Die »Mathematische Vorschrifft« beginnt mit folgender Dreiteilung bei der Anwendung der geographischen Wissenschaft:
– die Regeln zur Bestimmung der relativen Position der Orte,
– der Vergleich zwischen solchen Positionen mit einer absoluten Himmelsposition und
– die Projektion dieser absoluten Position auf eine ebene Fläche.

Diese können jeweils mit Geometrie, Astronomie und höherer Mathematik verbunden werden. Es besteht eine gewisse Ähnlichkeit zwischen dieser geographischen Einteilung und derjenigen, die 1747 nach Mayers Manuskript »Collectanea geographica et mathematica« in seiner unveröffentlichten und unvollendeten Abhandlung »Von der Construction der Land-Karten mit dem Exempel einer Karte von Ober-Teutschland erkläret« erwähnt sind. Mayers Entwicklung dieses Prinzips scheiterte jedoch nach einer kurzen Beschreibung der geometrischen Hilfsmittel an den unterschiedlichen Längenmaßen, welche die verschiedenen Autoren der einzelnen Länder benutzt hatten. Lowitz beschäftigt sich eingehend mit einem anderen Aspekt des gleichen Problems, nämlich mit den Änderungen der Länge eines einzigen Maßes infolge von Temperaturschwankungen, die ein Ausdehnen oder ein Zusammenziehen eines Eisenstabs von 20 Nürnberger Schuhen verursachen. Er erklärt ebenfalls, dass sich das Dehnen und Schrumpfen von Papier auf die in einer Karte eingezeichneten Maßstäbe auswirkt. Um diesen Ungewissheiten aus dem Wege zu gehen, konnte man auch ausschließlich mit astronomischen Beobachtungen arbeiten, was bei genauen Vermessungen großer Gebiete vorzuziehen und jetzt möglich war, weil die Größe und Form der Erde genauer bekannt waren. Man musste sich jedoch noch viel mehr um geodätische und astronomische Instrumente bemühen, ein Aspekt, mit dem Franz selbst sich weiterhin beschäftigen wollte. Die Abhandlung endet mit der Ableitung von algebraischen Formeln, die anschließend bei der Lösung von sechs Aufgaben über Schwankungen der Entfernungen zwischen verschiedenen Orten und ihrer relativen Positionen angewandt werden.

Nachdem Franz die Globenfabrik aufs Neue empfohlen und seine Vorschläge bezüglich der Einstellung eines idealen Kosmographen wiederholt und erläutert hatte, wandte er sich der Frage der Nützlichkeit der Kosmographischen Gesellschaft von Nürnberg zu, womit er zum eigentlichen Aspekt seines ehrgeizigen nationalen Planes zur Verbesserung der geographischen Wissenschaft kam. Obwohl die Mitglieder dieser Gesellschaft für »das Gemeinwohl« (d. h. ehrenamtlich) gearbeitet hatten, wurde zur Förderung ihrer Arbeit dennoch ein hohes Kapital benötigt, was ihre eigenen Mittel weit überstieg. Kapitalbeschaffung war unbedingt erforderlich, um eine feste Anstellung von mindestens vier Angestellten, einem Direktor und einem Sekretär zu ermöglichen. Wenn – wie die Erfahrung gezeigt hatte – man von einigen wohlhabenden Prinzen, Staatsoberhäuptern oder Adligen nicht genug Geld bekommen könnte, blieb als einzige Alternative, bescheidenere Beiträge von einer entsprechend größeren Zahl weniger wohlhabender Bürger zu kassieren. Eine Summe von 200 Gulden von 2000 Bürgern würde das benötigte Kapital verschaffen, um mit den von Franz geplanten Projekten zu beginnen. Aus dieser Vorstellung heraus veröffentlichte er »Die kosmographische Lotterie, was diese seye und was die deutsche Nation für Bewegungsgründe habe, derselben förderlich zu seyn. Auf Gutbefinden der kosmographischen Gesellschaft in Vorschlag gebracht, von derselben dirigirenden Mitgliedern in Nürnberg. Im Jahr 1753«. Diese Gesellschaft war, jedenfalls nach seiner Ansicht, Teil einer Akademie der Wissenschaften und befasste sich in erster Linie mit der Herstellung von Karten und Globen, was Kenntnisse in Astronomie, Geographie und Geschichte erforderte. Außerdem hatte die Gesellschaft bereits einen längeren Forschungsbericht in den »Kosmographischen Nachrichten und Sammlungen auf das Jahr 1748« veröffentlicht und könnte dies in den kommenden Jahren wiederholen. Eine häufiger erscheinende Zeitschrift, die zur schnellen Verbreitung allgemeiner Informationen aus diesem Bereich dienen sollte, könnte unter dem Titel »Der kosmographische Merkur« erscheinen und schließlich könnte unter Lowitzens Leitung eine Ausbildungsschule für deutsche Ingenieure mit einer Werkstatt zur Herstellung der benötigten Vermessungsinstrumente als Teil der Akademie eingerichtet werden.

Dergleichen Vorschläge genügten vielleicht, um das Interesse der Bürger an Franzens Vorhaben zu wecken, bewegten sie jedoch kaum dazu, es durch Investitionen zu unterstützen. Der beste Ansporn wäre, alle homännischen Veröffentlichungen, die normalerweise 210 Gulden oder nach dem damaligen Wechselkurs 140 Reichstaler kosten würden, was sich der Durchschnittsbürger nicht leisten konnte, auf einer Verlosung anzubieten, an der jeder mit nur 4 Florinen teilnehmen konnte. Wenn genügend Leute an dieser Lotterie teilnehmen würden, hätte die Firma Homann eine beträchtliche Kapitalanlage. Vielleicht würden nicht nur einzelne Personen, sondern auch Universitäten, Bibliotheken, Museen, Sternwarten usw. teilnehmen und der Kosmographischen Gesellschaft vielleicht sogar ihre Kartensammlungen, Büchereien und Instrumente zur Verfügung stellen. Um alle über die zu gewinnenden Preise zu informieren, bringt Franz als Anhang zu dieser Abhandlung eine von einem Mitglied der Gesellschaft verfasste »Recension der Homännischen Geographischen Werke …« Sie besteht aus den folgenden dreizehn Artikeln:

I. Doppelmaiers 30-seitigem Atlas Coelestis (Nürnberg 1742). Dieser Atlas enthält neuerdings auch Lowitzens und Mayers Finsterniskarten von 1748.
II. Atlas Geographicus Maior I mit 90 Karten, von welchen 19 Mayers Namen tragen.
III. Atlas Geographicus Maior II (Atlas Germaniae Specialis) mit 124 Karten, neun davon mit Mayers Namenszug. Tafel 8 von diesem Atlas ist Mayers »Germaniae … mappa critica«.
IV. Atlas Geographicus Maior III (Städteatlas) mit 90 Seiten (Ende 1752) enthält Pläne von Wäldern, Wohnhäusern, Universitätsgebäuden, Kaufhäusern, Häfen usw., darunter jedoch keine von Mayer gezeichneten.
V. Tomus Supplementarum mit 80 Seiten (ausschließlich der Bodenpläne von 1740–52, die zu IV gehören); keinen davon hat Mayer gezeichnet.
VI. Homannisch-Haasischer Gesellschaftsatlas, dessen Bedeutung bereits erklärt wurde. Er enthält 18 Karten, darunter zwei von Mayer.
VII. Atlas Historicus, ausgerichtet für 52 Karten, keine davon wurde von Mayer gezeichnet.
VIII. Atlas Silesiae mit 20 Karten. Die wichtigste davon mit dem Titel »Silesia generalis…« (1749) wurde von Mayer gezeichnet.
IX. Natur- und Kunstatlas mit 61 Karten, jedoch keine von Mayer. Er diente als Schulatlas und ist geographisch unbedeutend.
X. Kabinettskarten (Wandkarten) mit 12 großen Karten zum Aufhängen, keine davon stammt von Mayer.
XL. Kosmographische Maschinen oder astronomische und geographische Maschinen. Zu ihnen gehören: eine Parallaktische Maschine, um der scheinbaren täglichen Bewegung des Himmels zu folgen, eine geographische Sonnenuhr, eine Verfinsterungsmaschine, Himmels- und Erdgloben, darunter der von Lowitz 1745 hergestellte 5 Zoll-Durchmesser-Globus und ein kürzlich vollendetes, auf dem Kopernikanischen System beruhendes Planetarium.
XII. Der Schulatlas mit 36 Karten im Großformat, 20 Karten in kleinerem Format. Diese Karten wurden von verschiedenen bereits erwähnten Homann-Atlanten kopiert.
XIII. Ausländische Karten – eine Ausgabe mit mehreren hundert Karten von Deutschland, die Ausländer herstellten, und Karten fremder Länder.

Im Ganzen scheint die Firma Homann mehr als 550 eigene Karten veröffentlicht zu haben, von welchen 170 auch von ihr hergestellt wurden. Während Franzens

Zugehörigkeit zur Firma stellte man über 250 neue Karten her, die alle, was das Gravieren, Kolorieren und die Einzeichnung der jeweiligen Gebiete betrifft, eine gute Qualität aufweisen, wofür die ersten Karten bekannt waren. Die meisten Karten waren Reproduktionen von De L'Isle und anderen Kartographen, wie Jaillot, Nolin, Beaurain, Bellin, D'Anville, Rizzi-Zannoni, Coronelli, Cerruti, Rossi, Moll, Bowles usw. Im Gegensatz zu den übrigen deutschen Kartenherstellern dieser Periode hielten die homannischen Kartenstecher ihr Versprechen bezüglich der Authentizität ein und schrieben die Namen der Autoren auf ihre Kopien.

Franz und seine Mitarbeiter fanden es auch schwierig, alle Fehler und interne Abweichungen zu beseitigen, so dass man beispielsweise abweichende Werte für die Breite und Länge von Breslau in Haases oder Mayers Karte von Schlesien findet und wiederum andere in den »Special-Karten« des »Atlas Silesiae«. Eine Prüfung der verschiedenen, hier erwähnten Homann-Atlanten zeigte, dass 26 Karten Mayers Namen tragen, und außerdem werden ihm noch 4 weitere zugeschrieben, deren genaue Titel im Anhang 2 angegeben sind.

Christian Sandler, ein deutscher Kartograph des 19. Jahrhunderts, der »Die homännischen Erben« (1890) speziell untersuchte, vermutet jedoch, dass Mayer noch mehrere Karten großen Maßstabs ohne seine Identifizierung zeichnete, und genau genommen hätte auch die in Kapitel 2 beschriebene frühere Karte von Esslingen (1743) mit einbezogen werden müssen. Obwohl die Firma Homann sich auf die Zeichnungsmethode nach Haases Prinzip der horizontalen, stereographischen Projektion eingestellt hatte, für welche Lowitz die generelle mathematische Theorie lieferte, benutzte Mayer trotzdem häufig die konische Projektionsmethode, zum Beispiel bei seiner berühmten »mappa critica« (Tafel 10). In dieser sind die Längen fast doppelt und die Breiten 3 bis 4 Mal so genau wie im De L'Isle Atlas, wie sich aus den mittleren Fehlern der 27 Städte ergibt, die in beiden Werken enthalten sind. Der Grund für eine kleine systematische Diskrepanz zwischen ihren Längenwerten war, dass Mayer sich an die Homann-Konvention gehalten hatte, nach welcher der Nullmeridian durch die Insel Ferro in den Kanarischen Inseln 20° westlich von Paris geht, wogegen De L'Isle – wie bereits erwähnt – jetzt mit der Längendifferenz von 19° 51'33" arbeitete. [EA: Eine Genauigkeitsuntersuchung der Mappa Critica publizierte Peter Mesenburg 2013]

Franzens letzter Versuch zur Kapitalbeschaffung ist beschrieben in einem auf den 1. Januar 1754 datierten »Avertissement touchant la Publication d'un Grand Atlas de Cartes Géographiques de toutes l'Allemagne…«. Er hoffte, 750 Exemplare einer einfachen Ausgabe dieses 152 Seiten umfassenden »Atlasses von Deutschland« (1753) zu ¼ Florin pro Seite verkaufen zu können, um einen Reingewinn von 1000 Florinen zur Finanzierung seiner verschiedenen Projekte zu erzielen. Um Prinzen, Adlige, kirchliche und staatliche Würdenträger, Monarchen und Herrschaftshäuser in ganz Deutschland für eine finanzielle Unterstützung zu gewinnen, gibt er bekannt, dass er die Absicht habe, eine Luxusausgabe von

100 Exemplaren, die um das Vierfache aufwändiger sein würde und für dergleichen Persönlichkeiten gedacht sei, herzustellen.

Seit Mayers Abreise im Jahr 1751 hegte Franz den Wunsch, die Kosmographische Gesellschaft von Nürnberg nach Göttingen verlegen zu können, wo sie unabhängig von der Firma Homann unter ihrem neue Namen »Institutum Cosmographicum« bekannt werden sollte. Die Globenfabrik, welche ein fester Bestandteil dieses Institutes bildet, solle ebenfalls umbenannt werden in »Laboratorii Cosmographico Mechanici«. Der Plural »Laboratorii« sollte auf zwei Fabriken hinweisen, nämlich auf Lowitzens Fabrik für Himmels- und Erdgloben und auf Mayers Fabrik für Mondgloben. Das Institut würde ein Department »Geographie« darstellen, einzigartig in Göttingen, wo es entweder einer lokalen wissenschaftlichen Gesellschaft angeschlossen werden oder unabhängig fungieren könnte, was Franz vorziehen würde. Die »Acta Cosmographica« seien zu spezialisiert, um einen Teil der »Commentarii« zu bilden und würden daher besseres Ansehen genießen als Fortsetzung der »Kosmographischen Nachrichten und Sammlungen« unter einem anderen Namen. »Die Göttingischen Anzeigen von gelehrten Sachen« existierten bereits als geeignetes Forum zur Veröffentlichung von Kritiken und Besprechungen neuer, für die Entwicklung der Geographie wichtiger Bücher.

Als Franz am 25. Februar 1754 die vorangehenden »Vorschläge zum Etablissement des Instituti Cosmographici, was es ist und wie es in Göttingen zu veranstalten ist« unterbreitete, erwähnte er auch seinen fähigen neuen Assistenten Johann Andreas Friedrich Yelin, der nach Abschluss seines dreijährigen Studiums unter Mayers persönlicher Anleitung in Göttingen kürzlich nach Nürnberg zurückgekehrt war, um Lowitz beim Entwurf der Karten und Zeichnungen für die großen Globen und selbst bei den Mondgloben zu helfen. Franz selbst war kein praktischer Mensch und überließ die Herstellung der Globen gern Lowitz und Yelin, während er selbst sich mit Untersuchungen beschäftigte und fortlaufend Reklame für seine kosmographischen Mitarbeiter in der Öffentlichkeit machte. Er weist in diesen »Vorschlägen« dennoch darauf hin, dass er bereit sei, mit seinen beiden Assistenten sofort nach Ostern nach Göttingen zu kommen, wenn man ihm ein Jahresgehalt von 600 Reichstalern und die Möglichkeit bieten würde, jedes Jahr eine öffentliche Vorlesungsreihe über politische Geographie durchzuführen, was er als seine spezielle Stärke betrachtete. Dieser Antrag wurde König Georg II. vorgelegt, der nach Beratung mit seinen hannoveranischen Ministern dem Staatsrat in Hannover am 8. Oktober 1754 die Anweisung gab, Franz und Lowitz eine Vorauszahlung von 2000 Reichstalern zu gewähren, wenn sie sich bereit erklärten, ihre Globenfabrik auf ihr eigenes Risiko und ihre Kosten nach Göttingen zu verlegen. Der König autorisierte auch die Universitätskasse, 400 Reichstaler für Transportkosten anzubieten. Franz erhielt den Rang eines Rates und das geforderte Gehalt. Inzwischen hatte von Münchhausen Erkundigungen über die Einzelheiten der vorgeschlagenen Übersiedlung eingezogen, und sobald er über den Befehl des Königs informiert war, verlor er keine Zeit, einen Ruf an Lowitz zu erteilen, wonach dieser am 1. Februar 1755 sein Amt als Professor der praktischen Mathematik in Göttingen mit einem Jahresgehalt von 400 Reichstalern antreten und seine Globenfabrik mitbringen sollte. Vereinbarungsgemäß wurden 2000 Reichstaler zur teilweisen Deckung der Fracht- und Reisekosten angeboten. Lowitz antwortete am 28. November und teilte von Münchhausen mit, dass seine mathematische Bibliothek bereits an die Adresse von Professor Mayer abgesandt sei, der sich bis zu seiner Ankunft darum kümmern würde und dass seine restlichen Sachen und Instrumente gerade verpackt würden.

Die auf Lowitzens Abreise folgenden Monate waren sehr unglücklich für Franz. Der Nürnberger Stadtrat war über die Verlegung der Globenfabrik und darüber, dass es nun niemanden mehr gab, der bei der Errichtung einer neuen Sternwarte fachlich beraten und helfen konnte, enttäuscht. Man hatte die Nürnberger gerade ermuntert, sich für den kürzlich erst erschienenen Verlosungsplan der homännischen Veröffentlichungen zu interessieren. Als dann die Nachricht kam, dass Franz selbst ebenfalls weggehen würde, verwandelte sich die Enttäuschung in Ärger und Hass. Selbst seine Mitarbeiter im Homannbüro waren gegen ihn aufgebracht, weil sie – und vor allem Johann Georg Ebersperger, dem die andere Hälfte der Firma gehörte – der Ansicht waren, dass Franz entweder seine Gläubiger auszahlen und seinen Firmenanteil verkaufen oder das Angebot von Göttingen ablehnen sollte. Nachdem Ebersperger sogar Klage gegen ihn erhoben hatte, fühlte sich die hannoveranische Regierung verpflichtet, einzuschreiten und ersuchte den Nürnberger Stadtrat am 27. April 1755 darum, dafür zu sorgen, dass Franz Nürnberg ungestört verlassen könne, um sein Amt in Göttingen anzutreten. In dem fast vier Wochen später eingehenden Antwortschreiben wiesen die Stadträte darauf hin, dass die Arbeiter der Firma Homann und ihre Familien, die Franz alle mitnehmen wollte, auch das Recht hätten, zu bleiben, wo sie wären, anstatt Schulden machen zu müssen, was sie sich nicht leisten könnten, um mit Franz in eine ungewisse Zukunft und unbekannte Gegend zu gehen.

Mit wenigen Ausnahmen verlangten seine Gläubiger nun ihr Geld zurück und schalteten den städtischen Rechtsberater von Marperger ein, der für Franzens Schwierigkeiten Verständnis hatte, um die mit Franz getroffenen Vereinbarungen zu widerrufen. Franz sah darin sein Glück im Unglück, denn wenn alle Gläubiger zurücktreten würden, wäre er allein für sein Eigentum verantwortlich und hätte keine Geschäftsverbindungen mehr mit Nürnberg. Obwohl seine Kupferstecher seitens des Stadtrates unter starkem Druck standen, ihr Los nicht mit Franz zu teilen und ihre Heimatstadt nicht zu verlassen, waren sie trotzdem finanziell noch von ihm abhängig, wenn ihn auch zu jener Zeit nur noch 1000 Reichstaler vom Bankrott trennten. Er schien sich ein wenig mit der Tatsache zu trösten, dass die Homanns selbst – und zwar hauptsächlich durch große Kapitalinvestitionen – ein Drittel ihres Vermögens im Laufe von 36 Jahren eingebüßt hatten, wogegen er selbst den Rest in 24 Jahren verloren hatte, und er trug sich sogar mit dem Gedanken, eine geschichtliche Darstellung über das Homannbüro zu schreiben, um sich gegen Anschuldigungen zu rechtfertigen, dass er das Büro dem Kosmographischen Institut geopfert habe. Es trifft jedoch zu, dass seine Schulden durch das Kosmographische Institut verursacht worden waren. Am 21. Juni 1755, genau dem Tag, an welchem von Münchhausen seine Ernennung als ordentlicher Professor der Geographie an der Georg-August-Akademie ausspricht, erklärt Franz selbst in einem »Pro Memoria«, dass er gewillt sei, ein solches Opfer zu bringen – sei es für Göttingen, d. h. für die hannoveranische Regierung, oder für die Berliner Akademie der Wissenschaften. Das Kosmographische Institut scheiterte hauptsächlich am Geldmangel der fränkischen Staatskasse, trotzdem hätte ein entwicklungsfähiges, finanziell tragbares Unternehmen daraus werden können, wenn es von der ortsansässigen (einheimischen) Nobilität und den Grundbesitzern besser unterstützt worden wäre.

Um zu vermeiden, dass Franz sich zu entscheiden habe, ob er seine Anteile an der Firma Homann nach Göttingen übertragen oder jemandem in Nürnberg verkaufen würde, schlug man auf einer Mitgliedsversammlung vor, dass er das Büro von Göttingen aus weiterhin leiten und eventuell in einigen Jahren die ganze Firma übernehmen könnte, wenn die übrigen Projekte dann immer noch florierten. Dieser Vorschlag gefiel Franz jedoch gar nicht, weswegen er einen dringenden Antrag stellte, so bald wie möglich nach Göttingen kommen zu dürfen, um der unerträglichen Lage, in der er sich augenblicklich befand, zu entgehen.

Einen Monat nach dieser Antragstellung scheint Franz Nürnberg bei Nacht und Nebel verlassen zu haben. Am 6. August schreibt er von Göttingen nach Hannover, um von Münchhausen mitzuteilen, dass er beabsichtige, die erste Ausgabe einer neuen Monatszeitschrift über Kosmographie unter dem von ihm gewählten Titel »Beiträge zur Weltbeschreibung« auf der nächsten Buchmesse auszustellen. Diese sollte die letzten kartographischen Neuheiten bekanntgeben und Informationen erbitten. In diesem Zusammenhang hatte er das Vergnügen, Baron von Münchhausen gleichzeitig mitteilen zu können, dass Hofrat Scheidt ein neues Nachrichtensystem zwischen dem Kosmographischen Institut und London eröffnen würde, um die gegenwärtige Entwicklung der Geographie in den amerikanischen Kolonien ausfindig zu machen. Franz bedankt sich gebührend für die 1200 Reichstaler, die man ihm offiziell zugewiesen hatte, und verspricht, diese vor Jahresende zurückzuzahlen. Sein vordringliches Ziel für die Zukunft bestand darin, die Karten, Pläne und Globen unter Verwendung einer besonderen, auf wissenschaftlichen Prinzipien aufgebauten Projektionsmethode und einer genaueren Beschreibung der Länder zu verbessern. Sein erstes Projekt in Göttingen war, einen neuen historischen Atlas zu zeichnen, während sein Kollege Professor Anton Friedrich Büsching einen Schulatlas mit Gebrauchsanweisung vorzubereiten hatte. Im Allgemeinen befassten sich Franz und Büsching mit politischer und historischer Geographie und überließen die Herstellung der Himmels-, Erd- und Mondgloben Lowitz und Mayer.

Inzwischen wurde aber von Münchhausen der leeren Versprechungen seitens Franz' überdrüssig, und als Letzterer einige Tage später wiederum um 800 Reichstaler zur Deckung seiner Auslagen für kartographische Arbeiten bat, beschloss er, sich nunmehr selbst viel eingehender über den Arbeitsfortschritt an den großen Globen zu informieren.

Nicht nur Lowitzens Ehre stand auf dem Spiel, sondern die Tatsache, dass mehrere wohlhabende und einflussreiche Herren Vorauszahlungen für die Globen geleistet hatten, bedeutete, dass die Integrität der hannoveranischen Regierung als Förderer dieses Projekts angezweifelt werden könnte, wenn Franz sein Versprechen nicht einhalten würde. Deshalb warnte von Münchhausen die Mitglieder der Gesellschaft, mit der Veröffentlichung von Zukunftsplänen vorsichtig zu sein und beauftragte Scheidt und Balcke, Franz und Lowitz daran zu erinnern, dass ihre eigene Ehre und die der Universität durch die anhaltenden Verzögerungen aufs Spiel gesetzt würden. Sie wurden auch beauftragt, sich nach dem genauen Stadium des Fortschritts zu erkundigen und darüber, wie dieser beschleunigt werden könnte; ferner dazu, einen Bericht über die gesamten Einnahmen und Ausgaben der Gesellschaft zu schreiben; festzustellen, ob es möglich wäre, für die Globenfabrik ein separates Konto zu eröffnen, um sie von anderen finanziellen Angelegenheiten zu trennen; Fehler bei der Konsolidierung, Zahlung der Honorare usw. zu korrigieren sowie alle Unterlagen und Konten über das Labor zu kontrollieren.

Scheidts Prüfungen in Göttingen führten dazu, dass Franz' bisherige Verhandlungen mit seiner Regierung Lowitz bekannt wurden, der sich bis dahin kaum für solche Angelegenheiten interessiert hatte und nun feststellen musste, dass er eher die Rolle eines Angestellten von Franz als die eines Mitarbeiters spielte. Er gewann den Eindruck, dass Franz ihn als Sündenbock für seine eigenen Unzulänglichkeiten benutzt hatte. Dass Scheidt Göttingen sehr bald wieder verließ und dabei Lowitzens Haus zur Inspektion seiner Arbeit an den Globen nicht einmal besuchte, schien seine Vermutung zu bestätigen. Es bestand für ihn jetzt kein Zweifel mehr daran, dass er seinem Kollegen künftig weniger Vertrauen schenken dürfe. Er hoffte, dass von Münchhausen ihn nach Hannover kommen ließe, so dass er den zuständigen Ministern die Umstände aus seiner Sicht erklären könnte. Gegen Franzens Rat setzte Lowitz Mayer in Kenntnis, denn dieser wurde in Franzens Bericht über die Mond-, Himmels- und Erdgloben zusammen mit Lowitz erwähnt. Ebenso wurde Büsching am folgenden Tag über den Sachverhalt aufgeklärt. In einem undatierten Entwurfsschreiben erwähnt Büsching, dass die ganze Planung einer kosmographischen Gesellschaft lediglich eine Schimäre wäre, die Franz nur zur Förderung seiner eigenen Interessen entwickelt hätte. Es bestehe kein gemeinsames Abkommen oder Bestreben, ein bestimmtes Ziel zu erreichen, und kein gemeinsames Forschungsprojekt; keines der Mitglieder wüsste etwas über die Anleihe von 1000 Reichstalern von der hannoveranischen Regierung, weswegen alle darüber verärgert seien, dass diese Summe als ihre Schulden angesehen würden. Franz hätte zusätzlich 2000 Reichstaler durch Subskriptionen eingenommen und 2000 Reichstaler von Hannover erhalten, aber anstatt diese 4000 Reichstaler zur Finanzierung künftiger Arbeiten auf das Globenkonto einzuzahlen, hätte er Lowitz nur 1100 Reichstaler zukommen lassen, wovon dieser die Hälfte erst vor wenigen Tagen erhalten habe. Franz hätte den Rest einbehalten, aber nicht für Arbeiten an den Globen, was gegen die Vereinbarung mit Hannover geschehen sei. Büsching empfahl deshalb, den Verantwortungsbereich der beiden zuständigen Herren so aufzuteilen, dass darüber, was jeder zu tun habe, kein Zweifel bestehen bliebe. Lowitz berichtete, dass auch Mayer über Franzens Handlungsweise schockiert gewesen sei.

Nur wenige Tage später, am 6. November 1755, bot Franz, der ängstlich bestrebt war, einige seiner unangenehmen Verpflichtungen loszuwerden, Mayer die alleinige Kontrolle über die Herstellung der Globen an. Mayer freute sich über dieses Angebot und nahm es unter folgenden Bedingungen an:

1. Sofortige schriftliche Bekanntgabe von Zahl und Namen aller Vorbesteller
2. unverzügliche Aushändigung aller auf den neuesten Stand gebrachten Einnahmen und Ausgaben zu diesem Projekt an ihn
3. Rückgabe bzw. Vorlage aller Bescheinigungen (d. h. Ermächtigungen, Schuldscheine, Wechsel, Sicherheitsbriefe) oder Gesellschaftsurkunden der Kosmographischen Gesellschaft (d. h. Beglaubigungen, Gutachten, Zeugnisse), einerlei ob sie von ihm unterzeichnet waren oder nicht
4. Übergabe aller noch verfügbaren Exemplare des Berichtes von den Mondkugeln (Nürnberg 1750) an ihn
5. Eine schriftliche Bestätigung von Franz, dass er Mayer alle Rechte an diesem Projekt abgetreten habe
6. Auszahlung seines fälligen Anteils der sich bereits in Franzens Händen befindlichen Subskriptionsgelder an ihn noch vor Ostern

Mayer erklärte sich seinerseits bereit
- alle bei der Herstellung der Mondgloben anfallenden Kosten in Zukunft zu tragen
- die Franz zustehende Hälfte der Subskriptionsgelder nicht zu reklamieren und
- dafür zu sorgen, dass alle Vorbesteller ihre Globen im kommenden Jahr vor dem Michaelisfest (29. September) erhalten würden.

Mayer und Büsching gaben beide Lowitz ihre feste Zusage, ihm bei der noch zu verrichtenden Arbeit an den großen Erd- und Himmelsgloben zu helfen, da Franz nun keinen Zugang mehr zum Globenkonto hatte. Der Kupferstecher säuberte nun 18 Platten für die Globen, und man konnte bald die Linien, welche die Breiten und Längenkreise usw. darstellen sollten, darauf einritzen. Äußere Teile wie Ringe und der Mechanismus zur Bewegung der Polarachse könnten in Kürze in Angriff genommen werden.

Aus einer Kopie eines Schriftstückes mit dem Titel »Actum Hannover den 10. Nov. 1755«, welches von Balck unterzeichnet ist und heute in Lowitzens »Personalakte« im Göttinger Universitätsarchiv aufbewahrt wird, geht hervor, dass Franz und Lowitz nach Hannover beordert wurden, um eine Reihe von Fragen, die Scheidt und Balcke stellten, zuerst getrennt und dann gemeinsam zu beantworten. Die Stellungnahme von Scheidt und Balcke zu den in diesem Mammutinterview gestellten und beantworteten Fragen befindet sich in einem am folgenden Tag säuberlich aufgesetzten Protokoll an den hannoveranischen Staatsrat. Nach ihrer Meinung trug Franz die Schuld, weil er die Zeit unterschätzt hatte, die man benötigte, um eine Globenfabrik zu errichten und geeignetes Personal zu finden.

Franz machte nun Lowitz dafür verantwortlich, dass die Zeichnungen der planisphärischen Teile für die Globen nicht fertig seien, aber bisher hatte niemand Lowitz gesagt, dass diese Teile benötigt würden, und er wollte diese auch nicht ohne vorherige Bezahlung für diese kostspielige Arbeit aushändigen. Man bemerkte, dass Franzens Aufstellung der Vorbesteller der Globen nicht vollständig war, aber es zeigte sich, dass 4200 Reichstaler an Subskriptionen eingegangen waren und dass Franz über 2500 verfügt hatte. Seine gesamten Schulden beliefen sich auf 3925 Reichstaler, wogegen die von Lowitz 3175 Reichstaler betrugen. Scheidt und Balcke unterteilten diese Summen in Unkosten für Unterhaltung, Material, Ausrüstungen einschließlich Instrumente und Bücher sowie für Transport. Sie wiesen den Vorschlag ab, einen Beamten vom Schatzamt zur Verwaltung des Globenkontos einzuschalten, und empfahlen, die Einnahmen vom Verkauf der Atlanten auf das Globenkonto einzuzahlen.

Aus dem 1753 zwischen Franz und Lowitz abgeschlossenen Vertrag, von dem Scheidt und Balcke eine Kopie zu ihren Akten genommen hatten, geht hervor, dass Lowitz die alleinige Verantwortung für die Herstellung der Globen übernehmen würde, weil Franz zwar eine gute Kenntnis in historischer und politischer Geographie besaß, aber nur wenig von Kartographie, geometrischen Projektionen oder der Mechanik von Globen verstand. Deshalb hatte man Lowitz vorgeschlagen, mit seiner Arbeit allein fortzufahren, sobald Franz ihm die auf dem Globenkonto noch ausstehenden 2200 Reichstaler bezahlt hätte. Lowitz selbst schätzte, dass er die Erdgloben bis zum Ende des Jahres fertig haben könnte, aber für die Himmelsgloben noch zwei weitere Jahre benötigte. Franz war hinsichtlich des aus den eigenen geographischen Projekten zu erwartenden Gewinns, den er zur Tilgung des aus dem Globenkonto geliehenen Geldes benutzen wollte, zu optimistisch gewesen. Er machte jedoch geltend, dass ein Ausgleich möglich gewesen wäre, wenn seine Nürnberger Gläubiger während der ersten sechs Jahre keine

Verwaltungsgebühr verlangt hätten. Ursprünglich hatte Lowitz selbst das Prinzip unterstützt, nach welchem das gesamte kosmographische Unterfangen als ein einziges Projekt betrachtet werden sollte, das zunächst durch die Vorauszahlungen der Globen getragen werden sollte. Franz hatte den von Hannover aus gemachten Vorschlag akzeptiert, dass er und seine Gattin sich durch Unterzeichnung einer Bürgschaft verpflichteten, das von ihm geschuldete Geld zu erstatten, seine Schulden bei der Nürnberger Verwaltung zu begleichen und das Globenkonto auf diese Weise flüssig zu machen. Dies befreite ihn von weiteren Verpflichtungen, und Lowitz war von nun ab für den Arbeitsfortgang verantwortlich.

Am 26. November 1755 schrieb von Münchhausen erneut an Franz, erinnerte ihn an seine Verpflichtungen und drohte mit der Kürzung seines Gehaltes, wenn er diese bis Ostern des kommenden Jahres nicht erfüllt hätte. Gleichzeitig erhielt Lowitz einen kurzen Brief, und zwar dahingehend, dass er jetzt über die Lage Bescheid wisse und mit seiner Arbeit fortfahren könnte. Die Schwierigkeit war jedoch, dass Lowitz sich weigerte, mit Franz zu arbeiten, bis er die 525 Reichstaler erhalten hätte, welche dieser ihm schuldete. Franz fühlte sich nun von beiden Seiten sehr bedroht, und in seiner Antwort vom 18. Januar 1756 schrieb er von Münchhausen auf das von Hannover gestellte Ultimatum, dass er es »mit großem Übelkeitsgefühl und zitternden Händen« gelesen hätte. Entgegen seinen Erwartungen hatten seine Arbeiten am Atlas ihm nichts eingebracht, und er befand sich in einer sehr unglücklichen Lage. Er war hauptsächlich wegen der Globenfabrik in Göttingen geblieben, aber Lowitz hatte jetzt alles, was er benötigte, und zudem sogar der Versuchung einer Bestechung seitens zweier wohlhabender Bürger aus Nürnberg, dorthin zurückzukehren, Widerstand geleistet. Die von Franz drei Wochen später vorgeschlagene Lösung bestand darin, Lowitz in den nächsten vier Jahren 500 Reichstaler pro Jahr von seinem Gehalt abzutreten, so dass er selbst mit nur 100 Reichstalern pro Jahr auskommen musste, denn die in den ersten beiden Jahren gesparten 1000 Reichstaler gingen auf das Globenkonto. Darüber hinaus würde er die restlichen 528 Reichstaler an Lowitz zurückzahlen, Büsching Geld für seine tatkräftige Unterstützung geben und alle zwei Jahre getreulich seine Gebühren bezahlen.

Vielleicht um überleben zu können, begann Franz bald darauf, sich auf die Herstellung allgemeiner Karten für die Öffentlichkeit und Schulen zu konzentrieren, wobei ihm die zahlreichen, sich bereits in seinem Besitz befindlichen Karten und die Vorteile seiner 25-jährigen Erfahrung in Kartographie zu Gute kamen. Außerdem war es nach seiner eigenen Aussage seine Pflicht als Geographieprofessor, sich um diese Dinge zu kümmern. Er hatte bereits viele internationale Kontakte und war auch entschlossen, die Funktion als Herausgeber einer Monatszeitschrift weiter auszuüben, welche der Politiker- und Gelehrtenwelt zeigen würde, was das Konzept einer kosmographischen Gesellschaft bedeutete. Der Titel, den er dieser Monatszeitschrift gab, lautete »Beyträge zur Weltbeschreibung als ein rühmliches

u. nützliches Institutum«. Als Scheidt, der bezüglich der Durchführbarkeit von Franzes Plänen sehr skeptisch gewesen sein muss, von diesem Vorhaben erfuhr, fragte er, ob er einen Verlag habe und ob die paar Mitglieder der Kosmographischen Gesellschaft bereit wären, jeden Monat die zusätzliche Arbeit zu leisten, die eine solche Zeitschrift erforderte. Weder Lowitz noch Mayer hatten in der Tat die geringste Absicht, dazu beizutragen, und erwogen sogar, an Münchhausen zu schreiben, um festzustellen, ob dieser ihre diesbezügliche Mitarbeit durch eine Verfügung erzwingen würde. Büsching schrieb auch an Scheidt, dem er erklärte, dass er mit einem solchen Projekt nichts zu tun haben wolle. In einer am 21. Februar 1756 in Hannover geschriebenen Notiz beschäftigt sich Scheidt mit diesem Fall und schließt mit den Worten: »Der Mann tut mir von Herzen leid, denn er kann nicht aufhören, Pläne zu schmieden und sich dabei immer tiefer ins Unglück zu stürzen«. Trotz allem empfiehlt Scheidt, dass die offizielle Einrichtung eines kartographischen Büros der Universität zur Ehre gereichen würde. Es wurden jedoch keinerlei Schritte zur Durchführung dieses Vorschlages unternommen.

Zwei weitere Jahre sollten vergehen, ehe von Münchhausen sich erneut entschloss, in Sachen Franz und Lowitz zu intervenieren. Dieses Mal bat er die Professoren Hollmann und Büsching, ihm mitzuteilen, warum die beiden trotz der finanziellen Unterstützung, die sie erhalten hätten, immer noch keinen einzigen Globus zustande gebracht hätten. Was war schiefgegangen? Wessen Verschulden war es? Im offiziellen Bericht vom 15. Juni 1758 an die hannoveranische Regierung wird der Umzug von Nürnberg nach Göttingen und alles, was dieser mit sich brachte, als Hauptgrund für die anschließenden Verzögerungen und zusätzlichen finanziellen Schwierigkeiten angegeben. Andere Gründe waren, dass Lowitz nur die Hälfte der Subskriptionsgelder von Franz erhielt und dass der Siebenjährige Krieg eine Geldverknappung in Göttingen verursachte. Obwohl es nicht einfach war, fähige und interessierte Einheimische für die Arbeit an den Globen zu finden, hatte Lowitz trotzdem recht zufriedenstellende Fortschritte machen können. Von den 22 sich im Bau befindlichen Globen in seinem Haus waren 11 Kugeln fertig, 7 waren zementiert und 2 geteert, während die letzten 2 noch nicht verputzt waren. 12 Eichenholzgestelle waren ebenfalls fertig, zwei davon waren lackiert und vergoldet. In Nürnberg lagen sämtliche Zubehörteile für 22 Globen zur Montage bereit, und 10 Meridiankreise aus Messing waren ebenfalls dort hergestellt worden. Sechs oder sieben Platten mit Kupferstichen von Asien und einem Teil Afrikas waren fertig, wovon eine mit einer Presse in der Werkstatt in Lowitz' Haus hergestellt worden war. An 34 Platten wurde noch gearbeitet. Hollmann und Büsching erkannten, dass der größte Teil von Lowitzens Geld in dem benutzten Material steckte, und kamen zu dem Schluss, dass es am besten sei, wenn man Lowitz mit seiner Arbeit ungestört fortfahren ließe. Da aber die hannoveranische Regierung eine Lowitz vor über einem Jahr gemachte Zusage zur Zahlung eines Darlehens von 1500 Reichstalern noch nicht eingehalten hatte, müsste er eventuell nach Nürnberg zurückkehren, um die nötige Hilfe und den Unterhalt zur Vollendung seiner Arbeit zu bekommen.

Über die Situation bezüglich seiner Mondgloben hatten sich die beiden Professoren jeweils privat bei Mayer erkundigt, der daraufhin die gedruckten Segmente und Originalzeichnungen der noch nicht bedruckten an Hollmann schickte, so dass er den Arbeitsfortschritt selbst beurteilen könne. Abgesehen von der seinerzeit in Nürnberg verrichteten und in seinem »Bericht von den Mondskugeln« von 1750 (siehe Kapitel 2) beschriebenen Arbeit war Mayer mit diesem Projekt nur während der letzten 2 ½ Jahre beschäftigt gewesen, nämlich seit dem 6. November 1755, als er es offiziell von Franz übernommen hatte. Außer 70 Reichstalern aus Subskriptionen hatte er für dieses Projekt keine finanzielle Unterstützung erhalten und dementsprechend einen finanziellen Verlust dadurch erlitten, ganz zu schweigen von der Zeit und Energie, die er geopfert hatte, um die notwendigen Zeichnungen anzufertigen. Obwohl neun Kupferplatten, die nach neun seiner vollendeten Zeichnungen der Mondoberfläche hergestellt wurden, fast fertig waren, konnte er den Vorbestellern unmöglich das zurückgeforderte Geld aushändigen, ohne den von allen gewünschten Abschluss der Arbeit aufs Spiel zu setzen. Seiner Ansicht nach hatten diese daher kein Recht, sich zu beschweren. Er wusste natürlich, dass er sich vor diesem Zwei-Personen-Ausschuss nicht zu verantworten brauchte, denn zwischen seinen Mondgloben und den viel größeren, von Lowitz herzustellenden Erd- und Himmelsgloben bestand kein Zusammenhang.

1759 beglich Franz seine Schulden bei Lowitz, der jetzt den Vorbestellern gegenüber und für die Rückzahlung der seitens der hannoveranischen Regierung erhaltenen Anleihen allein verantwortlich war, wozu auch die zinsfreien 2000 Reichstaler, die Transportkosten von 1755 und die 1757 bezogenen 1000 Reichstaler gehörten. Die Arbeit näherte sich ihrer Vollendung, als am 1. August 1759 nach der Niederlage der französischen Truppen in Minden etwas Tragisches geschah. Fremde Truppen brachen in das Haus eines Nachbarn ein, besetzten alle Räume, zerbrachen dabei viele Holzgestelle und Zubehörteile und verursachten einen Schaden von etwa 800 Reichstalern. Lowitz konnte sechs seiner Globen und Zubehörteile im obersten Stockwerk seines Hauses unterbringen. Alles Übrige musste in der Werkstatt bleiben, die als Pferdestall benutzt wurde. Außer dem allernötigsten Wohnraum hatten die französischen Soldaten alle vorhandenen Räumlichkeiten besetzt, was seine Arbeit zum Stillstand brachte. Der Tod seiner Gattin machte alles noch schlimmer, und er hatte für die Reparaturen der von den plündernden Truppen an seinem Haus angerichteten Schäden so viel zu zahlen, dass er seinen Verpflichtungen gegenüber der hannoveranischen Regierung nicht nachkommen konnte. Bedauerlicherweise hing sein ganzer Ruf als Wissenschaftler von der erfolgreichen Fertigstellung seiner Globen ab, aber er konnte in Göttingen zu diesem Zeitpunkt nicht länger daran arbeiten.

Gerade zu diesem kritischen Zeitpunkt in seiner Karriere erhielt Lowitz ein verlockendes Angebot, zur Akademie der Wissenschaften nach St. Petersburg zu kommen. Man bot ihm ein Jahresgehalt von 1000 Rubeln an und versprach, die finanziellen Mittel zur Verfügung zu stellen, die es ihm ermöglichen würden, seine Arbeit weit entfernt von den Kriegswirren zu Ende zu führen. Vorher, als seine Frau noch lebte, jedoch bettlägerig war, hätte er einen solchen Wechsel nicht in Erwägung ziehen können, aber jetzt stand ihm nichts im Weg, und seine Umzugskosten würden auch noch bezahlt. Daher beschloss er, das Angebot anzunehmen und über Nürnberg zu reisen, wo er prüfen konnte, wie weit man mit den dort in Auftrag gegebenen Kupfersticharbeiten war. Nach Beratung mit den Professoren Riccio und Böhmer entschied von Münchhausen, dass ein Informationsschreiben aufgesetzt und an die Vorbesteller geschickt werden sollte, in welchem der Arbeitsfortschritt beschrieben und gleichzeitig erklärt wurde, dass Schwierigkeiten, Unruhe und Geldknappheit infolge des Krieges Lowitz an der Einhaltung seines versprochenen Termins gehindert hätten. Innerhalb eines Jahres starb Franz an einem Fieber, ein in seinem Haus einquartierter französischer Soldat hatte ihn angesteckt, und Mayer starb an Sepsis. Frau Franz wäre gern nach Nürnberg zurückgekehrt, aber diese Stadt weigerte sich, ihr aufgrund des Verhaltens ihres verstorbenen Mannes vor seiner Abreise Hilfe oder Schutz zu gewähren. Frau Mayer sah sich aus Gründen, die in Kapitel 9 noch eingehend behandelt werden, gezwungen, ihre Verbindungen mit der wissenschaftlichen Gesellschaft Göttingens und der hannoveranischen Regierung aufrechtzuerhalten. Außerdem hatte sie zu der Zeit vier Kinder zu versorgen und war durch den Fortfall ihrer einzigen Einnahmequelle, nämlich des Gehalts ihres verstorbenen Mannes, nicht in der Lage, Göttingen zu verlassen, selbst wenn sie das gewollt hätte.

Lowitz beschloss, seine Abreise nach St. Petersburg bis 1767 aufzuschieben. Ausschlaggebend dafür war nicht nur sein Entschluss abzuwarten, bis sein Ruf als Wissenschaftler offiziell geklärt sein würde, sondern auch sein Verantwortungsgefühl seinem am 25. April 1757 geborenen jungen Sohn Johann Tobias gegenüber, dessen Taufpate Mayer gewesen war. Erst als der Junge zehn Jahre alt wurde, entschied Lowitz, dass er groß und stark genug sei, um den Strapazen der langen und anstrengenden Reise nach Russland ausgesetzt zu werden. Beide befanden sich 1773 auf der unseligen Expedition zur Kaspischen Steppe, als Lowitz durch die Hände des revolutionären Kosaken Pugachev einen grausamen Tod fand. Seine Unterlagen mit den Ergebnissen mehrerer Jahre geodätischer Forschung wurden beschlagnahmt und waren so für die Nachwelt verloren. Aber einige frühere »Observationes in urbe Saratow habiae« konnten noch im selben Jahr in St. Petersburg veröffentlicht werden. Johann Tobias, der seines Vaters Talent als erfinderischer Experimentator geerbt hatte, kehrte zum Gymnasium der St. Petersburger Akademie der Wissenschaften zurück, ehe er seine akademische Ausbildung in seiner »alma mater« in Göttingen abschloss und sich einen Ruf als

Chemiker verschaffte. Büsching verfolgte mit Hilfe von Schülern in Berlin weiterhin die Ziele der historischen Abteilung der Kosmographischen Gesellschaft, aber seine Werke waren mit geographischen Namen angefüllt, die nur einen geringen Eindruck der beschriebenen Länder vermittelten, und seine Arbeiten waren schnell überholt. Zur Zeit seines Todes im Jahre 1793 waren viele europäische Gelehrte in die Unruhen der französischen Revolution verwickelt. Die kartographische Revolution und das kosmographische Abenteuer waren zu Ende, und in Deutschland hatte das neue Zeitalter der Romantik begonnen.

Kapitel 4
Mayers Jahre in Göttingen

Seine Berufung als Professor an die aufstrebende expandierende Georg-August-Universität in Göttingen verdankte Mayer in erster Linie seinem Ruf als Gelehrter, den er sich durch sein Können und seinen Fleiß als Kartograph, aber vor allem durch seine im Kapitel 2 beschriebenen neuartigen astronomischen Forschungsarbeiten verschafft hatte. Sein offizieller Titel »Professor der Ökonomie«, den er von seinem verstorbenen Vorgänger Johann Friedrich Penther erbte, war rein nominell, denn Mayers Pflichten waren bereits in seiner Anstellungsurkunde definiert als »Das Unterrichten der praktischen Mathematik und Forschung«. Eine aus verschiedenen Manuskriptquellen gesammelte Kenntnis über zeitgenössische und spätere Ereignisse lässt jedoch darauf schließen, dass Mayers Anstellung auf der einen Seite zweifellos eine Würdigung seiner Verdienste als Wissenschaftler, gleichzeitig aber auch ein kalkulierter diplomatischer Zug war, um die erste persönliche Verbindung zwischen dem Kartographischen Büro Homann bzw. der Kosmographischen Gesellschaft in Nürnberg einerseits und der im Bau befindlichen Göttinger Sternwarte andererseits herzustellen, denn Mayers Beobachtungsgabe würde bald benötigt werden, um das Beste aus dieser Institution zu machen, deren Leitung er mit dem in Ungarn geborenen Johann Andreas Segner (1704–1777), Professor der Physik und Mathematik, teilen sollte.

Es war kein Zufall, dass die offizielle Entscheidung zur Errichtung einer Sternwarte in Göttingen seitens der hannoverschen Regierung nur einige Wochen nach dem Besuch von Georg II. in dieser Stadt am 1. August 1748 getroffen wurde. Der König und seine Berater wussten nur zu gut, dass genaue astronomische Beobachtungen zur Verbesserung der Kartographie und des Seeverkehrs unerlässlich waren. Die Sternwarten von Paris und Greenwich waren Zeugen der Verbindungen zwischen theoretischer und praktischer Wissenschaft. Die Anwendung der genauen Bestimmungen von Länge und Breite im Militär- und Marinebereich war nicht schwer zu erkennen. Wie in Kapitel 3 erörtert, hatte Feldmarschall von Schmettau in Berlin bereits mehrere Jahre versucht, die Pariser Kartographen César Francois Cassini de Thury und Joseph de L'Isle zu fördern und die Erben des Kartographischen Büros Homann zur Beteiligung an der Erweiterung der französischen trigonometrischen Vermessung in und um Deutschland aufzurufen.

Offenbar hat von Schmettau zuerst von Münchhausen, mit dem er wegen Segner und dem Bau einer Sternwarte in Göttingen vorher korrespondiert hatte, von diesen Plänen in einem Brief vom 27. Februar 1750 von Berlin aus berichtet.

Dieser Brief muss Mayer übergeben worden sein, denn er wird jetzt zusammen mit seinen unveröffentlichten Schriften in der niedersächsischen Staats- und Universitätsbibliothek Göttingen aufbewahrt. Die Berliner Akademie beabsichtigte die Herstellung eines neuen Deutschlandatlasses, der eine General-/Gesamtkarte und etwa 380 detaillierte Karten enthalten sollte, für welche die in den letzten fünf Jahren gesammelten Informationen als Basis dienen sollten. Die französische Triangulation bildete die genaue Grundlage für die westliche Grenze, während Mykovinis Karten von Ungarn die östliche Grenze festlegten. Technische Hilfsmittel und die Genauigkeit der Pendeluhren waren im Laufe des letzten Jahrhunderts viel besser geworden, und man hatte bereits wesentliche Fehler in Karten gefunden, die nach früheren Himmelsbeobachtungen von Tycho Brahe und anderen vor Bestehen des Fernrohres und seiner Anwendung auf astronomische Instrumente hergestellt worden waren. Die größten Unsicherheiten bestanden bei den Ortsbestimmungen der Städte in Westfalen, Mecklenburg, Lausitz und Sachsen, sowie Münster, Osnabrück, Paderborn, Hannover, Halberstadt, Wolfenbüttel, Magdeburg, Lüneburg, Zell, Schwerin, Stettin usw.

Der zentrale Punkt, durch den eine Meridianlinie durch Deutschland gezogen wurde, war der Petersberg zwischen Halle, Eulenburg und Mansfeld. Das umliegende Land war flach genug, um eine Grundlinie von mehreren tausend Toisen (Klaftern/Lachtern = sechs Pariser Fuß) festzulegen. Der Meridian reichte im Norden bis zur Ostsee zwischen Wismar und Rostock, während er im Süden in der Nähe von Regensburg an der Donau und Wasserburg am Inn vorbeiging. Zur erfolgreichen Durchführung dieses Planes war natürlich sehr viel Zusammenarbeit und guter Wille erforderlich. Man hoffte, dass das Kurfürstentum von Hannover und die britische Majestät, König Georg II., keine Einwände gegen Vermessungsarbeiten in ihren Hoheitsgebieten haben würden. Segner war zu dieser Zeit die Schlüsselfigur in Göttingen. Er konnte sich entweder selbst an diesem Projekt beteiligen oder zwei gute Mathematiker empfehlen und diesen zweckmäßige Instrumente zur Verfügung stellen. Nach Fertigstellung der Sternwarte könnten Beobachtungen von Finsternissen und Bedeckungen gleichzeitig in Berlin und St. Petersburg durchgeführt werden. Bedauerlicherweise ging dieses Projekt nur langsam voran und brachte viele Schwierigkeiten mit sich, und so erhielt von Schmettau, nachdem er 1750 südlich nach Kassel gereist war, um seine Vermessungsarbeiten aufzunehmen, von Georg II. den Befehl, sein gut geplantes Projekt aufzugeben und nach Berlin zurückzukehren. Dies muss eine große Enttäuschung für von Schmettau gewesen sein. Als er nur ein Jahr später starb, wurde das Projekt schließlich vollkommen aufgegeben.

Schon vor Mayers Ankunft hatte die Planung der Sternwarte unter einem schlechten Omen begonnen, als sein Vorgänger Johann Friedrich Penther, Professor für Ökonomie und angewandte Mathematik, sich auf einer von Segner geleiteten Sitzung eines vier Mitglieder umfassenden Komitees über die von Segner gewählte Baustelle beschwerte, nämlich einem Turm auf einem ehemaligen Pulvermagazin in der Stadtmauer an der Nordseite des sogenannten Apothekergartens. Obwohl die Sternwarte dort tatsächlich errichtet wurde, bestand nach 1897, als die letzten Überreste abgerissen waren, keine Spur mehr von ihr. Die Stelle, wo sich damals die Straße »Klein Paris« befand und die heute Turmstraße 7 ist, entspricht genau dem Bau schräg gegenüber dem Mariahilfsstift, einem Kloster, welches das Erzbischofsamt Hildesheim kürzlich in ein Priesterseminar umgewandelt hatte. Am 18. November 1748, nur zwei Tage nach dieser Ausschusssitzung unterbreitete Penther von Münchhausen seine Absicht, an weiteren Diskussionen nicht mehr teilzunehmen unter dem Vorwand, dass ihn die Angelegenheit nicht interessiere, und er beklagte sich darüber, dass er während seiner ganzen Zeit in Göttingen nichts als ausgesprochenen Hass und Abneigung gegen Segner empfunden hätte. Der hannoveranische Bibliothekar C. L. Scheidt scheint diese Gefühle geteilt zu haben, denn er bemerkt in einem Brief, den er kurz nach Fertigstellung der Sternwarte an Johann David Michaelis schrieb, dass Segner zwar auch wegen seiner großen Gelehrsamkeit geschätzt würde, seine Quertreiberei jedoch sehr lästig sei. Johann Georg Bärens, ein anderer unabhängiger Beobachter, teilt uns mit, dass Segner »in offener Feindschaft« mit Professor Samuel Christian Hollmann lebte, weil dessen Kurse in experimenteller Physik das Zehnfache an Studierenden anzogen wie seine eigenen, obwohl er der Spezialist auf diesem Gebiet war. Auch von Ferdinand Frensdorff wissen wir, dass Segner, obwohl Albrecht von Hallers Schwager, dennoch einer dessen missgünstigsten Gegner war und dass seine Kollegen 1755 bei Segners Abreise von Göttingen nach Halle behauptet hätten, dies geschehe nur, weil er in seiner Erwartung enttäuscht worden war, nach Hallers Rückkehr in sein Heimatland, die Schweiz, im März 1753, Präsident der Wissenschaftlichen Gesellschaft zu Göttingen zu werden. Diese Aussage ist eine zusätzliche Wiederspiegelung von Segners Charakter. Aufgrund dessen kann man sich gut vorstellen, dass, obwohl er vor seiner Bekanntschaft mit Mayer Hannover gegenüber versicherte, dass es eine wahre Freude für ihn sein würde, mit diesem sehr gelehrten Herrn an einem so wichtigen Projekt wie der Planung und Leitung der Sternwarte zusammenzuarbeiten, Segners Neigung zur Eifersucht schließlich doch seine guten Vorsätze vereiteln würde. Genau das trat ein trotz aller Hochachtung, die Mayer seinem älteren Kollegen gegenüber beständig zeigte.

Vor der planmäßigen Einstellung von geeignetem Personal für den Bau und die Instrumente beantragten und erhielten Segner und Mayer von der hannoveranischen Regierung eine schriftliche Erklärung darüber, dass beide als gleichwertige Direktoren der Sternwarte gleiche Rechte und Pflichten hätten. Im Anschluss teilten sie den Zuschuss von 3000 Reichstalern mit Hilfe des hannoveranischen Architekten J. W. Heumann in zwei Summen, und zwar 1700 bis 1800 Reichstaler für den Bau der Sternwarte und den Rest für die instrumentelle Ausstattung.

Nach eingehender Diskussion beschlossen sie, einen ortsansässigen Bauunternehmer namens Johann Casper Heine, den Schreiner Heinrich Gabriel Thon und einen Dachdecker namens Heinrich Christian Schelle aus Goslar zur Durchführung des ganzen Projektes einzustellen. Der Bau des 3-Fuß-Radius großen Quadranten, des Sektors und der Uhren wurde dem Göttinger Senator Franz Lebrecht Kampe zugewiesen. Auf Empfehlung von Georg, dem zweiten Grafen von Macclesfield, welcher zu dieser Zeit Präsident der Royal Society in London war, beauftragten sie den Londoner Instrumentenbauer John Bird mit der Herstellung des 6-Fuß-Radius großen Quadranten und des 12 Fuß großen Fernrohres mit einem Schraubenmikrometer-Okular.

Die zahlreichen Manuskripte, die in den Göttinger Archiven aufbewahrt werden, zeigen deutlich, dass Segner bei diesen Verhandlungen die Hauptrolle spielte; eine Tatsache, die kaum überraschen dürfte, wenn man bedenkt, dass er der Initiator des Projektes war, seit 1737, dem offiziellen Einweihungsjahr, an der Georg-August-Universität tätig und sechzehn Jahre älter als Mayer war. Seine lange Zugehörigkeit sowohl zur Stadt als auch zur Universität sowie sein streitsüchtiges Wesen genügten durchaus, um zu garantieren, dass er über örtliche Spannungen und Intrigen bestens Bescheid wusste. Er prüfte regelmäßig den Fortschritt der Bauarbeiten, die er oft nachlässig fand, und wann immer etwas schiefging oder der Bauunternehmer mit seiner Arbeit in Verzug geriet, scheute er es nicht, sich persönlich um diese Dinge zu kümmern. In einem seiner Berichte an die hannoveranische Regierung bemerkte er zweifellos mit voller Berechtigung, dass hundert Fehler unterlaufen wären, wenn er im Laufe des Sommers 1752 nicht so viel seiner kostbaren Zeit geopfert hätte, um dieses Projekt zu überwachen.

Durch den Mangel an Messing und Kupfer in der Göttinger Gegend entstanden unvorhergesehene Schwierigkeiten und infolgedessen Verzögerungen. Senator Kampe war als Göttinger Stadtratsmitglied mit seinen offiziellen Pflichten, insbesondere mit der Erweiterung des Wohnungsbauprogrammes derart beschäftigt, dass er seinen Termin für den Bau der Instrumente, die er in Auftrag genommen hatte, nicht einhalten konnte. Sein Arbeitsverzug wurde so groß, dass die hannoveranische Regierung Ende 1753 an den Bürgermeister von Göttingen schrieb und ihn ersuchte, Kampe für wenigstens sechs Monate oder gar ein Jahr von seinem amtlichen Pflichten zu dispensieren, so dass er seiner Verpflichtung ihr gegenüber nachkommen könnte. Dieser Bitte wurde jedoch nicht stattgegeben, so dass Mayer den Teilkreis des Quadranten selbst graduieren musste. Dagegen stellte Kampe nach eingehender Überredung zwei ausgezeichnete Penduluhren fertig.

Mayers allgemeine Beziehungen zu den Einwohnern Göttingens scheinen kaum angenehmer gewesen zu sein als die zu Segner, wenn man der Aussage des jungen Medizinstudenten Johann Georg Bärens aus Kopenhagen Glauben schenkt. Er schreibt 1754 in seinen »Kurzen Nachrichten von Göttingen«:

Die Einwohner sind im Grunde ein rohes, ungehobeltes und unfreundliches Volk, die mit der größten Mühe von ihren ungeschlachten Sitten nicht abzubringen sind, wenn sie auch zu ihrer größten Schande gereichen sollten. Derjenige der ihnen neue und die einträglichsten Vortheile zeigen will, darf weder auf Belohnung noch Lob hoffen, und muß es noch für ein Glück halten, wenn er nur nicht mit Schimpf abgewiesen wird ... Zu ihren übrigen Eigenschaften fügen die Göttinger die Faulheit und den Stoltz, und ungeachtet sie recht sehr eigennützig sind, werden sie dennoch niemand leicht hintergehen, als wenn es mit recht guter Bequemlichkeit geschehen kann. Sie verstehen keinen Handel, wollen ihn auch nicht lernen, und derjenige der Bremen und Franckfurt gesehen hat, heißt schon vorzüglich ein gereißter Kaufmann. Es kostete unsägliche Mühe ihnen begreiflich zu machen, dass die Universitaet ihnen einträglich wäre, und noch wollen es die wenigsten glauben. Sie haben einen unsäglichen Haß gegen alle Fremde, die sie um desto weniger vorher konnten kennen lernen, weil auch nicht einmahl eine Post bey ihnen angeleget war. Sie schienen daher zu verzweifeln, als ihnen die neu angelegte Universitaet zu Anfangs ziemliche Unkosten machte. Die wenigsten Straßen waren schlecht, die meisten gar nicht gepflastert, und die Hälfte der Häuser hatte keine Schornsteine, weil sie sich begnügten, wenn der Rauch, nachdem er sie und ihre beruffene Würste wohl durchzogen hatte, durch die Dachfenster seinen Abschied nahm. Über dies waren die größten Häußer vor niemand als vor eine Göttingsche Familie wohnbar, die sich, wenn sie auch noch so starck war, mit 3–4 Zimmer behelffen konnte: Also mußte gepflastert und gebauet werden, welches Anfangs Geld kostete, aber auch die Bürger gegen die Universitaet aufs äußerste erbitterte, die daher noch bey vielen Gelegenheiten ihren eingewurtzelten Haß nicht verbergen können ... Die Göttinger sind also nunmehro zwar nicht mehr so hartleibigt als vor 20 Jahren, allein sie sind darum weder höflicher noch reicher geworden. Denn die vornehmsten Tischwirthe, Wein- und Kaffe-Schencken, Handwercksleute und Kaufleute sind mehrteils Fremde, die aber auch zum theil ziemlich Göttingische Sitten zu großem Schaden der Academie an sich genommen haben.

Die Akademie bzw. Universität war in vier Fakultäten gegliedert: Theologie, Jura, Medizin und Philosophie. Sie erbrachten zusammen ein weitgespanntes Lehrprogramm, welches alljährlich für das Sommer- und Wintersemester im »Catalogus Praelectionum publice et privatim in Academia Georgia Augusta« angekündigt wurde. Als Mayer 1751 nach Göttingen kam, gehörten fünf Professoren zur theologischen, weitere fünf zur juristischen, vier zur medizinischen und 10 zur philosophischen Fakultät. Mit Ausnahme der theologischen Fakultät war es jedoch nicht unüblich, dass ein Lehrer auch in einer anderen Fakultät Vorlesungen hielt und außerdem Privatunterricht erteilte, um sein Einkommen zu erhöhen. Die einflussreichste bzw. höchstrangigste, außerdem bei weitem bestbezahlte Position an der Universität war die des Kanzlers, welche zu dieser Zeit von Johann Lorenz von Mossheim (1694–1755) bekleidet wurde. Obwohl er klein an Gestalt und in seiner Erscheinung nicht imponierend wirkte, so war er doch ein ausgezeichneter Redner und in Theologie und Kirchengeschichte sehr belesen. Ihm allein oblag das Amt des Vorsitzenden bei Doktorprüfungen in allen vier Fakultäten. Das »Konsilium« der Universität (etwa der heutige Senat) bestand aus dem Prorektor, den Dekanen jeder einzelnen Fakultät und den übrigen Professoren. Satzungsgemäß wurde der Prorektor für zwei Jahre gewählt, aber zwischen 1750 und 1753 hielt jeder Prorektor seine Stellung für das ganze Kalenderjahr inne, ehe man wieder zur üblichen Routine zurückkehrte. Obwohl dies Amt als eine Stellung von hohem Ansehen galt, war innerhalb der Universität überall allgemein bekannt, dass die zur Begleichung örtlicher Auseinandersetzungen und zur Klärung zahlreicher Probleme mit den Studierenden erforderliche Arbeit jeden kleinen Vorteil, den es eventuell mit sich brachte, überstieg. Deshalb überließen die älteren Professoren diese Verantwortung unbekümmert den jüngeren Kollegen. Viele Probleme entstanden durch Versuche seitens einiger Prorektoren, sich aufgrund dieser Stellung politische Vorteile und größeres Ansehen bei den Studierenden zu verschaffen und ihre unterschiedlichen Interpretationen gesetzlicher Angelegenheiten sowie ihre persönlichen Anschauungen über verfassungsmäßiges Recht führten dazu, dass von Zeit zu Zeit unnötige Verordnungen erlassen und die bereits bestehenden ständigen Spannungen mit den Ortsansässigen gelegentlich noch gesteigert wurden. Es war damals üblich, dass sich der Prorektor zweimal wöchentlich mit den vier Dekanen, einem oder zwei anderen einflussreichen Personalmitgliedern und dem Kanzler – wenn dieser teilnehmen wollte – zusammensetzte, um schwierige akute Probleme zu diskutieren. Man nannte diesen Sitzungskreis die »Deputation«, was in etwa einem University Court an einer britischen Universität entspricht. Sehr ernste Disziplinarangelegenheiten wie die Unterdrückung von Studentenunruhen übernahm eine ad hoc-Polizei, bekannt als die »Scharwache«, welche von der Stadt finanziert wurde und aus 24 Männern mit Prügelkeulen bestand.

Die Akademie der Wissenschaften zu Göttingen war das Ergebnis der Bemühungen von Andreas Weber (1718–1781), Professor der philosophischen Fakultät, und Albrecht von Haller aus der medizinischen Fakultät, eine Gesellschaft zu gründen, die nach denselben Prinzipen aufgebaut war, wie die älteren Akademien der Wissenschaft – mit einer mathematischen, einer physikalischen und einer historisch-philologischen Klasse. Zu ihren Ehrenmitgliedern gehörten die hannoveranischen Geheimräte von Schwickelt und von Hardenberg, der hannoveranische Gesandte in Regensburg von Behr, der Kanzler der Universität von Mossheim, der berühmte Historiker für deutsche Geschichte Graf Bünau und der Präsident der Royal Society in London Graf von Macclesfield. Rektor Hollmann bringt in seiner unveröffentlichten Geschichte der Georg-August-Universität seine Überzeugung zum Ausdruck, dass von Hallers persönlicher Ehrgeiz und Wunsch, der erste Präsident dieser Societät zu werden, das stärkste Motiv für seinen aktiven Einsatz hierfür bildete. Der Altphilologe Johann David Michaelis unterstützte von Haller, da er wusste, dass von Münchhausen dieser Idee gewogen war und da er selbst sie als wünschenswert für die Geisteswissenschaft betrachtete. Ihre gemeinsame Überzeugungskraft führte zu Hollmanns Beitritt unter der Bedingung, dass die Gesellschaft zunächst als private Angelegenheit angesehen und nicht öffentlich bekannt gemacht oder Preise verleihen würde, bis man genügend Zeit gehabt hätte, zu entscheiden, ob sich die Mitglieder bezüglich Fragen der Mitgliedschaft und anderer damit verbundener Privilegien einigen konnten. Kaum hatte er seine Zusage unter dieser Bedingung gegeben, als ein Artikel in der »Zeitung von gelehrten Sachen« die Gründung dieser neuen Gesellschaft ankündigte, welche unter dem Schutz der hannoveranischen Regierung stünde und von ihr gefördert und welche für die Lösung zu unterbreitender Aufgaben Preise verleihen würde.

Danach konnte Hollmann nichts mehr tun, um die Entwicklung zu kontrollieren. Die Gesellschaft wurde königlich anerkannt und am 10. November 1751, nach einer vorausgehenden Besprechung in Hallers Haus, auf einer Versammlung eingeweiht, auf der von Haller als Präsident und Michaelis als Sekretär gewählt wurden. Außerordentliche und ordentliche Professoren sowie Ehren- und ausländische korrespondierende Mitglieder wurden aufgenommen, während junge Dozenten und Gelehrte an den monatlichen Versammlungen teilnehmen durften. Alljährlich wurden abwechselnd von den verschiedenen Zweigen der Gesellschaft zwei Preisfragen gestellt, deren Lösung nur von Nichtmitgliedern eingereicht werden durfte. Der Hauptpreis betrug 25 Dukaten und der zweite, welcher für junge Gelehrte gedacht war, 50 Taler. Zusätzlich wurden jährlich zwei Preise aus einer Stiftung des Herrn von Wüllen, Richter am hannoveranischen Gericht, für die beste Arbeit auf dem Gebiet der Wirtschafts- oder Rechtswissenschaft verliehen, um auf diese Weise erstklassige Beiträge für das »Hannoversche Magazin« zu bekommen, dessen Herausgeber er war. Diese Preise bestanden aus besonders geprägten Münzen oder Medaillen im Wert von 12 Dukaten, welche das »Intelligenzcomptoir« in Hannover bezahlte.

Es war ein Glück für Mayer, dass in Göttingen bereits ein Publikationsorgan bestand, dem er seine letzten Nürnberger Beobachtungen von Finsternissen und Bedeckungen, ferner seine neue Breitenbestimmung dieser Stadt übergeben konnte, sowie auch seine neuesten Untersuchungsergebnisse der Mondparallaxe und der Sonnen- und Mondtheorien, die ihn weltberühmt machen sollten. Schon 1735 hatte von Münchhausen für die in der Entstehung befindliche Georg-August-Universität eine eigene gelehrte Zeitschrift gewünscht, und bereits vier Jahre später gründete von Steinwehr die »Göttingische Zeitungen von gelehrten Sachen«, welche regelmäßige Berichte von Universitätsangelegenheiten und akademischen Leistungen ihrer Mitglieder veröffentlichte. Später trug Gottlieb Samuel Treuer die Verantwortung für diese Zeitung, aber nach dessen Tod fiel sie in ungeschickte Hände, aus welchen Albrecht von Haller sie 1747 rettete. Danach gewann sie durch ihre wöchentliche Veröffentlichung aktueller Rezensionen wissenschaftlicher Bücher aus dem Ausland und kritische Berichte über neue Forschungsarbeit, wie etwa die von Mayer selbst betriebene, wieder Ansehen. 1753 war die aufblühende Göttinger »gelehrte Zeitung« praktisch das offizielle Publikationsorgan der Akademie der Wissenschaften. Zu dieser Zeit erhielt sie ihren neuen Titel »Göttingische Anzeigen von gelehrten Sachen«. Michaelis, Sekretär der Gesellschaft, wurde ihr Herausgeber, und am 1. März 1753 – nach von Hallers Rückkehr in die Schweiz – übernahmen Johann Matthias Gesner und Samuel Christian Hollmann die Leitung der Gesellschaft und zwar jeder jeweils sechs Monate. Von Haller blieb ehrenamtlicher Präsident. So war alles gut unter Kontrolle und zwischen 1752 und 1755 vor einem Streitausbruch mit dem Drucker Luzac, dessen Ursache in Kapitel 7 näher erörtert wird, erschienen vier Bände der »Commentarii«. Durch das Verlegen der Kosmographischen Gesellschaft von Nürnberg nach Göttingen wurde auch das Ansehen der Akademie der Wissenschaften Göttingens gehoben, denn Mayer leistete mit nicht weniger als acht Artikeln in diesen vier Bänden zwischen 1751 und 1754 den größten Beitrag zu den »Commentarii«.

Ein wichtiger Faktor zur Sicherung des Erfolges der Sozietät der Wissenschaften war die Bibliothek. Dafür hatte die Georg-August-Universität in erster Linie Johann Matthias Gesner (1691–1761) zu danken, obwohl ein glücklicher Umstand die kostenlose Übernahme einer wichtigen und umfassenden Buchsammlung ermöglichte. Es handelte sich um die Privatbibliothek des hannoveranischen Geheimrats Joachim Heinrich von Bülow, der 1724 gestorben war und dessen Erben sie gern der neuen Universität schenkten, weil sie die Unterhaltungskosten der 8972 Bände nicht aufbringen konnten. Auch von Bülow selbst hätte diese Entscheidung gutgeheißen. Es gab nur die eine Bedingung, dass die Familie weiterhin freien Zugang zu diesen Büchern hatte und bei der Auflösung der Universität ihre Bibliothek zurückerhalten würde. Ergänzende kleinere Sammlungen zu dieser Hauptsammlung waren 2154 Doubletten der königlichen Bibliothek von Hannover und 708 Bücher aus dem Göttinger pädagogischen Institut. Abgesehen davon, dass man Göttinger Buchhändler und Drucker bat, Kopien ihrer herausgebrachten Artikel als Schenkung zu übergeben, wurde zunächst wenig zur Erweiterung dieser Sammlung unternommen. Gesner, der leitende Bibliothekar, ersuchte später das Verwaltungskuratorium dringend, Bücher zu kaufen, und 1748 wurde es erforderlich, Georg Christoph Hamberger einzustellen, um Gesner und seinen Assistenten Georg Matthiae bei der räumlichen Ausdehnung der Bibliothek in den medizinischen Vorlesungssaal und bei der Katalogisierung der Bücher zu helfen. Matthiae, der Initiator der thematischen Katalogisierung wurde 1755

Professor der Medizin in Göttingen. Zu diesem Zeitpunkt verfügte die Bibliothek über mindestens 16.000 Bücher und wurde laufend erweitert durch den Erwerb neuer Bände, welche Professoren, die sie benötigten, oft in Hannover erhielten. Bei Vorlage einer von einem der Professoren unterzeichneten Bescheinigung durften die Studenten Bücher mitnehmen, um sie zu Hause zu lesen.

Der Hauptteil der Bibliothekssammlung bestand aus großen und teuren Werken über die Interessenbereiche der vier Fakultäten: Theologie, Jura, Medizin und Philosophie. Erwartungsgemäß gab es sehr viele Bücher in englischer Sprache, zu jener Zeit möglicherweise mehr als in irgendeiner anderen ausländischen Bibliothek. Der Herzog von Newcastle machte eine Schenkung von 103 Folianten der britischen Parlamentsbeschlüsse von 1509–1728 im Wert von 500 Pfund, nachdem sein Bruder Henry Pelham 10 Folianten des gedruckten Protokollbuches des Unterhauses von 1509–1728 als Zeichen der Hochachtung übersandt hatte. Zu den wenigen damals vorhandenen Manuskripten gehörten 22 Folianten mit Werken des Vigilius von Zuichem (1507–1577), einem ehemaligen Geheimrat in Brüssel, die zur Bülow-Sammlung gehörten, sowie eine Pergamenturkunde von 1455, welche der Bibliothek 1741 von Professor Johann David Köhler geschenkt wurde. Eine einmalige Sammlung anderer Art, die auch ihren Weg nach Göttingen gefunden hatte, war ein Fossilienkabinett welches Michael Reinhold Rosimus aus München zusammengetragen hatte und welches seine Erben für nur einen Bruchteil des eigentlichen Wertes an einen sehr wohlhabenden Göttinger Tuchfabrikanten namens Grätzel verkauften, der etwa 500 Ortsansässige in seiner Fabrik beschäftigte. Diese Sammlung wurde jedoch nicht in der Bibliothek, sondern in Grätzels Wohnsitz, dem damals größten und schönsten Haus in der ganzen Stadt, aufbewahrt.

Wo genau Mayer mit seiner Gattin und seinen zwei Kindern – Johann Tobias, geboren am 5. Mai 1752, und Elisabeth Klara, geboren am 16. Januar 1754 – in den ersten Jahren seiner Zeit in Göttingen lebte, ist nicht bekannt. Es ist anzunehmen, dass die größer werdende Familie mehr Räume bzw. ein eigenes Haus benötigte und daher einen Vertrag für den Kauf eines Hauses abschloss, der Frau Mayer nach dem vorzeitigen Tod ihres Gatten im Jahr 1762 noch viel Kummer bereiten sollte. In einem Briefentwurf vom Oktober 1754 an einen Geheimrat in Hannover bittet Mayer die Regierung, das damals zum Verkauf anstehende, sogenannte Bachmannhaus, welches Stadtrat Schmidt gehörte, für den Direktor der neu erbauten Sternwarte zu erwerben und an ihn zu vermieten. Ihn reizte dabei besonders die unmittelbare Nähe dieses Hauses zu seiner Sternwarte (Abb.-Tafel 11) in der Straße »Klein Paris«, der heutigen Turmstraße. Obwohl von Münchhausen antwortete, dass er dieser Bitte nicht stattgeben könne, machte er dennoch den Vorschlag, Mayer ein zinsfreies Darlehen von 600 Reichstalern zu geben, das im Laufe der folgenden sechs Jahre in regelmäßigen Abzahlungen von 100 Reichstalern von seinem Gehalt abgezogen würde. Später stimmte er sogar zu, ihm zum

Kauf eines anderen größeren Hauses in der Nicolaistraße 800 Reichstaler zu leihen, welche Mayer in Raten von je 100 Reichstalern in den nächsten vier Jahren und von je 200 Reichstalern in den darauffolgenden zwei Jahren zurückzahlen sollte. Dieses Haus gehörte der Gattin eines Kommissars namens Scharff, mit dessen Hilfe Mayer am 5. November 1754 einen 13-Punkte-Vertrag oder wie es damals hieß, eine »Punctation« abfasste, die sich noch zwischen seinen persönlichen Unterlagen im Universitätsarchiv befindet.

Es ist nicht klar, was Mayer dazu veranlasste, sich so plötzlich für das andere Haus zu interessieren. Vielleicht hatte ein anderer Bewerber das Bachmannhaus erworben, oder er hielt das Haus in der Nicolaistraße einfach für die bessere Investition. Wie dem auch sei, etwa einen Monat später unterzeichneten acht Stadtratsmitglieder, zu welchen auch Kampe gehörte, eine amtliche Urkunde zur Information der hannoveranischen Regierung, dass sie gegen diesen Vertrag keine Einwände hätten. Sie fügten sogar hinzu, dass Scharff als gesetzlicher Vormund seiner jungen Gattin nicht nur gewillt war, ihr Haus zu verkaufen, sondern dies auch für beide Parteien vorteilhaft fand. Seitens der Göttinger Verwaltung gab es also keine Schwierigkeiten. Die endgültige Entscheidung zur Vertragsgenehmigung hing jedoch vom Staat ab, denn er musste die beantragte Anleihe und Mayers Gehalt für die kommenden Jahre zahlen. Allem Anschein nach wurde diese Genehmigung nicht erteilt, weil eine amtliche Urkunde von Georg II. an den Bürgermeister und Stadtrat von Göttingen, datiert auf den 1. Juni 1756, vorliegt, in der auf eine vollkommen andere Abmachung zwischen von Münchhausen und Mayer über den Kauf eines Hauses in der Langen Geismarstraße Bezug genommen wird. Dieses Haus trug seit 1864 die Nummer 50, aber zu Mayers Zeit hatte es keine Nummer und gehörte einem Göttinger Geschäftsmann namens Heinrich Adolph Hildebrandt. Dort befindet sich seit Ende des neunzehnten Jahrhunderts eine Marmorplatte zum Andenken an Mayer. Gemäß dieses letzten Vertrages erhielt Mayer 900 Reichstaler aus Stadtgeldern, die jedes halbe Jahr mit 100 Reichstalern zuzüglich 4 % Zinsen pro Jahr abzuzahlen waren und von seinem Gehalt einbehalten wurden. Zusätzlich bekam er eine Regierungsanleihe von 300 Reichstalern, für die er 3 % Zinsen pro Jahr zahlte. Aus diesen Zahlen geht hervor, dass zur Auflösung des Vertrages bei Einhaltung der Ratenzahlungen acht Jahre nötig gewesen wären, d. h. bis 1764. Mayer musste nun Privatunterricht erteilen, um eine zusätzliche Einnahmequelle zu haben.

Während Segner sich mit den Arbeitern herumschlagen, bei den Bürokraten entschuldigen musste und sich über mannigfaltige Probleme beim Bau der Sternwarte Sorgen machen musste, verfolgte Mayer seine begonnenen astronomischen Forschungen und verschaffte sich einen internationalen Ruf durch seine verschiedenen astronomischen Artikel in den Göttinger »Commentarii«. Die wichtigste Arbeit enthielt die neuen Tafeln zur Sonnen- und Mondbewegung, welche Euler als »das vortrefflichste Meisterstück in theoretischer Astronomie« pries.

Hauptsächlich auf Grund dieses großen Lobes, welches Mayers Leistungen seitens der Mitglieder der Berliner Akademie der Wissenschaften zuteilwurde, beauftragte deren neuer Präsident Pierre de Maupertuis Euler damit, in Erfahrung zu bringen, ob Mayer einen Lehrstuhl in Berlin annehmen würde. Der Vorschlag wurde Mayer ordnungsgemäß in einem Brief vom 24. April 1753 unterbreitet, in welchem Euler ihn bittet, die Angelegenheit vertraulich zu behandeln. Erwartungsgemäß reagierte Mayer freudig, und obwohl ihm deutlich war, dass ein solcher Wechsel finanziell nur einen geringen Vorteil bieten würde, schätzte er die Kontaktmöglichkeiten mit namhaften Akademikern weitaus höher ein als alle anderen Verbesserungen. Die genauen Angebotsbedingungen konnten noch nicht aufgestellt werden, weil Maupertuis zurzeit nicht in Berlin weilte. Während hierüber noch verhandelt wurde, bat der Sekretär der St. Petersburger Akademie der Wissenschaften, Georg Friedrich Müller, Euler formell, Mayer dort einen Lehrstuhl anzubieten. Das Gehalt war beträchtlich höher, dennoch riet Euler Mayer, Maupertuis' Rückkehr abzuwarten, nach welcher man versuchen könnte, das Angebot der Berliner Akademie zu verbessern. Schließlich konnte Maupertuis Friedrich den Großen, der zu dieser Zeit die Finanzen der Akademie streng verwaltete, überreden, das von Mayer gewünschte Gehalt zuzüglich einer Summe für Reisekosten und kostenlose Unterkunft in Berlin zu bewilligen. Seine einzige Pflicht würde darin bestehen, den wöchentlichen Sitzungen der Berliner Akademie beizuwohnen und gelegentlich eine Vorlesung über seine Forschungsarbeit zu halten. Die Berliner Sternwarte stünde ihm vollkommen zur Verfügung, und man erwartete, dass er anstelle von Johann Kiess (1753–1781), der kurz vor seiner Abreise stand, um eine Stelle an der Universität Tübingen zu übernehmen, die jährliche Herausgabe des Berliner Kalenders fortsetzen würde. Mayer erhielt auch einen persönlichen Brief von Maupertuis in Französisch, der in deutscher Übersetzung etwa folgendermaßen lautet:

Berlin, den 27. August 1754
Sehr geehrter Herr Professor Mayer! Mein Bestreben, den Ruhm der königlichen Akademie der Wissenschaften zu vermehren und meine Überzeugung, dass niemand mehr dazu beitragen könnte als Sie, haben mich dazu veranlasst, den Direktor, Herrn Euler, zu bitten, Ihnen einige Angebote zu machen. Er versichert mir, dass Sie ein jährliches Honorar von 650 Reichstalern zuzüglich 100 Reichstalern für Reisekosten akzeptiert und versprochen haben, unter dieser Voraussetzung im nächsten Oktober hierher zu kommen. Die mit Herrn Euler getroffene Vereinbarung bestätige ich hiermit aufs neue und zur weiteren Bezeugung unserer Wertschätzung für Sie und damit Sie eine noch vorteilhaftere Stellung erlangen, habe ich die Ehre, Ihnen mitzuteilen, daß Ihr Honorar 700 Reichstaler einschließlich freier Unterkunft sein wird und Sie 100 Reichstaler für die Reise erhalten werden. Wir ersuchen Sie, so schnell wie möglich

hierher zu kommen, und es ist für mich eine große Freude, daß ich mich neben der Gewinnung eines Mannes Ihrer Größe für die Akademie auch rühmen darf, Sie als Freund empfangen zu dürfen. Mit vorzüglicher Hochachtung bin ich Ihr ergebener und gehorsamer Diener Maupertuis.

Vier Tage darauf leitete Euler einen auf den 30. Juli 1754 datierten Brief von Müller mit dem offiziellen Angebot der St. Petersburger Akademie an Mayer weiter, den er bewusst einige Wochen bei sich zurückgehalten hatte, bis Maupertuis sein Angebot unterbreiten konnte. Mayer hatte die Wahl, unter drei damals freien Professorenstellen, nämlich für höhere Mathematik, Experimentalphysik sowie Mechanik, und teilte ihm mit, dass er – sollte keiner dieser Bereiche ihm zusagen – einen davon wählen und dann nach seiner eigenen Neigung arbeiten könnte, wie er das als Professor der Ökonomie in Göttingen bereits tat. Seine Erfahrungen als Geograph wären von besonderem Vorteil, und sein Anfangsgehalt würde 660 Rubel betragen. Euler bittet Mayer in seinem Begleitschreiben dringend, keine für die Berliner Akademie ungünstige Antwort zu erteilen. Diesem Rat folgte Mayer, ohne zu zögern. Am 2. September 1754 schrieb er an von Münchhausen, informierte ihn über seinen Ruf nach Berlin und ersuchte ihn, sein Ausscheiden aus der Georg-August-Universität zu akzeptieren. Entgegen seiner Erwartung wurde dem jedoch nicht stattgegeben. Stattdessen trug Georg II. seinem hannoveranischen Premierminister auf, sich die Bedingungen nennen zu lassen, unter welchen Mayer in Göttingen bleiben würde.

Aus dem Vorangegangenen sind uns zwei Gründe für diese Handlung bereits klar. Bei der hannoveranischen Taktik, die Kosmographische Gesellschaft von Nürnberg nach Göttingen zu verlegen, spielte Mayer immer noch eine Schlüsselrolle. Die sich jetzt entwickelnde Lage erforderte in der Tat ein ernsteres Eingehen auf seine Absicht. Darüber hinaus war er bereits als erfahrener praktischer Astronom von internationalem Ruf bekannt, welcher der neuen Sternwarte (Abb.-Tafel 11) in kurzer Zeit genau so viel Ansehen verschaffen würde, wie er es seiner Universität und der Göttinger Sozietät der Wissenschaften bereits verliehen hatte. Ein dritter Grund war jedoch zweifellos die Tatsache, dass Göttingen gerade die Dienste Albrecht von Hallers, ihres angesehenen Schweizer Präsidenten dieser Gesellschaft und Professors der Anatomie verloren hatte. Ein Genie zu verlieren war schlimm genug, aber ein zweites so unmittelbar danach zu verlieren, wäre für Göttingens Ansehen ein harter Schlag gewesen. Michaelis' persönliche Beurteilung der Lage geht aus einem vom 1. September 1754 an von Münchhausen geschriebenen Brief klar hervor. Darin heißt es:

Die Gesellschaft schuldet Mayer viel. Ganz allgemein jedoch glaube ich auch, dass die Universität nie wieder jemanden wie ihn finden wird, wenn sie ihn einmal verloren hat. Er ist ein echter Mathematiker, kein Empiriker wie der verstorbene Professor Penther, der sich nur mit nebensächlichen praktischen Dingen und nie mit großen Problemen beschäftigte. Er ist auch in der Ausführung seiner Ideen besser als Segner, dem ansonsten als rein spekulativer Mathematiker keine Erfahrung fehlt. Ferner verfügt Mayer über eine bessere schriftliche Ausdrucksweise, vor allem ist sein Latein besser, klarer und wirklich prägnanter als das irgendeines zeitgenössischen Mathematikers, den ich kenne. Sollte seine Bestimmung der Länge auf See in England anerkannt werden, könnte das verlorene Ansehen nie wieder ersetzt werden.

Mayers Anspruch auf die Bestimmung der Länge auf See, mit der sich Michaelis gerade persönlich beschäftigte, ist ein wichtiges Thema in dieser Biographie, welches in Kapitel 9 eingehend besprochen wird. Zu diesem speziellen Zeitpunkt, als Mayers Karriere in der Schwebe hing, war es nur von geringer Bedeutung. Michaelis vertrat die Ansicht, dass Mayer die Einstellung eines Assistenten begrüßen würde, aber von Münchhausen beschloss stattdessen, sein Gehalt um 200 Reichstaler zu erhöhen, so dass es einschließlich Vergütungen von der Göttinger Sozietät der Wissenschaften und aus Privatunterricht auf weit über 750 Reichstaler stieg. Das war mehr, als er in Berlin verdienen würde, und versetzte ihn in eine bessere finanzielle Lage als Segner. Als Mayer am 5. Oktober 1754 schließlich dem Drängen nachgab, in Göttingen zu bleiben, gestand er Euler gegenüber, dass in dieser Angelegenheit »Umstände mitspielten, durch welche ich vielleicht höher eingeschätzt werde, als ich verdiene«. Eine der Bedingungen, unter welchen Mayer bereit war, zu bleiben, brachte von Münchhausen und seine hannoveranischen Regierungskollegen in große Verlegenheit: Er bestand nämlich darauf, dass Segner von der Leitung der Göttinger Sternwarte zurücktrete, die dieser sich bisher mit ihm geteilt hatte. Nach Aussage eines Beamten würde es Mayers gerader Natur sicherlich widerstreben, einen älteren Professor, der beim Bau der Sternwarte geholfen und die Geräte als Schenkung gestiftet hatte, anschließend davon auszuschließen. Man erwartete, dass Mayer sich mit den anderen ihm eingeräumten Vorzügen, zu welchen die erwähnte beträchtliche Gehaltserhöhung gehörte, zufriedengeben würde. Warum wohl weigerte er sich rundweg, hier einen Kompromiss zu schließen? Seine Begründung verrät es:

> Obwohl ich die gemeinsame Ausübung des Direktoramtes der Göttinger Sternwarte als eine besondere Gunst betrachte, so würde diese für mich mehr Unannehmlichkeiten als Freude mit sich bringen. Wenn der Her Segner nur einen nachgiebigeren Charakter hätte und ich bei früherer Gelegenheit – während der Konstruktion des Gebäudes – nicht in der unglücklichen Lage gewesen wäre, seine völlig grundlose, harte Feindseligkeit über mich ergehen lassen zu müssen, dann würde ich den geteilten Direktorstuhl ohne Zögern annehmen. Aber wenn man bedenkt, daß einer während der Abwesenheit des andern zur

Sternwarte gehen und vor Abschluss der Beobachtungen die Uhr verstellen, oder tausend andere unangenehme Streiche spielen würde, dann wäre ich niemals über die Genauigkeit meiner Beobachtungen, die ja schließlich die Grundlage für alles ist, sicher, und meine Anstrengungen wären vergeblich und ich würde nur meine Zeit verschwenden …

Leider fehlt jede Spur des von Mayer hier erwähnten Ereignisses, welches zu diesem Bruch führte. Diese Aussage macht jedoch andererseits seine geringe Anteilnahme am Aufbau der Sternwarte verständlicher. Ein eindeutiger Beweis für Segners anscheinend unnachgiebiges Wesen wurde bereits angeführt. Die härteste aller Kritiken stammt indes aus einem äußerst wichtigen Brief, den Michaelis selbst am 16. September 1754 an von Münchhausen schrieb und in welchem er Mayers Integrität lobt und bestätigt, dass sein Verlangen, die Sternwarte allein zu verwalten, in der Tat aufgrund laufender Konflikte mit Segner und dessen mangelnder Zusammenarbeit erfolge. Immer noch auf Mayer Bezug nehmend, führt Michaelis fort:

Abgesehen davon – und dies ist gewiß ein Hauptfaktor – ist er gar nicht in der Lage, Beobachtungen anzustellen, solange Herr Segner, welcher selbst keine macht, Zugang zur Sternwarte hat. Eure Exzellenz weiß sicher, daß eine genaue Uhr, die immer wieder überprüft wird, für astronomische Beobachtungen benötigt wird: jedoch er ist überzeugt, daß Segner sie verstellt, um seine Beobachtungen durcheinanderzubringen. Das ist treulos. Ich muß leider sagen, daß diese Furcht nicht unbegründet ist. Ich kenne nicht nur Herrn Segner, in dessen Hause ich zwei Jahre gewohnt habe, überhaupt: sondern noch 1752 am 1. December (wo ich nicht in der Zeit irre) hat er mir, da er mit Herrn Haller eine Querrelle angefangen hatte, und nicht in der Societät ablesen wollte, ich aber Mediateus seyn mußte, bey einer langen Unterredung gesagt: er wolle nächstens eine Ausarbeitung machen, die voller mathematischer Fehler sey: man werde es nicht merken und sie drucken lassen; alsdenn werde er sich öffentlich moquieren. – Wer capable ist, um eines eintzigen Feindes willen an einer gantzen Societät eine solche Sache sich vorzunehmen, die nicht einmahl anders zur Rache werden kann, als wenn er sie und seine Bosheit öffentlich bekennet, der ist auch capable, die Uhr des Observatorii zu verrücken, und bey dem kann Herr Mayer nicht sicher seyn.

Solch ein erschütternder Bericht über die wirkliche Situation von einem Herrn größter Integrität, welcher Segner gut kannte, hilft uns zu verstehen, warum Mayer unerbittlich darauf bestand, die Sternwarte allein zu verwalten und von Münchhausen erkannte, dass ihm keine andere Wahl blieb, als nach Mayers Wunsch zu handeln. Deshalb schrieb er unverzüglich an Segner und schlug vor, die Sorgen um die Sternwarte in Zukunft seinem Kollegen allein zu überlassen, was er sicherlich selbst begrüßen würde, da seine Forschungsarbeiten sich nicht auf Astronomie beschränkten, wogegen Mayers Hauptbereiche die Naturwissenschaft und Geographie seien. Damit aber Segner über das, was nun von ihm erwartet wurde, ohne Zweifel blieb, fügte er noch hinzu, dass die Schlüssel der Sternwarte entweder friedlich an Mayer zu übergeben oder nach Hannover zu schicken seien, da es keinen Grund zur Annahme eines Widerspruchs zu diesem Vorschlag gäbe. Segner könne sicherlich weiterhin dort Beobachtungen anstellen, wenn er dies beabsichtige. Es muss eine enorme Erleichterung für von Münchhausen gewesen sein, als Segner diesem taktvoll formulierten, aber unmissverständlichem Ultimatum entsprach. In einem Promemoria vom 23. September 1754 bezüglich der Geräte und Schlüssel schrieb Letzterer: »Die Übergabe derselben ist akzeptiert worden und fand in der Tat friedlich statt, denn ich habe nichts gegen Herrn Professor Mayer. Seit seiner Ankunft bis heute habe ich ihm viel mehr Günste erwiesen, als er ahnt.«

Diese Zustimmung scheint Segner von seiner besseren Seite zu zeigen. Wenn er wirklich so schwierig gewesen wäre, wie seine Kollegen annahmen, hätte er sich dann nicht an der Verlegenheit, in die seine Ablehnung die hannoveranische Regierung gebracht hätte, geweidet? Ohne Segners Wissen hatte von Münchhausen eine Alternativlösung geplant, und zwar: Die Verwaltung jeweils vierteljährlich zu wechseln; aber Mayer hätte einer solchen Regelung gewiss nicht zugestimmt, angesichts der Möglichkeit, die Berliner Sternwarte ununterbrochen zu leiten und persönlich mit Euler zusammenarbeiten zu können. In dem Fall hätte von Münchhausen vor der unangenehmen Alternative gestanden, entweder darauf zu bestehen, dass Segner seinen Anteil an der Verwaltung der Sternwarte bedingungslos aufgäbe oder Mayer an die Berliner Akademie zu verlieren. Im ersten Fall hätten Segners Freunde, die seine Auffassung teilten, dass Mayer in Hannover höher eingeschätzt wurde, als er es verdiente, die Regierung eines undemokratischen und politisch motivierten Vorgehens gegen einen älteren Professor beschuldigen können, der einen guten wissenschaftlichen Ruf besaß. Im zweiten Fall wäre Mayer voraussichtlich nach Berlin gegangen, wodurch die Verbindung mit den Nürnberger Geographen, welche von Münchhausen gerade festigte, abgebrochen wäre. Der Ausgang hätte in beiden Fällen dem Prestige der Regierung und der Universität geschadet. Segner, der wenig zu verlieren hatte, versuchte trotz allem nicht, diesem Prestige zu schaden.

Er verließ Göttingen kurz danach, um die angesehene Position des Professors für Naturkunde und Mathematik an der Universität Halle zu bekleiden, was für ihn in jeder Hinsicht besser war, weil dieser Wechsel mit einem politischen Amt als Geheimrat an der Regierung von Sachsen und seiner Erhebung in den Adelsstand verbunden war. Obwohl wahrscheinlich keinerlei Wahrheitsgehalt hinter dem Gerücht steckte, dass Segner fortginge, weil nicht er, sondern von Haller zum Präsidenten der Göttinger Akademie der Wissenschaften ernannt worden war, fragt man sich trotzdem, ob dieser Wechsel nicht doch irgendwie mit dieser Situation zusammenhing. Könnten diese hohen Ehren nicht in gewisser Hinsicht als eine Art Köder betrachtet werden, welche von Münchhausen diplomatisch eingefädelt hatte, um Segner aus Göttingen fortzubekommen, wo sein weiterer Aufenthalt seine Kollegen an der Universität bestimmt noch in manche Verlegenheit gebracht hätte?

Unterdessen verfolgte von Münchhausen seine Pläne weiter, Lowitz, Franz und die Nürnberger Globenfabrik nach Göttingen zu bringen, während Michaelis regelmäßig mit seinem Vetter William Philip Best in London über die Frage korrespondierte, ob man in England die 1754 im dritten Band der Göttinger Commentarii erschienenen verbesserten Mondtabellen Mayers als zuverlässige Grundlage zur Längenbestimmung auf See anerkennen würde. Mayer selbst beschäftigte sich jetzt hauptsächlich mit der Beschaffung geeigneter Geräte für seine vor kurzem fertiggewordene Sternwarte. Am 12. Dezember 1754 schrieb er an Best, um ihm dafür zu danken, dass er den Staatssekretär Balcke in Hannover davon in Kenntnis gesetzt hatte, dass sowohl James Bradley, der englische Royal Astronomer, als auch Graf von Macclesfield, der Präsident der Royal Society in London entschieden von Segners Vorhaben abrieten, einen Sechs-Fuß-Radius-Messingoktanten als Hauptbeobachtungsinstrument anzuschaffen, und stattdessen einen Mauerquadranten aus Messing empfahlen. Dies entsprach auch Mayers eigener Erfahrung, und John Bird, der berühmte Londoner Instrumentenbauer, war zweifellos die geeignetste Person, die man mit seiner Herstellung betrauen konnte. Aber seine hohe Qualitätsarbeit war teuer. Dennoch vertrat Mayer den Standpunkt, dass es besser sei, bei diesem Gerät keine Kosten zu scheuen, selbst wenn andere nützliche Geräte geopfert werden müssten, um das nötige Geld hierfür zu gewinnen. Es hatte sich bereits beim Bau anderer Instrumente, für welche Segner Senator Kampe engagiert hatte, herausgestellt, dass dieser zwar ein guter ortsansässiger Kunsthandwerker war, aber viel zu langsam arbeitete. Und selbst wenn man ihn vertraglich unter Druck gesetzt hätte, bis zu einer bestimmten Zeit, etwa bis Oktober 1755 zu liefern, blieb es dennoch fraglich, ob er geschickt genug war, einen so großen Quadranten mit der erforderlichen Genauigkeit zu bauen. Schließlich erhielt Best trotz anfänglichem Zögern seitens der hannoveranischen Diplomaten die Vollmacht, mit Bird einen Vertrag zu schließen. Die englische Originalfassung davon wird im Göttinger Universitätsarchiv aufbewahrt und lautet übersetzt etwa wie folgt:

Auf Befehl des Ministers Ihrer Hoheit vom Staate Hannover, seiner Exzellenz Baron von Münchhausen, habe ich mit Herrn Bird, dem mechanischen Instrumentenbauer bezüglich eines Mauerquadranten für die Universität Göttingen folgende Abmachungen getroffen:

1. Mr. Bird verpflichtet sich, den besagten 6-Fuß-Radius großen Quadranten aufs sorgfältigste und genaueste und
2. zur vollen Zufriedenheit des Herrn Dr. Bradley in Greenwich herzustellen.
3. Er verspricht Selbigen mit allen seinen Vorrichtungen, Gläsern usw. in bester Qualität so schnell wie möglich fertig zu haben, so dass er pünktlich vor Beginn des nächsten Winters zugeschickt werden kann.
4. Er wird Selbigen so verpacken, dass er transportiert werden kann, ohne eine Beschädigung befürchten zu müssen.
5. Für all dies wird Herr Bird zweihundertundsechzig englische Pfund Sterling erhalten, wovon die Hälfte d. h. 130 Pfund, ihm direkt bei Aushändigung dieses Vertrages bezahlt wird und der Rest bei Lieferung des Instrumentes.
6. Die Unkosten für die Verpackung werden gesondert berechnet. London, den 5. Februar 1755 William Best

Birds Vertragsannahme lautet in etwa wie folgt:

5. Februar 1755: Ich verspreche, die obigen Bedingungen zu erfüllen und bestätige, dass ich einhundertunddreißig Pfund, die Hälfte des abgemachten Preises laut Angabe in den getroffenen Abmachungen erhalten habe.

Obwohl der Liefertermin unter Punkt 3 dieses Vertrages bewusst nicht präzise ist, hatte Bird vorher Best seine Zusicherung gegeben, dass das komplette Instrument pünktlich fertig sei. Es war wirklich Anfang August 1755 fertig und wurde in drei Kisten über die Nordsee nach Bremen transportiert, wo es von einem Spediteur namens Frehsen vorsichtig entladen wurde und dann die Weser aufwärts nach Minden ging; von dort sorgte der Bürgermeister L. Unger für den Transport der letzten Strecke bis Göttingen. Eine undatierte Kopie des Briefes an Unger, in welchem Mayer ihn bittet, die Kisten nicht auszupacken und diejenigen, welche sie vom Schiff auf den Lastwagen umladen wollten, daran zu erinnern, äußerst vorsichtig zu sein, wird in der Göttinger Universitätsbibliothek aufbewahrt. Dieses Dokument enthält auf derselben Seite ebenfalls eine Kopie eines anderen Briefes vom 21. August 1755, durch den eine wichtige Persönlichkeit – wahrscheinlich Michaelis – darüber informiert wird, dass er Unger gerade wegen der Frage des Transports geschrieben habe. Des Weiteren wird darin Bezug genommen auf ein anderes Problem, welches Mayer mit dem Baumeister Heine besprochen hatte. Es handelt sich um die Errichtung eines soliden Steinpfeilers, an dem ein so schweres Instrument montiert werden konnte. Es wäre bedeutend preisgünstiger gewesen, diesen Pfeiler aus zwei Steinen zu bauen, aber das hätte ungenaue Messergebnisse verursacht. Der Mauerquadrant selbst war eine dreiviertel so große Kopie eines ansonsten identischen Instrumentes, das Bird für Bradley gebaut und nur fünf Jahre vorher in der Sternwarte zu Greenwich aufgestellt hatte. Deshalb war Bradley die ideale Person, um die Konstruktionszuverlässigkeit zu garantieren, obwohl Birds eigener Stolz auf die Qualität seiner Arbeit dies unnötig machte. Wie und was Mayer mit diesem Instrument beobachtete, wird in Kapitel 8 eingehend erklärt. Dagegen werden Einzelheiten über andere Instrumente in seiner Sternwarte hier aufgeführt. An dieser Stelle genügt es darauf hinzuweisen, dass er mit Hilfe seines neuen Quadranten und einer genauen, von Kampe hergestellten Pendeluhr in der Lage war, von 1756–1761 zahlreiche Beobachtungen von Sternen des Tierkreises anzustellen, wobei er die praktischen Methoden in der Astronomie durch genaue Untersuchung und Messung der Auswirkungen von Beobachtungs- und Instrumentenfehlern beträchtlich verbessern konnte.

Leider wurde diese Arbeit im Juli 1757, als Göttingen für kurze Zeit von französischen Truppen im Siebenjährigen Krieg besetzt wurde, durch Ereignisse vereitelt, welche Mayes Kontrolle völlig entzogen waren. Der Landgraf Wilhelm VIII. von Hessen-Kassel hatte sein Land bereits ausgeliefert und war nach Hamburg gezogen. Er wünschte der Universitätsabordnung, die ihn auf seiner Reise durch Göttingen traf, einen baldigen Waffenstillstand. Am 13. Juli forderte ein französischer Regierungsbeamter, dass Göttingen kapitulieren sollte und die Universitätsprofessoren drängten den Bürgermeister, der diesen Befehl ignorieren wollte, Marschall d' Estrées, der den Befehl erteilt hatte, um französische Protektion zu bitten. Obwohl dieser sehr höflich antwortete, verbreitete sich bald die Nachricht, dass Minden und Kassel schnell von französischen Truppen besetzt worden waren, deren Vorhut unter der Führung von Marquis le Perreuse unterwegs war, um Göttingen einzunehmen. Jetzt beschlossen die Stadtbewohner, zur Selbstverteidigung zu greifen, während Mayer und seine Kollegen vergeblich versuchten, den Göttinger Kommandanten von Storren von diesem Vorgehen abzubringen, denn in Bielefeld hatte man Widerstand geleistet, und die Folge davon war, dass die Truppen die Stadt plünderten. Die Stadtbewohner waren sowieso gegen von Storren sehr aufgebracht, weil er bewusst falschen Alarm gegeben hatte, was alle in unnötige Angst und Panik versetzte. Prorektor Hollmann versuchte jetzt, alle zur Kapitulation ohne Widerstand zu bewegen. Herr Ayrer, der fließend Französisch sprach, dolmetschte für ihn bei einer persönlichen Besprechung mit dem Marquis le Perreuse, welcher betonte, dass ihnen nichts anderes übrigbliebe, denn eine einzige Kanone würde genügen, um sie zur Kapitulation zu zwingen.

Schließlich kam man zu einer Einigung, die in Bezug auf die Interessen der Universität nicht nachteilig war, denn als gebildeter Herr respektierte der Marquis ihre Gelehrsamkeit. Die Universitätskirche und einige Vorlesungsräume wurden vorübergehend als militärisches Nahrungslager benutzt, während der untere Teil des Turmes, auf welchen man die Sternwarte gebaut hatte, als Munitionslager diente, was kaum überraschend war, da er zu diesem Zweck bereits gedient hatte, ehe man die Sternwarte darauf errichtete. Man erzählte sich, dass

»Mayer allabendlich mit seiner Laterne über das erste mit Schießpulver angefüllte Stockwerk zu seiner Sternwarte hinaufstieg. Am andern Ende der Stadt hätten die Sachsen auch das Munitionslager in einem ähnlichen Turm gehabt. Eines Tages gab es eine schreckliche Explosion. Das Pulvermagazin der Sachsen hatte Feuer gefangen, explodierte, und siebzig Leute wurden getötet.«

Es ist kaum verwunderlich, dass Mayer nach einem Ereignis dieser Art weniger Zeit in seiner Sternwarte verbrachte und mehr Zeit auf Studien verwandte, für die er sein Haus während der Nacht nicht zu verlassen brauchte!

Im Allgemeinen waren jedoch die Verhältnisse nicht besser oder schlechter, als man hätte erwarten können. Die Stadtbefestigungen wurden verbessert, und die französischen Offiziere traten gern als Ehrengarde der Universität bei ihrer Jahresfeier am 17. September an. Zwei Monate später jedoch hatte Mayer Veranlassung, sich bei Hollmann darüber zu beschweren, dass man am 7. November kurz nach der Geburt seines sechsten (allerdings nur vierten überlebenden) Kindes, während seine Frau noch bettlägerig war, Soldaten in sein Haus einquartiert hatte. Er sah keinen Grund, warum seine Gattin gerade in dieser kritischen Zeit den Lärm und die Umstände, welche die Einquartierung von Soldaten nach sich zogen, dulden sollte, solange noch andere Häuser zur Verfügung standen, in denen es solche besonderen Umstände nicht gab. Es besteht jedoch keinerlei Hinweis zur Annahme, dass seitens der Universität etwas unternommen wurde, um Mayers Wunsch zu erfüllen, und wenn dem so war, hatte es keine Wirkung.

Die Bewegungsfreiheit der Studenten musste natürlich ebenfalls eingeschränkt werden. Zunächst unterschrieb der Marquis le Perreuse die Pässe, die Hollmann den Studenten aushändigte und die ihnen »einige Tage« Abwesenheit erlaubten. Als aber dann die meisten nicht zurückkehrten, machte der Marquis sich um die Zukunft der Universität Sorgen, und als die Studenten unruhig wurden, beschloss er, diese Verantwortung an Hollmann abzutreten. Er gab aber seinen Soldaten gleichzeitig den Befehl, von Hollmann unterzeichnete Pässe zu akzeptieren. Am 20. März 1758 beschwerte sich Mayer wiederum bei Hollmann über das Eindringen in seine Privatsphäre. Französische Husaren waren in sein Haus gestürzt, hatten alle Räume durchsucht und einen von einem Offizier zurückgelassenen Koffer gefordert. Erst später stellte sich heraus, dass dieser Koffer irrtümlicherweise mitgenommen worden war, als einige Habseligkeiten von Mayers Dienstmädchen in deren Wohnung gebracht worden waren. Aber das war keine Entschuldigung für die Kränkung seiner Ehre und das unhöfliche Benehmen der Soldaten.

Im April 1758 verließ das französische Regiment Göttingen schnell und selbstsicher, um die sich nähernden hannoveranischen und preußischen Armeen zu bekämpfen. Es wurde jedoch bei Rossbach geschlagen, wonach die Stadt eine kurze Befreiung feierte. Obwohl die preußische Armee am 23. Juni 1758 in Krefeld wiederum einen Sieg erringen konnte, musste Göttingen sich nur einen Monat später einem französischen Kavallerieregiment stellen, das nach der Einnahme von Sandershausen nach Norden vorrückte. Diesem folgte kurz darauf eine weitere Söldnertruppe unter der Führung von Hauptmann Fischer, der große Geldsummen forderte, welche die Stadtbeamten persönlich bei den Einwohnern zusammenbetteln mussten. Ribow, der neue Prorektor, lehnte diese Erpressung standhaft ab und kam ins Gefängnis. Johann Stefan Pütter setzte sich aber für ihn ein und man ließ ihn wieder frei. Im September übernahm der Prinz von Soubise, der Herzog von Zweibrücken und der Graf von Broglie das Kommando. Sie schlugen in Grätzels Haus ihr Hauptquartier auf und marschierten 14 Tage später mit fünf Geiseln, zu denen der Bürgermeister und Kommissar Scharff gehörten, ab. Am 1. August 1759, sechs Wochen vor der französischen Niederlage in Minden, zog Fischers Truppe mit sechs weiteren Geiseln ab, welche nach Straßburg mitgenommen wurden. Eine Woche nach dieser Schlacht aber wurde Göttingen durch einen großen Zustrom von verwundeten Soldaten und Flüchtlingen überflutet. Die Erregung ließ schließlich nach, und die Stadt war ein Jahr lang frei von ausländischen Truppen, bis die Franzosen sie am 3. August 1760 erneut besetzten. Abordnungen von Stadt und Universität wurden zum Hauptquartier des Prinzen Xaver von Sachsen in Dransfeld bestellt, um neue Bedingungen zu diskutieren. Wahrscheinlich bezieht sich Siegmund Günther in seinem für die »Allgemeine Deutsche Biographie«, Band 21 von 1885, abgefassten Artikel über Mayer auf diese Gelegenheit, wenn er auf Seite 111 sagt:

> ein andermal soll M. in seiner Eigenschaft als Mitglied einer über die Capitulation der Festung Göttingen verhandelnden Deputation dem französischen Feldherrn, der mit Aushungerung drohte, kaltblütig erwiedert haben, mit dem Hungern seien deutsche Universitätslehrer so vertraut, dass eine derartige Drohung ihnen keinen Schreck einjagen könne.

Diese Anekdote ist bezeichnend für die damals zunehmend ernster werdende Lage in Göttingen. Nicht nur die Professoren, sondern alle Stadtbewohner waren natürlich davon betroffen. Mit Ausnahme von Michaelis, der seinen einflussreichen Freund von Münchhausen rechtzeitig über die Umstände informiert hatte, mussten nun selbst die ältesten Kollegen Mayers die lästige Einquartierung französischer Soldaten in ihren Häusern dulden, zumal die französische Besatzung auf etwa 1000 Mann anwuchs, die 4000 Pferde mitbrachten. Göttingen bekam jetzt wirklich die volle Tragweite des Krieges zu spüren. Die Universitätsgebäude wurden nicht mehr instandgehalten, Kirchen und Vorlesungssäle wurden in Magazine verwandelt, die Schule als Krankenhaus und Pferdestall benutzt; sogar das Waisenhaus wurde zunächst als Magazin und später als Krankenhaus verwendet, so dass statt der bisherigen 26 nur 14 Kinder dort leben konnten. Während des Winters 1760/61 füllte man die Munitionslager auf, und mehr als 500 Soldaten und 1000 verpflichtete Arbeiter verstärkten die äußeren Befestigungen. Zu diesem Zweck wurde so viel Holz benötigt, dass nur wenig für Brennholz übrigblieb. Einen Beweis dafür, dass Mayer selbst von diesen Umständen betroffen war, gibt ein Brief, den er am 8. Januar 1761 an den Generalmajor des Piccardyregimentes und an den Bürgermeister De la Place in Göttingen schrieb. Eine Kopie davon mit dem Titel »Memoire« wird mit seinen unveröffentlichten Schriften aufbewahrt. Der Text lautet:

> Da der Unterzeichnete die Last des Quartiers, das sich in seinem Haase befindet, nicht mehr erträgt, bittet er den Herrn Ortskommandanten inständig und untertänigst um Abhilfe. Es handelt sich um einen Koch, der mehrere Offiziere verköstigt und der, nachdem er meinen Holzvorrat und mein Gartenhaus verbrannt hat und die Bäume des Gartens abgeschlagen hat, beginnt, einen Flügel meines Hauses, über dem ich meinen Hörsaal habe, einzureißen. Er verbraucht ruinöse Mengen an Holz, dieser Koch, und ich bitte den Herrn Kommandanten inständig, ihn aus meinem Hause abzuziehen; ich werde mein möglichstes tun, um für die zwei Offiziere, die bei mir wohnen, oder für zwei andere, zu heizen. Ich wäre ihm dafür zu unendlichem Dank verpflichtet. Der Herr General sagte mir kürzlich, ich solle dem Koch kein Holz geben; auch habe ich keines, und er ist darauf aus, mein Haus niederzureißen.
> Göttingen, den 8. Januar 1761
> Professor Mayer

Dieser Aufschrei wurde wahrscheinlich registriert, aber ein Brief von Mayers Witwe, den diese am 20. Februar 1762 kurz nach seinem Tod an die hannoveranische Regierung schrieb, beweist, dass er niemals eine Antwort darauf erhielt. Frau Mayer erwähnt in ihrem Schreiben, dass ein großer Teil des Hauses während des vorherigen Winters zerstört wurde. Obwohl der Wert des Hauses auf 1000 Reichstaler gesunken war, war sie vertraglich immer noch verpflichtet, die Hälfte des vor fast sechs Jahren aufgenommenen Darlehens von 900 Reichstalern, bei jährlichen 4% Zinsen abzuzahlen. Durch den Tod ihres Gatten hatte sie ihr regelmäßiges Einkommen verloren, trotzdem verlangte man von ihr, dass sie, ohne selbst irgendwelche Einkünfte zu erhalten, sowohl die Beiträge zur Unterhaltung der französischen Truppen leistete, als auch einige Offiziere in Quartier nahm. Da sie auf diese Weise kaum ihr Haus aufrechterhalten konnte – von der Begleichung der Schuld ganz zu schweigen – stellte sie bei der Regierung einen Antrag für eine Jahresrente von 200 Reichstalern in der Hoffnung, dass die unglückliche Lage, in der sie sich befand, sich verbessern würde. Aber diese Hoffnung wurde schnell zerstört, denn ihr Antrag wurde mit der Begründung abgelehnt, dass derzeit einfach kein Geld in der Staatskasse sei.

Von Münchhausen übertrieb nicht, als er diese traurige Nachricht Abraham Gotthelf Kaestner mitteilte, der Frau Mayer als Kollege und Freund ihres verstorbenen Gatten in dieser Sache vertreten hatte. In dieser kritischen Zeit war die Lage sehr ernst. Zuerst einmal hatte Göttingen selbst durch die unverschämte Forderung von Fischer und seinen Truppen große finanzielle Verluste erlitten, die nur teilweise von den Franzosen ausgeglichen worden waren, und außerdem mussten die Münzen geringen Wertes in Louis d'Ors oder andere Goldwährungen umgetauscht werden. Von der Gesamtsumme in Höhe von 70.710 Reichstalern, welche die feindlichen Truppen den Einwohnern bis zu ihrem Abmarsch am 16. August 1762 abgefordert hatten, waren 41.688 Reichstaler geliehen, nachdem die Staatskasse leer war, und mussten nun an die bankrotte hannoveranische Staatskasse zurückgezahlt werden. Folglich forderte die Regierung die Stadt Göttingen am 28. Februar 1763 auf, eine genaue Liste ihrer Schulden aufzustellen, die enthalten musste, an welchen Tagen unter wessen Ermächtigung Anträge gestellt worden waren, wie hoch die Zinsen und Wechselkurse waren und wie die Gelder ausgezahlt wurden. Die größte Schwierigkeit bestand darin, dass man viele solcher Anträge in Eile und inoffiziell gestellt hatte, was bedeutete, dass ihre Gültigkeit in Hannover angezweifelt wurde. Nach vielen Rückfragen und Prüfungen konnten diese Probleme schließlich gelöst und die anerkannten Schulden beglichen werden.

Inzwischen hatte man die Leitung der Sternwarte vorübergehend an Lowitz übertragen, den die hannoveranische Regierung nun bat, vor Übergabe des Gebäudes mit allen seinen Einrichtungen an einen Universitätsausschuss, der aus den Professoren Abraham Gotthelf Kaestner und Johann Stefan Pütter bestand, ein genaues Inventar aufzustellen. Lowitz begann damit im Juni 1762 und übergab Kaestner und Pütter am 6. Oktober 1763 eine genaue Beschreibung der Sonnenuhren, der optischen und geometrischen Instrumente, der Apparate für die Experimentalphysik usw. zur Abnahme. Da mit Ausnahme der Hauptinstrumente, mit denen Mayer die Höhen- und Rektaszensionsmessungen der Zodiakalsterne vornahm – diese Forschungen werden in Kapitel 8 noch näher besprochen – bisher keine Einzelheiten über Mayers Arbeitsgeräte veröffentlicht wurden, scheint es der Vollständigkeit halber angebracht, hier eine kurze Aufstellung der ihm während seiner relativ kurzen Zugehörigkeit zur Göttinger Sternwarte zur Verfügung stehenden Instrumente einzufügen. Der größte Teil stammte aus einer Schenkung des Geheimrates J. H. von Bülow an die Universitätsbibliothek (siehe oben) und wurde der Sternwarte nach Fertigstellung übereignet. Lowitzens Liste enthält folgende Artikel:

Sonnenuhren
1. Eine Sonnenuhr mit 8 ½ Inch Durchmesser, von J. Rowley, London, hergestellt, auf Metallfuß aufgeschraubt mit Kompass, so dass das Instrument in den Meridian ausgerichtet werden konnte.
2. Eine große horizontale Sonnenuhr, auch von Rowley, mit geringem Nutzen, weil es für eine Breite von 52° 30' konstruiert wurde (näher bei Bremen als Göttingen).

3. Ein 8 ½ Inch Durchmesser goldener Universal-Sonnenring von Edmond Kulpeper.
4. Eine Universal-Sonnenuhr von Odem, Braunschweig (von 1709), aber in keinem guten Zustand mehr.
5. Ein 2 ½ Inch Durchmesser vergoldeter Sonnenring, 1680 von Jac. Lusuery in Rom hergestellt (und ähnlich wie 3). In seiner Hülse war eine kleine Tafel, die die Breite von 36 europäischen Städten enthielt.
6. Eine 2 Inch Durchmesser große versilberte Horizontal-Sonnenuhr mit einem Kompass, auf der Rückseite ein immerwährender Kalender, von W. Hager, Wolfenbüttel.
7. Eine schmale vergoldete achteckige Sonnen- und Monduhr, von Joh. Martin, Augsburg. Die Breiten von 13 europäischen Städten waren auf dem Boden des versilberten Kompasses eingraviert.
8. Eine 1 ½ Inch Durchmesser große Sonnenuhr mit einer magnetischen Nadel, von W. Hager in gutem Zustand. Die Breiten von 25 europäischen Städten waren in den zwei Böden der Hülse eingraviert.
9. Ein 3 Inch Durchmesser großes vergoldetes ptolemäisches Astrolabium, von Sevin, Paris für eine Breite von 49°.

Optische Geräte
10. Ein großes Teleskop mit 15 (ausziehbaren) Rohren und drei auswechselbaren Objektiven, von Guiseppe Campani, Rom 1687. Ein schweres 3-Fuß-Stativ und eine Gabelmontierung gehörten dazu. Seit einige der Rohre zerbrochen sind und nicht mehr ausgezogen werden können, ist dieses Instrument nutzlos.
11. Ein 7 Fuß langes einstellbares (9 Rohre) Fernrohr, auch von Campani, mit ähnlichem Zubehör.
12. Ein 5 Fuß langes (9 Rohre) Fernrohr mit zwei zerbrochenen Okularen.
13. Ein 7 Fuß langes binokulares Fernrohr, von Pater Anian (Paris); in recht gutem Gebrauchszustand.
14. Ein 4 Fuß langes binokulares Fernrohr (ähnlich wie 13), von Pater Anian, auf einem sehr stabilen und sorgfältig konstruierten Stativ.
15–24. Hervorragende Gläser, »camera obscura« und Spiegel.
25. Ein 2 ⅓ Inch langes und 1 Inch breites Mikroskop von Campani.
26. Ein 4 ¼ Inch langes und 1 ¼ Inch breites, zusammengesetztes holländisches Mikroskop mit Zubehör.
27. (Es gibt keinen Punkt 27 in Lowitz's Verzeichnis.)
28. Ein Kulpeper-Mikroskop mit einer gedruckten Beschreibung (in Deutsch).
29, 30. Zwei einfache Messmikroskope.
31. Ein großes binokulares Mikroskop auf einem Ständer in recht gutem Gebrauchszustand.

32. Ein 12 ½ Inch langes und 3 ½ Inch breites zusammengesetztes Mikroskop, von Marshall, England, mit 6 Objektiven, auf einem festen schweren Ständer befestigt.
33.–39. unwichtige Kleinteile.

Geometrische Vorrichtungen
Zu diesen gehörten Schrittzähler, Stechzirkel, andere Zirkel, Reißfedern, Lineale, Nivellierinstrumente, Winkelmesser, Zeichendreiecke, ein Quadrant mit Dioptern, ein Transporteur, ein kleines Pendel, eine Tafel mit Zubehör zum Zeichnen von Ellipsen usw. Auch für den Befestigungsbau gab es Modelle eines regelmäßigen Hexagons, Oktagons und Dekagons, auf welche im Briefwechsel als »Nouveau Systême de Fortification« Bezug genommen wurde und welches Georg Bernhard Bilfinger gebaut und die Universität auf einer französischen Versteigerung gekauft hatte. Alle diese Modelle waren in gleicher Weise nach einem Kupferstich hergestellt, den Bilfinger sich 1740 in Nürnberg hatte anfertigen lassen.

Instrumente für Experimentalphysik
A. Eine Luftpumpe mit Zubehör, hergestellt von Francis Hauksbee aus Nußbaumholz, mit vertikalen Zylindern von 12 Zoll Länge und 2 Zoll Breite – genau wie die von M. Bremond in seinen »Expériences physicomechaniques sur différents sujets, traduite de l'Anglaise de M. Haucksbee« (zwei Bände, Paris 1754) beschriebene und von Desaguilier auf Tafel 24 seines »Course of experimental Philosophy 2« (London 1744) dargestellte Luftpumpe.
B. Eine 2 Fuß 8 Zoll hohe Elektromaschine aus Eichenholz, identisch mit der von Haucksbee auf Tafel 7 in seinen »Physico-mechanical Experiments in various subjects« (London 1709) dargestellten. Dort befanden sich auch zwei Glaskolben von 8,5 Zoll Durchmesser, von welchen einer evakuiert werden konnte, ehe sie an der Elektromaschine benutzt wurden.
C. Ein künstlicher Magnet, hergestellt von Knight aus London; zwei Stahlstäbe mit quadratischem Querschnitt von 9 ⅝ Zoll Länge; zwei kleine künstliche Stahlmagnete von 3,5 Zoll Länge und ⅙ Zoll Breite; zwei kleine, dünne, rechtwinklige Stabmagnete von 1 ⅓ Zoll Länge mal ⅔ Zoll Breite; zwei 6 Zoll lange, spatenförmige Stahl-Magnete; zwei kleine, rechtwinklige Magneteisensteine ohne Fassung; ein kleiner, runder Magneteisenstein mit sieben kleinen Eisenkugeln gleicher Größe und schließlich eine kleine Magnetnadel.

Lowitz freute sich, dass er nach Aufstellung dieser Inventarliste jede weitere Verantwortung in dieser Sache los war, und übergab Kaestner, der jetzt offiziell die Leitung übernahm, die Schlüssel der Sternwarte. Währenddessen bemühte Letzterer sich nach besten Kräften, Frau Mayer zu helfen, damit sie für die sechs Kupferstiche der Planisphären für die Mondgloben, welche von Georg Martin

Preissler (1700–1754) und seinem Nachfolger als Direktor der Nürnberger Kunstschule fertiggestellt worden waren, von der hannoveranischen Regierung ein Entgelt bekomme. Auf seine Veranlassung schrieb sie am 21. September 1763, einige Wochen nach Erhalt dieser Kupferstiche an von Münchhausen, um der Regierung das Vorkaufsrecht hierfür anzubieten. Gleichzeitig machte sie auch das Angebot, Mayers Zeichnungen aller vierzehn planisphärischen Segmente – wovon zwei den zusätzlichen sichtbaren Teil der Mondoberfläche infolge seiner Librationsbewegung darstellten – und seine beiden Mondkarten bzw. genau gesagt, seine Orthogonalprojektionen der Mondkugel auf diejenige Ebene, die bei mittlerer Libration mit der Mondscheibe zusammenfällt, zu verkaufen. Beim Zeichnen dieser 40 und 20 cm Durchmesser großen Karten, wie auch bei den planisphärischen Segmenten seiner Mondgloben, hatte Mayer eine Schattentiefe von etwa acht Mal der Höhe der topographischen Formen des Mondes benutzt, was sie zwar unter den jeweils bestmöglichen Lichtverhältnissen zeige, aber in vielen Fällen nur wenig dem glich, was in Wirklichkeit beobachtet wird. Infolgedessen waren diese Karten bei Beobachtungen von Mondfinsternissen wenig nützlich, da die Markierungen in bestimmten Bereichen – besonders in den südlichen – von der Erscheinung des Vollmondes derart abwichen, dass sie völlig unidentifizierbar waren. Dennoch waren sie mit sehr großer Präzision gezeichnet.

Mayers Witwe sah im Verkauf der erwähnten Dinge in gewisser Hinsicht eine vorübergehende teilweise Lösung ihrer ernsten finanziellen Lage, in der sie sich zurzeit befand. Auf längere Sicht hoffte sie, möglicherweise vom britischen Parlament einen Preis für die Beiträge ihres verstorbenen Gatten zur Längenbestimmung auf See zu erhalten; ein Thema, das in Kapitel 9 behandelt wird. Frau Mayer war sich darüber im Klaren, dass sie es sich nicht leisten konnte, herumzusitzen und abzuwarten, bis sich die Nachkriegsverhältnisse bessern würden. Kaestner machte seinerseits Hannover den Vorschlag, eine geeignete Person zu suchen, welche die Kupferstiche der noch anzufertigenden Segmente und Karten herstellen könnte. Die Angelegenheit wurde dann Georg III. vorgetragen, der auf dem üblichen diplomatischen Weg Michaelis fragte, ob einer der Göttinger Professoren diese Aufgabe übernehmen könnte, und vor Jahresende kaufte die hannoveranische Regierung die Kupferplatten, Zeichnungen sowie Mayers zahlreiche unveröffentlichte Schriften von seiner Witwe für die Göttinger Sternwarte. Der Preis von 200 Reichstalern war zwar niedriger, als sie zu erhalten gehofft hatte, aber es war alles, was die Staatskasse damals überhaupt zahlen konnte. Hier sollte diese Angelegenheit ruhen, bis Umstände eintraten, die in Kapitel 10 behandelt werden und die das Interesse an der Veröffentlichung einiger dieser Manuskripte sowie der restlichen Teile der Planisphären aufs Neue weckten.

Kapitel 5

Der Professor

Es muss für Mayer, seine Frau und ihren jungen Begleiter J A. F. Yelin ein spannendes, wenn nicht gar nervenaufreibendes Erlebnis gewesen sein, als sie am 15. März 1751 von Nürnberg aufbrachen, um in eine ihnen vollkommen unbekannte Gegend, in eine Stadt, die von einer dem britischen König unterstehenden Regierung verwaltet wurde, zu gelangen, und sie ihre Freunde und Kollegen zurückließen. Von Münchhausen hatte in seiner offiziellen Berufung vom 26. November 1750 die Bedingung gestellt, dass Mayer mindestens 14 Tage vor Ostern anwesend sein müsste. Dementsprechend trafen sie vor Ende des Monats gesund und wohlbehalten in Göttingen ein. Ihre Reisekosten wurden mit Hilfe eines Amtszuschusses von 100 Reichstalern bezahlt. Mayers Jahresgehalt war ab Ostern auf 400 Reichstaler festgesetzt und wurde halbjährlich ausgezahlt. Dafür musste er angewandte Mathematik lehren und Forschung betreiben. Ihm oblag auch die Vertretung des verstorbenen Professors Johann Friedrich Penther in der philosophischen Fakultät, wofür er einen Anspruch auf »Licenz-Aequivalent-Gelder«, d. h. weitere 40 Reichstaler hatte. Er mag es bedauert haben, dass er nicht sofort offizielles Fakultätsmitglied wurde, weil die satzungsmäßig zulässige Zahl an Personal bereits überschritten war. Johann Michael Müller und Augustus Benedictus Michaelis (Johann Davids jüngerer Bruder) – zwei angesehene außerordentliche Professoren – wurde die Aufnahme in die Fakultät aus genau demselben Grund verweigert, und sie hätten verletzt gewesen sein können, wenn Mayer dieses Privileg vor Eintreten einer Vakanz eingeräumt worden wäre. Dennoch wurde er etwas später noch im selben Jahr aufgenommen, und die Bestellung der Anderen fand im Winter 1753 statt.

Die ausgezeichneten Einrichtungen, die damals für akademische Studien und Forschung in Göttingen zur Verfügung standen, waren zweifellos ein Ansporn für die Lehrer und ihre Studenten, von denen einige sogar aus fernen Ländern wie Afrika und Amerika kamen. Ehe Mayer im Sommer 1751 seine Vorlesungen aufnahm, hatten sich 135 Studenten eingeschrieben. Diese Zahl stieg bis zum folgenden Wintersemester auf 154 und änderte sich im Laufe der nächsten paar Jahre bis zur Besetzung Göttingens durch französische Truppen während des Siebenjährigen Krieges (1757–1762) nur wenig. Die danach auftretenden Schwankungen von 42 Immatrikulierten im Sommer 1752 auf 164 im Winter 1759/60 und auf nur 15 im Winter 1761/62 spiegeln die in Kapitel 4 beschriebenen wechselnden Umstände deutlich wider. Nachdem man erkannt hatte, dass unter Marquis

Le Perreuse eine milde Diktatur herrschte, stieg die Zahl der Studenten 1757/58 auf über 100. Die höchste oben erwähnte Zahl wurde im Jahr nach der französischen Niederlage bei Minden erreicht, als Göttingen sich einer Zeit verhältnismäßiger Ruhe erfreute. Das dramatische Absinken auf 15 Studenten im Jahr 1761 kann der allgemeinen Depression zugeschrieben werden, verbunden mit einem Mangel an grundlegenden Lebensnotwendigkeiten während einer schweren Besatzungsperiode. Nach dem Krieg stieg die Studentenzahl wieder an, und im Jahre 1763 waren 203 immatrikuliert.

In einem Handschreiben »Pro Memoria« an den Hofrat C. L. Scheidt mit dem gleichen Datum wie das offizielle Ernennungsschreiben Mayers vermerkt von Münchhausen, dass dieser sein Vorlesungsprogramm für das am 26. April 1751 beginnende Sommersemester zur Veröffentlichung im »Catalogus Praelectionum publice et privatim in Academia Georgia Augusta« erstellen sollte. Der gedruckte Katalog beweist, dass Mayer dieser Aufforderung folgte und eine Durchsicht aller Kataloge von 1751–1761 einschließlich ergibt, dass sein offizieller Lehrplan während seiner Tätigkeit als Professor in Göttingen wie folgt aussah:

1751
Sommer:
Praktische Geometrie (privat)
Militärtechnik (Kriegsbaukunst) mit Pyrotechnik (Feuerwerkerei) (privat)
Geometrische Projektion und Befestigungsanstrich (sehr streng privat).
Winter:
Befestigungsbau und Ballistik (privat)
Algebra und Analyse (privat)
Theoretische und praktische Astronomie (privat)
Geodäsie und Architektonik (sehr privat)

1752
Sommer:
Mechanik (öffentlich und privat)
Praktische Geometrie (öffentlich und privat)
Winter:
Bau (Konstruktion) und Verwendung von Maschinen (öffentlich)
Zivilbau (Bauarchitektur) (privat)
Astronomie (privat)
Algebra (privat)

1753
Sommer:
11–12 Uhr Hydrographie und Kartographie (öffentlich)

16–17 Uhr Befestigungsbau (privat)
17–18 Uhr Praktische Geometrie (privat)
Winter:
10–11 Uhr Reine Mechanik (privat)
11–12 Uhr Angewandte Mathematik (öffentlich)
16–17 Uhr Mechanik (privat)
17–18 Uhr Astronomie (privat)

1754
Sommer:
11–12 Uhr Angewandte Mathematik, beginnend mit Geographie nach Wolffs Kompendium (öffentlich)
16–17 Uhr Algebra, beginnend mit Clairauts Eléments d'Algébre (privat)
17–18 Uhr Praktische Geometrie (privat), Mathematisches Zeichnen (privat)
Winter:
11–12 Uhr Optik, einschließlich Dioptrik und Katoptrik (öffentlich)
15–16 Uhr Mechanik (privat)
16–17 Uhr Sphärische und theoretische Astronomie (privat)

1755
Sommer:
11–12 Uhr Mathematische Geographie (öffentlich)
16–17 Uhr Mechanik (privat)
17–18 Uhr Praktische Geometrie nach Clairauts Eléments de la Géometrie (privat)
Winter:
Befestigungsbau und Pyrotechnik (öffentlich)
Angewandte Mathematik nach Wolffs Kompendium und Clairauts Eléments d'Algèbre (privat)

1756
Sommer:
Astronomie (öffentlich)
Praktische Geometrie (privat)
Clairauts Algebra (privat)
Angewandte Mathematik nach Wolffs Kompendium (privat)
Winter:
Die Verwendung (Der Gebrauch) astronomischer Instrumente und die Beobachtungsmethode an der Sternwarte (öffentlich)
Mechanik und Kriegsbaukunst (Militärtechnik) (privat)

1757
Sommer:
10–11 Uhr Physikalische Astronomie nach William Derhams Astrotheologie (öffentlich)
17–18 Uhr Praktische Geometrie (privat)
(Das) Zeichnen und Tönen (Buntmalen) geometrischer Diagramme, Befestigungsbau und architektonische Systeme (Schemen) (privat)
Winter:
Militärstrategie einschließlich Bau-, Angriffs- und Verteidigungskunst(-methoden) von Befestigungsbauten, illustriert mit Beispielen aus jüngster Zeit (öffentlich)
Clairauts Algebra (privat)
Reine Mathematik (privat)

1758
Sommer:
Sphärische Trigonometrie und ihre Anwendung auf Astronomie und Geographie (öffentlich)
Praktische Geometrie, Befestigungsbaukunst, Clairauts Algebra (privat)
Winter:
15–16 Uhr (Die) Verwendung und (der) Bau astronomischer Instrumente (öffentlich)
10–11 Uhr Besprechung von Büchern über Mathematik und mathematische Physik mit einem
Kommentar zu Leben, Verdienst und Entdeckung der jeweiligen Autoren (privat)
14–15 Uhr Sphärische und theoretische Astronomie (privat)
15–16 Uhr Die Lehren (Richtlinien) der Kunst des Zeichnens und der Entwicklung mathematischer Konstruktionen (privat)

1759
Sommer:
14–15 Uhr Mechanik und die Lehre der Kräfte, des Gleichgewichts, der Bewegung und der Maschinen (öffentlich)
10–11 Uhr Kriegsbaukunst mit Pyrotechnik (privat)
Angewandte Mathematik (sehr privat)
Winter:
Physikalische Astronomie (öffentlich)
Algebra und die Kurventheorie, besonders Kegelschnitte, Astronomische Praktik und angewandte Mathematik (sehr privat)

1760
Sommer:
14–15 Uhr Mathematische Geographie und Hydrographie (öffentlich)

10–12 Uhr Kriegsbaukunst mit Pyrotechnik (privat)
15–16 Uhr Mechanik (privat)
17–18 Uhr Praktische Geometrie (privat)
Winter:
Sphärische und theoretische Astronomie (öffentlich)
Kriegsbaukunst mit Pyrotechnik (privat)
Angewandte Mathematik (optional)

1761
Sommer:
Optik, Katoptrik, Dioptrik (öffentlich)
Angewandte Mathematik (privat)
Praktische Geometrie (privat)
Winter: Theoretische und praktische Astronomie (öffentlich)
Angewandte Mathematik nach Wolffs Kompendium (öffentlich)
Die Lehrsätze (Prinzipien) der Algebra und die Infinitesimalrechnung (öffentlich)
Kriegsbaukunst mit Taktik und Ballistik (privat)

Aus diesem Verzeichnis ist leicht zu erkennen, dass der größte Teil dessen, was Mayer lehrte, unter die zwölf Kategorien der mathematischen Wissenschaften fällt, welche die Haupttitel seines »Mathematischen Atlas« (siehe Kapitel 2) bilden. Diese wiederum können als Teilgebiete von vier Hauptzweigen, nämlich Mathematik, Astronomie einschließlich Geographie, Artillerie und Mechanik einschließlich Optik betrachtet werden. Die Vorlesung des Wintersemesters 1758/59 über die Literatur in den mathematischen Wissenschaften war sicher beeinflusst durch Christian von Wolffs »Kurzer Unterricht von den vornehmsten Mathematischen Schriften«, der wichtigste Punkt in der 7. Auflage seiner »Anfangsgründe aller Mathematischen Wissenschaften« (5 Bände, Halle 1750–1757), weil er weit über den im 5. Band der »Elementa matheseos universae« (Halle 1741) behandelten literarischen Überblick hinausgeht und die gebildeten Schichten darüber informierte, was man damals als spezifisch mathematische Literatur betrachtete.

Eine gute Ergänzung unserer Kenntnisse über Mayers Lehrprogramm im Sommersemester 1751 finden wir am Ende seiner ansonsten unbedeutenden Abhandlung »De Refractionibus Objectorum Terrestrium« (Goettingae 1751). Hier heißt es, dass er montags, dienstags, donnerstags und freitags von 8–9 Uhr tatsächlich angewandte Mathematik aus Wolffs Compendium »Elementorum Matheseos Universae« (Lausannae & Genevae 1742) lehrte – einer verkürzten Ausgabe des umfangreichen lateinischen Werkes mit ähnlichem Titel, die besonders für den Gebrauch junger Studenten abgefasst war und – in dieser Reihenfolge – die Gebiete Astronomie, Geographie, Chronologie, Gnomonik, Pyrotechnik, Kriegsbaukunst, zivile Baukunst und Algebra behandelte. In der folgenden Stunde, also von

9–10 Uhr und auch noch samstags, lehrte Mayer die Festungsbaukunst, für die er zweifellos dasselbe Handbuch benutzte. Dann gab er an den vier Wochentagen von 13–14 Uhr privat den vorher angekündigten Lehrgang über praktische Geometrie. Heute wissen wir, dass er dafür Johann Friedrich Penthers »Praxis Geometriae« (Augsburg 1732) als vorgeschriebenen Text benutzte, den er durch eigene neue Probleme ergänzte. Dieser Vorlesung folgte Privatunterricht in Zeichnen.

Die Bezeichnung »angewandte Mathematik« bezieht sich hier auf die Fachreihe im Wolffschen »Kompendium«, die zwar ausgiebig ist, aber reine Mathematik, Optik und Mechanik nicht einschließt. Aber das Fehlen dieser drei Fächer glich er weitgehend aus, indem er die geometrische Optik und die praktische Mechanik anhand zahlreicher Aufgaben aus Penthers Buch und die Algebra sowie die Geometrie mit Hilfe der Textbücher von Clairaut behandelte. Der Privatlehrgang über Clairauts Algebra, den Mayer von 1754–1758 jährlich gab, stützte sich vermutlich auf die 1749 in Paris veröffentlichte zweite Auflage der »Elémens d'Algèbre«, die sich aber kaum von der 1746 erschienenen ersten Auflage unterschied. Dieses Buch ist in fünf Teile gegliedert. Es beginnt mit der Behandlung linearer Gleichungen mit einer oder mehreren Unbekannten, schreitet fort zu den quadratischen Gleichungen und behandelt schließlich alle Aspekte der Gleichungen n-ten Grades. Mayer verwendet Descartes Vorzeichenregel und Newtons Technik aus dessen »Arithmetica Universalis« (Cambridge 1707) zum Wurzelziehen teilweiser kommensurabler und teilweiser inkommensurabler Zahlen. Für den anscheinend nur einmal 1755 abgehaltenen privaten Lehrgang über Clairauts Geometrie musste Mayer sich der ersten Auflage der »Elémens de Gèometrie« (Paris 1741) bedient haben. Dieses Buch ist reich an praktischen Konstruktionen. Es beginnt mit den praktischen Aufgaben der Landvermessung und behandelt dann nacheinander die Umformung geradlinig begrenzter Flächen, der Vermessung von Kreisfiguren und ihrer geometrischen Eigenschaften und schließlich die Vermessung fester Körper und ihrer Oberflächen. Nur insofern als dies Mayer eine Gelegenheit zur tatsächlichen Untersuchung des Problems bot, wie man die Fläche eines unregelmäßigen Feldes berechnet, kann vermutet werden, dass es erneut sein Interesse auf ein Problem lenkte, das er auf Tafel X seines »Mathematischen Atlasses« gelöst hatte. Schauen wir uns jetzt genauer an, was Mayer über Artillerie, Mathematik, Astronomie und Mechanik gelernt hatte, um daraus folgern zu können, was bei seinen Vorlesungen über diese Themen von ihm selbst stammte.

Vorlesungen über Artillerie

Am Anfang seiner Lehrtätigkeit scheint Mayer besonderes Gewicht auf sein Lieblingsfach, das Militärbauwesen gelegt zu haben, welches er in der Zwischenzeit über das hinaus entwickeln konnte, was er in seiner Jugend von Geiger gelernt hatte und so anschaulich in seinem Atlas illustrierte. Dieser enthält Beschreibungen und Illustrationen der Grundrisse und Aufrisse (oder Querschnitte) konventioneller holländischer und französischer Militärbefestigungen mit pentagonaler Grundstruktur und Pfeilköpfen an jeder der fünf Spitzen. In Tafel XXXVII nennt er nach Begründung der einzelnen Teile dieser Struktur sechs Konstruktionsrichtlinien, die ein guter Militärarchitekt beim Entwurf seiner Pläne berücksichtigen würde. Zur Berechnung der Maße der einzelnen Linien und Winkel waren natürlich Vorkenntnisse in Geometrie und Trigonometrie erforderlich. Bemerkenswert ist jedoch, dass er diesen Teil seines Atlasses nicht mit einer Diskussion über mögliche Angriffsmethoden beginnt, obwohl Wolff besonders auf die Bedeutung solcher Kenntnisse für die Festungsbaukunst hingewiesen und ausdrücklich empfohlen hatte, dass diese Diskussion notwendig sei. Daraus ist zu schließen, dass Geigers Unterricht sich allein auf den Festungsbau beschränkt hatte und dass der Text zu dieser Tafel geschrieben wurde, ehe Mayer mit dem Studium der Ballistik und der Chemie der Sprengstoffmittel begonnen hatte. Dagegen war er über die verschiedenartigen Mittel zur Verteidigung einer Festung bereits sehr gut unterrichtet.

Als Mayer damit begann, seine Vorlesungen über dieses Thema für Göttingen auszuarbeiten, hatte er Leonhard Eulers Werk »Neue Grundsätze der Artillerie« (Berlin 1745) gelesen. Es war im Wesentlichen eine freie Übersetzung von Benjamin Robins »New Principles of Gunnery« (London 1742), aber ergänzt durch zahlreiche Anmerkungen und theoretische Darlegungen von Euler selbst, die den Ruf dieses Buches als erstes wirklich wissenschaftliches Werk über die Artillerie rechtfertigen. Eine Besonderheit dieses Buches, die Mayer besonders angesprochen haben muss, ist Eulers Versuch, die beiden Hauptvorgänge der Artillerie, die nichts mit dem Festungsbau zu tun hatten, mathematisch exakt zu behandeln, nämlich die Bestimmung der durch unterschiedliche Zusammensetzung des Schießpulvers erzeugten Sprengkraft und die Vorausberechnung der Geschossbahn, z. B. einer Kanonenkugel, durch ein widerstehendes Medium unterschiedlicher Dichte, z. B. Luft. Eulers einleitende Anmerkungen müssen als bewusste Polemik beurteilt werden, geschrieben mit der Absicht, seine Zeitgenossen von der Bedeutung höherer Mathematik in der praktischen Wissenschaft zu überzeugen. In Mayers Fall war dies natürlich eine Predigt an den Bekehrten! Nicht jeder Aspekt der Artillerie konnte mathematisch ausgedrückt werden; so brauchte man bei der Beschreibung von Munition und Sprengstoffen, Geschossen, Lafetten und den vielen Zubehörteilen, die für die Feldartillerie benötigt wurden, nur die üblichen Maße der einzelnen Teile anzugeben, ohne zu fragen, warum bestimmte Sätze von Maßen besser sein sollten als alle anderen. Das hatte Mayer schon in den Tafeln XLII–XLV seines Atlasses getan. Um in Tafel XLIV zu erklären, wie die Artilleriemaßstäbe zur Bestimmung der Durchmesser und der entsprechenden Gewichte von Bleischrot, eisernen Kanonenkugeln usw. herzustellen seien, war eine Kenntnis der elementaren Arithmetik und Geometrie einschließlich der Methode des Quadratwurzelziehens erforderlich. Es kann mit Sicherheit angenommen werden, dass von den neun kurzen Kapiteln in Mayers Einführung zu seiner umfangreichen Behandlung des Festungsbaus, die den wesentlichen Teil seiner Manuskriptabhandlung »Artillerie« bildet (irgendwann um 1751 als Grundlage für die Vorlesungen geschrieben), die Kapitel 1 bis 5, die Zusammensetzung und die Eigenschaften des Schießpulvers und die Beziehung zwischen Mündungsgeschwindigkeit, Schussweite und Schusskraft behandeln, sich auf Eulers Buch stützen. Dagegen mag Mayer sich in Kapitel 9 bei seiner Erörterung von Minen nach Peter von Goulons sehr populärem Buch »Mémoires pour l'attaque et la défense d'une place« und/oder nach Sebastian Leprestre de Vaubans »Traité des Mines« gerichtet haben. Im letzten Fall stammt Mayers Wissen vermutlich aus Georg Christoph Glasers deutscher Übersetzung der zweiten französischen Auflage von Charles Sevin de Quincys Buch »L'Art de la Guerre« (Paris 1740), das 1745 in Nürnberg veröffentlicht wurde und auch Vaubans Abhandlung enthält. Ferner könnte Robins Hinweis darauf, dass das Schießpulver bei der Entwicklung der Artillerie und des Festungsbaus die wichtigste Rolle spiele, es gewesen sein, der Mayer anregte, seine Abhandlung mit einem Kapitel über die Zusammensetzung und Stärke der Sprengstoffmischung zu beginnen, während Quincys große Hochachtung vor Goulon und Vauban sowie seine Betonung, wie wichtig, wenn auch wenig benutzt aber potentiell bedeutend zum Schutz der Flanken einer Festung »Gegenminen« seien, Mayer angeregt haben mag, die Werke dieser Autoren selbst einmal gründlich zu studieren. Robins empfahl nachdrücklich eine Abhandlung über die Verteidigung durch Minen als Anhang zum dritten Band der sechsbändigen Ausgabe von Jean Charles de Folards Werk »Histoire de Polybe« (Paris 1727). Dass Mayer diesen Band erst nach Abschluss seiner Schrift über »Artillerie« erhalten und gelesen haben kann, geht aus seinen verschiedenen Ergänzungen dazu hervor. Zahlreiche Bemerkungen und Ergänzungen am Ende der jeweiligen Absätze, an den Rändern und am Ende seines Manuskripts, wovon sich eine auf ein Ereignis von 1759 bezieht, beweisen die Tatsache, dass Mayer – möglicherweise mit Ausnahme der Jahre 1752 und 1754 – diese Vorlesungen jedes Jahr bis kurz vor seinem Tod auf den neuesten Stand brachte. [EA: Inzwischen wurde ein Exemplar von Mayers Buch über Fortifikation (ca. 1745) in der Württembergischen Landesbibliothek Stuttgart aufgefunden: Nicolai-Sammlung.]

Ein anderes wichtiges literarisches Werk, durch das Mayers Kenntnisse in der Kunst des Festungsbaus erweitert wurden und das er vielleicht schon vor Ausarbeitung seines Atlasses, ganz bestimmt aber 1751, als er mit seiner Lehre über dieses Gebiet begann, gelesen hatte, war Leonhard Christoph Sturms »Architectura militaris hypothetica-eclectica, oder gründliche Anleitung zu der Kriegsbaukunst«, von dem 1736 vier Auflagen veröffentlicht worden waren. Dieses Buch, verfasst vom Sohn des Autors, welchem Mayer für seine Einstellung zur analytischen Geometrie dankbar war, gilt allgemein als eine weit verbreitete Enzyklopädie für das zu jener Zeit äußerst aktuelle Thema. Es ist in Dialogform zwischen einem erfahrenen Kriegsbauingenieur und einem jungen Amateur geschrieben und behandelt Festungsbaumethoden von über 40 Kriegsbauingenieuren, die alphabetisch nach ihren Familiennamen geordnet sind. In einem anderen Buch »Le Véritable Vauban« (La Haye 1708) beschreibt Sturm zwei verschiedene Festungsbautypen nach Vauban, die in Wolffs »Compendium« diskutiert werden. Hierdurch wurden die ältere, von Adam Freytag erfundene holländische Kunst, sowie andere Systeme des Grafen von Pagan und Meno von Coehoorn offensichtlich überholt. Die Literatur auf diesem Gebiet ist so weit gefächert, dass es unfair wäre, bezüglich der genauen Wissensquellen Mayers auf diesem Sektor zu spekulieren, insbesondere weil wir wissen, dass er auch intensiven Privatunterricht von seinem Freund Geiger erhielt.

Vorlesungen über Mathematik

Wenden wir uns nun den von Mayer im Wintersemester 1751 gegebenen Kursen zu, ist mit großer Wahrscheinlichkeit anzunehmen, dass er sich bei seinen Privatvorlesungen über Algebra und Analysis vorwiegend nach seinen durch große Anstrengungen erworbenen Kenntnissen aus Wolffs Elementen der Algebra in dessen Buch »Anfangs-Gründe« richtete. Auf acht Zusatztafeln zu seinem Atlas, die er Anfang 1745 zusammenstellte, präsentiert Mayer die Grundregeln der Algebra, der Potenzen und Wurzeln und der arithmetischen und geometrischen Verhältnisse als Einführung zu einer Beschreibung wie geometrische Konstruktionen in Form algebraischer Gleichungen ausgedrückt werden können. Dies führte logischerweise zu einer Darstellung der algebraischen Grundeigenschaften von Kegelschnitten, die er erstmals in seinen Privatstunden während des Wintersemesters 1759/60 eingehend behandelt. Zu diesem Zeitpunkt muss Mayer mit Alexis Clairauts Werk »Elémens d'Algèbre« (Paris 1749) sehr vertraut gewesen sein, weil er dies seit dem Sommer 1754 als Standardlehrbuch benutzte. Wie in Kapitel 1 schon dargelegt, war Mayer auch in der Lage, Gleichungen dritten und vierten Grades aufzustellen und zu lösen und das Verfahren der analytischen Geometrie auf die Lösung praktisch anwendbarer geometrischer Aufgaben anzuwenden. Diese Fertigkeiten vermittelte er zweifellos seinen fähigeren Schülern zusammen mit dem Verfahren zur Lösung aller Gleichungen bis zum vierten Grad, wie es in Thomas Bakers Werk »Clavis Geometrica Catholica« (London 1684) beschrieben und bei Wolff wiedergegeben ist.

Obwohl Mayer unter »Geodäsie und Architektonik« die Kunst des geodätischen und architektonischen Zeichnens zu lehren beabsichtigte, wäre es gegen seine Natur gewesen, die abstrakten Grundlagen der Projektion, die geometrischen Verfahren der Feldmessung oder die trigonometrischen Berechnungen, die zur Bestimmung der Höhen und Entfernungen von Türmen und Gebäuden erforderlich waren, zu behandeln, ohne vorher die Instrumente, mit denen die notwendigen Entfernungs- und Winkelmessungen durchgeführt wurden, genau zu untersuchen. Seine in Kapitel 7 beschriebenen Verbesserungen am Modell des üblichen Astrolabiums und des Rezipiangels sind in der Tat Beweise für diese Behauptung. Man kann also mit Sicherheit davon ausgehen, dass Mayer die Konstruktion und den Gebrauch geometrischer und geodätischer Instrumente, wie Lineal, Zeichendreieck, parallaktisches Lineal, Bogen- und andere Zirkel, Winkelmesser und das 50 Fuß lange Metermaß, das manchmal anstelle einer Kette zur Bestimmung der Entfernungen bei Landvermessungsarbeiten benutzt wurde, erklärte. Es mag sein, dass ihm die Idee zur Verbesserung des einfachen Astrolabiums und des Rezipiangels (oder des Doppeldiopters), die für die Winkelmessungen gebraucht werden, kam, als er diese Vorlesungen vorbereitete oder hielt. Ein drittes Instrument zur Messung von Höhen- und Seitenwinkeln war ein auf einem Dreifuß montierter Winkelmesser mit zwei beweglichen im Zentrum drehbar gelagerten Armen, von denen jeder 100, 200 oder 300 äquidistante Teilstriche besaß. Um die Orientierung eines Grundstückes zu bestimmen, benutzte man gewöhnlich zur Festlegung der Meridianlinie ein Instrument, welches im Effekt eine Kombination zwischen einer horizontalen und azimutalen Sonnenuhr war. Die Richtung der Vertikalen und damit der horizontalen Ebene erhielt man mittels eines Lots.

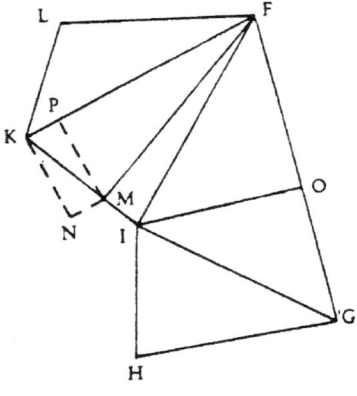

Fig. 7

Die in Mayers Atlas auf Tafel X illustrierte Feldaufteilungsmethode ist eigentlich eine verbesserte Darstellung von Wolffs Methode zur Teilung eines unregelmäßigen Hexagons FGHIKL in zwei Teile durch eine Linie FM, und die gesuchte Fläche ist die des unregelmäßigen Pentagons FMIHGF (siehe Fig. 7). Mayer konstruierte diese Fläche auf folgende Weise: Man verbinde FK, konstruiere die

Senkrechte von M auf FK, die FK in P schneidet, und vervollständige das Rechteck MPKN; dann ist leicht zu errechnen, dass

$$\Delta \text{FKM} = \Delta \text{FPM} + \tfrac{1}{2} \text{MPKN} \text{ und die Fläche FMIHGF} =$$
$$\text{der Fläche FGEIKLF} - (\Delta \text{FLK} + \Delta \text{FKM}) =$$
$$\Delta \text{FKl} + \Delta \text{FIO} + \Delta \text{OIG} + \Delta \text{GIH} - \Delta \text{FKM}.$$

Die rechte Seite dieser Gleichung ist leicht messbar durch Anwendung der euklidischen Formel für die Fläche eines Dreiecks.

Vermutlich wurde Mayer durch seinen Unterricht über Projektionsmethoden in der praktischen Geometrie und besonders in ihrer Anwendung auf die Konstruktion des irregulären Festungsbaues dazu angeregt, dieses Problem gründlicher zu untersuchen. Er entwickelte eine elegantere, wenn auch wahrscheinlich weniger praktische Alternative zu dieser traditionellen Methode der Bestimmung von Flächen unregelmäßiger Polygone, die er der Göttinger Sozietät der Wissenschaften am 1. März 1755 in einem Vortrag in lateinischer Sprache mit dem Titel »De transmutatione figurarum rectilinearum in triangula« vorlegte. Es wird allgemein angenommen, dass dieses Manuskript verlorenging, aber wenn man bedenkt, dass Mayer fließend Latein sprach, ist es nicht ausgeschlossen, dass er seine Methode in Deutsch niederschrieb und dann in Latein vortrug. Wie dem auch sei, eine deutsche Version dieser Vorlesung, die folgender Kurzfassung von Mayers neuer Methode zugrunde liegt, befindet sich in seinem Göttinger Nachlass.

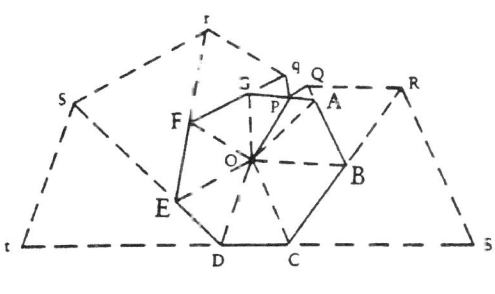

Fig. 8

Gegeben sei das unregelmäßige Polygon ABCDEFGA (Fig. 8). In ihm wählt Mayer einen beliebigen Mittelpunkt O, aber auf keiner Verbindungslinie zwischen irgend zwei Ecken, von welchem aus die Diagonalen OA, OB, ..., OC gezogen werden. Dann wählte er einen Punkt P auf der Seite GA und zieht PQ, OR, RS jeweils parallel zu den Diagonalen OA, CB, OC in der Weise, dass PQ die Verlängerung von BA im Punkt Q, QR die Verlängerung von CB in R und RS schließlich die Verlängerung von DC in S schneidet. Er nennt OP die Trennungslinie, DCS die

Grundlinie, P und S den Anfangs- bzw. Endpunkt der Spirallinie PQRS. Eine analoge Konstruktion ist möglich in einer Richtung gegen den Uhrzeigersinn unter Verwendung der anderen Seiten des Polygons; dabei entsteht die Spirale Pqrst mit dem Endpunkt t auf der Verlängerung von CD, wie in Fig. 8 illustriert.

Mayer zeigt, wie das gleiche Verfahren bei nach außen gerichteten überstumpfen Winkeln, wie sie bei sternförmigen Entwürfen für Kriegsfestungsbauten vorkommen, verwendet werden kann, aber er gibt keinen Hinweis auf die Anwendung seiner Methode. Eine Schwäche in seiner Erläuterung ist das Fehlen jeglicher Erklärung darüber, wie man nach der Konstruktion der Spirale die Fläche des Polygons bestimmt. Vermutlich sieht er dies als einleuchtend an. Dennoch ist es sicherlich hilfreich, seinen Gedankengang zu verstehen, indem wir genau das gleiche irreguläre, in seinem Atlas dargelegte Feld benutzen, um die Anwendung seiner Methode zu veranschaulichen.

Es sei O ein beliebiger Punkt irgendwo innerhalb des gegebenen Polygons FMIHGF, dessen Fläche gesucht ist, und P sei ein anderer beliebiger Punkt auf seiner Peripherie.

In Fig. 9 wurde P so gewählt, dass er auf der Seite FG liegt. Nach Mayers eigener Konstruktion schneidet dann die Parallele zu OG durch P die Verlängerung von HG in Q; analog schneidet QR dann OH, die Verlängerung von IH, in R; und so weiter im Uhrzeigersinn um das Polygon herum, bis der Endpunkt U auf der verlängerten Grundlinie GF erreicht ist. Man verbinde nun den Mittelpunkt O mit allen Punkten der Spirallinie P, O, R S, T, U. Jetzt kann gezeigt werden, dass die Fläche des Dreiecks OPU gleich ist der Fläche des irregulären Pentagons FMIHG.

Unter Verwendung des bekannten Theorems, dass Dreiecke mit gleicher Basis und zwischen gleichen Parallelen (d. h. mit gleicher Höhe) die gleiche Fläche besitzen, erhalten wir mühelos:

$$
\begin{aligned}
\triangle\,\text{OPG} &\qquad\qquad\qquad = \triangle\,\text{OQG} \\
\triangle\,\text{OGH} &= \triangle\,\text{OQH} - \triangle\,\text{OQG} = \triangle\,\text{ORH} - \triangle\,\text{OQG} \\
\triangle\,\text{OHI} &= \triangle\,\text{ORI} - \triangle\,\text{ORH} = \triangle\,\text{OSI} - \triangle\,\text{ORH} \\
\triangle\,\text{OIM} &= \triangle\,\text{OSM} - \triangle\,\text{OSI} = \triangle\,\text{OTM} - \triangle\,\text{OSI} \\
\triangle\,\text{OMF} &= \triangle\,\text{OTF} - \triangle\,\text{OTM} = \triangle\,\text{OUF} - \triangle\,\text{OTM} \\
\triangle\,\text{OFP} &\qquad\qquad\qquad = \triangle\,\text{OUP} - \triangle\,\text{OUF}
\end{aligned}
$$

Daraus ergibt sich durch Addition: Fläche des Polygons FMIHGF = Dreieck OUP, weil auf der linken Seite die Summe der Flächen aller Dreiecke steht, die das Polygon ausmachen, während sich auf der rechten Seite – mit Ausnahme des Dreiecks OUP – die Flächen der entsprechenden Dreiecke gegenseitig aufheben. Die Aufgabe ist demnach reduziert auf die Bestimmung der Fläche eines einzelnen Dreieckes, was durch Messen der Länge der Senkrechten vom Mittelpunkt O der Spirale auf die Grundlinie PU und der Verbindungslinie von Anfangs- und End-

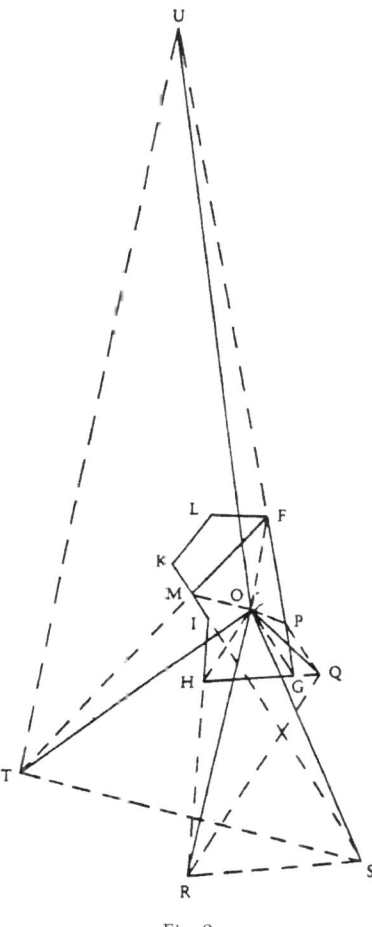

Fig. 9

punkt (P bzw. U) und Halbierung des Produkts leicht erreicht wird. Obwohl alle Fehler bei der Konstruktion in der Länge von PU eingehen, hat Mayers Methode den praktischen Vorteil, dass Messen und Rechnen auf ein Minimum reduziert sind. Außerdem bekräftigt sie seine Ansicht, dass die Anwendbarkeit selbst der elementarsten Geometrie – vom gesamten Gebiet der Analysis und der höheren Mathematik ganz zu schweigen – noch in keiner Weise erschöpft sei.

Zu denjenigen, welchen Mayer 1752 diese Methode zuerst erklärte, gehörte Christian Heinrich Wilke, der später in einen Prioritätsstreit darüber verwickelt wurde. Anscheinend hatte Mayer ihm das Problem vorgelegt, die Fläche eines irregulären Heptagons zu finden, welches er löste, und sich dann fünf Jahre später entschloss, seine Lösung unter dem langatmigen Titel »Neue und erleichterte Methode, den Inhalt gradlinigter Flächen zu finden und dieselben ohne Rechnung einzutheilen, besonders vorteilhaft auf die Entscheidung der Grenz-Streitigkeiten angewendet« in Halle zu veröffentlichen. In der Zwischenzeit hatte Mayer ohne dessen Wissen seine eigene, weniger gründliche Version darüber am 1. März 1755 bei der Göttinger Sozietät der Wissenschaften vorgetragen, aber diese Version war nicht veröffentlicht worden, weil die »Commentarii« nicht mehr erschienen. Folglich beschuldigte der Kritiker von Wilkes Artikel diesen in den »Göttinger Anzeigen von 1757«, Mayers Entdeckung plagiiert zu haben und kritisierte ihn dafür, dass er weder der Dankespflicht seinem ehemaligen Lehrer gegenüber genügt, noch eine geometrische Konstruktion zur Illustration seiner algebraischen Lösung gegeben habe. Wilke hatte aber erwähnt, dass Mayer eine generelle Methode zur Lösung aller Polygonprobleme, einschließlich derjenigen mit nach innen zeigenden Winkeln, gefunden habe, und anerkannt, dass Mayer der Erste gewesen sei, der diese Methode auf die praktische Geometrie anwendbar gemacht hatte. Wilke war offenbar über die Verunglimpfung seines Charakters sehr empört und verwandte nahezu vierzig Seiten seines Aufsatzes »Neue Grundsätze der practischen Geometrie«, den dieselbe Firma, nämlich Rengers in Halle im folgenden Jahr veröffentlichte, darauf, sich eingehend gegen die Anschuldigung und die Rezensionen seines Kritikers zu verteidigen. Er glaubte dennoch nicht, dass Mayer selbst für diese Kritik verantwortlich war und betonte, dass er immer noch die größte Hochachtung vor ihm habe. Aber er focht wohl Mayers Entdeckungsrecht dieser Methode an, weil Ludolph von Ceulen dasselbe Problem einer pentagonalen Figur unter dem Titel »De figurarum tansmutatione et sectione« im zweiten Band seines Werkes »De circulo et adscriptio«, das 1619 von Willebrod Snell herausgegeben worden war, behandelt habe, worauf Wilke sich hier bezog.

Dass Mayer Wilke nicht böse war, geht aus einer Anekdote des Carsten Niebuhr, einem seiner aus Schleswig-Holstein stammenden Schüler hervor, die Benzenberg in seiner ausführlichen Einführung zu Mayers Werk »Erstlinge« wiederholt und folgendermaßen schildert:

Magister Butschari, mehr bekannt durch ein Epigramm von Kästner als durch seine Schriften, war sehr darüber aufgebracht, als er erfuhr, dass jemand auf einer anderen Universität auf seine Dissertation, welche von der Electricität handelte, Magister geworden war. Um dieselbe Zeit hörte er, dass ein anderer Student, der neulich bey Mayer die Geometrie gehört hatte, in welcher dieser es vorzutragen pflegte, wie die Aufgaben aus der Geometrie vermittelst der Linien aufzulösen sind, auf Mayer's nachgeschriebenes Collegium Magister geworden wäre. Butschari ging nun an Mayer'n, in der Hoffnung, es durch den zu bewirken, dass die Universität Göttingen diesen gelehrten Diebstahl öffentlich rügte. Aber Mayer suchte ihn darüber zu beruhigen. Als nun einmahl von Butschari's großem Herzeleide gesprochen wurde, sagte Mayer: Ich bedaure ihn von ganzem Herzen; er ist mit dem armen Manne im Evangelio zu vergleichen, der nur ein einziges Schaaf hatte und dem dieses gestohlen ward.

Vorlesungen über Astronomie

Mayers für das Wintersemester von 1751/52 angekündigte Vorlesungen enthielten einen Lehrgang über Astronomie, der als »Astronomiam tum theoreticam tum practicam« beschrieben war und den Titel »Sphärische und Theoretische Astronomie« trug. Die Unterschiede zwischen diesen und anderen ähnlichen Bezeichnungen können in einem Diagramm wie folgt zusammengefasst werden:

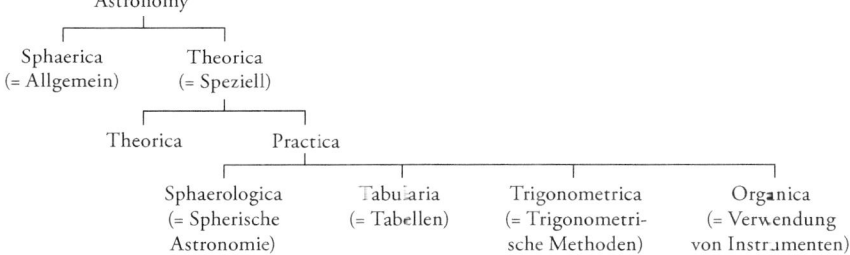

In Tafel XVIII seines Atlasses hatte Mayer Astronomie bereits als die Wissenschaft von der Struktur des Weltalls definiert und in zwei Hauptzweige aufgeteilt: »generelle oder sphärische Astronomie«, die sich mit den scheinbaren Bewegungen von Sonne, Mond, Planeten, Kometen und Sternen beschäftigt und die »spezielle Astronomie«, die sich auf die wahren Bewegungen dieser Körper bezieht. Die anschließend folgenden zahlreichen Definitionen bezogen sich auf die Himmelserscheinungen, die sich aus der täglichen und jährlichen Bewegung der Erde ergeben und in Wolffs Lehre von den Elementen der Astronomie sowie in zahlreichen anderen Büchern über Astronomie und mathematische Geographie zu finden sind. Der praktische Aspekt der speziellen Astronomie ist auf Tafel XIX dargestellt, auf welcher die »einfachste und genaueste« Art zur Bestimmung der Meridianrichtung in der Horizontalen aus der Beobachtung gleicher Höhen eines Himmelskörpers beschrieben ist. Nach seiner Erklärung, wie die Höhe des Himmelsäquators und der Pole zu finden sei, führt Mayer dann Philipp von Wurzelbaus Beobachtungen der größten und kleinsten Meridianhöhen der Sonne und seine Ergebnisse für die Schiefe der Ekliptik und die Breite von Nürnberg an. Als Quelle für diese und andere Informationen könnte Johann Leonhard Rosts »Astronomisches Handbuch ... mit Exempeln aus den accuraten Observationibus, des berühmten Herrn von Wurzelbaus, erläutert« (Nürnberg 1718) gedient haben, welches auch eine deutsche Übersetzung von Jean Domenique Cassinis Werk »Recueil des Observations« (1693) enthält. Als Quelle für die auf die Epoche von 1740 bezogenen periodischen Zeiten der Planeten- und Satellitenbewegungen, dargestellt auf Tafel XIX, mag »l'Histoire céleste« von Pierre le Monnier (Paris 1741) gedient haben, während Mayer in seiner Beschreibung der Planetenbewegung auf Tafel XX ausdrücklich John Keills Werk »Introductio ad veram astronomiam, seu lectiones astronomicae« (Leiden 1725), welches Le Monnier ins Französische übersetzte und mit zahlreichen nützlichen Nachträgen unter dem Titel »Institutions astronomiques« (Paris 1746) veröffentlichte, erwähnt.

Auf Tafel XX erscheint eine Beschreibung und Illustration der kopernikanischen Struktur des Weltalls, dessen Grenzen als »unmessbar und unfassbar groß« angegeben sind. Der allernächste Stern ist schätzungsweise 500 Millionen Erdradien oder 400 Milliarden deutsche Meilen entfernt. Sterne sind wie die Sonne und die Kometen feurig und selbst leuchtend, dagegen sind die Erde, die anderen Planeten und ihre Satelliten dunkel und leuchten (nur) durch reflektiertes Licht. Dies schloss nicht unbedingt die Möglichkeit aus, dass sich Sterne wie Planeten um ihre eigene Achse drehen, weil die Sonne selbst dies (auch) tut (ER in freier Übersetzung: Im Gegensatz zur Erde, zu den anderen Planeten und ihren Satelliten, die dunkel sind und durch reflektiertes Licht leuchten, sind die Sterne, wie die Sonne und die Kometen feurig und selbstleuchtend, aber sie könnten sich genau wie die Sonne um ihre eigene Achse drehen).

Mayer verwirft den Mythos, dass Kometen unheilverkündend seien, und weist darauf hin, dass diese demselben Gesetz der universalen Gravitationsanziehung unterlägen, welches die Planeten an die Sonne binde. Satelliten könnten, so mutmaßt Mayer, eingefangene Kometen sein, obwohl man beobachtet, dass Kometen sich in allen Richtungen in sehr elliptischen Bahnen und oft mit großer Neigung zur Erdbahn-Ebene bewegen. Deshalb sind sie nur wenige Tage oder Monate lang sichtbar, solange sie sich in der Nähe der Sonne befinden, weshalb es für die Astronomen schwierig war, die Zeiten ihrer Wiedererscheinung vorauszusagen. Ihre haarigen Schweife, denen sie ihre Namen verdankten, bildeten sich nach Mayers Ansicht aus einer verdünnten Materie, die durch die starke Wärmeeinwirkung der Sonnenstrahlen zerstreut wird. Wahrscheinlich verdankt Mayer viel seines Wissens über Kometenerscheinungen und -bewegungen Christian Huygens Werk »Cosmotheoros« (1698) und Leonhard Eulers »Recherches physiques sur la cause de la queue des comètes …« in den »Memoiren« der Berliner Akademie für 1746. Seine Anspielung in Tafel XXI auf William Whistons ketzerischen Glauben, die Sintflut sei aufgrund eines früheren Durchgangs der Erde durch einen Kometenschweif entstanden, könnte indes einer der vorher erwähnten astronomischen Vorlesungen von John Keill oder irgendeinem anderen aus der Vielzahl zeitgenössischer Werke entnommen sein.

Auf Tafel XXII illustriert Mayer Keills Beweis von Keplers Problem, eine vom Brennpunkt einer Ellipse ausgehende gerade Linie so zu zeichnen, dass die von ihr und der Hauptachse begrenzte Ellipsenfläche einer beliebig vorgegebenen Fläche gleich ist. Er fügt auch seine eigene graphische Lösung hinzu, die er durch eine Konstruktion und Berechnung für den Planeten Mars erläutert und dabei ein Ergebnis erzielt, das mit dem nach Newtons analytischer Methode gefundenen bis auf 6" (oder 0'.1) übereinstimmt. Um seine Methode zur genauen Bestimmung der Position von Sonne, Mond, Planeten, Satelliten oder Kometen in ihrer jeweiligen Bahn anwenden zu können, waren genaue Daten erforderlich. Bei seiner auf Tafel XXIII behandelten Sonnenbewegung bedient sich Mayer »der neuesten und besten Beobachtungen der Astronomen, vornehmlich derjenigen des Herrn von Wurzelbau, die für den Nürnberger Meridian kalkuliert waren«. Kepler oder einer von dessen Werk »Harmonice Mundi« (1619) abgeleiteten Quelle folgend, nahm Mayer die Epoche 4000 v. Chr. als den Ursprung der Welt, wenn die Sonne sich an der Länge Null befunden und das Sonnenapogäum den Wert Null gehabt haben müsste. Die sich anschließenden Sonnentafeln und Mayers dafür erforderlichen Kenntnisse der Mikrometer von Huygens, Auzout, De la Hire und Gottfried Kirch könnten aus dem »Astronomischen Handbuch« von Rost stammen. Eine eingehendere Erörterung dieser und anderer, von Gascoigne, Hooke, Wurzelbau, Römer und Derham benutzter Mikrometer befindet sich jedoch in Johann Gabriel Doppelmaiers Werk »Dritte Eröffnung der neuen Mathematischen Werck-Schule Nicolai Bion« (Nürnberg 1721), mit dem Mayer ebenfalls vertraut gewesen sein muss.

Wolffs »Elemente der Astronomie« enthalten die Anleitung zur Lösung vieler der 37 Aufgaben, die in Mayers noch unveröffentlichten Astronomievorlesungen von 1751/52 vorkommen und von denen folgende typische Beispiele zur Illustration seiner projektiven Lösungsmethode dienen mögen:

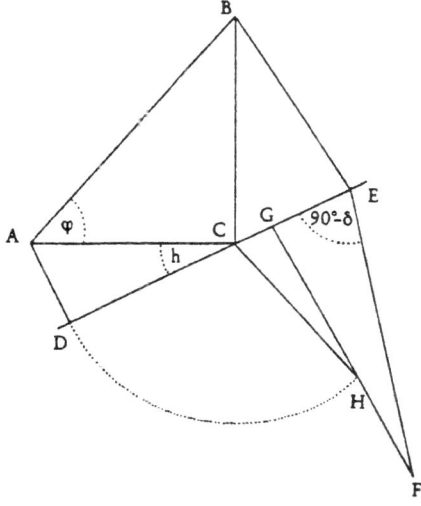

Fig. 10

Gegeben seien (Fig. 10) die Breite ϕ des Beobachters, die Höhe h eines Sternes und seine Poldistanz (90° − δ), gesucht wird das Azimut des Sternes A:

I) Man zeichne in der Meridianebene ein rechtwinkliges Dreieck ABC mit dem Winkel BAC = ϕ

II) Man konstruiere ACD = h und fälle die Senkrechten AD und BE auf die Gerade DC

III) Man konstruiere DEF = 90° − δ und zeichne EF = AB, ziehe FG $\perp$ DE mit dem Schnittpunkt G auf DE.

IV) Man beschreibe mit dem Zentrum C und dem Radius CD den Bogen DH, der FG in H schneidet, verbinde C mit H, dann ist ECH = A, das gesuchte Azimut.

Die Umstände des Falles entscheiden, ob A östlich oder westlich des Meridians liegt. Die Stichhaltigkeit von Mayers Konstruktion ist einfach zu beweisen, obwohl er selbst sich nicht die Mühe macht, dies zu tun, denn:

$$AC = \cos \varphi$$
$$CH = CD = AC \cos h = \cos \varphi \cos h$$
$$CE = BC \sin h = \sin \varphi \sin h$$
$$GE = \sin \delta$$
$$CG = \sin \varphi \sin h - \sin \delta$$

$$\cos A = \cos ECH = \frac{CG}{CH} = \frac{\sin \varphi \sin h - \sin \delta}{\cos \varphi \cos h}$$

Dies ist, wie man sieht, die Kosinusformel für das sphärische Dreieck ZPX, in dem X die Position des Sternes ist (Fig. 11). X befindet sich im Allgemeinen genauso wie die Projektionslinie DCE außerhalb der Meridianebene, in der das Dreieck ABC und der Pol P liegt.

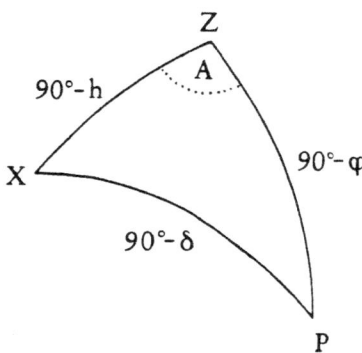

Fig. 11

Das folgende Beispiel illustriert eine andere Art graphischer Konstruktion für eine ähnliche Umwandlung zwischen den äquatorialen und ekliptikalen Koordinaten (siehe Fig. 12):

Gegeben sind die Deklination der Sonne (δ_o) und die Schiefe der Ekliptik (ε), gesucht ist die Rektaszension der Sonne (α_o).

I) Man zeichne einen Kreis mit dem Mittelpunkt C und seine konjugierten Durchmesser $\Upsilon\Omega$ und ΣW durch die Äquinoktialpunkte Υ,Ω und die Solstitien Σ, W.

II) Man konstruiere $C\Sigma B = 90° - \varepsilon$, wobei ΣB die verlängerte Gerade $\Upsilon\Omega$ in B schneidet.

III) Man konstruiere $CBG = \delta_o$, wobei BG die Gerade ΣW im Punkt G schneidet.

IV) Man zeichne durch G die Gerade $aGA \parallel \Upsilon C\Omega$, die den Kreis in a und A schneidet.

V) Dann ist ΥA oder $\Upsilon a = \alpha_o$.

Das trigonometrische Analogon dieser geometrischen Konstruktion ergibt sich folgendermaßen:

$$\tan \delta_. = \frac{GC}{CB} \text{ und } \tan \varepsilon = \cot(90° - \varepsilon) = \frac{\Sigma C}{CB};$$

und damit

$$\frac{\tan \delta_.}{\tan \varepsilon} = \frac{GC}{CB} \cdot \frac{CB}{\Sigma C} = \frac{GC}{\Sigma C} = \frac{GC}{CA} = \sin G\hat{A}C = \sin AC\Upsilon = \sin \Upsilon A = \sin \alpha$$

Mayer macht darauf aufmerksam, dass G oberhalb von C liegt, wenn δ_o nördlich (Fig. 12), aber unter C, wenn δ_o südlich ist; ferner, dass $\Upsilon A = \alpha_o$ wenn δ_o zunimmt (d. h. zwischen Winter- und Sommersonnenwenden), wogegen $\Upsilon a = \alpha_o$ wenn δ_o abnimmt.

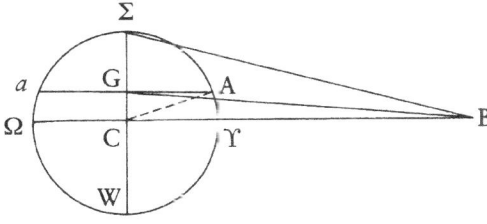

Fig. 12

Derartige Konstruktionen kann man zwar leicht verifizieren, aber es ist schwierig, sie auszudenken. Dass Mayer damit arbeitet, beweist seine Geschicklichkeit in der Kunst der geometrischen Projektion, die vornehmlich aus seiner Erfahrung in der Kartographie und in den graphischen Projektionen von Finsternissen und Bedeckungen stammt.

Ein Resultat seiner Überlegungen, wie man Quadrantenbeobachtungen am besten anstellt, um Teilungsfehler der Skalen oder die Exzentrizität des Rotationspunktes des Dreharms zu eliminieren, war das neue Goniometer, dessen Prinzip in Kapitel 7 erörtert wird. Im Abschnitt 37 dieser Vorlesungen kündigt Mayer an, er werde ein Werk über alle vorhandenen astronomischen Instrumente schreiben, leider aber scheint sich diese Absicht niemals realisiert zu haben – es sei denn, dass es sich hier um das abhandengekommene Buch über praktische Geometrie oder Astronomie handelt, auf das Georg Christoph Lichtenberg in einem auf den 1. März 1774 datierten Brief an Johann Heinrich Lambert Bezug nahm. Die zahlreichen Bezugnahmen auf frühere Astronomen, die man in Abschnitt 40 findet, könnten alle aus Johann Friedrich Weidlers Werk »Historia Astronomiae« (Wittenberg 1741) stammen, dem Mayer gewiss viel verdankte, als er am 9. Dezember 1753 seine »Vorlesungen... über die Geschichte der Sternkunde« zu schreiben begann. In dieser historischen Abhandlung gibt es zwei besonders interessante Punkte in Bezug auf Mayers damalige Untersuchungen der Mondtheorie, welche beide in Kapitel 6 kurz erörtert werden, nämlich Mayers Entdeckung eines Zeitfehlers in Ptolemäus' Äquinoktium von über einem Tag und seine Erkenntnis, wie wertvoll Mondtafeln für die Aufstellung einer biblischen Chronologie seien, und auch umgekehrt die Bedeutung historischer Aufzeichnungen für die Verbesserung der Genauigkeit dieser Tafeln.

Man braucht kaum weiter als in die schon erwähnten Textbücher zu schauen, nämlich Eulers »Berliner Kalender« und die »Transactions« der Pariser Sozietät der Wissenschaften und der Royal Society in London, um die Quellen für Mayers erste, noch unveröffentlichte Vorlesungen in Astronomie zu finden, die er am 28. Oktober 1751 begann und am 29. März 1752 glücklich, »feliciter«, wie er selbst schrieb, beendete. Für das folgende Jahr waren sie ihm offenbar noch gut genug. Er schrieb sie aber vor Wiederholung dieses Lehrganges im Winter 1754/55 neu und änderte sie wesentlich, indem er alle 37 Aufgaben ausließ, welche wichtige Regeln der praktischen Astronomie einschließlich der projektiven Transformation enthielten (siehe obige Beispiele). Außerdem nahm er eine Reihe kleinerer Änderungen vor, wie z. B. eine kurze Erklärung zur Messung der Höhe eines Himmelskörpers mit Hilfe eines astronomischen Quadranten, die er anscheinend einer eingehenderen Erörterung dieses Problems in der ansonsten unbenutzten »Vorlesung über Sternkunde« von 1750 entnommen hatte. Der Einfluss von Mayers gründlichen Untersuchungen über die Länge des tropischen Jahres, die er auf Eulers Rat hin 1753 (Kapitel 6) begann, zeigt sich in der Überarbeitung des Wertes dieser

Größe, den er seinen Vorlesungen vom 26. und 27. Januar 1752 ursprünglich zugrunde gelegt hatte. An Stelle der Hypothese, dass die Länge des Jahres allmählich abnehmen muss, führte er neuerdings die Diskrepanz von 28,8 Sekunden zwischen den auf alten und den auf neuen Beobachtungen basierenden Resultaten auf die Unzuverlässigkeit der alten Beobachtungen zurück. Der Mittelwert der Präzessionskonstanten ist mit 50".4 (Abschnitt 119) statt 50".3 pro Jahr angegeben – eine kleine, aber dennoch bedeutende Änderung; ferner werden jetzt die Eigenbewegung (Abschnitt 123) und James Bradleys Entdeckungen der Aberration und Nutation bei den scheinbaren Positionen der Sterne (Abschnitte 133–38) erwähnt.

Die Tatsache, dass der in seinen Vorlesungsnotizen für den 13. Dezember 1751 als Mittelwert der französischen Pendelexperimente in Lappland und Peru zugrunde gelegte Wert von $1:220$ für die Erdabplattung nicht geändert wurde, ist insofern bedeutend, als aus ihr hervorgeht, dass Mayer seine für das Sommersemester von 1755 angekündigte Vorlesung über mathematische Geographie noch nicht geschrieben hatte. In den ersten beiden Kapiteln seiner vorwiegend mathematischen Abhandlung »Dictata ad geographiam (de figura telluris)«, welche den Hauptanteil dieses undatierten Manuskriptes darstellen, behandelt er jeweils die Ableitung eines theoretischen Wertes von $1:230$ und eines revidierten Beobachtungswertes von $1:224$ für diese Größe. Da es in der Lehrgangsbeschreibung für jenes Jahr keinen Hinweis auf Hydrographie gibt, obwohl die letzten beiden Kapitel die hydrographische Projektion und Loxodrome behandeln, ist man geneigt, anzunehmen, dass dieser Teil der Abhandlung zu einem späteren Zeitpunkt entstand, aber nicht später als im Sommer 1760, weil die Lehrgangsbeschreibung zu diesem Zeitpunkt den Fachausdruck Hydrographie ausdrücklich nennt. Vermutlich waren die von Mayer während des Sommers 1753 gehaltenen öffentlichen Vorlesungen über Hydrographie auf Wolffs »Elemente der Geographie« aufgebaut. Die Illustration des 32-teiligen Kompasses am Ende der »Dictata ad Geographiam« stammt mit Sicherheit aus dieser Quelle.

Der von Mayer auf Tafel XXX seines Atlasses erörterte kartographische Aspekt desselben Lehrganges enthielt wahrscheinlich auch die von Gemma Rainer Frisius im frühen sechzehnten Jahrhundert eingeführte stereographische Projektionsmethode. Die Tatsache, dass das Projektionszentrum in diesem Fall mit einem Punkt auf der Erdoberfläche zusammenfällt, unterscheidet ihn von den orthographischen Darstellungen der Himmelserscheinungen, bei welchen angenommen wurde, dass die Erde aus unendlicher Entfernung beobachtet wird. Polar- und Äquatorprojektionen wären als zwei Spezialfälle der schiefen bzw. horizontalen stereographischen Projektion angeführt worden, die Haase als Grundlage für die von der Firma Homann hergestellten Karten empfohlen hatte. Die von Mayer selbst 1743 gezeichnete Karte der Gegend um Esslingen (Tafel XXXI) ist ein Beispiel dafür, wie Ortskenntnis und der Gebrauch von Symbolen zur Verschönerung des geometrischen Skeletts solcher Projektionen dienen können.

Über Mayers Astronomievorlesungen nach 1754 existieren keine schriftlichen Unterlagen, deshalb ist anzunehmen, dass diese verbesserte Abhandlung, die er einfach mit »Astronomie« bezeichnete, auch wieder als Grundlage für seine während des Sommers 1756 gehaltenen öffentlichen Vorlesungen diente, wogegen er – wenn man sich nach dem Titel richten kann – den vorwiegend praktischen Lehrgang über »Sphärische und Theoretische Astronomie« während des Winters 1758/59 als private und 1760/61 und vielleicht auch 1761/62 als öffentliche Vorlesung hielt. In der öffentlichen Vorlesung über physikalische Astronomie, die Mayer erstmalig im Sommer 1757 hielt und dann im Winter 1759/60 wiederholte, wurde vermutlich dasselbe Thema wie in Derhams Werk »Astro-Theology« behandelt, obwohl es in keinem der veröffentlichten oder unveröffentlichten Schriften Mayers einen Bezug darauf gibt, welcher der zahlreichen Auflagen dieses sehr populären Werkes er sich eigentlich bedient hat. Es handelte sich wahrscheinlich um eine der späteren Auflagen, denn der Autor war 1735 gestorben und 1757 waren bereits neun Auflagen erschienen. In diesem Fall hätte Mayer in der Einführung Derhams Ansicht gelesen, dass nicht nur die Schwierigkeit, Huygens' Objektiv mit 120 Fuß Brennweite auf einen langen, fest im Boden verankerten Pfosten zu montieren, das Zittern der Bilder der Himmelskörper verursachte, sondern »dass auch die Nebel am Horizont das Objekt nicht nur verdunkeln, sondern ebenfalls ein so heftiges Zittern und Tanzen verursachen, dass es ebenso schwierig ist das Objekt klar und deutlich zu beobachten, wie einen in der Hand gehaltenen Gegenstand, wenn man damit tanzt und ihn rückwärts und vorwärts schüttelt«.

Der Hauptzweck dieses Kurses war jedoch sicherlich nicht, Astronomie zu lehren, sondern sich der astronomischen Phänomene als ein Mittel zur Darstellung der Vollkommenheit Gottes und zur Unterweisung der Menschen, in ihrer Lebensweise bescheidener zu sein, zu bedienen. Derham war kein bloßer Kopernikusanhänger, der es wagte, die Heilige Schrift zur Unterstützung dieser inzwischen wohlbezeugten Weltansicht heranzuziehen, sondern er glaubte an das, was er »das Neue System« nannte, in dem Sinne, dass es neben unserem eigenen viele andere bewohnbare Sonnen- und Planetensysteme gebe. Die acht kurzen Bände seines Werkes behandeln das Thema »Die Himmel rühmen die Herrlichkeit Gottes« (Psalm XIX, 1, 2, 3) und bringen nur flüchtig die Entdeckungen von Gelehrten wie Tycho Brahe, Kepler, Bullialdus, Flamsteed, De la Hire, Cassini, Kirch, David Gregory, Huygens, Riccioli, Halley, Newton, Whiston und anderen. Zu seinen Hauptquellen gehörten Lowthorps verkürzte Ausgabe der »Philosophical Transactions of the Royal Society« und Huygens Buch »Cosmotheoros«. Derhams Werk diente in erster Linie als nützliches, heuristisches Hilfsmittel zur Einführung technisch weniger befähigter Studenten in die Feinheiten der astronomischen Kunst.

Den von Mayer über Anwendung astronomischer Instrumente und Beobachtungsmethoden angebotenen Lehrgang für die Wintersemester 1756/57 und

1758/59, der nach Fertigstellung und Einrichtung der Göttinger Sternwarte angekündigt wurde, würde man heutzutage als »Praktikum« bezeichnen und davon bewahrte man wahrscheinlich keine Unterlagen auf. Das mag auch bei dem im Winter 1759/60 abgehaltenen, rein privaten Lehrgang über praktische Astronomie und angewandte Mathematik in Bezug auf den astronomischen Inhalt der Fall gewesen sein.

Vorlesungen über Mechanik

Es ist sehr schwierig, den genauen Ursprung von Mayers Kenntnissen in der Mechanik festzustellen, denn keine seiner veröffentlichten oder unveröffentlichten Schriften enthält einen Hinweis auf die Quellen, derer er sich 1752 bei der Vorbereitung seiner ersten Vorlesungsreihe über dieses Thema bediente. In seinem Atlas hatte er dieses Thema mit einer Tafel über Hydrostatik vorgestellt. Aller Wahrscheinlichkeit nach, weil dieser Aspekt die längste Geschichte hat und auf die Zeit des Archimedes zurückgeht. »Le traité de mouvements des eaux et des autres corps fluides« (Paris 1686), ein Buch von Edme Mariotte, welches Wolff sehr hoch bewertete, enthält Beschreibungen zahlreicher Experimente, die der Autor selbst erdacht hatte, um die Gültigkeit von Archimedes' Lehre zu bestätigen, und der Inhalt dieses Buches wurde durch den nützlichen Kommentar von Johann Christoph Meining in dessen deutscher Übersetzung von 1723 noch wertvoller. Eine eingehendere Behandlung der Hydrostatik – im Gegensatz zur Hydrodynamik – war aber in Francesco Tertio de Lamas Werk »magisterium naturae et artis« (Parma 1692) zu finden. Zu den vielen berühmten Autoren, die zu diesem Thema beigetragen haben, gehören Bernhard Lamy, Jacques Rohault, John Wallis und Isaac Newton.

In Tafel LV seines Atlasses behandelt Mayer vornehmlich die relativen Dichten fester und flüssiger Körper, die er für zwölf verschiedene Substanzen aufzählt und zur Bestimmung der Größe eines Würfels, dessen Gewicht bekannt ist und des Verhältnisses zwischen den Größen von Würfeln, die aus verschiedenen Stoffen hergestellt sind, benutzt. Aus den gemessenen Höhen der Flüssigkeitssäulen in kommunizierenden Glasröhren gegen eine bekannte Menge Quecksilber konnten ihre spezifischen Gewichte bestimmt werden. Die Dichte eines festen Körpers mit bekanntem Volumen, der zuerst in der Luft und dann in einer Flüssigkeit gewogen wurde, konnte unter Anwendung des Archimedischen Prinzips durch Wiegen der von ihm verdrängten Flüssigkeit gefunden werden.

Die auf Tafel LVI erörterte Bewegung eines unter Schwerkraft stehenden Körpers spiegelt die aus dem siebzehnten Jahrhundert überlieferten Grundsätze von Galileo, Huygens und Newton wider und steht in keiner Beziehung zu der metaphysischen Mechanik von Leibniz und Wolff. Galileos Entdeckungen, dass die senkrechte Fallstrecke proportional ist zum Quadrat der Fallzeit und dass die Schwingungsdauer eines einfachen Pendels unabhängig ist vom Schwingungsbogen, aber umgekehrt proportional zur Quadratwurzel der Länge, sind beide angeführt. Es wird auch auf französische Experimente über die Länge eines Sekundenpendels Bezug genommen, deren Ergebnisse mit Newtons Voraussage, dass die Erde an den Polen abgeflacht sei, übereinstimmen. Auch Huygens' Erkenntnis, dass das einfache Pendel nicht genau isochron ist, aber theoretisch so gemacht werden könnte, indem man es zwischen zwei Zykloidenbögen bzw. Durchgängen schwingen lässt, wird erwähnt, ebenso wie sein Gesetz der Zentrifugalkraft – ein entscheidendes Konzept für Newtons rationale Interpretation von Keplers Gesetzen der Planetenbewegung. Mayer richtete sich bei diesen Darstellungen anscheinend mehr nach John Keills als nach Wolffs Lehre.

Eine der wichtigsten praktischen Aufgaben, auf welche die vorangehenden theoretischen Betrachtungen angewandt werden können, war die Projektilbewegung, die das Thema der Tafel LVII bestimmt. Bei Vernachlässigung des Luftwiderstandes ist eine Parabel die ideale Projektilbahn. Mayer entwickelte eine generelle Formel für die parabolische Bewegung, aus welcher er bestimmte, wo ein Projektil landen würde, wenn das Ziel sich unter, auf gleicher Höhe oder über dem der Kanone oder des Gewehrs, womit der Schuss abgefeuert wurde, befindet. Unter Anwendung der mathematischen Maximum-Minimum-Methode leitet er die optimale Bahnkurve ab und stellt fest, dass sie der Bedingung entspricht, dass der Höhenwinkel relativ zum Horizont 45° beträgt. In der generellen Formel liefert die Substitution dieses Wertes die größten Schussweiten. Anschließend stellt Mayer die Formel so um, dass er den zur Erreichung der maximalen Schussweite erforderlichen Höhenwinkel erhält, wenn Entfernung und erhöhte bzw. erniedrigte Lage eines Zieles gegeben sind, was von praktischer Bedeutung für einen Artilleristen sein dürfte. Es wird zwar bezüglich dieser Handhabung auf keine Informationsquelle hingewiesen, aber die Darlegung gleicht der von Edmond Halley in den »Philosophical Transactions« für 1686.

In Tafel LVIII lenkt Mayer seine Aufmerksamkeit auf Maschinen und beginnt mit kurzen Beschreibungen von Hebel, Welle, Rolle, Keil und Schraube, die alle in der Antike bereits bekannt waren. Er führt auch die Konzeption der mechanischen Übertragung an, indem er ein Zahnrad, ein Nockenrad und eine Schnecke illustriert. Auf Tafel LIX wird der Luftdruck behandelt, seine Abhängigkeit von Temperatur- und Feuchtigkeitsschwankungen, also vom Wetter, erklärt und sein Durchschnittswert als äquivalent zu 28 Zoll (= 71 cm) Quecksilber angegeben. Es folgt eine Zeichnung einer Luftpumpe vom gleichen Typ, wie sie Wolff in seinen »Elementen der Aerometrie« beschrieben und illustriert hat. Die letzte Tafel, Tab. LX, enthält kurze Beschreibungen und Zeichnungen hydraulischer Maschinen wie Siphons, die Archimedesschnecke, Saugpumpen, ein Wasserrad, einen Paternoster und eine ähnliche Vorrichtung zur Anhebung von Wasser.

Es gibt keine große Ähnlichkeit in Bezug auf das Darstellungsmaterial zwischen Mayers Tafeln LV–LX in seinem Atlas, dem entsprechenden Teil von Wolffs »Anfangs-Gründen«, oder »Compendium«, und den systematisch aufgebauten Vorlesungen, welche Mayer vom 24. April bis zum 21. September 1752 hielt. Auch zwei frühere Entwürfe der einführenden Kapitel zu diesen Vorlesungen mit dem Titel »Mechanik und Dynamik-Vorlesungen« werfen kein klareres Licht auf die Übergangsperiode 1745–1752 zwischen den bekannten Schriften Mayers über dieses Thema, obwohl ein kurzer, zwischen diesen Entwürfen eingeschobener Abschnitt in Latein anscheinend einer Inspiration Mayers beim Studium der Wolffschen »Elemente der Mechanik« zu verdanken ist. Dieser Abschnitt enthält eine Reihe von neun Definitionen über einen mechanischen Körper: absoluter Raum und Zeit; ein Zeitpunkt; die Position, Bewegung, Bahn und Geschwindigkeit eines Körpers; gleichförmige und veränderliche Bewegung. Mayer entschied sich jedoch klar gegen eine solche Behandlung und begann stattdessen mit der Gliederung seiner Mechanik in vier Teile mit den jeweiligen Titeln Dynamik, Statik, Mechanik und Mechanistik. Teil I behandelt hauptsächlich, wenn auch nicht ausschließlich, die Natur und die Eigenschaften von Kräften. Teil II und III behandeln ihre statischen und dynamischen Auswirkungen, und Teil IV enthält die Anwendungen von Kraft, Gleichgewicht und Impuls sowohl bei festen als auch bei flüssigen Körpern. Die logistische Struktur kann in moderner Terminologie schematisch folgendermaßen ausgedrückt werden:

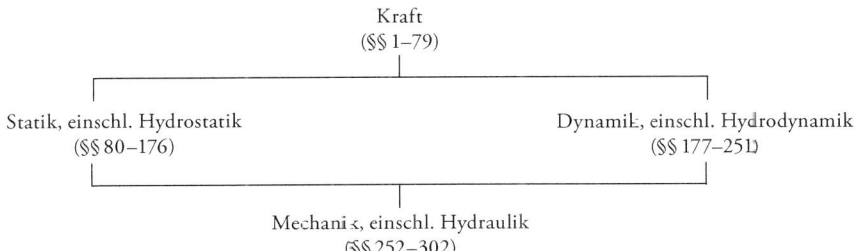

In Übereinstimmung mit Euler, der hierin Newton folgt, stellt Mayer sich vor, dass die Wirkung jeder beliebigen Kraft letztlich in eine externe und eine interne Komponente aufgeteilt werden kann, wobei Erstere Beschleunigung oder Verzögerung hervorruft und Zweitere, die sogenannte Trägheitskraft, dieser Tendenz entgegenwirkt. Beschleunigungskraft (f) ist definiert als das dimensionslose Verhältnis zwischen diesen beiden spezifischen Arten der Kraft. Mayers stillschweigende Voraussetzung, dass bei einem freifallenden Körper $f = 1$ ist, läuft deshalb auf dasselbe hinaus wie die Annahme der Identität von Gravitations- und Trägheitskräften. Im speziellen Fall eines Körpers, der sich gleichmäßig im Kreis bewegt, ist die normale Zentripetalkraft die Trägheitskomponente, weil sie keine

Änderung der Geschwindigkeit, sondern nur der Richtung (Abschnitt 40) bewirkt. Im Allgemeinen aber wird ihre Größe nicht konstant bleiben, sondern sich proportional zum Quadrat der Geschwindigkeit und umgekehrt proportional zum Krümmungsradius ändern.

Bei Anwendung dieser Theorie auf ein praktisches Beispiel in der Artillerie folgert Mayer, dass die Bahnen einer Kanonen- oder Flintenkugel, die sich mit einer konstanten Geschwindigkeit von 1500 Fuß pro Sekunde bewegen (das ist die bei Experimenten angegebene Größenordnung der Anfangsgeschwindigkeit), sich nicht merklich von einem Kreis unterscheiden würden. Die Zahlen in den von ihm aufgestellten Tafeln waren auf der Basis dieser idealisierten Annahme berechnet. Als Folge aus dem Trägheitssatz und Galileis Fallgesetz muss die allgemeine Form der Flugbahn parabolisch sein. Eine spätere Erläuterung im Teil III zeigt, dass Mayer hiervon Kenntnis hatte und auch von der Tatsache, dass man in der Praxis den Einfluss des Luftwiderstands, nämlich eine Verlangsamung der Projektilgeschwindigkeit nicht vernachlässigen darf. Es ist nicht möglich, zu sagen, ob Mayer diese Kenntnis aufgrund seiner Lektüre von Eulers Werk »Neue Grundsätze der Artillerie« (Berlin 1745) oder aus irgendeiner anderen Quelle, beispielsweise dem »De motu gravium naturaliter accelerato« (Florenz 1644) von Torricelli hatte. Es besteht auf alle Fälle eine deutliche Ähnlichkeit zwischen dem Inhalt dieser galileischen Abhandlung und Mayers Handhabung der nichtkreisförmigen Bewegung in Teil III. Außerdem entwickelt und verwendet Mayer in seinen Vorlesungen über Hydrodynamik Torricellis Regel, dass die Geschwindigkeit eines Wasserstrahls, der aus einer kleinen Öffnung eines Reservoirs konstanter Höhe austritt, derjenigen entspricht, die er beim freien Fall aus gleicher Höhe aufgrund der Schwerkraft erreichen würde.

Die frühere Erörterung des Satzes vom Kräfteparallelogramm und des Gleichgewichts der Kräfte bei Hebeln und schiefen Ebenen in Teil II entstammen einer anderen Tradition, welche Simon Stevin mit seinem Pionierwerk »Statik und Hydrostatik« (Leyden 1586) einführte und Blaise Pascal, der französische Mathematiker des 17. Jahrhunderts, inter alia weiterentwickelte. Die Lehre des Schwerpunkts wurde von Lucas Valerius in dessen Werk »De centro gravitas solidorum liber« (Bologna 1661) von ebenen Flächen auf feste Körper erweitert und erstmalig in Pierre Varignons Werk »Projet de la nouvelle mécanique« (Paris 1687) auf das Gleichgewicht von Maschinen angewandt. Zu Mayers Zeit gab es also eine ganze Reihe von Büchern, die ihm als Grundlage für seine zwanzig Vorlesungen über dieses Gebiet der Mechanik gedient haben könnten. Deshalb wäre es unter den gegebenen Umständen unfair, spezifische Quellen seiner Darlegung zu erwägen. Die Anmerkung »vid. Pr. 39 Libr. 1 Newt. Pr. Ph. n.m.«, die nach Abschluss des Manuskriptes geschrieben wurde, bezieht sich auf Isaac Newtons »Philosopia Nauralis Principia Mathematica« (London 1687). Wie aber aus seiner Erörterung über die Bewegung eines Pendels und aus seiner Anwendung der

Kreisbewegung auf die Umlaufbahnen der Planeten und Satelliten in Teil III hervorgeht, verdankte Mayer seine Kenntnisse über Newtons Mechanik eher John Keill als Newton selbst.

In Teil IV schätzt Mayer schließlich die verschiedenen Kräfte ab, welche Menschen, Tiere und jedes der vier aristotelischen Elemente: Erde, Wasser, Luft und Feuer auf Hebel, Kurbel, Schrauben, Flaschenzüge, Wasserräder, Wind- und Tretmühlen ausüben. Er berechnet die durch diese Maschinen geleistete Arbeit und kommt zu dem Schluss, dass die Tretmühle den größten mechanischen Vorteil habe. Dann zitiert er Rechenregeln für die Kräfte der unterschlächtigen und oberschlächtigen Wasserräder. Durch einen Brief Mayers an Euler vom 24. April 1752, demselben Tag, an dem er begann, seine Abhandlung über Mechanik auszuarbeiten, wissen wir, dass sein besonderes Interesse an der Theorie des Wasserrades aus seiner Lektüre von Eulers Werk »De machinarum tam simplicium quam compositarum usu maxime lucroso« stammte und nicht – wie man sonst annehmen könnte – von seinem persönlichen Kontakt mit Professor J. A. von Segner in Göttingen. Mayers weitere Untersuchungen führten ihn zu dem Schluss, dass es eine optimale Geschwindigkeit gibt, bei welcher der Wirkungsgrad am größten sein würde. Die von Mayer aus seiner elementaren Untersuchung über die Auswirkungen dynamischer und statischer Reibung im abschließenden Kapitel seiner Lehre ist, dass die Zahl der beweglichen Teile bei einer Maschine auf ein Minimum beschränkt werden sollte.

Mit diesen öffentlichen Vorlesungen mehr oder weniger gleichen Inhalts, wie die während des Sommers 1759 gehaltenen, bezweckte Mayer, die Studenten in die Grundlagen der Statik und Dynamik fester und flüssiger Körper einzuführen und zu zeigen, wie diese bei der Planung von Maschinen angewandt werden können. Deshalb wurden schwierige Aspekte wie Materialeigenschaften und Stoßfestigkeit vermieden, obwohl Mayers Interesse ihn an Bauarchitektur von Jugend an bereits veranlasst hatte, eine Reihe von Problemen auf diesem Gebiet zu untersuchen. In einem Brief an Euler, der etwa um die gleiche Zeit geschrieben wurde, als er diese Vorlesung zum ersten Mal gehalten hatte, stellt er dennoch drei bestimmte Aufgaben dieser Art, und zwar:

1) Es ist gegeben das Gewicht, welches ein horizontalliegender Balcken tragen kann, wenn er an beiden Enden vollkommen unterstützt ist, und das Gewicht in der Mitte angebracht wird. es fragt sich, wie viel er tragen kann, wenn das Gewicht außer der Mitte an einem jeden andern Orte angehängt wird. Ingleichem, wenn der Balcken schief lieget.
2) Wenn man weiß, wie viel Gewicht ein solcher Balcken in seiner Mitte tagen kann ohne dass er bricht; zu finden wie stark er beschwehrt werden darf, wenn die Last durch seine ganze Länge gleich oder auch ungleich vertheilet ist.

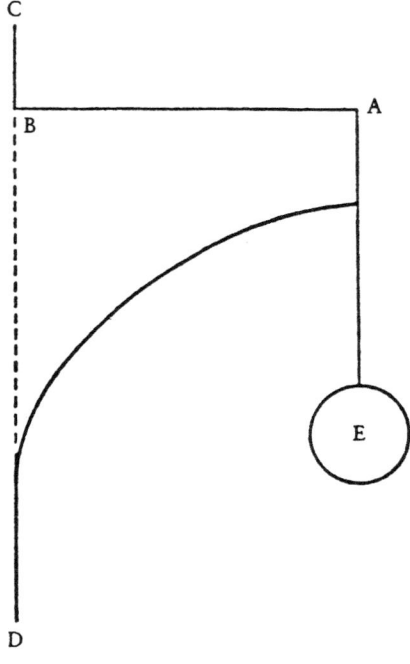

Fig. 13

3) Die Figur eines Kragsteines AB zu finden, welcher in der Mauer CD vollkommen fest lieget und der bey A eine Last E tragen solle; also daß der Kragstein überall durch seine ganze Länge AB gleich stark von dem Brechen verwahrt sey, oder umgekehrt, wenn die Figur des Kragsteins bekannt, zu finden an welchem Orte er brechen muss, wenn das Gewicht E nebst der eigenen Schwere des Steins zu groß ist.

Bei der Lösung dieser Aufgaben ging Mayer von der Regel aus, dass die Stärke eines gleichmäßig dicken Balkens oder Steines sich proportional mit dem Quadrat der Dicke und Breite, aber umgekehrt proportional mit seiner Länge ändert. Er wusste jedoch, dass diese Annahmen mit Pieter van Musschenbroecks und Georges Buffons Experimenten nicht ganz übereinstimmten (siehe Fig. 13).

Mayers Unterricht während der Jahre 1751/52 über Architektonik und 1752/53 über Bauarchitektur beruhte weitgehend auf seinen eigenen künstlerischen Fertigkeiten und auf Wolffs »Elementen der Architektur«. Die Tatsache, dass es unter seinen Göttinger Manuskripten keine Vorlesungsnotizen zu diesem letzten Thema gibt, überrascht kaum, weil Mayers Privatstunden hauptsächlich der Einführung in die Technik projektiven Zeichnens gewidmet waren und vermutlich nur geringen Zulauf seitens der Studenten hatten. Abgesehen vielleicht von Leonhard Sturms Ausgabe Nicholas Goldmanns Buch »Erste Ausübung der vortrefflichen und vollständigen Anweisung zu der Civil-Bau-Kunst« (Braunschweig 1699), in welchem die Schattierungsmethode und auch der Inhalt ähnlich sind, wie in Mayers Atlas, gibt es kaum einen Hinweis dafür, dass er andere Bücher über Architektur gelesen hat. Es muss jedoch nochmals darauf hingewiesen werden, dass Mayers generelle Behandlung und die Vielfalt der auf diesem Gebiet vorhandenen Literatur es unmöglich machen, präzise Quellen anzugeben.

Im Sommer 1757 erteilte Mayer Privatunterricht im Kolorieren von geometrischen Diagrammen, Festungsbauten und architektonischen Entwürfen. Vor dieser Zeit war die einzige seiner Schriften, die eine Beziehung zu diesem Thema hatte, Tafel L seines Atlasses, auf der eine Reihe von Farben durch Mischen der sogenannten Grundfarben, d. h.: Weiß (A), Gelb (E), Rot (I), Blau (O) und Schwarz (U) erzeugt wurden. Die durch das Mischen irgendeines dieser Farbenpaare erzeugten Farbenkombinationen erscheinen in Dreieckform wie folgt:

```
A    E    I    O    U
AE   EI   IO   OU
AI   EO   IU
AO   EU
AU
```

Diese Idee könnte Robert Boyles Buch »Experiments and Considerations touching Colours« (London 1664) entstammen; vornehmlich das 12. Experiment in Teil 3, Seite 220, bei welchem Boyle behauptet, dass verschiedene Mischungen von Weiß, Schwarz, Rot, Blau und Gelb ausreichend seien »zur Nachahmung, wenn auch nicht immer der Pracht, so doch der Farbtöne jener nahezu zahllosen verschiedenen Farben, die in der Natur und den Werken der Kunst zu finden sind«. Aber, so fährt er fort, »es ist nicht meine Absicht, dieses Thema weiter zu verfolgen«.

Mayer befasste sich jedoch nach Beendigung seines Privatlehrganges darüber zwei Jahre lang intensiv mit der Theorie der Farbenmischung. Am 18. November 1758 konnte er schließlich vor seinen Kollegen in der Göttinger Sozietät der Wissenschaften einen öffentlichen Vortrag über dieses Thema halten. Wie in Fig. 14 illustriert, war sein Hauptkonzept, dass die drei Grundfarben Rot, Gelb und Blau die Ecken eines Farbendreiecks bildeten, dessen Seiten in zwölf Teile mit den Farbkombinationen Grün und Rot, Rot und Blau bzw. Blau und Grün in zwölf verschiedene Proportionen unterteilt waren, während die inneren Teile aus Kombinationen aller drei Grundfarben in verschiedenen Proportionen bestanden. Die Zahl Zwölf wurde aus dem einfachen Grund gewählt, weil »sowohl in der Architektur wie auch in der Musik Zahlen größer als Zwölftel nicht ohne weiteres angenommen werden, da kleinere Verhältnisse von den natürlichen Sinnen kaum noch wahrgenommen werden können«. Zwischen jedem Paar der Grundfarben gibt es elf Farbtonabstufungen, d. h. insgesamt 91 klare Farben; weitere unklare Farben fallen zwischen diese Unterteilung. Ein erfahrener Künstler wäre in der Lage, durch bloßes Anschauen den Zusammenhang zwischen den Grundfarben und einer Farbenskala zu erkennen, die sich durch Bedecken jeder der kleinen Fläche des Dreiecks mit den erforderlichen Mengen beigemischter gemahlener, trockener Pigmente ergibt. Mayer selbst war der Ansicht, dass aus Zinnober (d. h. Mennige), Rotblei, Ockergelb und Berliner Blau hergestellte Pigmente jeweils den Kombinationen r^{12}, r^8g^4, $r^4g^6b^2$ und r^1b^{11} entsprachen. Er zeigte, wie aus diesen Farben wieder andere erzeugt werden könnten, indem man sie in verschiedenen Mengen mischt. Durch einen ihm unterlaufenen Fehler in seiner Algebra übersah er offensichtlich, dass nicht alle anderen Farben auf diese Weise erzeugt werden können (Fig. 14).

Ein grundlegender Einwand gegen Mayers Theorie, den Johann Georg Roederer auf einer späteren Versammlung der Göttinger Sozietät der Wissenschaften erhob, war, dass diese auf der subjektiven und sehr fraglichen Beziehung zwischen Farben in Pigmenten und Farbe als ein physiologisches Phänomen beruhte.

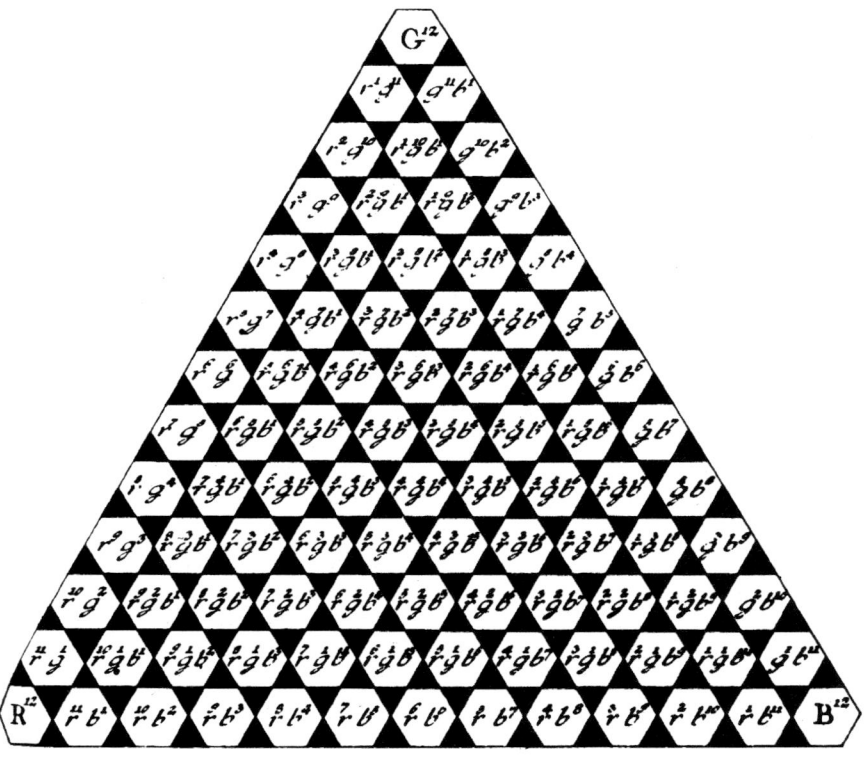

Fig. 14

Mayer selbst mag diese Unterscheidung als ein vages philosophisches Problem mit der Begründung abgetan haben, dass die Frage, ob Weiß eine Farbe sei oder nicht, lediglich auf eine spitzfindige Wortklauberei hinauslaufe. Physikochemiker und Psychologen späterer Generationen haben jedoch diese Probleme sehr ernsthaft untersucht und dabei interessante und wichtige Resultate erzielt. Wenn auch Johann Heinrich Lambert (1728–1777), Philip Otto Runge (1777–1810) und Johann Wolfgang Goethe (1749–1832) zu den bedeutendsten wissenschaftlichen, künstlerischen und literarischen Persönlichkeiten zählen, die sich mit diesem Thema befasst haben, so war doch sein Hauptverfechter zweifellos der in Lettland geborene Wilhelm Ostwald (1853–1932), dessen »Farbenfibel« (Leipzig 1916) oder »Farbenlehrbuch« nicht weniger als fünfzehn Auflagen erreichte. Eine Untersuchung jener Entwicklung liegt außerhalb des Bereiches dieser Biographie, aber auf Mayers eigene Beiträge zu diesem Thema wird in Kapitel 10 bei der Behandlung von Lichtenbergs Ausgabe seiner Vorlesungen vor der Göttinger Soziatät der Wissenschaften noch näher eingegangen. [EA: Es gibt zwei Aufsätze zu Mayers Farbentheorie von Heinwig Lang (1980), siehe Literatur ab 1980.]

Kapitel 6
Die Mondtafeln

Nachdem Mayer sich in Göttingen eingelebt hatte, verlor er keine Zeit und begann einen Briefwechsel mit Leonhard Euler, mit dessen Arbeit er, wie aus Kapitel 2 hervorgeht, sehr vertraut war. Euler wusste aus seiner früheren Korrespondenz mit Franz und Lowitz und durch seine Lektüre der ›Kosmographischen Nachrichten und Sammlungen auf das Jahr 1748« (Nürnberg 1750) bereits gut Bescheid über Mayers bahnbrechende Forschungsarbeiten über Mondkarten, Parallaxe und Libration des Mondes und über Mond- und Sonnenfinsternisse. Er schätzte Mayers Fertigkeit in Kartographie und praktischer Astronomie nicht weniger als Mayer Eulers wichtige theoretische Abhandlungen über Analysis und Mechanik. Daher reagierte er sehr freundlich auf Mayers Vorschlag, über die Bestimmung der Mondparallaxe und die Begründung einer quantitativen Beziehung zwischen astronomischer oder terrestrischer Refraktion und Luftdichte brieflich zu diskutieren, zumal beide Themen ihn zu diesem Zeitpunkt für seine eigene Karriere unmittelbar interessierten. Die einunddreißig bekannten Briefe, die im Laufe der folgenden vier Jahre zwischen ihnen gewechselt wurden, bilden ein wertvolles Quellenmaterial zu diesen Untersuchungen.

In seinem ersten Brief vom 4. Juli 1751 weist Mayer auf die Tatsache hin, dass seine in Nürnberg angestellten Forschungen ihn darauf gebracht hatten, dass astronomische Refraktionsbeobachtungen ein zuverlässigeres Mittel zur Bestimmung der Schallgeschwindigkeit darstellen als die damals übliche Methode, die von Barometerablesungen und Boyles Gesetz ausging. In seiner Antwort vermutet Euler, dass die durch diese Alternativmethoden gewonnenen unterschiedlichen Resultate verstanden würden, wenn man zwischen der Ausbreitung eines einzelnen Schlages und einer Reihe von Impulsen unterscheide, in Übereinstimmung mit seiner »De propagatione pulsuum per medium elasticum« (1750) dargestellten Demonstration, dass die Geschwindigkeit eines Impulses nur von der Dichte und Elastizität der Luft an jedem gegebenen Punkt in dem ätherischen Medium, durch das er geht, abhängt. In einem anderen Artikel mit dem Titel »Conjectura physica de propagatione soni ac luminis« (1750) geht er weiter auf diese Idee ein und macht die sehr richtige und wichtige Bemerkung, dass die Schallgeschwindigkeit durch die Windstärke beeinflusst werden könnte. Dies ist auch der Grund, warum der von ihm vorher in seiner »Nova theoria lucis et colorum« (1746) abgeleitete Wert von 1040 Fuß/Sek. nur als ein grober Näherungswert betrachtet werden kann und warum der Unterschied von 16 % gegenüber dem von Mayer bei seinen Beobachtungen der astronomischen Refraktion gefundenen Wert von 900 Fuß/Sek. unbedeutend ist.

Nach weiteren Verbesserungsversuchen der terrestrischen und astronomischen Refraktionsformel gab Mayer seine Bemühungen vorübergehend auf und überließ es Euler, die im »Berliner Kalender für 1751« beschriebenen Ideen weiterzuentwickeln. Die Hauptschwierigkeit bei seinen vergeblichen Versuchen, eine theoretische Formel für die astronomische Refraktion aufzustellen, war für Euler die Integration der Differentialgleichungen, um zuverlässige Approximationen für den Refraktionsbetrag für alle Einfallswinkel zu erhalten. Selbst Pierre Bouguer (1698–1758) hatte hierbei keinen Erfolg, obwohl er für seine diesbezüglichen Bemühungen 1741 von der Pariser Akademie einen Preis erhalten hatte. Mayer stellte fest, dass er die beste Übereinstimmung zwischen Theorie und Beobachtung erzielen konnte, wenn er davon ausging, dass der Dichtegradient in der Erdatmosphäre linear ist, aber obwohl diese Hypothese den zusätzlichen Vorteil einer möglichen einfachen Integration seiner Grundgleichung gewährte, blieb sie ein »offensichtlicher Widerspruch zur Wirklichkeit«. Mayer fügte seine Refraktionsformel ohne Herleitung dem Brief vom 6. Januar 1752 bei. Sie stimmte mit den ausgiebigen Beobachtungen von Bouguer und von Pierre le Monnier (1715–1799) vortrefflich überein trotz der Tatsache, dass die drei in ihr auftretenden Koeffizienten durch eine Näherungstheorie bestimmt wurden. Nur speziell bei der Horizontalrefraktion und für sehr niedrige Höhen ergaben sich viel zu kleine Werte.

Ermutigt durch Mayers Erfolg widmete Euler sich erneut dieser Aufgabe und entwickelte eine allgemeine Formel, deren Beweis er Mayer am 18. März 1752 mitteilte. Mayer verlor keine Zeit, die Genauigkeit dieser Formel zu prüfen, und stellte fest, dass sie bei Höhen über 23 Grad genau mit den Beobachtungen übereinstimmte. Andererseits ergab sie jedoch unverändert zu niedrige Werte für die Horizontalrefraktion, obwohl der Fehler kleiner war als bei seiner eigenen Formel. Mayers weitere Untersuchungen, den Grund für diese immer noch bestehende Diskrepanz zu finden, blieben erfolglos und so gab er sich damit zufrieden, seine Berechnungen auf Höhen von zwei Grad und mehr zu beschränken, welche er mit seiner eigenen Formel mit hinreichender Genauigkeit darstellen konnte. Er tröstete sich damit, dass selbst die Refraktionstafel im »Berliner Kalender« auf keiner genauen Theorie basierte, sondern offensichtlich den Beobachtungen angeglichen war. Noch während seines Aufenthaltes in Nürnberg hatte Mayer auf einen andern Fall solcher theoretisch ungerechtfertigten Korrektur, d.h. einen Verminderungsfaktor von 1:90 hingewiesen, den man 1749 bei der Berechnung der Halbmesserwerte des Mondes verwendet hatte, um die für die vorangegangenen drei Jahre angegebenen theoretischen Zahlen denen der Beobachtungen anzugleichen. Unabhängig davon hatte er selbst eine Korrektion hergeleitet zum Ausgleich einer Diskrepanz zwischen den Werten des scheinbaren geozentrischen Halbmessers des Mondes, gefunden im »Berliner Kalender«, basierend auf Eulers

Mondtafeln und den entsprechenden Werten, die er aus seinen eigenen Mikrometermessungen hergeleitet hatte.

Die genaue Bestimmung des Mondhalbmessers hing natürlich eng zusammen mit dem Problem der veränderlichen Entfernung des Mondes von der Erde, und Mayer erkannte ganz klar, dass das Fehlen einer genauen Kenntnis der Mondparallaxe ein großes Handicap darstellte. 1750 betrachtete er es in der Tat als das Handicap für die Anwendung von Mondbedeckungen bei dem Problem der Meereslängenbestimmung, weswegen er die genaue Bestimmung dieser Größe so wichtig fand. Er benutzte zwei Methoden zur Bestimmung der Mondparallaxe, erzielte aber unvereinbare Ergebnisse, was ihn vermuten ließ, dass das Gravitationszentrum der Erde nicht genau mit ihrem geometrischen Mittelpunkt übereinstimme. Euler dagegen neigte zu der Annahme, dass die Schwierigkeit an der Zweideutigkeit der Definition des parallaktischen Winkels läge. Er fragte sich, ob dieser Winkel im geometrischen Zentrum des Mondes oder im Zentrum seiner beobachteten Scheibe, also einen Mondradius näher, angenommen werden sollte. Bei der Herleitung der Ergebnisse, welche Mayer in seiner Vorlesung über »In Parallaxin Lunae eiusdemque a terra distantiam inquisitio« am 8. April 1752 vor der Göttinger Sozietät der Wissenschaften erörterte und die im zweiten Band der »Commentarii« veröffentlicht sind, berücksichtigte er quantitativ die sphäroidische Gestalt der Erde. Bisher hatte er bei der Herleitung der Grundgleichungen seiner Mondtheorie diesen Umstand, der nach seinen neuen Erkenntnissen Ungleichheiten in der Bewegung des Mondes verursachen könnte, unberücksichtigt gelassen.

Mayer gestand Euler offen, dass ihm erst nach dem Lesen seiner Abhandlungen über Analysis und Mechanik klar geworden wäre, wie die Theorie der Mondbewegung zu erforschen sei. Er wandte dieselbe Näherungsmethode auf die Mondtheorie an wie Euler in seiner Abhandlung »Recherches sur les irregularités du mouvement de Jupiter et de Saturne« (1748), für die er von der Pariser Akademie einen Preis gewonnen hatte, aber er behielt die mittleren Anomalien bei, statt die wahren exzentrischen Anomalien zu verwenden, wie Euler es getan hatte. Dadurch wurde die Berechnung der Mondbahn vereinfacht, weil die wahre Position der Sonne für die Berechnung des Mondortes nicht benötigt wurde. Bald entdeckte er jedoch, dass mit der von Edmond Halley (1656–1742) vorgeschlagenen Methode für die Berechnung der Mond- und Sonnenfinsternisse, welche auf den Saroszyklus, d. h. 223 synodische Monate – 18 Jahre und 11 ⅓ Tage, aufgebaut war, zuverlässigere Bestimmungen gemacht werden konnten. Deshalb vertrat er künftig die Ansicht, dass eine empirische Näherung zur Bestimmung der Mond- und Sonnenanomalien vorteilhafter sei. Nach seinem Ermessen benötigte man nur fortlaufende Beobachtungsserien der Mondkoordinaten für eine Zeit von 18 Jahren, entsprechend der Umlaufszeit seiner Knoten um die Ekliptik. Dies könnte zur Berechnung von Mondtafeln dienen, die sich dann zur genauen Bestimmung der Position des Mondes für alle Zukunft eigneten. Euler stimmte mit Mayer überein, dass die Benutzung der mittleren Anomalien die Berechnung der Mondabweichungen erleichtern würde, wies aber auf den Nachteil hin, dass durch diese Methode die Formeln für die wahre Mond-Sonnen-Distanz komplizierter würden, was bei diesen Berechnungen ein wichtiger Faktor war.

Mayers Erkenntnis der Notwendigkeit, die sphäroidische Form der Erde zu berücksichtigen, veranlasste ihn zur Berechnung einer großen Zahl neuer Ungleichheiten, von denen er sechzehn möglicherweise für wichtig hielt. Darunter befand sich eine Abweichung, welche Newton auf die Veränderlichkeit in der Exzentrizität der Mondbahn zurückführte und von der Mayer annahm, dass sie einen merklichen Einfluss auf die Bewegung des Mondapogäums haben könnte. Das Problem der theoretischen Deutung des beobachteten Wertes für die mittlere Bewegung des Apogäums, der etwa doppelt so hoch war wie nach Newtons Theorie zu erwarten, hatte Alexis Clairaut in seiner bahnbrechenden Untersuchung »De l'orbite de la lune dans le système de Newton« behandelt, und seitdem arbeitete er an der Lösung dieses Rätsels. Wie Eulers, so war auch Clairauts erste Vermutung, dass das quadratische Abstandsgesetz der Gravitationsanziehung nur als eine Approximation der Wirklichkeit zu betrachten sei, wogegen Mayer mehr dazu neigte, Abweichungen auf die Beobachtungen zurückzuführen, auf denen die Theorie aufgebaut war und die Gültigkeit der angewandten Methode als solche nicht in Frage zu stellen. Bei der vorliegenden speziellen Abweichung stellte sich heraus, dass keine der beiden Ansichten korrekt war, denn Clairauts Forschungen ließen ihn erkennen, dass ihr Vorhandensein einzig und allein an seiner ursprünglichen Vernachlässigung kleiner Terme in seiner Analyse lag. Interessant ist jedoch, darauf hinzuweisen, dass Clairaut wie Euler in erster Linie ein Theoretiker war, während Mayer die Ansicht eines praktischen Astronomen vertrat – ein Unterschied in der Einstellung, der sich für die Entwicklungen der folgenden Jahre als äußerst wichtig erwies.

Dennoch teilte Mayer Eulers Zweifel an der newtonschen – obwohl nicht Newtons – Annahme, dass die Schwerkraft eine wichtige Eigenschaft der Materie und in den Körpern selbst enthalten sei. Er bevorzugte Gerhardt Müllers Ansicht, dass die Gravitation durch den Druck des Äthers entstand. Nachdem er Eulers »Conjectura physica circa propagationem soni ac luminis« (1750) gelesen hatte, fragte er sich, ob die Wirkung der Ätherteilchen infolge der Lichtausbreitung eine Verminderung der Elastizität des Äthers verursachte, welche dieses Phänomen auch beeinflussen könnte. Euler gab zu, dass dies möglich sei, kritisierte aber Müllers Annahme, dass der Äther zwischen zwei Himmelskörpern eine geringere elastische Kraft habe, weil dies im Widerspruch zum Gleichgewichtsprinzip stünde – es sei denn, man setze voraus, der Äther bewege sich.

Eine realere Verbindung zwischen diesen theoretischen Spekulationen und der Mondtheorie ergab sich aus Mayers Versuchen, die Richtigkeit seiner Annahme eines indirekten Einflusses der Sphäroidform der Erde auf die Bewegung des Mondapogäums zu prüfen. Bei diesen Untersuchungen verglich Mayer zeitgenössische Beobachtungen mit solchen, die John Flamsteed (1648–1719) und andere Astronomen im vorhergehenden Jahrhundert gemacht hatten. Er stellte dabei fest, dass die früheren Beobachter einen niedrigeren Wert für diese Größe erhalten hatten als die späteren. Gleichzeitig entdeckte er, dass die mittlere Bewegung des Mondes in Länge langsam aber gleichmäßig zunahm, mit anderen Worten, dass es eine säkulare Beschleunigung in der mittleren Mondbewegung gab. Das Bestehen dieser Beschleunigung, welche Mayer zunächst auf 7", später aber auf 9" pro Jahrhundert festsetzte, war bereits vorher von Edmond Halley entdeckt und von Newton bestätigt worden. Bei Ausdehnung seiner Untersuchungen auf die aus dem Altertum stammenden Beobachtungen von Hipparchus und Ptolemäos stellte Mayer jedoch auch einen Fehler von 1 ¼ Grad in der von Ptolemäos vorgenommenen Berechnung der Zeit eines Äquinoktiums fest und erklärte dadurch ein Phänomen, das Euler gerade einer scheinbaren Säkularbeschleunigung in der mittleren Sonnenbewegung oder einer Verzögerung der Bewegung der Erde durch einen Ätherwiderstand zugeschrieben hatte.

Da diese Begründung, eine Ausarbeitung des § 30 der Mayerschen »Vorlesungen ... über die Geschichte der Sternkunde« (Kapitel 5), zu jener Zeit großes Aufsehen erregte und auch von großer historischer Bedeutung ist, wird hier der vollständige Originaltext wiedergegeben (ER: Der Deutlichkeit wegen sei gesagt, dass Forbes im Folgenden Mayers Brief an Euler vom 22.8.1753 fast komplett zitiert).

> Ew. Wohlgeb. Meynung, dass die Sonnenjahre ungleich seyen, hat mir immer so gründlich geschienen, dass ich nicht davon abgewichen wäre, wenn auch nicht durch eine genauere Untersuchung so wohl der alten Observationen als auch der Richtigkeit der gemeinen Chronologischen Zeit-Ordnung dazu gleichsam wäre gezwungen worden. Es ist erstlich ganz gewiß, dass von der Zeit an, in welche man die Hipparchischen und Ptolemaeischen Observationen setzt, bis jetzt nicht mehr noch weniger Tage verstrichen sind, als man insgemein zu zählen pfleget. Denn obschon in dem Motu Solis die Einschaltung eines Tages nicht merklich ist, und man also um die Ptolemaeischen Aequinoctia mit den anderen so wohl älteren als neueren Observationen zur Übereinstimmung zu bringen, gar leicht einen Fehler in der gemeinen Zeitrechnung supponiren könnte; so streiten doch alle Observationen von Finsternißen und von dem Monde überhaupt völlig wider eine solche Einschaltung. Wir haben von dem Ptolemaeo nicht nur Observationen von Aequinoctiis, sondern auch von Mondsfinsternißen, und man weiß die Anzahl der Tage ganz richtig, die von einem Ptolemaeischen Aequinoctio, z. E von dem, welches er a. c. 132. d. 25 Sept. 2h. nachmitt. observirt zu haben vorgibt, bis auf die

nächstfolgende Mondfinsterniß des Jahrs 133. d. 6 Maii 11 ¼ h p. m. verstrichen sind; folglich kann man, ohne zugleich die Menses synodicos größer zu machen als sie wirklich gehalten werden, keinen Tag zwischen Ptolem. und uns einschalten. Die gemeine Hypothesis würde also von der verbesserten bey den Neu- und Vollmonde zu des Ptolemaei Zeiten um einen Tag differiren; zu unseren Zeiten aber würden beyde Hypotheses miteinander überein stimmen. Daraus folgt ferner, dass diese beyden Hypotheses um die Zeiten der arabischen Astronomorum, welche ungefähr mitten zwischen Ptolem. und unserer Zeit fallen, um einen halben Tag von einander unterschieden seyn müßen; das ist, nach der einen Hypothesi würde eine gewiße Sonnenfinsterniß um diese mittlere Zeiten bey Tage, nach der anderen aber bey Nacht eingefallen seyn. Und da ist denn leicht zu erkennen, welche von beyden der Wahrheit gemäß sey. Diejenige wird es nemlich seyn, nach deren Rechnung die Finsterniße so heraus kommen, wie sie damals von Albategnio und einigen anderen arabischen Astronomis wirklich observirt worden. Dieses leistet aber die gemeine Hypothesis; dahingegen nach der vermeintlich verbeßereten eine gewiße sichtbare Sonnenfinsterniß, diejenige, welche z. E. Albategnius zu Aracta und zugleich ein anderer zu Antiochia observirt haben, um 12 Stunden früher, d. i. bey Nacht müßte gesehen worden seyn. Man mag die Sache angreiffen, wie man will, so kann man unmöglich einen ganzen Tag oder 13° in der Bewegung des Monds verdauen. Ich habe versucht die Tabulas lunares nach der Hypothesi der Einschaltung eines oder zweyer Tage einzurichten, und die 13° oder 26° Differenz in dem Motu medio Lunae einer Acceleration zuschreiben; allein es war mir nicht möglich auch nur die Observationen von den beyden neusten Saeculis damit zu reimen, ohne Fehler von halben oder gar ganzen Stunden zu begehen, bey Finsternißen, die doch auf einige wenige Minuten gewiß observirt worden. Wenn Ew. Wohlgeb. diese Gründe, die ich nur kürzlich berühre, in genauere Erwägung ziehen wollen, so zweifle ich nicht, das Dieselben mich nicht völlig rechtfertigen sollten. Einen Grad Unterschied in dem Motu Solis kann man leichter den Fehlern der alten Observationen zuschreiben, als 13 Grad in dem Motu Lunae. Da also die Zeitrechnung keiner Einschaltung bedarf, so muß man nothwendig schließen, dass die Ptolemaei'schen Aequinoctia wirklich fehlerhaft seyen. Meine Meynung davon ist diese. Ptolemaeus hat seine Tabulas solares bloß auf des Hypparchi Sätze und Observationen gegründet. Dieses erhellet unter andern daraus, weil seine vorgegebene Observationes Aequinoctiorum insgesamt neuer sind als seine Observ. Planetarum. Er hat also die Tabulas Planetarum in Ordnung gebracht, ehe er seine Aequinoctia observirt hatte. Jenes konnte aber nicht geschehen ohne zuvor die Tabb. solares in Richtigkeiten gehabt zu haben. Er entlehnte folglich ohne besondere Untersuchung den motum Solis von dem Hipparcho. Dieser aber setzet die Größe des Sonnenjahrs auf 356^d 5^h 55'..., so groß nemlich, quod probe notandum, als sie nach seinem Cyclo Lunisolari von 76 Jahren ist, und nicht aus wirklichen Observationen. Nach meiner Meynung ist nun dieses Jahr zu groß um ungefähr 6 ½ Minuten welches in den 300 Jahren, die zwischen Hipparcho und Ptolem. verfloßen, beyläufig 1 ¼ Tag oder in Longitudine Solis 1° 15' circ. beträgt. Und just um so viel finden sich die ptolemaeischen Aequinoctia zu spät. Es kann seyn, dass Ptolemaeus diesen Fehler seiner Tabb. Solarium bey seinen Observationibus Aequinoctiorum, welche die allerletzten sind, unter allen seinen übrigen Observationen wahrgenommen; allein weil er bereits sein ganzes Systema darauf gebaut hatte, so hat er vielleicht lieber seine Observationen verwerfen, als sein Systema von vornen an zu verbeßern unternehmen wollen. Damit aber niemand gegen dasselbe Einwürfe machen solle, so gab er die falschen Aequinoctia seiner Tabellen für wahre und observirte aus. Man hat mehrere und neuere Exempel, dass ein Astronomus aus allzu großer Liebe gegen sein Gebäude falsche Observationen fingirt. Von Lansbergio und Ricciolo ist dieses wenigstens gewiß. Wie viel leichter konnte nicht Ptolemaeus in diesen Fehler verfallen, der sich vielleicht nicht einbildete, dass man jemals durch genauere Observationen hinter seinen Betrug werde kommen können. Doch was auf diese Art nur wahrscheinlich gemacht worden, wird durch dasjenige völlig gewiß, was Ptolemaeus von dem Motu fixarum statuirt hat. Aus seinen Observationibus fixarum, die wie gedacht älter sind als seine Aequinoctia, schließt er, die Longitudines derselben seyen vom Hipparcho bis auf seine Zeit, d. i. in 300 Jahren um 3 Grade angewachsen; da doch ganz gewiß ist, dass diese langsame Bewegung in eben der Zeit 4° 13' betrage (denn eine wirkliche, wenigstens so gar sehr ungleiche Veränderung der Aequinoctialpunkten zu statuiren verbieten andere Umstände). Er gibt also den Motum fixarum um 1 ¼ Grad ungefähr zu gering an, nemlich um eben so viel als seine Tabellen in dem Motu Solis fehlen. Dieses mußte nun nothwendig so kommen. Ptolemaeus observirte nach der damaligen alten Art Longitudines fixarum also: er maß bey Tage die Distantiam ☽ a ☉ aus dem loco Solis, welchen er aus seinen Tabellen supponiren mußte, weil er damals seine Aequinoctia noch nicht observirt hatte, aus diesen sage ich und der observirten Distantia ☽ a ☉ bestimmte er die Longitudinem Lunae, die folglich auch um 1 ¼° zu gering herauskam. Die darauf folgende Nacht maß er die Distantiam Lunae et fixae und fand daraus auf vorige Weise die Longitudinem fixae. Er brachte also auch diese um 1 ¼° zu klein heraus. Er verglich sie nun mit Hipparchi Observation., und fand nothwendig keinen größeren Unterschied als 3°. Da er hingegen 4 ¼° oder die wahre größe gefunden haben würde, wenn nicht seine Tabellen oder auch seine Aequinoctia die mit solchen harmoniren, in dem loco Solis immer 1 ¼° zu wenig gegeben hätten. Dieser Umstand zeiget zur Genüge, dass den Observationen des Ptolemaei von den Aequinoctiis kein Glauben beyzumessen sey.

Durch diese Argumentation zeigte Mayer Euler die Irrelevanz der Ätherhypothese zur Erklärung der Diskrepanzen zwischen Theorie und Beobachtung der Sonnenbewegung.

Mayers Untersuchungen der Länge des tropischen Jahres führten ihn zu der Überzeugung, dass die Beobachtungen die Annahme einer allmählichen Abnahme der Exzentrizität der Erdbahn rechtfertigen, und er erkannte, dass dadurch aufgrund der gemeinsamen Anziehung von Jupiter und Venus eventuell eine Retardation in der Erdbewegung entstehen könnte – genauso wie Euler gezeigt hatte, dass die beobachtete Retardation in der Bewegung des Saturn mit der Abnahme seiner Bahnexzentrizität verknüpft ist. Der Planet Mars erwies sich als ein noch besseres Beispiel zur Untersuchung der Auswirkungen von Planetenstörungen, ein Phänomen, das Mayer bei der Entwicklung seiner Mondtheorie unberücksichtigt gelassen hatte. Mars befindet sich nämlich erstens noch näher am massiven Jupiter als die Erde und zweitens, seine Bahn ist ellipsenförmiger als die der Erde. So begann Mayer 1754, die Ungleichheiten in der Marsbewegung zu berechnen, und in seiner »Theoria motus Martis ex principio attractionis Newtonianae deducta« unterscheidet er jeweils zwischen den Einflüssen Jupiters und denen der Erde auf die Marsbahn. Mayer fand neun auf Jupiter zurückzuführende Ungleichheiten. Von diesen sind aber nur vier erwähnenswert, und diese verursachen lediglich langfristige periodische Veränderungen in der Neigung der Marsbahn, d. h. in der ekliptikalen Breite dieses Planeten. Dagegen erwiesen sich die Auswirkungen der Erdanziehung als viel stärker; sie verursachten innerhalb von sechzig Jahren ein Netto-Vorrücken des Marsaphels von 19'18". Bei genauer Berücksichtigung der verschiedenen Effekte stimmten jedoch Theorie und Beobachtung nur bis auf ½ Bogenminute überein, wie es nun auch beim Mond der Fall war. Die nach diesen Berechnungen aufgestellten Quarttafeln, die verschiedene Ungleichheiten in der Marsbewegung enthalten, befinden sich im Mayer-Nachlass.

Mayer wusste jetzt, dass es keinen Beweis für eine nennenswerte säkulare Beschleunigung der Jahreslänge gab, wie sie Jacques Cassinis Untersuchungsergebnisse in seinem Werk »Eléments d'Astronomie« (Paris 1740) vermuten ließen. Die Tatsache, dass eine Verzögerung in der Erdbewegung nie beobachtet wurde, wäre durch die Annahme zu erklären, dass ein solcher Effekt zwar bestand, aber durch den Widerstand des hypothetischen Äthers, der gleichzeitig die merkliche Beschleunigung in der Mondbewegung verursachte, genau kompensiert wurde. Mayer neigte jedoch mehr zu der Ansicht, dass die verbleibenden Mondungleichheiten, die er anhand seiner Theorie ohne allzu große Schwierigkeiten bestimmen konnte, vom Einfluss der veränderlichen Schwerkraftanziehung der Sonne stammten, und obwohl er nicht in der Lage war, die theoretischen Beziehungen für diese Behauptung herzuleiten, genügten seine Argumente, um Euler davon zu überzeugen, dass seine eigene Lehre über die säkulare Beschleunigung der Sonne falsch sei. Trotzdem bestand Euler weiterhin darauf, dass die beobachtete säkulare Beschleunigung der mittleren Mondbewegung durch eine periodische Ungleichheit mit einer Periode von vielen Jahrhunderten verursacht sein könnte. Der Äther schien jedoch zur Erklärung der Diskrepanzen zwischen Theorie und Beobachtungen der Mondbewegung fortan nicht mehr nötig zu sein.

In der Zwischenzeit fühlte sich Clairaut durch Erfolg bei der theoretischen Berechnung der beobachteten mittleren Bewegung des Mondapogäums dazu ermutigt, 1751 an dem von der St. Petersburger Akademie der Wissenschaften ausgeschriebenen Wettbewerb teilzunehmen. Die gestellte Aufgabe war:

> Zu zeigen, ob alle bei der Mondbewegung beobachteten Ungleichheiten mit Newtons Theorie übereinstimmen – und wenn nicht, die richtige alle diese Ungleichheiten verursachende Theorie zu finden, so dass die genaue Position des Mondes mit Hilfe dieser Theorie für jede Zeit berechnet werden kann.

Der Titel seiner Abhandlung »Théorie de la lune déduite d'un seul principe de l'attraction réciproquement proportionelle aux quarrés des distances« zeigt, dass Clairaut Newtons Hypothese als hinreichende Grundlage für die Erklärung der beobachteten Mondbewegung annimmt. Euler, dessen eigene gründliche Überprüfung der Mondtheorie ihn unabhängig zum selben Schluss geführt hatte, akzeptierte Clairauts Beweisführung ohne Zögern, und als offizieller Preisrichter dieses Wettbewerbs empfahl er diesen Aufsatz an erster Stelle für die Auszeichnung, welche die St. Petersburger Akademie der Wissenschaften ihm dann auch zuerkannte. 1752 bewirkte Euler auch die Veröffentlichung dieses Preisaufsatzes auf Kosten der Berliner Akademie.

Clairaut benutzte für seine Theorie ein Polarkoordinatensystem, in das er Störungsterme einführte, wobei er die mittlere Anomalie des gestörten Körpers (also hier des Mondes) als unabhängige Variable verwendete. Diese Methode hatte jedoch den Nachteil, dass komplizierte Ausdrücke entstanden und mühsame Konvergenzuntersuchungen der Gleichungen für die störende Kraft erforderlich waren. Andererseits erreichte man eine konvergente Entwicklung für die wahre Mondanomalie, indem man in erster Näherung die Werte der beobachteten Mondbahnexzentrizität und die Bewegung seiner Apsiden-Linie in die Gleichung einer variablen Ellipse einsetzte. Die Hauptschwierigkeit ergab sich aus den kleinen Divisionsfaktoren bei der Integration, die große Koeffizienten in den Störungsgliedern bewirkte und je nach dem Verhältnis der mittleren Bewegungen der störenden und gestörten Körper, nämlich der Sonne bzw. des Mondes, säkulare Gleichungen ergaben. Clairaut benutzte zur Bestimmung der Variationen des Knotens und der Nutation Newtons Methode. Er verglich seine theoretischen Voraussagen der Positionen des Mondes mit 99 Beobachtungen, verteilt über eine Periode von etwa 10 Jahren, entnommen aus den Katalogen von Jacques Cassini (1677–1756) und Jean Dominique Maraldi (1709–1788), und reduziert von Abbé

Nicolas de la Caille (1713–1762). Die Ergebnisse waren jedoch leider wenig zufriedenstellend, denn die ekliptikalen Längen differierten zwischen +6 und −5 ½ Bogenminuten mit einem Mittelwert von über 2', während die entsprechenden Breiten von +2' bis −3' im Mittel um 45" abwichen. Das 1754 in Paris erschienene Werk »Théorie de la lune« von Jean d'Alembert besaß einen ähnlichen Grad an Zuverlässigkeit, trotz der Verbesserung, dass hier die Bewegung der Mondapsiden theoretisch hergeleitet wurde, anstatt sie als ein (überflüssiges) Beobachtungselement zu betrachten.

Eulers eigene »Theoria motuum Lunae« (St. Petersburg 1753) unterscheidet sich grundlegend von Clairauts Theorie, indem sie auf ein kartesisches Koordinatensystem aufgebaut ist. Die Änderungen in den Polarkoordinaten und die Störungen in den Knoten sowie der Nutation sind dabei rein analytisch aus den drei Gleichungen für die zueinander senkrechten Komponenten der beschleunigenden Kraft hergeleitet worden. Er führte ein Glied zweiter Ordnung in Newtons Schwerkraftgesetz ein, stellte aber fest, dass dieses vernachlässigbar sei; deshalb unterstützte er auch Clairauts Folgerung. Er vereinfachte das Integrationsproblem durch die Entwicklung einer Methode, bei der die sechs Bahnelemente als variabel angenommen wurden, und unter Verwendung von sechs Differentialgleichungen erster Ordnung statt drei Gleichungen zweiter Ordnung. Ein von ihm eingeführtes Koordinatensystem, das mit der mittleren Geschwindigkeit des Mondes rotiert, hatte den Vorteil, dass die Koordinaten selbst klein sind im Vergleich zu den Störungen. In diesem Zusammenhang führte er auch eine Methode unbestimmter Koeffizienten ein, die sich später für den berühmten französischen Mathematiker Joseph Louis de Lagrange (1736–1813) als ein wichtiges analytisches Werkzeug bei seiner Untersuchung der Stabilität des Sonnensystems erwies. Die Unzulänglichkeit der Theorie Eulers lag in ihrer Nichtbeachtung der säkularen Beschleunigung der mittleren Mondbewegung, der Abweichungen sowohl des Mondes als auch der Erde von der Kugelgestalt und der planetarischen Störungen vor allem von der Venus. Deshalb ergaben sich bei den Vorausberechnungen Fehler von etwa +/− 5'.

Mayers »Novae tabulae motuum solis et lunae« (1753), welche das Ergebnis seiner diesbezüglichen Untersuchungen darstellten, erschienen in den Göttinger »Commentarii« etwa zur gleichen Zeit (gedruckt) wie Eulers Mondtheorie. Leider erklärte Mayer in seiner Veröffentlichung nicht, wie er zu seinen Formeln gelangt war oder welche Integrationsmethode er angewandt hatte, sondern behauptete lediglich, dass sie bis auf 2' genau seien, also merklich besser, als was Clairaut und Euler unabhängig voneinander erreicht hatten. Darum begegneten einige theoretische Astronomen, darunter Jean d'Alembert, Mayers Errungenschaft mit Skepsis. Eine löbliche Ausnahme bildete jedoch Euler, der Mayers Mondtafeln »als das größte Meisterwerk der theoretischen Astronomie« bezeichnete und der Ansicht war, dass er »alles getan hätte, was vom praktischen Standpunkt her überhaupt zu wünschen ist«. Es waren Empfehlungen dieser Art von solch hoher Autorität, die zuerst das Interesse englischer Astronomen an diesen Tafeln weckten. Zu ihnen zählte ein gewisser B. J. (identifiziert als John Bevis), der für die 1754er Augustausgabe des »Gentleman's Magazines« eine detaillierte Zusammenfassung von Mayers eigener Darstellung darüber schrieb, wovon der folgende Text ein Auszug ist:

»Nach seinen Tafeln ist die Bewegung der Mondlänge durch 13 Gleichungen zu korrigieren. Die größten Korrektionen enthalten die Gleichungen XI, XII und XIII, von denen fast alle restlichen abhängen. Gleichung XI, die Zentrumsgleichung, wie sie üblicherweise genannt wird, stammt von der Exzentrizität der Mondbahn und befolgt Keplers Gesetz. Sie kann aber nur durch direkte Beobachtungen bestimmt werden und ist die einzige, die nicht von der Sonne beeinflusst wird.

Gleichung XII ergibt sich aus dem Zusammenwirken vom Einfluss der Sonne auf den Mond und der Exzentrizität und würde verschwinden, wenn entweder die Sonnenwirkung aufhörte oder die Mondbahn ein Kreis wäre. Dies oder etwas Ähnliches nennt Ismael Bullialdus »Evektion«. Sie würde ebenfalls Keplers Gesetz genau befolgen, aber aus zwei Gründen ist sie variabel:
1. Die sich ändernde Entfernung der Sonne von der Erde.
2. Die sich ändernde Entfernung des Mondes von der Erde.

Die Tafeln geben die mittlere Größe und alles, was sich ändert, wird berücksichtigt in den Gleichungen IV, V und X und zum Teil in Gleichung XIII.

Durch die genannten Gleichungen XI und XII werden dieselben Ungleichheiten berücksichtigt, die Sir Isaac Newton und seine Nachfolger auf eine variable Exzentrizität der Mondbahn und eine ungleiche Bewegung der Apside zurückführen. Und obwohl diese Methode, wie er zeigt, der Theorie genau folgt, ist sie dennoch schwieriger und in der Form für Berechnungen ungeeignet. Deshalb ist nach seiner Meinung die Astronomie Euler sehr verpflichtet, der zuerst eine konstante Zentrumsgleichung zusammen mit der Evektion einsetzte, statt einer variablen Exzentrizität. Dadurch machte er die sonst äußerst komplizierte Mondtheorie sehr viel straffer.

Die Gleichung XIII, die Tycho zuerst entdeckte und Variatio nannte, bezeichnen einige, darunter Ismael Bullialdus (1605–1694), Reflexion. Nach der Theorie ist diese Größe offenbar nur von der Kraft der Sonne bestimmt; sie würde auch erhalten bleiben, wenn Erd- und Mondbahn überhaupt keine Exzentrizität besäßen. Ein Teil davon hängt von der Größe der Sonnenparallaxe ab, die er zu 11 ½" angenommen hat, vielleicht weit entfernt vom wahren Wert, wie er meint. Man kann beobachten, dass der mittlere Wert dieser Gleichung (denn, wie die vorherige, variiert sie je nach unterschiedlicher Entfernung der Sonne von der Erde und des Mondes von der Erde) genau die Hälfte der Evektion ist. Dies, so glaubt er, sei nicht ganz dem Zufall zuzuschreiben, auch wenn es nach der Theorie nicht absolut notwendig zu sein scheint. Ihre Variationen mit der unterschiedlichen Sonnenentfernung sind in den kleinen Gleichungen II und III enthalten, und die Abhängigkeit von den ungleichen Mondentfernungen von der Erde in Gleichung VI und teilweise in Gleichung XII.

Die Gleichung I der Mondlänge entsteht durch die Kraft der Sonne in Verbindung mit der Exzentrizität der Erdbahn, denn wären diese beiden nicht da, würde sie verschwinden. Ihrer Natur nach beschleunigt sie die Mondbewegung, wenn die Sonne im Apogäum steht, und verlangsamt sie in ihrem Perigäum. Man hat ihr seit Beginn des letzten Jahrhunderts verschiedene Namen gegeben, aber ihre wahre Größe, die die Theorie in gewisser Weise offen lässt, hat er laut seiner Aussage aus einer Vielzahl von Beobachtungen bestimmt.

Da diese Größe entsprechend der verschiedenen Mondentfernungen von der Erde variabel ist (auch wenn nach seiner Aussage niemand bisher davon Kenntnis genommen hat), war es nötig die kleine Gleichung VIII einzufügen, obwohl sie allein die Ungleichheit nicht ganz zufriedenstellend erfasst. Der Rest wird auf einzigartige Weise berücksichtigt durch die Gleichung, die für die mittlere Anomalie angewendet wird. Sie erfasst auch die ungleiche Bewegung des Apogäums, insofern sie mit der unterschiedlichen Entfernung der Sonne von der Erde variiert.

Es bleiben die Gleichungen VII und IX: Er betont, dass es schwierig sei, sie ohne Rechnung in Worten zu erklären. Daher beschränkt er sich darauf hinzuweisen, dass sie die Folge der Neigung der Mondbahn zur Ekliptik seien. Aus diesem Grund wirkt sich die Sonnenkraft zeitweise schief auf die Bahn des Mondes aus und stört seine Längenbewegung dadurch ein wenig. Außerdem bewirkt die Exzentrizität seiner Bahn, dass die Kraft stärker wirkt in der Nähe des Apogäums und schwächer im Perigäum.

Ergänzend sagt er, dass außer den bereits erwähnten die Längenbewegung des Mondes noch von verschiedenen anderen Ungleichheiten beeinflusst wird. Aber diese zum Teil in den obigen Gleichungen berücksichtigt sind und zum Teil in der Gleichung für die mittlere Anomalie. Der Rest ist so klein, dass er meint, sie ganz vernachlässigen zu können.

Die Reduktion zur Ekliptik, die man Längengleichung XIV nennen könnte, macht er konstant, obwohl die Bahnneigung, durch die sie entsteht, dies nicht ist. Wenn jedoch, was beachtenswert ist, die Variation oder die Gleichung XIII, wie das in seinen Tafeln geschah, um eine bestimmte, kleine Größe herabgesetzt wird, erreicht man dasselbe Resultat und mit weniger Anstrengung, als wenn man die Reduktion als variabel angenommen hätte. Er erwähnt dies, um jeden Verdacht eines Fehlers in seiner Rechnung zu vermeiden. Für die Mondbreite hat er zwei Tabellen aufgestellt; eine, um ihre mittlere Größe unabhängig von der Wirkung der Sonne zu zeigen, die andere für ihre Variation infolge dieser Kraft. Ergänzend erklärt er, dass diese sekundäre Breite, wie man sie nennen könnte, vielleicht manchmal eher der Wirklichkeit entspräche, wenn sie der reziproken 3. Potenz der Entfernung Sonne – Erde proportional gemacht würde: Aber er ist der Ansicht, dass es noch mehr, bisher nicht entdeckte Unregelmäßigkeiten in der Mondbreite gibt. Diese sowie verschiedene andere, noch in der Theorie verborgene Korrekturen, sind nutzlos, bevor nicht genauere Breiten-Beobachtungen vorliegen und anhand der wahren Parallaxe in diesen Tafeln sorgfältig korrigiert werden können. Solange solche Beobachtungen fehlen, möchte er gegenwärtig nicht vortäuschen, dass seine Breitetafeln eine höhere Genauigkeit erreichen als eine Bogenminute. Bei Finsternissen hingegen verspricht er, dass der Fehler je kaum mehr als 20 Sekunden betragen wird. Er betont, dass die Berechnungsmethode der Breite nach diesen Tafeln so klar und einfach ist und sich von allen übrigen, bisher bekannten unterscheidet wie ein erster Versuch zeigt.

Er versichert, keine Mühe gespart zu haben, die mittleren Bewegungen des Mondes zu bestimmen und zwar durch Untersuchung der ältesten babylonischen Finsternis-Beobachtungen sowie derjenigen von Hipparch und Ptolemäus, die er zu ungenau fand, um sie selbst für jeden noch akzeptablen Erfolg durch Tafeln darstellen zu können. Das wundert einen nicht, denn im Altertum nahm man es nicht sehr genau mit der Zeitbestimmung innerhalb einer drittel oder einer halben Stunde. Darüber hinaus, fährt er fort, gibt es nicht wenige Gründe zu vermuten, dass Ptolemäus von dem diese Finsternisse stammen, sich unverantwortliche Freiheiten nahm die Zeiten einiger von ihnen zu ändern, damit sie mit seinen Zahlen übereinstimmten. Über diese Tatsache brachte Bullialdus einige scharfsinnige Abschnitte in seinem Astr. Philolac. lib. iii, cap. vii. Deshalb hofft er, dass man keinen Einwand erheben wird, wenn in seinen Tafeln eine oder zwei dieser Finsternisse mehr als eine halbe Stunde falsch dargestellt sind.

Dennoch denkt er, dass trotz der Ungenauigkeit der Alten und der Unehrlichkeit des Ptolemäus alle diese Beobachtungen zum Beweis beitragen, dass die Mondbewegung früher merklich langsamer war, als man sie in diesem Jahrhundert gefunden hat. Dr. Halley und andere haben eine solche Beschleunigung beobachtet, aber niemand hat bisher die genaue Größe bestimmt. Er berichtet, dass er zu dieser Bestimmung die dazwischenliegenden Beobachtungen zwischen denen von Ptolemäus und unseren eigenen sorgfältig abgewogen hat, etwa die von Albategnius und anderen arabischen Astronomen. Darunter fand er zwei Sonnenfinsternisse so umständlich durch beobachtete Sonnenhöhen am Anfang und Ende dargestellt, dass sie für diesen Zweck wirklich wertlos waren. Deshalb zitiert er sie aus den Vorbemerkungen zu Tychos Historia Caelestis, wo sie von seinem Herausgeber Curtius aus einer Kopie von Schickard eingesetzt waren, die von Gelius stammen soll, der sie nach Europa brachte.

Diesen Angaben ist hinzugefügt, dass sie von Jbn Junis in der Nähe von Kairo stammen; die erste im Jahr 977 am 13. Dezember nach dem Julianischen Kalender, begann nach Mayer um 8h 24m 24s und endete um 10h 43m 44s morgens; die zweite am 8. Juni 978 begann um 2h 30m 16s und endete um 4h 50m 24s nachmittags. Er stellt fest, dass seine Tafeln mit diesen Beobachtungen, vor allem der Finsternis-Enden, innerhalb von ein oder zwei Zeitminuten übereinstimmen, wohingegen alle anderen sie fast eine halbe Stunde früher angeben. Ein unverkennbares Zeichen, fährt er fort, dass der Mond sich jetzt schneller bewegt als damals, und dass die Größe der Beschleunigung in diesen, seinen Tafeln gut eingegrenzt ist.

Außerdem ist die Beschleunigung der Mondbewegung nicht übermäßig klein, wenn man sie allein aus Beobachtungen dieses und des letzten Jahrhunderts eindeutig nachweisen kann. Er fand für die mittlere Mondbewegung in 60 Jahren den Wert 1^s 10° 43' 24". Dagegen ist sie in anderen Tafeln, worin die mittleren Bewegungen der ältesten gesammelten Beobachtungen mit den modernen verglichen sind, 1^s 10° 41' 10" oder höchstens 1^s 10° 42' 15". Wir besitzen eine große Zahl von Finsternisbeobachtungen, die mit jeder erforderlichen Genauigkeit vor mehr als 60 Jahren gemacht wurden. Fast alle davon hat er geprüft, ohne eine zu finden, die bei den Tafeln mit dieser schnelleren Bewegung einen größeren Fehler als eine Minute in Länge aufweist. Ein solcher Fehler würde jedoch manchmal 3 Minuten betragen, hätte er die übliche Größe der mittleren Bewegung beibehalten. Ich wählte, bemerkt er, eine besondere Art des Vorgehens, um die genaue Größe dieser Bewegung zu bestimmen, trotz der möglicherweise vorhandenen Unvollkommenheit meiner Tafeln. Ich wählte Finsternisse im Abstand einer Chaldäer-Periode, d.h. nach 223 Mondumläufen, oder noch besser, nach mehreren solchen äquidistanten Perioden. In diesen Intervallen müssen die Fehler der Tafeln fast nahezu gleich sein, weil die meisten Mondanomalien in diesem Zeitraum ausgeglichen sind. Wenn daher bekannt ist, um wieviel die Tafeln an Anfang einer Periode von der Beobachtung abweichen, ist gleicherweise bekannt, wie groß ihr Fehler nach einer oder mehreren Perioden sein sollte. Wenn die Abweichungen ungleich sind, ist das ein Zeichen, dass die mittlere Bewegung um eine Größe zu korrigieren ist, die sie gleich macht. Auf diese Weise prüfte er nicht nur eine oder zwei, sondern mehrere Zyklen und erklärte, er könne versichern, dass sich unter den im Laufe dieses und des vergangenen Jahrhunderts beobachteten Finsternissen sehr wenige befänden, die seiner Prüfung entgangen wären.

Ebenso verglich er viele der etwas älteren Daten, die Tycho, Walther und Regiomantunus [sic!] sowohl innerhalb als auch außerhalb der Syzygien beobachtet hatten mit seinen Tafeln, und erklärt, dass er sie übereinstimmend fand, soweit das aufgrund der wenig akkuraten Beobachtungsmethoden jener Zeit erwartet werden kann.

Über seine Sonnentafeln erklärt er, dass er kein Element übernommen hat, bevor er nicht durch Beobachtungen von ihrer Zuverlässigkeit zufriedengestellt sei, auch wenn andere ihm nur wenig Raum zur weiteren Verbesserung gelassen hätten. So hat er Herrn Flamsteeds Bewegung des Apogäums beibehalten, weil sie auch mit den Beobachtungen des Hipparchus und Albategnius übereinstimmt. Die Größe des tropischen Jahres ließ er konstant, und zwar wegen der übereinstimmenden Beobachtungen von Hipparchus, Albategnius, Walther und wirklich jedem anderen, außer Ptolemäus. Er glaubt, dass dessen Äquinoktium kaum vom Himmel [d.h. durch Beobachtungen] hergeleitet, sondern seinen Tafeln und der Größe des Sonnenjahres angepasst war, das er von Hipparchus übernommen hatte. Er beabsichtigt hierauf, an anderer Stelle noch ausführlicher einzugehen. Und er ist auch aus guten Gründen davon überzeugt, dass der chronologische Zeitablauf vom Ptolemäus zu uns keine Störung durch das Ausfallen von einem oder zwei Tagen erlitten hat. Schließlich sagt er, dass er die mittlere Größe der scheinbaren Bewegung der Fixsterne oder die Präzession des Äquinoktiums hauptsächlich aus den von Timocharis beobachteten Berührungen des Mondes mit den Fixsternen hergeleitet hat. Er hält das für einen sichereren Weg, als wenn er die Sternlängen des Hipparchus für den gleichen Zweck benutzt hätte.«

Bevis hegte Bedenken bezüglich der Genauigkeit von Tycho Brahes Angaben für die Sonnenhöhe während der besagten Sonnenfinsternis, die ein arabischer Astronom am 8. Juni 978 v. Chr. beobachtet hatte, und er war nicht bereit zu akzeptieren, dass Mayers Mondtheorie so zuverlässig war wie dieser behauptete. Dennoch konnte, wie Mayer am Schluss seiner Einführung zu seinen Mondtafeln erwähnt hatte, die Genauigkeit der Mondbeobachtungen jetzt kaum mehr die Genauigkeit der Theorie erreichen. Eine Behauptung, die erfahrene Navigationsautoren wie Robert Heath, der in seiner »Astronomia accurata... the seaman's ready computer« (London 1760) ermutigte, diese Tafeln als Grundlage für die Bestimmung der Länge zur See zu benutzen. Die anschließend von Mayer selbst angestellten Vergleiche mit einer fortlaufenden Serie von 139 Mondpositionen, die Bradley selbst zwischen 1743–45 in Greenwich beobachtet hatte und über Euler und Christoph Schumacher vermittelt wurden, bestätigten dies. Außerdem stimmten ähnliche Beobachtungen von Richard Dunthorne (1711–1775) auch bis auf 1 Bogenminute mit Mayers Angaben überein. Beim Vergleich mit früheren Beobachtungen von John Flamsteed wiesen sie dagegen oft Unterschiede von zwischen 3' und 4' auf. Ein unabhängiger Beweis für die außerordentliche Genauigkeit seiner Theorie – zumindest bezüglich des besonderen Falls der Mondkonjunktionen und Oppositionen mit der Sonne – bestand darin, dass ihre Abweichungen bei den Mondpositionen, die sich aus einer systematischen Untersuchung der Mond- und Sonnenfinsternisse beobachtet nach der Erfindung des astronomischen Fernrohrs und der Pendeluhr ergaben, niemals 1' 10" überschritten. Nach Mayers Ansicht konnten diese Diskrepanzen weitgehend durch die Variation der Exzentrizität der Erdbahn verursacht sein. Bradleys Beobachtungen und ein nach ihren Saroszyklen angeordneter Katalog der Mondfinsternisse gehören zum Anhang von Mayers »Tabularium lunarium in commentt. S. R. Tom. II contentarum usu in investiganda longitudine maris« (1754). Darin wird auf die Nützlichkeit dieser Tafeln als Grundlage für die Bestimmung der Länge auf See hingewiesen. Eine Abweichung von 1' bei der Mondposition im Himmel entspricht etwa einem Fehler von ½ Grad oder 30 Seemeilen in der geographischen Länge, und das war zuverlässig genug für die Zwecke des Seeverkehrs.

Als Resultat seiner Erwägungen der beiden unabhängigen Beobachtungsmittel zur Genauigkeitsprüfung der Mondtheorie, nämlich der Mondbedeckungen und der Mond- sowie Sonnenfinsternisse, erkannte Mayer gegen Ende 1753 die fundamentale Tatsache, dass eine der Ursachen für die Abweichungen von 5' und mehr bei den Mondtheorien von Clairaut, Euler und d'Alembert der Fehler in den beobachteten Sternpositionen war, der sich in den beobachteten Koordinaten des Mondes widerspiegelte. Solche Fehler würden sich nicht auf die Werte der Koeffizienten in den Mondungleichungen auswirken, wohl aber auf den Wert der mittleren Mondbewegung, der aus dem gemessenen Zeitintervall zwischen dem Verschwinden und dem Wiedererscheinen des Sternes hinter der Mondscheibe hergeleitet wurde und mit Hilfe von Sonnenfinsternisbeobachtungen leicht korrigiert werden konnte. Mayer arbeitete nach diesem Prinzip und benutzte seine eigenen Bedeckungsbeobachtungen der hellen Sterne Aldebaran, Spica, Regulus, Antares, des Siebengestirns usw., um über hundert Werte der Mondlänge mit einer Genauigkeit von 5" bis 10" zu berechnen. Es war ihm auch gelungen, die innere Genauigkeit seiner Tafeln durch Berücksichtigung einer größeren Zahl von Gliedern in der unendlichen Reihe zu verdoppeln, so dass er jetzt die Zuverlässigkeit der theoretischen Basis dieser Tafeln beurteilen konnte. Kontrollrechnungen, bei denen er diese Resultate zur Herleitung anderer Sternpositionen benutzte, zeigten Fehler in zeitgenössischen Sternkatalogen, die bei Nichtbeachtung scheinbare Fehler von mehreren Bogenminuten in den Mondkoordinaten ergäben hätten, wenn diese direkt aus Beobachtungen dieser Sternbedeckungen abgeleitet wären. Die gleichen Fehler hatten bewirkt, dass tüchtige Astronomen wie Pierre le Monnier (1715–99) glaubten, der Stern Regulus zeige eine Eigenbewegung, die in Wirklichkeit nicht existierte. Folglich verdankte Mayer seine Erfolge auf diesem Gebiet mehr seiner meisterhaften Diskussion der Beobachtungsdaten, als den neuen Ergebnissen seiner Mondtheorie oder der Qualität der astronomischen Instrumente, die ihm zur Verfügung standen.

Durch seinen Briefwechsel mit Mayer hatte Euler zu diesem Zeitpunkt den Vorzug, die volle Bedeutung dieser Forschungen schätzen zu können. Deshalb schickte er Mayer mit seinem Brief vom 26. Februar 1754 eine Kopie eines in

Französisch abgefassten Briefes von Pater Antoine Gaubil (1689–1759) an Joseph de L'Isle, worin Gaubil eine – wie er glaubte – sehr alte Sonnenfinsternis in China beschrieb, und er hoffte, dass Mayer in der Lage sein würde, mit Hilfe seiner verbesserten Mondtafeln zu prüfen, ob dieses Phänomen tatsächlich im Jahr 2128 v. Chr. eingetreten war, wie Gaubil annahm. Diesen Brief, der Daten zwischen dem 22. Oktober und 2. November 1752 enthält und sich gegenwärtig unter der in der Göttinger Universitäts-Bibliothek aufbewahrten unveröffentlichten Korrespondenz Mayers befindet, hat er später in den §§ 54 und 55 seiner »Vorlesungen … über die Geschichte der Sternkunde« kurz erläutert.

Mit Hilfe seiner verbesserten Mondtafeln fand Mayer, dass die Mondbreite für den vorgeschlagenen 13. Oktober 2128 v. Chr. zu nördlich war und die Konjunktion vor Sonnenaufgang eingetreten sein musste. Außerdem wäre die Finsternis in ganz China unsichtbar geblieben. Wenn es dagegen im Jahr 2155 v. Chr. gewesen wäre, wäre die Zeit der Konjunktion 4 Uhr morgens gewesen, und man hätte die Finsternis sowohl in Peking als auch in anderen Teilen Chinas sehen können. Mayers abschließender Kommentar beweist, dass er genau wusste, welchen Wert seine Tafeln für die Aufstellung einer biblischen Chronologie oder zur Datenbestimmung historischer Aufzeichnungen überhaupt hatten, und dass umgekehrt darin eine bedeutende Kontrolle der Genauigkeit seiner Tafeln lag. So bringt er im § 56, dem vorletzten seiner am 17. Dezember 1754 geschriebenen historischen Abhandlung, seine Absicht zum Ausdruck, mit solchen Untersuchungen fortzufahren. In keiner seiner noch vorhandenen Schriften gibt es einen klaren Hinweis, ob dies wirklich geschah. Aber Mayer erhöhte später den Wert der säkularen Beschleunigung der mittleren Mondbewegung von 6,7" auf 9" pro Jahrhundert, was andeuten könnte, dass er auf diesem Gebiet weiter forsche.

Mayers Untersuchungen der alten Finsternisse und seine Forschungen der Mondparallaxe führten noch zu einem anderen nützlichen Ergebnis. Seine Unzufriedenheit mit der Genauigkeit früherer Versuche zur Bestimmung der Parallaxe veranlasste ihn zunächst, die verschiedenen Fehler näher zu untersuchen, die, wie in Kapitel 2 beschrieben, in Keplers Methode der Betrachtung einer Sonnenfinsternis als eine Erdfinsternis auftraten. Dennoch musste er im Gegensatz zu dem, wovon er überzeugt war, als er seinen Bericht über die Sonnenfinsternis vom 25. Juli 1748 abfasste, jetzt zugeben, dass die Fehler bei der Voraussage der Umstände solcher Finsternisse nicht auf die Anwendung einer Orthogonalprojektion zurückgeführt werden konnten, obwohl Samuel Klingenstiern (1742) und de la Caille (1744) die Theorie erst kürzlich aufgestellt hatten, hatten beide die Sphäroidgestalt der Erde nicht berücksichtigt. Wenn nun die orthographische durch die stereographische Projektion ersetzt wird, beseitige das zwar den durch Außerachtlassung der Mondparallaxe auftretenden Fehler, machte aber die erforderlichen Rechnungen viel komplizierter und man geriet in andere, sonst vermeidbare Schwierigkeiten. Die Genauigkeit war bei beiden Methoden sowieso eingeschränkt durch die Annahme, dass der auf die sphäroide Erde projizierte Schatten des Mondes kreisförmig sei statt einer transzendenten Kurve mit zweifacher Krümmung. Aus derartigen Gründen beschloss Mayer, diese graphischen Methoden zu vermeiden, und kehrte zur klassischen Methode zurück, die scheinbaren Bewegungen der Sonne und des Mondes zur Sonnenfinsternis zu benutzen. Der Vorteil dabei war, dass es nur noch das Problem gab, jene Zeitpunkte zu finden, in denen die Entfernung zwischen den Zentren der beiden Himmelskörper gleich der Summe ihrer scheinbaren Halbmesser war, also Beginn und Ende der Finsternis, und wann diese Entfernung in der Mitte der Finsternis am kleinsten war. Die Genauigkeit dieser Methode hing also nur von den Bewegungen und Parallaxen der Sonne und des Mondes ab, die nach 1754 dank der neuen Sonnen- und Mondtheorien Mayers mit einiger Zuverlässigkeit vorausgesagt werden konnten.

Der vollständige Text des Vortrags, den Mayer am 3. September 1757 in der Göttinger Sozietät der Wissenschaften über dieses Thema hielt, erschien posthum in Georg Christoph Lichtenbergs »Opera inedita Tobiae Mayeri 1" (Göttingen 1775) unter dem Titel: »Methodus facilis et accurata computandi eclipses solares in dato loco conspicuas«. Er enthält eine Tafel mit den Korrekturen, die angebracht werden müssen, um die beobachteten Breiten in zentrische umzuwandeln und den Halbmesser des Mondes auf den Äquator zu beziehen. Daraus ist leicht zu entnehmen, dass Mayer durch die Annahme eines Werts von $1/200$ für ihre Abplattung die sphäroide Gestalt der Erde berücksichtigte. Für das Verhältnis von Erdradius zu dem des Mondes nahm er den Wert $11/3 = 3{,}6667$ an, nur 0,3 % kleiner als der heutzutage akzeptierte Wert. Weil er in seiner Gleichung für die Parallaxe in Breite ein Glied einschließt, das im besonderen Fall einer Sonnenfinsternis verschwinden sollte, und ein analoges Glied in der entsprechenden Gleichung für die Parallaxe in Länge ausschließt, entsteht eine Inkonsistenz, die vermuten lässt, dass Mayer einen Teil der theoretischen Grundlage seiner Methode einer anderen Quelle, wie etwa De la Cailles »Léçons élémentaires d'astronomie géometrique et physique« (Paris 1755) entnommen hat. Wie dem auch sei, er gibt alle neun für diese Methode erforderlichen Regeln an, aber ohne jeden Beweis, und auch in seinen noch vorhandenen Manuskripten sind keine Beweise zu finden.

Nachdem Mayer mit seinen Mondtafeln die wahren oder geozentrischen ekliptikalen Koordinaten des Mondes am Anfang, in der Mitte und am Ende einer angesagten Finsternis berechnet hatte, benutzte er seine Formeln für die Mondparallaxe zur Bestimmung der scheinbaren Länge (λ) und Breite (β) des Mondes und fand die scheinbare Länge der Sonne (λ_0) durch Subtraktion der Sonnenparallaxe von dem entsprechenden geozentrischen Wert, den er seinen Sonnentafeln entnahm. Er war jetzt in der Lage, für die ganze Dauer der Finsternis die scheinbaren Längen- und Breitenunterschiede $\Delta\lambda = \lambda_0 - \lambda$ und $\Delta\beta = -\beta$ in Fünf-Minuten-Intervallen zu interpolieren und zu tabulieren, da die Sonne definitionsgemäß stets die Breite Null hat. Neben diese schrieb er die entsprechenden Zahlen für die Summe der Halbmesser (= c), die er entweder seinen Mondtafeln oder Beobachtungen kurz vor der Finsternis entnommen haben konnte. Diese Summe wurde wegen der Vergrößerung korrigiert und enthielt vielleicht auch eine empirische Korrektion für die beobachteten Strahlungseffekte, die Lalande später in der dritten Ausgabe seines Werkes »Astronomie« (Paris 1792) zwischen 2" und 3" schätzte. Die Zeiten für den Anfang und das Ende der Finsternis waren bekannt durch einfaches Berechnen jener Zeitpunkte, zu denen die Gleichung $\Delta\lambda = \sqrt{(c^2-x^2)}$ erfüllt ist, wobei x der Wert der Mondbreite in diesen Augenblicken ist (Fig. 15).

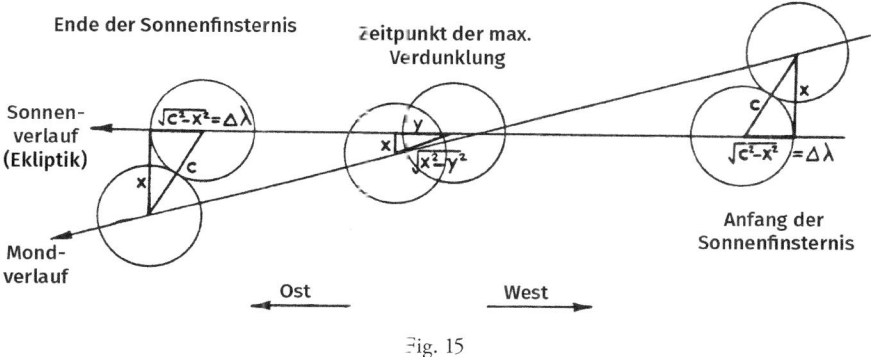

Fig. 15

Man könnte diese Gleichung entweder durch iterative Approximationen lösen oder durch die Annahme, dass ein Fehler (etwa dy) in $\Delta\lambda$ durch einen Fehler dx in dem ursprünglich für x angenommenen Wert verursacht wird. Die Korrektion zwischen dy und dx ergibt sich dann aus der Gleichung (Fig. 16):

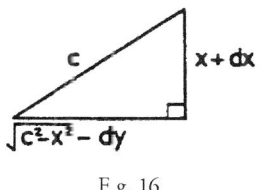

Fig. 16

$$c^2 = (x + dx)^2 + (\sqrt{c^2 - x^2} - dy)^2$$

Wenn man Glieder zweiter Ordnung in dx und dy unberücksichtigt lässt, reduziert sich das auf genau die von Mayer angegebene Beziehung, mit deren Hilfe die gesuchten Zeitpunkte leicht zu finden sind:

$$\frac{\sqrt{c^2 - x^2}}{x} = \frac{dx}{dy}$$

Die Zeit der maximalen Bedeckung wird nach einer ähnlichen Methode gefunden, und nach Mayers Definition gilt für das Maximum der Finsternis

$$\frac{6\,(c - \sqrt{x^2 + y^2})}{\text{Sonnenradius}}$$

Weil diese Berechnungen bestimmte Elemente seiner Mondtheorie einschlossen, betrachtete Mayer Beobachtungen von Sonnenfinsternissen als ein nützliches, wenn auch seltenes Mittel zur Prüfung der Koeffizienten in den Mondungleichungen, die von unabhängigen Beobachtungen der Zodiakalsterne stammten. Letztlich war dies alles jedoch nur Mittel zum Zweck, die Genauigkeit der Längenbestimmung auf der Erde zu erhöhen. Dies war nach einer Bemerkung aus der Vorrede zu den »Kosmographischen Nachrichten« das eigentliche Ziel, auf das die meisten Mondbeobachtungen Mayers gerichtet waren.

[EA: Eine ausführliche Analyse der Untersuchungen Mayers zu seinen Mondtafeln und seiner Mondtheorie gibt die Dissertation von Steven Wepster: Between Theory and Observations – Tobias Mayer's Explorations of Lunar Motion, 1751–1755; Springer 2010]

Kapitel 7

Der Wiederholungskreis und das verbesserte Astrolabium

Das wichtigste Anwendungsgebiet für Mayers Mondtafeln war die genaue Bestimmung der Länge auf See – seit über zwei Jahrhunderten das größte noch ungelöste Problem für die Seefahrt und eine Angelegenheit von großer praktischer Bedeutung für alle Seefahrt betreibenden Nationen. Die Tatsache, dass Hunderte von Hinweisen darauf in politischen, wirtschaftlichen und wissenschaftlichen Veröffentlichungen seit den großen Forschungsreisen des Christoph Columbus und Sebastian Cabots zu finden sind und dass die ersten portugiesischen Seefahrer sich eingehend damit beschäftigt hatten, beweist, dass es hier um wesentlich mehr als nur um eine akademische Übung ging. Im Gegenteil, der Mangel einer zufriedenstellenden Lösung bedrohte ernstlich die Sicherheit einer jeden Schiffsladung und -mannschaft und war ein großes Hindernis für den Handel. Private Stifter und die Regierungen von Frankreich, Holland, Spanien sowie die Stadt Venedig hatten während des sechzehnten und siebzehnten Jahrhunderts beträchtliche Geldsummen ausgesetzt, aber trotz dieser finanziellen Anreize war noch keine befriedigende Lösung entwickelt worden.

Obwohl eine Reihe britischer Autoren bereits Besorgnis darüber zum Ausdruck gebracht hatten, lenkte erst der Schiffbruch, den die Flotte des Vizeadmirals Sir Cloudesley Shovell 1707 nach einer 12-tägigen Reise von Gibraltar bei bewölktem Himmel vor den Scilly-Inseln erlitt, die Aufmerksamkeit der Öffentlichkeit deutlich auf die großen Unsicherheiten der praktischen Schiffahrt am Anfang des achtzehnten Jahrhunderts. Bei diesem Unglück, das man damals auf einen Breitenfehler und der schlechten Qualität des Schiffssteuerkompasses zurückführte, kamen der Admiral selbst und an die 2000 Seeleute ums Leben. Was auch immer die Ursache war, dieser Vorfall führte dazu, dass kurz darauf beim britischen Parlament eine Bittschrift eingereicht wurde, in der die Dringlichkeit der Situation ausdrücklich betont und darum gebeten wurde, für denjenigen eine öffentliche Belohnung auszusetzen, der eine anwendbare und allgemein nützliche Methode zur Bestimmung der Länge auf See erfinden würde. Ein Gutachterausschuss wurde eingesetzt und ein Gesetzesentwurf vom Parlament eingebracht, der am 8. Juli 1714 als »The Act 12 Queen Anne, Cap. XV« beschlossen wurde, wonach »für jede Person oder Personen, welche die Länge auf See bestimmen«, folgende Belohnungen ausgesetzt wurden

10.000 Pfund bei Genauigkeit der Methode von 1° bzw. 60 Seemeilen,
15.000 Pfund bei Genauigkeit der Methode von ⅔° bzw. 40 Seemeilen,
20.000 Pfund bei Genauigkeit der Methode von ½° bzw. 30 Seemeilen.

Die Höhe dieser Prämien zeigt nicht nur, wie dringlich, sondern auch wie ungeheuer schwierig es gewesen sein muss, eine befriedigende Lösung zu finden. Die zur Auszahlung dieser Summen bevollmächtigten, ursprünglich ernannten zweiundzwanzig Preisrichter wurden kollektiv das Längenbüro (Board of Longitude) genannt. Zu ihnen gehörten hochrangige Angehörige der Admiralität, Politiker und Gelehrte. Ihr Vorsitzender war der Erste Lord der Admiralität. Die erste Hälfte der Prämie sollte bezahlt werden, sobald eine Ausschussmehrheit einen Vorschlag allgemein »nützlich und praktikabel« fand, – eine ziemlich vage definierte Formulierung, die heiße Debatten mit mehreren Wettbewerbern während der zweiten Hälfte des Jahrhunderts auslöste. Die zweite Hälfte sollte bezahlt werden, sobald ein Schiff nach dieser Methode von einem Hafen in den Britischen Inseln zu einem anderen in Westindien gefahren wäre, ohne einen größeren Längenfehler als spezifiziert zu begehen. Das Längenbüro war auch befugt, kleinere Belohnungssummen für weniger genaue Methoden zu erteilen und bis zu 2000 Pfund für Experimente auszugeben, die nach seiner Meinung nützliche Ergebnisse liefern würden. Das Admiralitätsbüro war für die finanzielle und administrative Abwicklung zuständig, die Preise bezahlte der Schatzmeister der Marine, aber nur das Längenbüro war dem Parlament gegenüber voll verantwortlich.

Im Prinzip gab es nur folgende zwei Möglichkeiten, das Problem der Längenbestimmung auf See zu lösen: entweder eine mechanische Zeituhr mit an Bord zu nehmen, die auf eine Standardzeit eingestellt und so reguliert war, dass sie die mittlere Zeit einhielt oder die Standardzeit aus einem periodisch wiederkehrenden astronomischen Phänomen für den Augenblick zu bestimmen, an dem dasselbe auf See beobachtet wurde. Im ersten Fall war die größte Schwierigkeit für die Uhrmacher des 18. Jahrhunderts praktischer Natur. Sie mussten einen Mechanismus bauen, der für die gesamte Zeit einen hohen Genauigkeitsgrad beibehalten konnte. Im zweiten Fall waren die konventionellen astronomischen Methoden, bei denen Mondbedeckungen, Sonnen- und Mondfinsternisse sowie die Durchgänge von Venus und Merkur vor der Sonnenscheibe benutzt wurden, zwar geeignet zur Bestimmung fester Längenunterschiede zwischen zwei sich auf dem Festland befindlichen Sternwarten, diese Phänomene traten aber zu selten auf und waren deshalb ungeeignet zur Bestimmung veränderlicher Längenunterschiede auf See. Dass Finsternisse der Jupitermonde eine einigermaßen zufriedenstellende Grundlage zur Festlegung der Längen von Häfen, Landspitzen und Städten auf Seekarten und Landkarten waren, hatten John Flamsteed in Greenwich und Jean Domenique Cassini in Paris festgestellt, aber in Bezug für die Seefahrt litten auch diese unter denselben Nachteilen. Die rasche Bewegung des Mondes in Bezug auf die Sterne und seine Helligkeit machten die Zeitbestimmung seiner aufeinanderfolgenden Durchgänge durch den Meridian des Beobachters oder die Messung des Winkelabstands von der Sonne oder einem Stern zu einer recht empfindlichen Beobachtung zur Bestimmung der Länge. Obwohl eine Genauigkeit von 1' bei der vorausgesagten Mondposition einer Unsicherheit von etwa 2 (Zeit-) Minuten bzw. von 30 Seemeilen in geographischer Erdlänge entsprach, war der Vergleich zwischen Theorie und Beobachtungen wegen der astronomischen Refraktion, wegen der Parallaxe der scheinbaren Höhe des Mondes und wegen der praktischen Schwierigkeit bei der Zeitbestimmung seines Meridiandurchgangs oder beim Messen der Monddistanzen auf einem auf hoher See schwankenden und schlingernden Schiff begrenzt. Deshalb – und das wusste Mayer genau – war seine Zusammenstellung von Mondtafeln, die eine Genauigkeit von 1' aufwiesen, keinesfalls eine hinlängliche Garantie für eine Mondmethode, die laut Forderung des Gesetzes von 1714 allgemein »nützlich und anwendbar« sein musste.

Dennoch ermutigte Euler ihn in seinem Brief vom 11. Juni 1754, worin er ihm zu dem bedeutenden Durchbruch in der Beobachtungstechnik gratulierte, dazu, sich beim britischen Parlament um einen der drei Preise zu bewerben, welche für die Bestimmung der Länge auf See ausgesetzt waren. Gleichzeitig wies er Mayer jedoch darauf hin, dass es neben dem Beobachtungsproblem und der Genauigkeit der Mondtafeln selbst noch zwei weitere Probleme gab, die noch gelöst werden müssten; er bemerkte:

Könnten Ew. Hochedelgb. nur noch eine Methode beyfügen um zur See den Ort des Monds durch seine Distanz von Fixsternen so genau bestimmen zu können, daß die aus der Vergleichung desselben mit Dero Tabellen geschloßene Longitudo nicht über einen halben Grad von der Wahrheit abweiche, so könnten Dieselben des Praemii von 20.000 pf. Sterl. versichert seyn. Es würde aber auch noch nöthig seyn von mehr stellis fixis ihre wahren Stellen genauer zu bestimmen.

Gut eine Woche nach Erhalt dieses Rates antwortete Mayer darauf, dass er kürzlich sorgfältige Beobachtungen von den Positionen aller Zodiakalsterne bis zur dritten Größe vorgenommen habe und bereits eine einfache Methode für die zuverlässige Berechnung der wahren Position des Mondes aus nur einer Beobachtung seiner Winkeldistanz von einem dieser Sterne abgeleitet hätte. Eine Notiz darüber war bereits in einer gedruckten Zusammenfassung über die erste Ankündigung der neuen Sonnen- und Mondtafeln in den »Göttinger gelehrte Anzeigen vom 17. November 1753« erschienen. Darin wird darauf hingewiesen, dass Mayer an einem zweiten, noch wichtigeren Teil dieser Abhandlung arbeite, mit auf Erfahrung beruhenden Regeln, die für Seefahrer verständlich und anwendbar wären. Diese Regeln wurden schließlich auch am 19. Oktober 1754 auf einer Versammlung der Göttinger Sozietät der Wissenschaften vorgetragen. Zusammengefasst beziehen sie sich auf eine Beobachtung der Distanz zwischen dem Mond und einem Stern oder der Sonne, der eine Interpolation derselben Information aus Tabellen für zwei beliebig gewählte Längen folgte. Hierbei wurde vorausgesetzt, dass die Länge durch Berechnung bekannt war, wenn auch nur als eine erste Approximation, damit die Monddistanz aus den Tabellen errechnet und mit der entsprechenden beobachteten Länge verglichen werden konnte. Jede Abweichung zwischen den beiden Werten wurde in eine weitere Relation eingesetzt und die endgültige Korrektion der angenommenen Länge dann durch eine »Fehlerregel« (*regula falsi*) gefunden.

Aber, obwohl Mayer jetzt eine zufriedenstellende theoretische Grundlage für die Lösung des Längenproblems besaß, blieb er noch skeptisch bezüglich der geforderten Genauigkeit bis zu 1' in der Praxis und hegte persönlich keine große Hoffnung, sich für die vom britischen Parlament ausgesetzte Belohnung zu qualifizieren. Trotzdem veranlasste Eulers Aufmunterung ihn dazu, die praktische Forderung der gestellten Aufgabe durch die Erweiterung des Prinzips der wiederholten Winkelmessung zu entwickeln, welches er zwei Jahre vorher in Verbindung mit einem Goniometer für die Landvermessung zum Ausmessen von Winkeln am Himmel erfunden hatte – die Geburtsstunde eines neuen Navigationsinstruments, nämlich des Wiederholungskreises (Abb.-Tafel 13).

Die Ursprünge des Wiederholungskreises gehen zurück zum Mathematischen Atlas, Tafel XI, wo das normale Astrolab und der »Recipiangel«, so nennt es Mayer im Mathematischen Atlas, bzw. der Doppeldiopter – zwei zu jener Zeit für geodätische Messungen allgemein benutzte Geräte beschrieben und illustriert sind. Astrolabien waren normalerweise aus Messing, manchmal aber auch aus Holz, und hatten unterschiedliche Durchmesser von 20 und 30 cm. Ihr Umfang besaß eine Gradeinteilung, aber eine senkrechte Linie erlaubte eine Genauigkeit bis zu 5'. Vier Visiere, jeweils bei 0°, 90°, 180° und 270° der Gradeinteilungen waren darauf befestigt und in der Mitte befand sich ein drehbares Lineal mit Visierstiften an jedem Ende. Der Refraktionswinkel bestand aus zwei Messingarmen, wovon der obere etwas kürzer als der untere war und an jedem Ende waren Visiere. Diese drehten sich in parallelen Ebenen um denselben Mittelpunkt und konnten so eingestellt werden, dass sie einen Winkel mit einer Genauigkeit von 5' bildeten. Dieses Instrument konnte auf einen Pfahl oder ein Stativ geschraubt werden. Der untere Arm wurde dann auf ein gewünschtes Objekt eingestellt und festgeklemmt, und der obere Arm wurde gedreht, bis er zu dem anderen Punkt zeigte, dessen Winkelabstand vom Bezugsobjekt gesucht wurde. Der Wert des durch die beiden Arme gebildeten Winkels ergab sich in Graden und Minuten, indem man die mit einem Zirkel abgegriffene Entfernung zwischen je einem Punkt auf den beiden Armen auf einem entsprechenden, auf dem Instrument markierten Maßstab maß. Obwohl Mayer diese Instrumente höchstwahrscheinlich direkt bekannt waren, bildete eine deutsche Übersetzung von Nicolas Bions ›Traité de la Construction et des principaux usages des instruments de mathématique«, die Johann Gabriel Doppelmaier unter dem Titel »Neueröffnete Mathematische Werck-Schule« herausbrachte und von der drei Auflagen (1712, 1717 und 1721) in Nürnberg erschienen, eine literarische Quelle seiner Kenntnisse.

Ein Beweggrund für die Weiterentwicklung des Doppeldiopters zu einem Goniometer mit teleskopischen Visieren war ohne Zweifel seine Erkenntnis der vollkommenen Unzulänglichkeit solch primitiver Vorrichtungen für trigonometrische Großprojekte, ähnlich wie die, deren Pioniere französische Kartographen und Astronomen wie Jean Picard, Joseph de L'Isle, Jacques Cassini, Jean Dominique Maraldi, Pierre Bouguer, Charles Marie de La Condamine, Pierre de Maupertuis und andere waren. Er äußert sich über diese Unzulänglichkeit in seinem Manuskript »Collectanea geographica et mathematica« (1747) am Anfang einer unvollendeten, von ihm beabsichtigten Untersuchung über die in der Kartographie benötigten geometrischen, astronomischen und geographischen Hilfsmittel. Vermutlich hat er selbst versucht, diesen Zustand zu verbessern, indem er einen 5-Fuß-Radius großen astronomischen Sextanten (siehe G, Tafel 6 und Tafel 7) vom Eimmart-Observatorium auslieh, dann selbst erneuerte und verbesserte, ehe er ihn zur Beobachtung der hellen Sterne β und γ Draconis vom Homanngebäude aus im Monat September 1748 und 1749 benutzte. Eine seiner Verbesserungen an diesem Instrument war die Anbringung eines Nonius. Deshalb ist es nicht verwunderlich, dass Lowitz am 22. April 1751 den Verwaltungsausschuss dieser Sternwarte nach Doppelmaiers Tod um Erlaubnis bat, die er auch erhielt, eben dieses Instrument für seinen Privatgebrauch zu leihen.

Vermutlich veranlasste diese Erfahrung Mayer dazu, im vierten Teil einer Manuskriptabhandlung mit dem Titel »Vorlesung über Sternkunde«, die er zwischen dem 22. April und 5. Mai 1750 schrieb, auf diese Angelegenheit näher einzugehen. Warum er dem Werk diesen Titel gab, ist ganz unklar, denn er scheint es nie als Textbuch für eine seiner Göttinger Vorlesungen betrachtet zu haben und hat auch, soweit bekannt, während seiner Jahre in Nürnberg keine Vorlesungen in Astronomie gehalten. Was auch immer der Grund für diese Arbeit war, sie vermittelt einen frühen und meisterhaften Versuch, die Prinzipien einer rationalen Annäherung an die astronomische Wissenschaft darzulegen und wie dieses Fach in Verbindung zur reinen Mathematik und den angewandten Wissenschaften der Geographie und Physik zu sehen ist. Trigonometrie war erforderlich zur Bestimmung von Größen und Entfernungen der Himmelskörper, Algebra zur Berechnung und Voraussage von Erscheinungen, Mechanik und die Infinitesimalrechnung zur Untersuchung der Theorie der Planetenbewegungen und Chronometrie zur Zeitbestimmung von Ereignissen, die sich am Himmel abspielten.

In seiner Erörterung über den Gebrauch astronomischer Instrumente und Beobachtungsmethoden beim Messen von Winkeldistanzen an der Himmelsphäre oder der Höhe eines Himmelskörpers betont Mayer die fundamentale Bedeutung der vertikalen Ebene, die durch das Auge des Beobachters geht und durch die Richtung des Lotes sowie die Richtung zu einem Himmelsobjekt definiert ist. Vorausgesetzt, dass Höhen und Azimute mit einem senkrecht montierten und nach einem Himmelskörper ausgerichteten Quadranten gemessen wurden, war es ganz unnötig, Instrumente nach dem Prinzip der Armillarsphäre zu entwerfen. Es ist durchaus möglich, dass die klare Erkenntnis dieser Tatsache Mayer anspornte zur Lösung der Formeln der sphärischen Trigonometrie gemäß dem Beispiel in Kapitel 5 eine projektive Methode zu entwickeln, obwohl aus einem seiner Manuskripte hervorgeht, dass er durchaus damit vertraut war, diese Formeln auch analytisch aus der normalen Kosinusformel für ein sphärisches Dreieck herzuleiten.

Während Mayers Interesse am Quadranten hauptsächlich theoretischer Natur war, wollte Lowitz einen solchen selbst bauen. Beide aber waren interessiert an einem vielseitig verwendbaren Instrument, das sich sowohl für Landvermessungen, als auch für Himmelsbeobachtungen eignete. Der 5-Fuß-Radius große Sextant aus Doppelmaiers Sternwarte, den Lowitz nun hatte, war viel zu groß für geodätische Vermessungsarbeiten und Mayer erkannte, dass ein kleiner von vielleicht nur halber Größe benötigt würde. Dasselbe empfahl auch Carl Gottfried Pauer, ein anderer Mitarbeiter der Kosmographischen Gesellschaft Nürnberg, in einem Artikel mit dem Titel »De Orientatione seu Expositione situs Regionis in Plano respectu Plagarum Mundi...« (Posonii 1751), den er am 29. Juli 1751 geschrieben und Lowitz gewidmet hatte. Der Autor behandelt darin das Projektionsproblem der Längen und Breiten von Orten auf der Erdoberfläche auf eine Ebene und empfiehlt anstelle von Visierspitzen oder Beobachtung mit bloßem Auge einen 2 bis 3-Fuß-Radius großen astronomischen Quadranten mit zwei Fernrohren als das ideale Instrument für Winkelmessungen auf der Erde oder am Himmel.

Von Bedeutung ist hier, dass Lowitz fünf Monate später in seiner »Beschreibung eines Quadranten, der zur Sternkunde und an den Erdmessungen brauchbar ist« (Nürnberg 1751) genau diese Art Instrument darstellt und fünf Bedingungen nennt, die ein zuverlässiger Spiegelquadrant erfüllen müsste. Er müsse zwei Linsen haben, eine feste und eine bewegliche und die bewegliche müsse sich um den Mittelpunkt der Kreisskala drehen. Der Zylinder, um den sie sich drehe, dürfe nicht bewegt werden. Die Skaleneinteilungen müssten diejenige Genauigkeit garantieren, die mit einem Quadranten dieser Größe erreicht werden kann, und es dürfe nicht notwendig sein, den Schwerpunkt des Instruments anzuheben, wenn es auf verschiedene Positionen relativ zum Horizont gerichtet werde.

In der anschließenden Beschreibung mit elf Zeichnungen, in denen die verschiedenen Komponenten illustriert sind, betont Lowitz, dass der wichtigste Teil das endlose Schraubenmikrometer sei, das sich auf einer in 100 gleiche Winkelintervalle aufgeteilten Kreisscheibe dreht. Mayers verbesserter Sextant könnte diese Feinheit ebenfalls gehabt haben, aber es gibt keinen Beweis für diese Vermutung. Lowitz berichtet, dass er die Unsicherheit kenne, welche durch die Einstellung der Lotlinie entstehen könne. Er hatte darüber in der deutschen Ausgabe des Werkes »La Mésure de la Terre« (London 1688) von Jean Picard gelesen, und auch Mayer nahm in seinem Briefwechsel mit De L'Isle darauf Bezug. Lowitz berichet weiterhin über die beiden Quellen des Skalenfehlers bei Quadranten, die sich einmal ergeben, wenn der gesamte Bogen nicht genau 90 Grad entspricht, und zum anderen, wenn die Skaleneinteilungen ungleichmäßig sind; und er erwähnt den Exzentrizitätsfehler der Rotationsachse des beweglichen Armes, der ihm bekannt ist aus Berichten von Cassini und Bouguer.

In einem von Mayer am 7. Oktober 1752 in der Göttinger Akademie der Wissenschaften gehaltenen Vortrag über: »Nova methodus perficiendi instrumenta geometrica et novum instrumentum goniometricum« behandelt er ebenfalls die Verbesserung eines Reflexionswinkelmessinstruments, das sich sowohl für geographische, als auch für astronomische Zwecke eignet und an jedem Diopterarm Fernrohre besitzt. Dieser Vortrag enthält einen wichtigen neuen Vorschlag zur Reduzierung der Skaleneinteilungs- und Exzentrizitätsfehler. Daraus ist zweifellos zu schließen, dass er und Lowitz solche Angelegenheiten kurz vor Mayers Verlassen von Nürnberg besprochen hatten und nun jeder auf verschiedenem Wege sein Bestes tat, um eine höhere Beobachtungsgenauigkeit zu erreichen. Dies erforderte zum einen die Entwicklung von Projektionsmethoden für großräumige trigonometrische Landvermessungen, zum anderen analytische Theorien der Bewegung am Himmel. Ihre Interessen überschnitten sich dabei so sehr, dass Mayer kurz vor Veröffentlichung seiner in Latein abgefassten Vorlesung über sein neues Goniometer im 2. Band der »Commentarii« für 1753 von Franz erfuhr, dass Lowitz ihn öffentlich des Plagiats einiger seiner Ideen bezichtigt hatte. Der an Franz gerichtete, undatierte und bisher unveröffentlichte Brief Mayers über diese Anschuldigung enthüllt die zu jener Zeit bestehenden Spannungen zwischen ihm und Lowitz.

> Ich bin, so viel ich mich erinnere, auf zwey Dero Hochverehrtester Schreiben eine Antwort schuldig und bitte wegen des Verzugs sehr um Vergebung. Eine sehr mühsame und zeitfreßende Arbeit, davon Ew. Hochedelgebh. die Früchte in dem nun bald herauskommenden II. Tomo commentar. Soc. reg. Götting. sehen werden, hat mich verhindert meiner Schuldigkeit nachzuleben. Das erstere dieser Schreiben betrifft meistens die affaire mit H. Lowitz. Wenn es wahr ist, wie ich denn daran nicht zweifle, indem mir sein Charakter bekannt ist, dass H. L. alle diese Redensarten denen Ew. Hochedelgebohr. in dem Briefe gedenken, gegen mich ausgestoßen hat, so ist gewiß, dass seine Raserey (ich bitte dieses freye Wort nicht übel zu nehmen) auf das Höchste gestiegen ist. Er macht Anspruch auf das Micrometum; auf die (Mond) Theorie der Libration; auf mein Programma de refractionibus; auf das geometrische Instrument; p.p.

mit einem Wort auf alle meine Schriften. Ich lache dazu; und weil ich nun deutlich sehe, dass ihn der Neid regiert, keineswegs aber, wie ich bisher geglaubt habe, eine übelverstandene Sache, so soll dieses das letzte mal seyn, dass ich Ew. Hochedelgebohr. wegen diesem Streite beschwerlich falle. Meine Briefe sollen künftig dabey stille schweigen, und sich mit angenehmeren Dingen beschäftigen. Inzwischen mag H. L. thun was ihm nur umso beliebet; solte er auch publice seine Blöße und alles was er gegen mich aufzubringen vermeint, sehen laßen. Ich werde ihm nur mit dreyen Worten antworten; und im übrigen mich um ihn und sein Geschrey nicht beküммern. Ich fürchte mich ganz und gar nicht bey allen meinen Schriften, als in welchen keine apex H. L. zugehöret. Es soll ihm begegnet werden, wie ich H. Mylius, der meinem Beweis wider die (Mond) Atmosphaere angegriffen hat, begegnet habe. Er soll Sturm laufen, und niemand soll ihm Widerstand thun; und gleichwohl soll er nichts erobern. So viel sage ich einmal für [Rückseite] allemal, will H. L. seine Ehre behalten; woran ich nicht zweifle; weil er ehrgeizig ist; so wird er seinem Zwecke gemäß handeln, wenn er auch andern ihre Ehre ungekränkt läßt; thut er es nicht, so kommt ihm der Name zu, den alle diejenigen tragen, die ihrer Absicht zuwider handeln. Ich habe ihm niemals nicht das geringste Leid zugefüget; ich habe solange ich in Nürnberg war mich als einen Freund gegen ihn aufgeführt; ich habe offenhertzig alle meine dortigen Arbeiten und kleine Erfindungen ihm mitgetheilt, ob er es schon nicht gegen mich gethan hat; ich habe auch noch nach meiner Abreise an ihn von hier aus etliche mal geschrieben, und die Correspondenz wäre nicht abgebrochen worden, wenn er sein Wort wegen des Quadranten, den er für unser Observatorium machen sollte, nicht aus kahlen (fahlen?) Ursachen zurückgezogen hätte. Ich habe geglaubt ihm einen Gefallen mit dieser Commission zu thun, habe aber Undank und Verdruß dafür bekommen. Und ich werde mich wohl in acht nehmen, dass ich ja zukünftig keine Commission mehr nach Nürnberg schicke. Ich habe niemals die geringste Absicht gehabt, seine hohe Person vor der Welt zu verbergen, denn dazu war ich viel zu gering. Dass ich aber auch keinen praeconem von ihm abgeben wollte, und seinen Namen meinen Schriften auf allen Blättern nicht gemeldet und ausgeposaunet habe, wird mir hoffentlich kein billiger (billigender?) Mensch übel deuten. Ich habe es ja auch weder von ihm noch von jemanden anderes jemals verlangt und mich dünkt, wer da verlangt, durch andere berühmt zu werden, wird niemals berühmt. Gesetzt aber ich hätte in den Cosmograph. Nachrichten seinen hohen Namen mit einfließen lassen, gesetzt ich hätte gemeldet H. L. habe dieses oder jenes, oder auch Alles, wovon ich geschrieben habe, erfunden; würde er nicht gesagt haben, was ich seine Erfindung an den Tag zu geben habe? Er könne es selbst thun. Und gewiß, auf diese Art hätte er billigere Ursache gehabt sich über mich zu beschwehren. Dieses also zu vermeiden, habe ich mich mit Fleiß gehütet seiner Person nicht zu gedenken. Ich habe blos meine eigenen Observationen, meine eigene Arbeit, meine wenigen geringen Erfindungen beschrieben und trotz dem der sich unterstehet, das geringste davon sich zu zueignen.

Trotz dieser verärgerten Reaktion wählte Mayer später Lowitz als Paten seines dritten Kindes, das am 20. März 1755 geboren und drei Tage später auf den Namen Georg Moritz getauft wurde.

Die Veröffentlichungen, auf die Mayer hier hinweist, wurden in den vorangegangenen Kapiteln bereits erwähnt mit einer Ausnahme, und zwar »Tobias Mayers Beweis, dass der Mond keinen Luftkreis habe«, veröffentlicht in den »Kosmographischen Sammlungen auf das Jahr 1748« (Nürnberg 1750); es war die spekulativste all seiner Arbeiten, und daher verwundert es durchaus nicht, dass diese angegriffen wurde. Ihr Thema hat wenig mit den in diesem Kapitel behandelten Dingen zu tun, aber da es sich aus diesem interessanten Brief nun einmal so ergibt, verdient es eine kurze Abschweifung. Das Ergebnis seiner Beobachtungen von den Mondbedeckungen der Plejaden und einer Anzahl anderer Sterne, die er während der Jahre 1747 und 1748 mit dem Fernrohr von 9 Fuß Brennweite und mit seinem Glasmikrometer in der Brennebene des Okulars angestellt hatte, überzeugte Mayer erstmalig davon, dass der Mond keine Atmosphäre hat. Insbesondere fiel ihm auf, dass das Verschwinden der Sterne blitzschnell eintrat und ihre Lichtstrahlen keinerlei Abnahme der Intensität in der unmittelbaren Nachbarschaft des Mondrandes zeigten. In der besagten Abhandlung zählt er eine Reihe physikalischer Argumente zur Unterstützung dieser Behauptung auf, von denen das wichtigste das totale Fehlen der Sternlichtrefraktion ist, die er versichert, erkennen zu können, selbst, wenn es eine 120 mal »dünnere« Luft des Mondes als die der Erde gegeben hätte. Er schreibt hier das Bestehen eines Halo um den Mond der Lichtrefraktion durch die eigene Atmosphäre der Erde zu; später bekehrte ihn jedoch Eulers »Essai d'une explication physique des couleurs engendrées sur des surfaces extrememement minces« zu dem Glauben, dass diese und andere ähnliche Erscheinungen durch den Effekt der Diffraktion entstehen können, die eine Verbreiterung und Expansion der Lichtimpulse bewirkt.

Mayers Argumente wurden 1751 vom Berliner Arzt Christlob Mylius entschieden bestritten. Dieser hatte fünf Jahre vorher einen Übersichtsartikel über dasselbe Thema geschrieben, in dem er das Bestehen einer sehr dünnen Atmosphäre um den Mond für wahrscheinlich hielt. Als er Mayers Ansichten im ersten Band der »Physikalischen Belustigungen« (1751) angreift, betont er, dass Euler seine Ansicht teile. Deshalb fühlte Mayer sich veranlasst, Euler selbst die Frage zu stellen, und war zweifellos erfreut, als dieser antwortete, dass er lediglich auf das Vorhandensein des von Mylius erwähnten Beobachtungsphänomens bestehe und nicht auf dessen Ursache. So schreibt er Mayer: »Zeit und Muße sind zu kostbar... um sie mit einer Sache zu verbringen, deren Wichtigkeit ich nicht beurteilen kann«.

Kehren wir nun zu dem behandelten Hauptthema zurück, so wäre zweckmäßigerweise zu prüfen, was Mayers eigene neue Methode bei der Konstruktion geometrischer Instrumente und eines neuen Goniometers tatsächlich beinhaltet. Die wichtigsten Punkte, die dabei eine Rolle spielen, erklärt er in seiner in Latein abgefassten Vorlesung zu diesem Thema wie folgt (ER: Forbes übersetzt eine »Übersetzung des lateinischen Originals von Benzenberg« ins Englische; der folgende Text entspricht der originalen Benzenberg-Fassung, »Erstline« S. V bis XIV).)

Obschon es nicht an verschiedenen Winkelinstrumenten fehlt, und fast jeder Geometer etwas auf seine Weise und nach seiner Einsicht an ihnen verbessert, so tritt doch der Fall ein, dass wenn große Entfernungen sollen gemessen oder ganze Provinzen sollen trianguliert werden, man unter den vorhandenen Instrumenten keine findet, als solche, die entweder große Fehler haben, oder solche die sehr unbequem im Gebrauche sind. Denn Astrolabia und Halbkreise sind immer um so fehlerhafter je kleiner sie sind, und es ist schwer mit ihnen einen Winkel bis auf 5 Minuten genau zu messen, und dieses macht bey größern Dreyecken einen ausserordentlichen Fehler. Man kann daher die Winkel nur mit dreyfüßigen Quadranten genauer messen, welche aber mehr in die Astronomie als Geometrie gehören. Ihrer haben sich die französischen Geometer bey den Gradmessungen und bey der Aufnahme von Frankreich bedient. Von der Unbequemlichkeit mit ihnen zu beobachten und von der Schwierigkeit sie zu berichtigen, wollen wir hier nicht reden.

Das Instrument, welches ich hier vorschlage, hat diesen Fehler nicht. Es st zugleich einfach, und kann ohne große Kunst und Kosten gemacht werden. – Man sieht aus der Abbildung, dass es ein Recipiangel ist. Es empfiehlt sich durch seine Kleinheit, und ich habe schon vor 8 Jahren in meinem mathematischen Atlasse eine genaue Abbildung davon gegeben. Ich habe es nun durch die Anbringung eines Fernrohrs noch vervollkommt und dadurch der größten Genauigkeit fähig gemacht. Dann habe ich eine praktische Methode erfunden, mit jedem Instrumente, das nur statt der Dioptern ein Fernrohr hat, wenn auch der Radius klein ist, doch jeden irdischen Winkel so genau zu beobachten, dass der Irrthum selten 10 bis 15 Sek. beträgt, obschon es bis jetzt für unmöglich gehalten wurde, mit so kleinen geometrischen Instrumenten einen Winkel genauer als auf 4 oder 5 Minuten zu messen. Ich will diese Methode hier an diesem Instrumente erklären. Wer dieses gefaßt hat, wird sie leicht auf andere Instrumente anwenden können.

Das Instrument besteht aus zwey beweglichen Linealen, die 10 bis 12 Zoll lang und eben so viel Linien breit sind. An den vier Enden haben sie vier Punkte, welche dazu dienen, um mit dem Zirkel die Sehnen des Winkels zu messen, den beyde Lineale miteinander machen. Die Punkte müssen nicht nur gleich weit vom Centro liegen, sondern zwey und zwey müssen auch mit dem Centro in gerader Linie liegen. Ob die Punkte diese Eigenschaft haben, sieht man daraus, wenn bey jeder Oeffnung der Lineale die zwey gegeneinander überstehende Sehnen gleich sind.

Das untere Lineal hat eine Hülfe, mit der es auf den Zapfen eines Statiefs gesetzt wird und eine Preßschraube p, mit der es sich feststellen läßt. Das obere bewegt sich sanft um seine Achse; diese Bewegung läßt sich durch die drey mittleren Schrauben loser und fester machen. Das obere Lineal hat ein Fernrohr mit zwey Gläsern, wodurch man eine ungleich größere Schärfe im Sehen erhält als mit Diopteren, und man sieht Gegenstände deutlich, die man mit bloßen Augen kaum wahrnimmt. Dass die Gegenstände umgekehrt erscheinen, thut nichts, weil der Beobachter sich hieran bald gewöhnt.

Im gemeinschaftlichen Brennpunkte steht ein Planglas mit einem eingeschnittenen Kreuz, das aus zwey aufeinander senkrechten feinen Linien besteht. Die Röhre mit dem Augenglase läßt sich ein und ausschieben, so wie es das Gesicht des Beobachters bedarf. Es ist dann noch übrig die Chordenscale zu zeichnen, welche dem Radius oder dem Abstand der Punkte vom Mittelpunkt gleich ist. (Mayer zeichnet nun die Chordenscale wie einen verjüngten Maasstab mit Transversalen von 10 zu 10 Minuten. Die Grade werden auf ihr kleiner so wie die Winkel wachsen.) Es ist hinlänglich, wenn der Fehler der Scale nicht über 2 oder 3 Minuten geht; die kleineren Fehler werden durch einen andern Kunstgriff aufgehoben, von dem ich nachher reden will. (Qui enim minores sunt alio artificio caventur quod paulo inferius tradetur.)

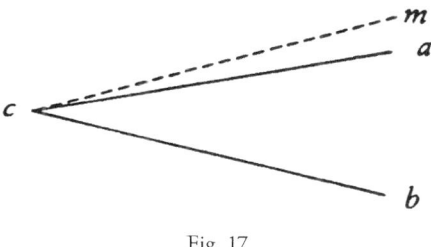

Fig. 17

Der Gebrauch dieses Instruments ist nun folgender (siehe Fig. 17): Es seyen die beyden Gegenstände a und b, deren Winkel aus dem Puncte c sollen gemessen werden, in dem das Instrument steht. Man drehe die untere Regel bis sie ungefehr nach a, z. B. nach m aber ausserhalb des Winkels stehe, und stelle sie dann mit der Preßschraube p auf dem Statiefe fest. Dann drehe man die obere Regel mit dem Lineale auf a, und messe mit dem Zirkel genau die Sehne, welche zwischen den beyden Puncten a und m liegt. Die Chordenscale gibt dann den Winkel, welchen man aufschreibt. Darauf drehe man das Fernrohr nach b, und messe abermals die Sehne, und mit dieser die Größe des Winkels,

Zieht man von diesem den erstgemessenen Winkel ab, so hat man die Größe des Winkels a c b.

Man kann auch zuerst die untere Regel etwa in die Mitte zwischen a und b richten, aber dann muß man nachher beyde Winkel addiren, um den wahren zu finden. Ist der zu messende Winkel größer als 90 Grad, so findet man ihn nicht mehr auf der Chordenscale, man mißt dann seine Ergänzung zu 180 Grad.

Auf diese einfache Weise kann man, wenn man etwas geschickt verfährt, nie mehr als drey Minuten irren. Diese Genauigkeit, obschon sie größer ist, als die der gewöhnlichen Instrumente von dieser Größe, würde doch bey größeren Entfernungen und bey geographischen Messungen nicht hinreichen. Ich mußte indess den einfachen Gebrauch des Instruments hier zeigen, damit nachher die allgemeine Methode, mit welcher man mit jedem Instrumente, das nur ein Fernrohr hat, jeden irdischen Winkel viel genauer messen kann, desto leichter verstanden werde.

Diese Methode besteht aber, damit ich es mit einem Worte sage, in der Verfielfachung der Winkel. (Haec vero methodus ut rem uno verbo dicam, in multiplicatione anguli consistit.) Denn, wenn man die Messung wiederholt, so erhält man das Vielfache vom Winkel, bey dem der Fehler von 2 oder 3 Minuten einen um so kleinern Einfluß hat, je öfter man wiederholt hat.

Vorausgesetzt, dass das Instrument noch in der Lage ist, in der es den Winkel zwischen a und b einfach gemessen hat, so löst man die Preßschraube p, und dreht das ganze Instrument links zurück, bis das Fernrohr auf a steht. Dann stellt man die Schraube p wieder fest, und dreht das Fernrohr mit seinem Lineal bis auf b. Der Winkel ist dann zweymal gemessen. Auf diese Weise wird er drey, vier, fünfmal gemessen, bis beyde Lineale ungefähr wieder so große Sehnen zwischen sich haben, als bey der ersten Messung. Nun mißt man die letzte Sehne wieder mit dem Cirkel, und addirt hierzu 360, 720 oder 1080 Grad, je nachdem man ein, zwey oder dreymal rund gemessen hat; dividirt man dieses nun mit der Anzahl Wiederholungen, so erfährt man die Größe des gemessenen Winkels a c b.

Damit man die Ordnung dieser Messungen leichter behalten könne, so merke man folgendes: So oft man auf den Gegenstand a sieht, dreht man das ganze Instrument, und die Oeffnung der Lineale bleibt unberührt. – Sieht man aber nach b, so ist das Instrument fest, und nur das obere Lineal bewegt sich mit dem Fernrohr. Die Anzahl der Wiederholungen ist zwar willkührlich, doch muß die obere Regel wenigstens 1 oder 2 oder 3mal den ganzen Kreis durchlaufen, damit der Fehler, welcher von der Exzentricität oder von den Fehlern in den Punkten herrühren, weniger gefühlt werde.

(Mayer gibt nun ein Beyspiel, wie ein Winkel von 64° 5' 50" mit sechs Wiederholungen gemessen werde. Beym Anfange der Messung machten beyde Lineale einen W. von 10°, beym Ende einen von 34° 35', nachdem sie einen ganzen Kreis durchlaufen. Also 360 + 34° 35' – 10° = 384° 35' und dieses mit 6 dividirt gibt 64° 5' 50". Auf der dazu gehörigen Kupfertafel sind diese sechs Wiederholungen mit sechs Figuren erläutert, so dass man sieht wie bey jeder Operation die Lineale standen.)

Wenn auch nun, fährt Mayer fort, auf der Chordenscale ein Fehler von 2 Minuten begangen worden, so ändert dieses die wahre Größe des Winkels nur um 20 Sek. Mit zehn oder zwölf Wiederholungen würde man die Genauigkeit noch weiter treiben. Doch würde es zu nichts dienen, wenn man mit dem Wiederholen noch weiter fortfahren sollte, weil dann andere Umstände eintreten, die es verhindern, dass man auf mehr als 10 bis 15 Sek. sicher seyn kann.

Denn es ist nicht allein der Fehler zu finden, den man auf der Chordenscale und beym Abnehmen mit dem Zirkel begeht, sondern noch ein anderer, der daraus entsteht, dass man das Fadenkreuz nicht genau mitten auf den Gegenstand richtet. (Error collimationis.) Doch ist dieser Fehler gewöhnlich kleiner als der erstere. Es wird indeß nicht unnütz seyn, die Natur und den Ursprung dieses Fehlers etwas genauer zu untersuchen, da er nicht allein auf dieses Instrument, sondern auf die ganze Anwendung der Mathematik einen so großen Einfluß hat. Was der ersteren betrift, den ich kurzweg den Fehler des Zirkels nennen will, so hat der zwey Ursachen, entweder ist die Sehne nicht genau genug abgegriffen, oder die Chordenscale ist fehlerhaft. Ist das letztere, so untersuche man diesen Fehler und mache sich hierüber ein Täfelchen. Dieses ist sicher und bequemer als eine neue Scale zu machen. Allein, wenn man auch diese verbessert, und alle Sorgfalt bey dem Abmessen mit dem Cirkel gebraucht, so bleiben doch noch Fehler übrig welche zu vermeiden wegen der Schwäche unserer Augen unmöglich ist.

Diese Fehler werden bey einem größeren Radius kleiner, weil dann die Theile alle größer werden. Bey unserem Instrumente, wo der Grad kaum eine Linie groß ist, ist es schon schwer, bis auf 1 oder 3 Minuten genau zu schätzen, und die Fehler können also durch Anhäufen bis auf 2 oder 5 Minuten gehen, wobey also nach 10 oder 12maligem wiederholen nicht mehr als 10 bis 12 Sek. gefehlt wird.

Was den Fehler des Visirens betrift, so sieht man leicht, dass dieser davon abhängt, unter welchem Winkel man noch deutlich sehen kann. Um diesen zu bestimmen, machte ich 10 schwarze Striche nebeneinander, die genau $2/10$ Linie von einander entfernt waren. Da ich beysichtig bin, so beobachtete ich sie mit einer Brille bis auf eine Entfernung von 30 Zoll, wo ich die weißen und schwarzen nicht mehr von einander unterscheiden konnte. Da nun in dieser Entfernung $2/10$ Linie dem Auge unter einem Winkel von 1' 54" erscheinen, so folgt daraus, dass man mit bloßem Auge keine Gegenstände mehr deutlich unterscheiden kann, sobald der Winkel kleiner als 2 M. (Minuten) wird. Dasselbe haben auch andere gefunden, deren Augen stärker waren als die meinigen. Dieses auf geometrische und astronomische Instrumente angewendet, so findet man, dass es

1) unmöglich ist, mit Instrumenten, die blos Dioptern haben, einen Winkel genauer als auf 2 Minuten zu messen, ihr Radius sey auch übrigens noch so groß. Da nun die Instrumente der alten Astronomen als Tycho, Hevel usw. blos Dioptern trugen, so braucht man sich nicht zu wundern, dass sie, ungeachtet aller angewandten Sorgfalt, doch so sehr abgewichen sind, wie man dieses findet, wenn man ihre Beobachtungen mit den neuern vergleicht.

2) Da ein Fernrohr die Gegenstände unter einem größeren Sehwinkel zeigt, und es daher den Fehler der Absehenslinie (error collimationis) der für bloße Augen 2 Min., oder 120 Sek. ist, um so mehr verringert, je mehr es vergrößert, und da die Vergrößerungen ungefähr im doppelten Verhältnisse der Länge des Fernrohrs abnehmen. Nehmen wir an, dass ein dreyfüßiges Fernrohr 20mal vergrößert (und mehr darf es bey irrdischen Gegenständen nicht wohl haben, wenn es hinlänglich Licht behalten soll) so wird dieser Fehler $^{120}/_{20}"$ = 6" seyn. Hierauf gründet sich folgende Tafel über den Collimationsfehler von Fernröhren von verschiedener Länge:

Länge in Par. Fuß   ½   1   2   3   6   12   20   30
Coll. Fehler   15" 10" 7" 5" 4" 3"   2"   1½"

Aus dieser Tafel ließ sich noch mehreres für Instrumente folgern die Fernröhre tragen, welches ich aber hier übergehe. Für meinen Zweck genügt es, hier gezeigt zu haben, dass bey einem Instrumente, wie das unsrige, dessen Fernrohr ungefähr 10 Zoll hat, der Collimationsfehler kaum 12 Sekunden ist. Und da beym Wiederholen das Fernrohr mehrmals auf denselben Gegenstand geht, so ist es wahrscheinlich, dass diese Fehler sich wenigstens zum Theil gegeneinander aufheben, dass sie bald rechts bald links fallen, und dass sie also auf den einfachen Winkel einen viel kleinern Einfluß haben. – Es kann daher oft zutreffen, dass derselbe Kunstgriff des Wiederholens, wodurch der unvermeidliche Fehler des Zirkels nach gefallen kann vermindert werden, auch den Collimationsfehler, der an sich schon sehr klein ist, entweder völlig aufhebt, oder doch wenigstens verringert.

(ER: Soweit Tobias Mayer bzw. Benzenberg).

Die mit seinem neuen Goniometer während der Jahre 1753 und 1754 angestellten Versuche ließen Mayer erstmalig erkennen, wie wichtig die Mängel des menschlichen Auges als ein weiterer, die Genauigkeit geodätischer Messungen begrenzender Faktor sind. Die Sichtbarkeit eines Objektes hängt von seiner Größe und Entfernung ab. Aber in beiden Fällen muss es einen bestimmten Grenzwinkel vom Auge des Beobachters aus erreichen, ehe es entdeckt werden kann. Mayers Versuchsziel war daher die Bestimmung dieses Grenzwertes der visuellen Wahrnehmung – des »terminum visionis« wie er ihn nannte – unter verschiedenen Beleuchtungsbedingungen und von Objekten unterschiedlicher Formen und Farben vor verschiedenen farbigen Hintergründen. Er stellte fest, dass chinesische Kreide auf einem weißen Hintergrund unter einem Winkel von 34" verschwommen und nicht wahrnehmbar wurde bei normalem Tageslicht in einem Raum, in den die Sonne durch das offene Fenster schien. Wenn dieses Objekt dagegen der grellen Sonne voll ausgesetzt war oder stattdessen in Tusche gestrichelte Figuren auf einem weißen Hintergrund benutzt wurden, war der Winkel im Allgemeinen größer, etwa zwischen 30" und 62". Sehr helles Licht ließ das Objekt nicht unbedingt deutlicher erscheinen. Versuche mit einer Talgkerze zeigten, dass sich der Grenzwinkel bei einer Helligkeitsminderung um einen Faktor 169 um das Zwei- und Dreifache erhöhte, was bedeutet, dass das menschliche Auge sich einem derart großen Helligkeitsbereich gut anpasst. Es stellte sich heraus, dass Tageslicht etwa 25 Mal stärker ist als das Licht einer Talgkerze bei einer Entfernung von 1 Fuß = 30,480 cm. Aus diesen Tatsachen folgerte Mayer, dass die visuellen Wahrnehmungsgrenzen für das bei Tageslicht beobachtete Tuscheobjekt 30" und für die bei Talglicht beobachtete gestrichelte Figur 2' 43" betrugen.

Diese Ergebnisse zeigten eindeutig, dass ein Goniometer für Nachtbeobachtungen und für die Messung von kleinen Winkeln unter 1' mit Fernrohren ausgestattet sein muss. Daher besaß Mayers Modell eines Spiegelkreisinstruments diese Vorrichtung zusätzlich zu seinem Prinzip der Repetitionswinkelmessung, die er eigens erfunden hatte, um den strengen Forderungen der Navigation auf See gerecht zu werden. Das Neue in Mayers Erfindung ist jedoch das Wiederholungsprinzip, weswegen sie mit Recht auch Wiederholungskreis genannt wird.

Die über zwanzig Jahre vorher von John Hadley entwickelte Neuerfindung am nautischen Quadranten, die auch bei Mayers Wiederholungskreis eine Rolle spielt, war die Möglichkeit, das doppelt reflektierte Himmelsobjekt gleichzeitig mit dem Horizont durch das Okular des Fernrohrs zu beobachten. Fig. 18 zeigt eine schematische Darstellung. Darin ist der Index-Spiegel auf dem Messarm befestigt und dreht sich mit ihm um dieselbe Achse. Theoretisch sollte er parallel zum festen Horizontspiegel sein, sobald die Marke am Ende des Messarms auf der in Elfenbein oder Messing gefassten Skala am Rand des Instrumentes auf Null steht; wenn nicht, kann die entsprechende instrumentelle Korrektion leicht bestimmt werden.

Die obere Hälfte des Horizontspiegels besteht aus klarem Glas, die untere ist mit einem Metallspiegel bedeckt, der das vom Indexspiegel bereits reflektierte Licht durch das Fernrohr in das Auge des Beobachters wirft. Aufgrund dieser Doppelreflexion ist der auf der Skala gemessene Winkel nur halb so groß wie der zwischen zwei Himmelskörpern beobachtete. Um also Höhen und Monddistanzen direkt ablesen zu können, wurde der 45° große Bogen von 0° bis 90° graduiert. Daher sprachen viele englische Astronomen und Seefahrer lieber vom Hadley-Quadranten, wogegen auf dem europäischen Festland das Wort Oktant

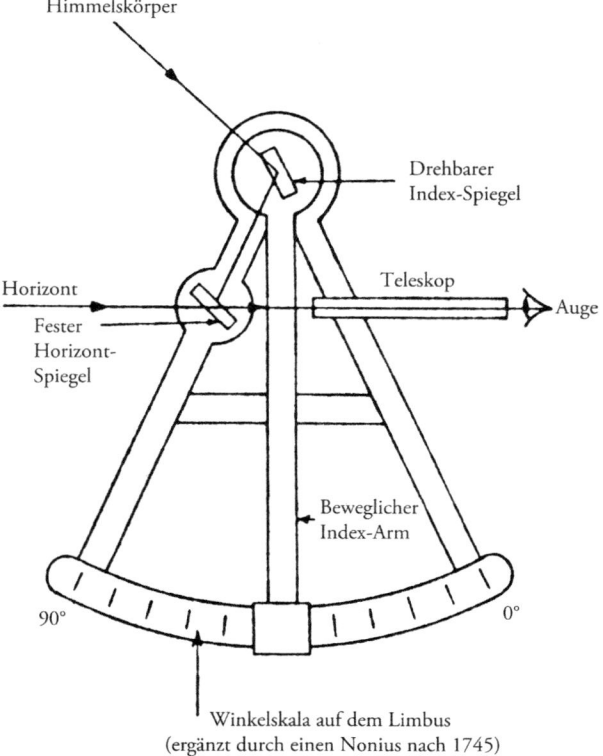

Fig. 18

allgemein gebräuchlich zu sein schien. Um die Höhe eines Himmelskörpers zu beobachten, musste der Seemann das Instrument senkrecht halten und den Ablesearm so weit vorwärts schieben, d. h. von ihm weg, bis er die Stellung erreichte, wo die doppelt reflektierten Lichtstrahlen des Körpers und die vom Horizont direkt einfallenden zusammenfielen. Der Skalenstand war die gesuchte Höhe. Die Winkeldistanz zwischen zwei beliebigen Himmelsobjekten (z. B. dem Mond und einem hellen Stern des Tierkreises) war ähnlich festzustellen, indem das Instrument in die von diesen beiden Objekten und dem Auge des Beobachters gebildeten Ebene geneigt wurde.

Der Hauptvorteil des Wiederholungskreises gegenüber dem gewöhnlichen Seefahrtsinstrument lag darin, dass dieser auch für die Messung von Winkeln über 90° leicht verwendbar war, wogegen bei Hadleys Quadrant noch ein zweiter Horizontalspiegel im rechten Winkel zum ersten zusätzlich angebracht werden musste, um dies zu erreichen. Die dadurch erreichte Rückbeobachtung erwies sich zwar als ganz nützlich bei Sonnenhöhenbeobachtungen, war aber weniger brauchbar für

Messungen der Monddistanzen. Bei Gebrauch des Wiederholungskreises zur Beobachtung des Winkels zwischen zwei Himmelskörpern, z. B. Mond und Sonne, musste zuerst der Zeiger des großen Spiegels auf der Skala auf Null gerückt, dann der das Fernrohr tragende Arm, auf dem der kleine Spiegel festmontiert ist, so weit gedreht werden, bis das von beiden Spiegeln reflektierte Bild einer Punktquelle (was ideal wäre) – in Praxis eines Sterns – und das direkt mit dem Auge Wahrgenommene sich decken. Das bedeutet, dass die Spiegel dann parallel sind. Der nächste Schritt bestand darin, die Kreisebene in die zu messende Ebene des Himmelswinkels zu bringen und das Instrument in dieser Ebene so lange zu drehen, bis das Fernrohr zum Mond ausgerichtet ist. Danach löste der Beobachter den Zeiger des größeren Spiegels und drehte ihn, bis das reflektierte Bild der Sonne im Fernrohr sichtbar wurde. Sobald die Ränder der beiden Körper sich berühren, wurde der Winkel gemessen. Nach mehrmaliger Wiederholung dieses Vorgangs ergab sich schließlich der Mittelwert des Winkels, indem die gesamte Gradzahl durch die Zahl der Messungen dividiert wurde.

Bereits im Sommer 1754 hatte Mayer es offenbar geschafft, eine in Theorie und Praxis zufriedenstellende Grundlage zur brauchbaren Anwendung der Monddistanzenmethode zur Bestimmung der Länge auf See zu entwickeln. Außerdem glaubte Euler, die Engländer wären durchaus geneigt, anzuerkennen, dass diese Erfindung den ausgesetzten Preis verdiente. Sollte Mayer eine solche Ehre zuteilwerden, würde dies natürlich in Göttingen der Georg-August-Universität, an der er Professor war, und der Sozietät der Wissenschaften, in deren Abhandlungen seine Tafeln und die Erklärung über die Brauchbarkeit der Längenbestimmung auf See veröffentlicht waren, hohes Ansehen verleihen.

Diese Überlegung veranlasste Johann David Michaelis, Sekretär für hannoversche Angelegenheiten in Göttingen, seinen Vetter William Philip Best, einen der Privatsekretäre des Königs Georg II., der sich normalerweise in London aufhielt, jedoch vorübergehend in Hannover zu tun hatte, in dieser Sache um Hilfe zu bitten. In einem Schreiben vom 14. August 1754 ersucht Michaelis, ein Exemplar des letzten Bandes der Göttinger ›Commentarii«, welcher Mayers verbesserte Mondtafeln enthielt, an den Präsidenten der Royal Society London, Georg, den zweiten Grafen von Macclesfield zu übersenden. Er hoffte, dass der Graf sich persönlich für die Interessen der Göttinger Sozietät der Wissenschaften einsetzen würde, die ihn erst kürzlich als auswärtiges Mitglied gewählt hatte. Keines der ordentlichen Mitglieder war kompetent genug, um die Bedeutung der Mondtafeln Mayers zu beurteilen, obwohl allgemein die Ansicht herrschte, dass er den vollen Preis von 20.000 Pfund verdiene. In einem Begleitschreiben an Gerlach Adolph von Münchhausen, der für die Beförderung seines offiziellen Schriftwechsels nach London sorgte, erwähnt Michaelis außerdem, dass Georg II. sicherlich erfreut sein würde, wenn einer seiner deutschen Untertanen von den Engländern einer solchen Belohnung für würdig gehalten würde, und dass gar Euler der Ansicht sei, Mayer habe den Preis verdient. In England müsste man sich jedoch hartnäckig für die Angelegenheit einsetzen.

Best versicherte Michaelis umgehend, dass die englischen Astronomen Mayers Talente gewiss schätzten und seine neuen Sonnen- und Mondtafeln für die genauesten hielten, die es je gegeben habe. Es bestehe jedoch noch eine gewisse Skepsis darüber, ob mit ihnen eine hinlänglich zuverlässige Bestimmung der Länge auf See erreicht werden könnte, und zwar genau aus dem Grund, aus dem Mayer selbst gezögert hatte, eine offizielle Bewerbung einzureichen, nämlich wegen der beim praktischen Messen der Monddistanzen auf See auftretenden Ungenauigkeiten. Dies war auch einer der Haupteinwände seitens des ehemaligen Präsidenten der Royal Society, Martin Foulkes, und des königlichen Astronomen James Bradley gewesen, als sie etwa fünf Jahre vorher die Verdienste eines ähnlichen, von Raphael Levi aus Hannover eingereichten Längenermittlungsverfahrens beurteilt hatten. Dieser jüdische Bewerber hatte jedoch fälschlicherweise angenommen, dass Keplers und Philippe de la Hires Sonnen- und Mondephemeriden eine hinreichende Berechnungsbasis für die Werte der üblichen Äquatorialkoordinaten der Sonne sowie des Mondes seien, und deshalb war es ihm im Gegensatz zu Mayer nicht gelungen, eine zuverlässige Alternative zu bieten. Mayers Skepsis beruhte hauptsächlich auf seiner klaren Erkenntnis der Tatsache, dass die erforderliche Voraussetzung für jede solche Beobachtung, dass nämlich die Ebene des Instrumentes sich mit der durch das Auge des Beobachters und die beiden Objekte, deren Winkelabstand gerade gemessen werden soll, decken musste, aufgrund der ständigen Bewegung des Schiffes kaum gegeben war. Überdies hatten die damals gebräuchlichen Hadley-Quadranten einen Radius zwischen 40 und 50 cm – ein Skalenteil von zwei Bogenminuten betrug also weniger als $3/100$ mm. Folglich ergaben sich Fehler dieser Größenordnung schnell, wenn ein Seefahrer versuchte, die Skala seines Instruments einzustellen und sie nach seiner Beobachtung abzulesen. Zwei weitere Fehlerquellen beim Gebrauch von Reflexionsinstrumenten dieser Art waren das Nicht-Gegebensein einer präzisen Parallelität zwischen dem Horizont und den Ablesespiegeln sowie die falsche Bestimmung des genauen Kontaktpunktes zwischen dem Bild eines Himmelkörpers und der direkten Wahrnehmung des andern, mit dem er zur Deckung gebracht wird. Solche Fehler konnten nur durch Wiederholung der gleichen Beobachtung und Verwendung des Mittelwertes der verschiedenen Resultate reduziert werden, in der Hoffnung, dass die Abweichungen nicht systematisch eintreten und sich gegenseitig etwa ausgleichen. Dennoch ergaben sie eine dem Verfahren eigene Unsicherheit, die allen mit Beobachtungen dieser Art Erfahrenen bekannt war – sei es für kartographische, astronomische oder für Navigationszwecke.

Wie bereits in Kapitel 4 erörtert, stand man jetzt in Göttingen vor der Frage, ob die Verhandlungen über Mayers Anspruch auf einen der Längenpreise fortgesetzt werden sollten oder nicht. Im August und September 1754 erhielt Mayer von der Berliner und von der St. Petersburger Akademie der Wissenschaften Angebote, und beide machten ihm verlockende finanzielle Zusagen. Anfang September entschied er sich für Berlin und reichte seine Kündigung ein. Es reizte ihn natürlicherweise die damit verbundene Aussicht, einmal dort mit einem bedeutenden Mathematiker wie Euler engen persönlichen Kontakt zu bekommen und zum anderen Direktor der Berliner Sternwarte und Herausgeber des Berliner Kalenders von Johann Kies zu werden, der gerade in seine Heimatstadt Tübingen umgesiedelt war. Aber aus den bereits erwähnten Gründen wurde Mayers Gesuch, Göttingen zu verlassen, von Georg II. abgelehnt. Der Hauptgrund bestand indessen wohl darin, dass seine weitere Anwesenheit in Göttingen der Universität und der Sozietät der Wissenschaften weiteres Ansehen verschaffen könnte, zumal beide ein Jahr vorher durch die Rückkehr Albrecht von Hallers in die Schweiz an Prestige verloren hatten. Deshalb wurde Mayer, wie schon dargelegt, gebeten, die Bedingungen zu nennen, unter denen er bleiben würde, und die Regierung in Hannover akzeptierte diese ausnahmslos, obwohl Mayers Forderung, alleiniger Direktor der neu erbauten Göttinger Sternwarte zu werden, von Münchhausen in die peinliche Lage versetzte, den angesehenen Professor J. A. Segner zu ersuchen, das Recht der Mitverwaltung dieser Institution abzutreten. Die Angelegenheit war innerhalb eines Monats offiziell geklärt, und Mayer blieb mit seiner Frau und seinen Kindern bis zu seinem vorzeitigen Tod am 20. Februar 1762 in Göttingen.

Michaelis, der im Zusammenhang mit Mayers Angelegenheiten mit von Münchhausen und dem hannoverschen Diplomaten C. L. Scheidt korrespondierte, konnte nun seine früheren Verhandlungen mit Best wieder aufnehmen, empfahl aber eine kurze Verzögerung, als dieser um die Vorlage einer offiziellen Bewerbung bei der Admiralität bat. Er wollte Mayer Zeit geben, die Beschreibung seiner Methode in Anbetracht möglicher Kritiken zu ergänzen, die nach ihrer Vorlage auf einer Sitzung der Göttinger Sozietät der Wissenschaften am 12. Oktober 1754 geübt werden könnten. Auch der Drucker, dem Mayers »Methodus longitudinum promota« bereits als Beitrag zum fünften Band der »Commentarii« vorlag, hätte sein Einverständnis geben müssen, dass die Beschreibung von Mayers Methode zurückgezogen würde, wenn sie stattdessen der Admiralität als Beweis eines Anspruchs auf den Längenpreis vorgelegt werden sollte. Der Drucker war aber tatsächlich hiermit nicht einverstanden, und als die Sozietät auf der Zurücknahme bestand, gab es eine bittere Auseinandersetzung, die zum Zusammenbruch der Beziehungen führte. Unterdessen zögerte Mayer, die im September 1754 von Best gestellte Bitte zu erfüllen, eine formelle Bewerbung zur Übermittlung an den Admiralitätssekretär John Cleveland in London zu schicken, denn er hatte Zweifel bezüglich der Voreingenommenheit seitens der Engländer gegenüber von Ausländern gestellten Ansprüchen und bezüglich der Anwendbarkeit seiner Methode auf See und die Gültigkeit seines Verfahrens mit einer durch Rechnung etwa bekannten Länge. Wenn man daran denkt, wie klein Göttingen war, kann man sich gut vorstellen, dass Mayer die Reaktion des Druckers auf die Zurückziehung seines Manuskripts für die Veröffentlichung im nächsten Band der »Commentarii« seitens der Sozietät genau kannte. Aus all diesen Gründen hing es also ganz von Michaelis ab, die Initiative zu ergreifen, und ihn bewegte einzig und allein der für Göttingen in Aussicht stehende Ruhm, sollte Mayer das große Glück haben, sich für die ausgesetzte Belohnung zu qualifizieren. Michaelis fügte seinem Brief vom 28. Oktober 1754 an Best neben den darin aufgeführten Unterlagen noch folgendes undatierte, von Mayer ursprünglich in Englisch abgefasste Schreiben bei:

Meine Herren! Nachdem ich durch unermüdlichen Fleiß und große Mühe die Längenbestimmung auf See entdeckt habe, erlaube ich mir ergebenst, Ihren Lordschaften meine Erfindung in den beigefügten Unterlagen zu unterbreiten; es sind:
 1. meine neuen Mondtafeln,
 2. ein Manuskript, in dem die Methode zur Bestimmung der Länge auf See nach besagten Tafeln erklärt ist.
 Und da ich mich als berechtigt halte für die Belohnung, die laut Parlamentsbeschluss im 12. Regierungsjahr der Königin Anne, der sogenannten Verfügung zur Verleihung einer öffentlichen Belohnung an die Person oder Personen, welche die Länge auf See entdecken, gewährt wird, übermittle ich ergebendst die oben erwähnten Unterlagen zur näheren Erkundung und Prüfung Ihrer Lordschaften ohne zu zweifeln, dass sie sich als korrekt und anwendbar erweisen werden. Demgemäß hoffe ich auf die laut genannter Parlamentsverordnung zugestandene Belohnung und bin untertänigst Ihrer Lordschaften ergebenster & gehorsamster Diener Tob.s Mayer

Best übergab diese Unterlagen unverzüglich dem Grafen von Macclesfield, der empfahl, das Manuskript »Methodus longitudium promota« zuerst Dr. James Bradley zu senden, um sein fachliches Gutachten darüber zu erhalten. Sollte dieser die Methode für aussichtsreich halten, dann könnte Best sich bei der Admiralität danach erkundigen, wie die Methode zu prüfen sei, was eine Voraussetzung zur Erlangung des Längenpreises war. Von Münchhausen hatte seinerseits Lord Anson, den ersten Vorsitzenden der Admiralität, und den König selbst über die Sachlage informiert. Daraufhin wurde eine Besprechung zwischen Best, Bradley und dem Grafen von Macclesfield im Schloss Shirburn, dem Wohnsitz des Grafen, für Mitte November arrangiert. Bradley lobte die Genauigkeit der Tafeln Mayers und schlug vor, sie der Admiralität zur offiziellen Prüfung vorzulegen. Die Frage der Brauchbarkeit des vorgeschlagenen Wiederholungskreises für Beobachtungen auf See wurde zu diesem Zeitpunkt als weniger wichtig betrachtet und folglich zunächst aufgeschoben. Weil Mayer aber 1754 ausdrücklich darauf hingewiesen hatte, dass er seine früher veröffentlichten Mondtafeln noch verbessert hätte, hatte er sich selbst dem Zwang ausgesetzt, seine ergänzenden Berechnungen zu unterbreiten und die Grundsätze, auf denen sie aufgebaut waren, zu erläutern. Das bedeutete eine kleine Verzögerung, die aber seinen Anspruch nicht schmälern würde.

Mayer war von dieser zusätzlichen Arbeit nicht begeistert, vor allem, weil die Änderungen seiner Tafeln völlig auf Beobachtungen beruhten und sich für eine genaue theoretische Untersuchung nicht eigneten. Seiner Ansicht nach wäre es eine positivere Tauglichkeitsprüfung seiner Tafeln, nach ihnen angestellte Berechnungen mit Beobachtungen zu vergleichen; andere stünden dann vor der Aufgabe, neue Daten für diesen Zweck zu besorgen. Deshalb weigerte er sich zunächst, Bradleys Rat zu befolgen. Nachdem Best mehrere Wochen vergeblich auf weitere Anweisungen von Michaelis gewartet hatte, fühlte er sich verpflichtet, ein versiegeltes Paket mit Mayers Antrag, den Mondtafeln und seiner lateinisch geschriebenen Methodenbeschreibung am 20. Januar 1755 Lord Anson zu übergeben. Schließlich gelang es Michaelis, Mayer zu überreden, die erforderlichen Berechnungen anzustellen und die Grundlagen, auf denen sie basierten, niederzuschreiben. Der als geschickter Instrumentenbauamateur bekannte Stadtrat F. L. Kampe fand sich bereit, ein Holzmodell des Wiederholungskreises zu bauen und als Unterstützung zu Mayers Antrag nach London zu schicken. Mayer war dagegen, weil nach seiner Ansicht Lord Anson einen geschulten Handwerker in London beauftragen sollte, ein viel besseres Messingmodell unter Aufsicht von jemandem wie Bradley herzustellen, der wusste, was getan werden musste. Schließlich willigte er zögernd ein, den Kreisrand des Instrumentes zu kalibrieren, mit dessen Bau Kampe begonnen hatte. Dieser war aber durch seine Amtspflichten, wozu die Finanzierung eines konkreten Wohnprojekts zur Beschaffung von mehr Zimmern für die zunehmende Studentenzahl an der Universität gehörte, derart überlastet, dass er die übernommene Arbeit nicht zu Ende bringen konnte. Mayer übergab das Instrument (Abb.-Tafel 13) am 13. November 1755 Michaelis, der es auf dem üblichen diplomatischen Weg unverzüglich nach London befördern ließ. John Bird baute zwei kleine Messingexemplare davon, die der Kapitän John Campbell kurz nach Ausbruch des Siebenjährigen Krieges auf See prüfte. Danach zog man den Schluss, dass Mayers Kreis schwieriger zu handhaben wäre, als Hadleys Quadrant und gegenüber diesem geliebten Instrument keine Vorteile biete. Immerhin hat die Kombination der jeweiligen Vorteile beider Instrumente Campbell offenbar veranlasst, ein Jahr später nach Abschluss der Seetauglichkeitsprüfungen den nautischen Sextanten zu erfinden. Die Ausdehnung des Bogens auf 60 Grad machte die Anpassung zur Rückbeobachtung am Hadley-Quadranten überflüssig. Der nach Campbells Spezifikation von John Bird besonders angefertigte 40 cm Radius große Messingsextant entsprach dem Durchmesser des von Mayer 1755 fertiggestellten und dem Längenbüro übermittelten Holzkreises. Die von Bird bei der Bogengraduierung des Sextanten angewandte Sorgfalt und

Präzision bot eine angemessene Garantie gegen Kollimations- und Exzentrizitätsfehler, die Mayers Wiederholungsprinzip verhindern sollte. Dies ist einer der Gründe, weshalb der Wiederholungskreis 30 Jahre nach seiner Erfindung überholt war. Die zunehmende Genauigkeit bei der Gradeinteilung von Kreisbögen und linearen Skalen, die mit Jesse Ramsdens Teilungsmaschine erreicht wurde, bedeutete, dass seit den späten 1770er Jahren ein Sextant, dessen Radius halb so groß war wie der des Campbell-Instruments eine vergleichbare Genauigkeit liefern konnte. Diese Erfindung und die übrigen weniger grundlegenden Verbesserungen bei der Konstruktion und Herstellung des Sextanten, nämlich die nicht anlaufenden, versilberten Spiegeloberflächen, die Filter zur Reduzierung der Sonnenblendung, eine seitliche Schraube zur Feinjustierung, eine Vergrößerungslinse, einem drehbaren Anzeige- bzw. Horizontalspiegel und ein künstlicher Horizont zur Beobachtung bei dunstigem Wetter, das alles trug zur Leistung und Vielseitigkeit des nautischen Sextanten bei und bedeutete schließlich Anfang des neunzehnten Jahrhunderts das Ende des Wiederholungskreises.

Man kann diesen Abschnitt der Beiträge Mayers zur Kunst der Winkelmessung nicht abschließen, ohne zu erwähnen, wie er das Astrolab verbesserte, um damit genaue Feldmessungen durchführen zu können. Die im unvollendeten Konzept für seinen Vortrag am 8. September 1759 vor der Göttinger Sozietät enthaltene Beschreibung dieses Instruments offenbart, dass seine Verbesserungen in weiser Voraussicht geplant waren, um genau die gleichen Fehler zu beseitigen bzw. weitgehend zu reduzieren, die bei seinen Erd- und Himmelswinkelmessverfahren auftraten, nämlich Zirkel- und Kollimationsfehler. Erstere beziehen sich nur auf sein Goniometer, das eine eingravierte Sehnenskala hatte, von der Winkel mit einem Zirkel gemessen wurden. Aber der Kollimationsfehler entsteht, wenn das Fadenkreuz des Fernrohrs nicht genau auf den Mittelpunkt der Objekte zentriert ist, und tritt folglich bei diesem Instrument und auch beim Wiederholungskreis auf. Bei Anwendung des Wiederholungsprinzips besteht der zusätzliche Vorteil, dass der Exzentrizitätsfehler weitgehend ausgeschaltet wird, der entsteht, wenn das Krümmungszentrum des äußeren Kreises und die Rotationsachse des Beobachtungsfernrohrs nicht zusammenfallen. Das Folgende ist eine Übersetzung des oben erwähnten lateinischen Manuskripts und Abb.-Tafel 12 zeigt die entsprechende graphische Darstellung dazu.

> Die Fehler in der mathematischen und besonders der geometrischen Praxis sind so mannigfaltig, dass eine neue Fehlerart häufig von denen bemerkt wird, die versuchen, theoretische Erkenntnis mit wiederholten praktischen Verfahren zu kombinieren. Und niemand wird es leicht finden, alle einzelnen Gründe der Fehler zu entdecken, geschweige denn, Wege zu ihrer Eliminierung zu schaffen. Aber solange es Unvollkommenheit in menschlichen Angelegenheiten gibt, werden nicht nur Mathematiker, sondern jeder, der es unternimmt, diese

Energien in irgendeine Fertigkeit zu leiten, die Gelegenheit haben, sich diesem Fach zu widmen. Ich habe nie eine Gelegenheit gehabt, in dieser Sozietät die verschiedenen Arten der Fehler zu diskutieren, die in der mathematischen Praxis vorkommen. Meine Furcht, zu viel über dieses Thema zu sagen, ist so gering, dass ich nicht zögern werde, die gleiche Problematik bei einer anderen Gelegenheit mit Ihnen, meine Herren, als nicht unwillige Zuhörer zu diskutieren.

Mit ihrer Erlaubnis führe ich ein neues, oder, um es in bescheidenere Worte zu kleiden, eine genauere Art Astrolabium vor. Neben vielen praktischen Vorteilen, die es hat, ist dieses neue Modell gut geeignet, gewisse Fehler zu korrigieren, denen bisher nicht genug Aufmerksamkeit geschenkt wurde. Ehe ich mit einer Beschreibung des Instrumentes selbst beginne, wird es nützlich sein, so kurz wie möglich auf Quelle und Ursache dieser Fehler hinzuweisen.

Nehmen wir an, dass irgendein Winkel, der sich an einem Punkt durch Linien erstreckt, zu zwei Objekten A und B mit einem Astrolabium oder ähnlichem Instrument gemessen werden soll. Wenn das Instrument auf jenen Ruhepunkt und seine Ebene auf die Ebene des zu messenden Winkels gelegt wird, gibt es notwendigerweise eine doppelte Bewegung; erstens muss das ganze Instrument so gedreht werden, dass eines der Objekte A entweder durch den festen Diopter zu sehen ist oder durch die Alhidade, die über die erste Gradeinteilung gelegt wird. Wenn dann das Instrument in dieser Position festgeklemmt ist, muss nur die Alhidade bewegt und auf das andere Objekt B gerichtet werden. Beide Bewegungen sind so durchzuführen, dass, wenn eine Anvisierung erforderlich ist, entweder die Position des ganzen Instrumentes oder nur die der Alhidade, die als Ergebnis dieser Bewegung erzielt wurde, festgehalten werden kann. Kurz gesagt: das ganze Instrument einschließlich der Alhidade und die Alhidade allein, müssen in der festen Ebene drehbar sein, ohne das Instrument aus dieser Ebene oder vom Fixpunkt weg zu bewegen.

Aber die allgemeine Konstruktion von Astrolabien ist so, dass die erste dieser Bewegungen, d. h. die des ganzen Instrumentes, erreicht wird, indem man es mit Hilfe einer freien Hand rund um eine Achse dreht, deren Lager weiter oben aufhört. Wenn es geklemmt werden muss, gibt es dafür eine Schraube in dem kleinen Rohr, das die Achse trägt. Ist diese festgeschraubt, klemmt sie das Instrument in beiden Positionen. Aber in Wirklichkeit ist es normalerweise so, dass, wenn wir die Schraube mit der Hand drehen und mit der erforderlichen Stärke anziehen, die Position des Instrumentes wieder gestört ist, und wird die Hand weggenommen, ist das Objekt nicht mehr genau im Diopter zu sehen. Deshalb muss die Schraube gelöst und wieder angezogen werden, und dieser gleiche Vorgang ist so lange zu wiederholen, bis man schließlich eher durch Zufall als durch Geschick die gesuchte Position erreicht. Jeder erkennt, dass auf diese Weise für jeden, der in der Geometrie sorgfältig und fleißig ist, viel Zeit verloren geht und dass viele Fehler von denen gemacht werden, die ungeduldig und in Eile sind.

Und die Situation ist genau so für die andere Bewegung, bei der die Alhidade allein auf ihr Objekt gerichtet werden muss; denn durch ihr Drehen um das Zentrum, das festgehalten werden muss, entstehen größere Fehler. Es gibt nichts, um die zitternde Hand zu stützen und zu führen, und es ist möglich, dass der Diopter von der Hand zu weit verschoben wird, wenn er nahe seiner eigenen Position scheint. Ein neuer Versuch ist erforderlich, ihn zurückzuschieben, und der könnte wieder schief gehen.

Und so bemühte ich mich, diese Nachteile und Fehler durch den Bau eines Instrumentes dadurch zu beheben, dass der Druck der freien Hand bei beiden Bewegungen nicht nötig ist, sondern nur, um eine ungefähre Position zu erreichen. Alles andere, was hohe Genauigkeit erfordert, wird erreicht durch Verstellen der Regulierschraube. Aber ich muss systematisch vorgehen und die einzelnen Teile des Instrumentes beschreiben, so dass man die Methode richtig verstehen und das gewünschte Resultat mit dem neuen Instrument erreichen kann.

Die einzelnen Teile des Instrumentes sind zu ihrer Betrachtung auf beiliegender Abbildung (Abb.-Tafel 12) einzeln dargestellt, und zwar in der Reihenfolge, in der sie eines nach dem andern übereinander anzuordnen sind; es beginnt mit den untersten Teilen: Segment A über dem Träger mit seiner Achse B. Um das zu erreichen, ist Teil C des Instrumentes tiefer in Rohr D eingesetzt, geht aber weiter hoch bis zur Linie FG. Die Schraube E ist im Rohr D zu sehen. Sie dient dazu, indem man sie anzieht, die erste Bewegung festzuhalten, nachdem die gewünschte Position in etwa gefunden ist. Wenn man die andere Schraube, HI, dreht, kreuzt sie die Apertur K in der Projektion der Sichtlinie FG ein wenig uneingeschränkter, als es die Starrheit der Schraube erlaubt. Im Hauptteil des Instrumentes (d. h. im dem Kreis LL entsprechenden) befindet sich eine Schraubenmutter M, die in ähnlicher Projektion geschnitten ist. Wir benutzen diese Schraube, um die Näherungsposition zu korrigieren; denn das Resultat dieser Veränderung ist, dass das ganze Instrument sich um sein eigenes Zentrum in einer sehr langsamen und leichten Bewegung dreht. Ausgenommen ist nur der unterste Teil C, dessen gleichzeitige Bewegung die Schraube E verhindert. Und so ist es einfach für den Diopter, das Objekt, auf das er gerichtet wird, so genau wie möglich einzustellen. Beim Anziehen der Schraube HI geht das Instrument wirklich nach rechts, aber beim Lockern der Schraube wird es vorwärts gezogen nach links durch die Stärke des Gummibandes N, das zu diesem Zweck an der Seite der Linie GF eingesetzt wurde ...

So ist Mayers Astrolab eigentlich in jeder Hinsicht eine einfache Ausführung eines Theodoliten, den man mit Hilfe der Wasserwaage zur Beobachtung kleiner

Höhen benutzen kann, obwohl er in erster Linie zur azimutalen Winkelmessung angewandt wurde. Hatte man das Instrument einmal parallel zur Horizontebene ausgerichtet, konnte es anhand der Schraube an der unteren Kreisplatte gedreht werden, bis das Fernrohr auf eines der beiden Objekte gerichtet war, deren Winkelabstand gesucht wurde, wobei die präzise Einstellung den Kollimationsfehler außerordentlich reduzierte. Die zweite Schraube auf dem beweglichen Diopterarm diente als Mikrometer und ermöglichte das Anvisieren des anderen Objektes mit der Genauigkeit eines Bruchteils einer Bogenminute. Auf diese Weise glich Mayer die normalerweise beim Ausrichten des Astrolabs mit der Hand auftretenden Fehler durch das Einsetzen der beiden Schrauben aus, nämlich die Fehler, die sich ergeben durch ein Auseinanderfallen der Ebene des zu messenden Winkels von der des Horizonts, und die Fehler des Punktes, in dem der Winkel gemessen wird (Exzentrizitätsfehler).

Die mit seinem neuen Goniometer angestellten und bereits erwähnten Experimente zur Prüfung des Auflösungsvermögens des menschlichen Auges überzeugten Mayer anscheinend davon, dass die Ablesegenauigkeit der Zeigerposition auf dem Skalenteil merklich verbessert würde, wenn ein auf den Rand des Astrolabs eingestelltes Vergrößerungsglas auf dem das Fernrohr tragenden Arm montiert wäre. Obwohl auf diese Verbesserung in der Vortragszusammenfassung, die in den »Göttinger gelehrten Anzeigen vom 22. September 1759« erschien, hingewiesen wird, erwähnt Mayer sie in seinem Manuskriptentwurf nicht. Zwei prinzipielle Nachteile dieses Instruments sind, dass ihm das Reflexionsverfahren nicht zugrunde liegt, und dass es in erster Linie zur Azimutwinkelmessung zwischen irdischen Objekten gedacht war. Daher ist es für astronomische Beobachtungen ungeeignet und ist offensichtlich eine von Mayers weniger vielseitigen Erfindungen. Es könnte nie die Funktionen eines Wiederholungskreises ausüben, wogegen dieser das verbesserte Astrolab ersetzen könnte.

Zu den ersten, die Mayers Kreis teilweise modifizierten, gehörte der Franzose Jean Charles Borda. Er fand, dass viel Zeit verloren gehe, weil zwei Arbeitsvorgänge für jede einzelne Winkelmessung nötig waren, und dadurch eine Berücksichtigung für die Bewegung des Himmelskörpers bzw. beider Körper während des Intervalls erforderlich sein könnte. Deshalb bestand Bordas Hauptänderung darin, den Horizontspiegel an die Peripherie des Kreises zu setzen, so dass in den zwei Arbeitsgängen ein Doppelbogen gemessen wurde. Er reduzierte ferner die Kreisgröße und brachte einen Traggriff an. Borda arbeitete zwölf Jahre an der Vervollkommnung seiner Version dieses Instruments, stellte Hilfstabellen zur Reduktion der Höhenbeobachtungen auf den Nordsüdmeridian auf und glich kleinere Instrumentenfehler aus. Dann veröffentlichte er die Ergebnisse seiner Arbeit unter dem Titel »Description et usage du Cercle de Réflexion« (Paris 1787). Um die Doppelwinkel mit Bordas Modell (Abb.-Tafel 14) zu messen, brauchten die beiden Spiegel nicht parallel zu sein. Trotzdem hielt der Londoner Instrumentenbauer

Edward Troughton dies aus folgenden Gründen für unzulänglich: Es war nicht stabil genug, das Fernrohr saß möglicherweise nicht parallel zum Instrument, die Sonnenspiegel konnten nicht schnell genug ausgewechselt werden, auf der oberen Seite befand sich kein Griff für Beobachtungen in umgekehrter Lage, und die einseitige Nonieneinteilung ließ keine genaue Korrektion des Exzentrizitätsfehlers zu. Die hervorragendste Eigenschaft an Troughtons eigenem Modell waren drei Nonien mit sechs Ablesungen an sechs Punkten gleichen Abstands um den Kreisrand, wodurch Verwindungs- oder Exzentrizitätsfehler eliminiert wurden. Eine detaillierte Beschreibung dieses Instrumentes befindet sich beispielsweise in der »Cyclopedia« (London 1819) von Abraham Rees oder in der »Intoduction to practical Astonomy 2« (London 1829) von Pfarrer William Pearson, wo es eindeutig als Reflexionskreis beschrieben ist, weil ihm kein Wiederholungsprinzip zugrunde liegt. Ironischerweise machten die von Borda bzw. Troughton vorgenommenen Änderungen Mayers Kreis noch weniger geeignet für Messungen auf See – wofür er eigentlich vorgesehen war – aber bequemer für terrestrische Winkelmessung, von der er ursprünglich herstammte.

Kapitel 8
Der Praktische Astronom

Es besteht eine enge Verbindung zwischen den Instrumentenfehlern, die Mayer – wie im vorangegangenen Kapitel beschrieben – in seinem verbesserten Entwurf des Goniometers, des Wiederholungskreises und des Astrolabs, zu eliminieren versuchte und denen, die beim Bau und der Justierung eines Mauerquadranten auftreten. Der einzige Unterschied ist, dass beim Mauerquadranten die Winkelmessungen völlig auf die vertikale Ebene begrenzt sind. Kurz nach Erhalt des von Bird gebauten, 1,80 m-Durchmesser großen Mauerquadranten (Tafel 15), brachte Mayer ihn sorgfältig an einer dafür besonders errichteten Mauer an, wobei er ihn zuerst in die Meridianebene einstellte. Sobald der vertikale Radius des Quadranten mit Hilfe eines Lots in eine offensichtlich richtige und angemessene Position gerückt war, überprüfte er wiederholt die Ausrichtung des horizontalen Radius an verschiedenen Tagen, bis er ganz sicher war, dass dieser immer parallel zum Horizont stand, wenn der vertikale Radius auf den Zenit zeigte und dass in dieser Hinsicht keine Korrektion mehr nötig schien.

Als nächstes prüfte Mayer, ob die Gesichtslinie des Beobachtungsfernrohrs, das als beweglicher Diopterarm diente, parallel war zur Linie, die durch den Mittelpunkt des Quadranten und den der Messskala ging, bzw., ob diese Linie genau auf den Zenit lief, wenn der Anzeiger, bzw. der Anfang der Skalenteilung, auf den Nullpunkt der Skala am Gradbogen zeigte. Er stellte fest, dass sich dafür die den praktizierenden Astronomen jener Zeit bekannte Methode des ›Umlegens des Instruments um den Zenit‹ am besten eignete. Dabei drehte man das Instrument um und beobachtete einen bestimmten Stern nahe des Zenits zwei Mal. Nach Beobachtung der Zenitdistanzen bestimmter Sterne im Sternbild Drachen stellte er den Quadranten am 21. Juli aus der südlichen Richtung, in der er bis dahin gestanden hatte, nach Norden um. Dabei entdeckte er im Zylinder, um den sich das Fernrohr drehte, einen Fehler, nämlich dass die Schrauben, die den Rahmen des Quadranten straff und unveränderlich halten sollten, locker waren. Er schloss dies aus der Tatsache, dass die Zenitdistanzen desselben Sterns nach Anziehen der Schrauben 5" kleiner waren als vorher. Am 6. August stellte er den Quadranten wieder in die frühere Position nach Süden um und beobachtete dieselben Sterne noch einmal. Die Analyse dieser Beobachtungsreihen ergaben schließlich, dass die mit dem Instrument gemessenen Zenitdistanzen um 2" größer waren als sie sein sollten, und Mayer zog diesen Wert von seinen künftigen Beobachtungen ab.

Bezüglich der Fehler in den Skalenteilungen überzeugten ihn wiederholte Untersuchungen an verschiedenen Punkten entlang des Randes, dass diese völlig zu vernachlässigen waren. Dies war Birds geschickter Facharbeit und seiner speziellen Art der Gradeinteilung des Quadranten unter Verwendung dreier unabhängiger Skalen zuzuschreiben. Davon enthielt die erste, und zwar die innerste normale Grade, also 90° für ein Viertel des Kreisumfangs. Jeder dieser Grade war unterteilt in 5'-Intervalle und außerdem mittels eines nach dem Erfinder benannten Nonius in 30". Mit Hilfe eines über der Skala angebrachten Mikroskops konnten kleinere Winkel visuell geschätzt werden. Die mittlere Skalenteilung bestand aus 96 Unterteilungen innerhalb desselben 90-Grad-Bogens, wovon jede durch dünne Punktierungslinien in 16 kleinere aufgeteilt war. Durch eine Feineinstellschraube, die den gleichen Zweck erfüllte wie ein Mikrometer, konnten sogar einzelne Sekunden wahrgenommen werden. Die dritte, also die äußere Skala war ähnlich der mittleren, nur, dass die Unterteilungen aus Linien statt Punkten bestanden. Auch mit ihr konnten unter Verwendung der Noniusmethode 16 kleinere Intervalle und deren 10 Unterteilungen mit einem Mikroskop visuell geschätzt werden. Mayer zog es vor, nur die äußerste Skala zu benutzen, die er genauer fand als die innerste und leichter zu handhaben als die mittlere, denn das Drehen der Mikrometerschraube und das Zählen der Teilstriche nahm zu viel Zeit in Anspruch, wenn er Durchgänge von Sternen beobachtete, die schnell nacheinander kulminierten. Die Tatsache, dass die äußerste Teilung sich stets 4,5" näher zum Zenit befand als die innerste, war eher auf die Nichtkollinearität der Indizes und des Mittelpunktes vom Quadranten als auf eine Ungleichheit der Teilungen zurückzuführen. Die korrekte Einstellung des Mittelpunktes war garantiert durch die Tatsache, dass das sich drehende Fernrohr Kreise beschrieb, die genau parallel zu denen auf dem Kreisbogen waren. So waren die üblichen Fehler an Instrumenten dieser Art alle geprüft und korrigiert worden.

Mayer entdeckte indes eine andere Fehlerart, die bisher niemand quantitativ bestimmt hatte und die er zum ersten Mal auf einer Sitzung der Göttinger Sozietät am 6. November 1756 öffentlich bekanntgab, als er einen Auszug seiner bis zu dieser Zeit an der Göttinger Sternwarte angestellten Beobachtungen vorlegte.

Der Fehler entstand durch das Verziehen eines Quadranten, was bei Holzinstrumenten sehr stark sein konnte und, obwohl er sehr viel kleiner war bei solchen mit Messingrahmen, beeinträchtigte er trotzdem noch die Genauigkeit solch feiner Messungen, wie Mayer sie bereits durchgeführt hatte, und war viel schwieriger zu bestimmen. Die Auswirkung des Verziehens war, dass die optische Achse des Fernrohrs sich abhängig davon, ob die Oberfläche des Randes konvex oder konkav war, entweder einen größeren oder kleineren Bogen als der vom Index auf dem Bogenkreis angezeigten beschreiben würde. In seiner auf Latein geschriebenen Vorlesung darüber, die 1775 posthum veröffentlicht wurde, erklärt er dies folgendermaßen:

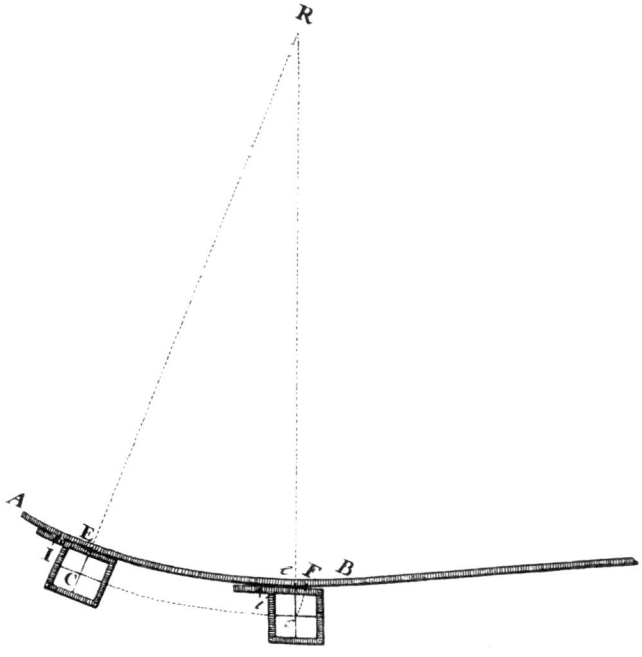

Fig. 19

Laßt uns annehmen, in Fig. 19 sei AB der defekte Teil des Randes, so dass er auf der einen Seite, auf der der Tubus liegt, konvex ist. C ist der Punkt in der Brennebene des Teleskops, in dem sich die Fadenkreuz-Fäden schneiden; und I ist der Index. Wenn daher der Übergang des Fadenkreuzes von C nach c begleitet ist von einer Bewegung Cc parallel zum Rand AB, so überstreicht der Index auf dem Rand den Weg Ii. Wenn ferner CE und ce die Senkrechten von C und c auf dem Rand sind, so ist IE = ie, und der vom Index zurückgelegte Weg Ii ist gleich dem Abstand Ee, aber wegen der gekrümmten Parallelen ist dies kleiner als Cc. Hieraus lässt sich leicht folgern, dass aus diesem Grund die vom Instrument angezeigte Zenitdistanz kleiner ist als die wahre, und zwar um den Betrag eF, da cF parallel zu CE ist. Ganz analog ergibt sich das Gegenteil, wenn der Rand irgendwo konkav ist, dies würde Zenitdistanzen ergeben, die größer sind als die wahren Werte.

Mayer illustriert diesen Fehler durch ein Beispiel, indem er ER und eR als Normale annimmt, die von zwei beliebigen Punkten E und e auf dem Kreisbogen ausgehen und sich in R schneiden (Fig. 19). Weil cF parallel zu CR ist, gilt annähernd ce: eF = Re: eE; folglich ist der Fehler: eF = eE ce/Re. Er schließt dann, dass wenn eR 10.000-mal größer als ec und der Bogen Ee = 30° ist, eF = 108.000"/ 10.000 = 11" näherungsweise. Da sich auf Birds Quadrant c 1 ¼ Zoll (etwa 3,2 cm) vom Rand befindet, ist das Krümmungszentrum von Ee, nämlich der Punkt R mehr als 1000 Fuß (300 m) vom Rand entfernt. Nehmen wir an, die Krümmung sei ein Kreis, dann weicht der Rand nur um ¹⁄₁₀₀₀ Fuß von einer genauen Ebene in der mittleren Position (G) zwischen E und e ab (Fig. 20).

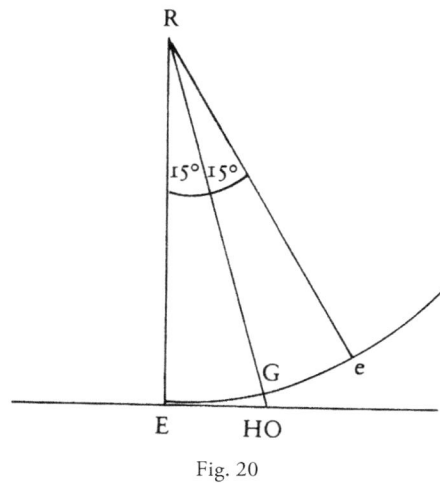

Fig. 20

Die bei der Zenitdistanz festgestellten Fehler waren jedoch 5-mal kleiner als der hier berechnete Wert, was bedeutet, dass der Göttinger Mauerquadrant nirgendwo um mehr als 0,002 Zoll (0,005 cm) von einer Ebene abwich.

Mayer stellte eine Fehlertabelle seiner beobachteten Zenitdistanzen mit Intervallen von 1 Grad über den gesamten geteilten Bogen seines Quadranten auf. Obwohl stets < 3", zeigten diese Fehler doch einen systematischen Gang, den er als Beweis für eine leichte konvexe Krümmung des Bogenkreises seines Quadranten bei etwa 24° und eine leichte konkave Krümmung zwischen 60° und 90° deutete.

Es gab freilich noch eine andere mögliche Erklärung dieses Phänomens, nämlich als Folge irregulärer Variationen in der astronomischen Refraktion. Da diese ebenso von Temperatur- und Feuchtigkeitsänderungen abhängen, ist es schwierig, zwischen physikalischen und instrumentellen Effekten zu unterscheiden. Seit seiner Ankunft in Göttingen hatte Mayer sein »Programma de refractionibus objectorum terrestrium« mit dem Ziel verfolgt, eine quantitative Beziehung zwischen der Refraktion und der Luftdichte herzustellen. Er schreibt in einem auf den 6. Januar 1752 datierten Brief an Euler, dass er dieses Phänomen auf jede nur mögliche Weise untersucht habe, aber die beste Übereinstimmung zwischen Theorie und Beobachtung unter Voraussetzung einer linearen Beziehung zwischen der Luftdichte und der Höhe über dem Meeresspiegel gefunden – obwohl ein solches Gesetz im offenen Gegensatz zur Wirklichkeit zu stehen scheine. Er erwähnt auch, dass er sich von Pierre Bouguers Preisschrift »Sur les réfractions astronomiques dans la zone torride« (veröffentlicht in »l'Histoire de l'Académie Royale des Sciences, Année MDCCXXXIX« Paris), als er diese vor zehn Jahren in Stuttgart gelesen habe – wahrscheinlich kurz vor seinem Umzug von Esslingen nach Augsburg – Notizen gemacht hätte und zwischen seiner eigenen Formel und einer Näherungsformel von Bouguer eine große Ähnlichkeit entdeckt hätte, obwohl sie beide ihre Formel unabhängig voneinander entwickelt hätten. In einem Nachtrag zu diesem Brief erklärt Mayer ohne Beweisführung, dass seine Formel für die astronomische Refraktion r in Bogensekunden folgendermaßen lautet:

$$r = 70\tfrac{1}{3} B \cos \alpha_e{-3t/420} \left[\sqrt{(1 + [16\tfrac{1}{2}e^{-t/420} \sin \alpha]^2} - 16\tfrac{1}{2}e^{-3t/420} \sin \alpha \right]$$

wobei B die Höhe des Barometers in Pariser Zoll bedeute, ferner t = die vom Gefrierpunkt des Réaumurthermometers aufwärts gemessenen Wärmegrade (in anderen Worten: die Temperatur in Réaumurgraden); e = die Zahl mit dem Hyperbellogarithmus 1 (in anderen Worten: die Exponentialfunktion); $70\tfrac{1}{3} Be^{-t/420}$ = Horizontalrefraktion; a = scheinbare Höhe.

Mayer bringt seine freudige Überraschung darüber zum Ausdruck, dass seine Formel genau mit der von Pierre Charles le Monnier in Paris übereinstimme – vermutlich mit der im vergangenen Jahr in dessen erstem Band der »Observations de la lune, du soleil a des étoiles fixes« veröffentlichen – und auch mit der bereits erwähnten von Pierre Bouguer.

Die Nachricht über diese Formel veranlasste Euler, das Refraktionsproblem aufs Neue zu behandeln, und seine Antwort enthält eine neue theoretische Analyse, nach der der gebrochene Strahl sich wie eine Konvergenzasymptote zu einer Hyperbel sehr großer Exzentrizität verhält, was besagt, dass die Refraktion sich schneller mit der Dichte ändert als die von Mayer als Grundlage für seine Herleitung angenommene lineare Abhängigkeit. Eine gründliche Untersuchung der Formel Eulers führte Mayer zu dem Schluss, dass diese keine bessere Übereinstimmung mit den Beobachtungen lieferte als seine eigene und am selben Fehler litt, dass nämlich die vorhergesagten Werte für die horizontale Refraktion und die Refraktion bei niedrigen Höhen viel zu niedrig waren. Eine spätere Prüfung zeigte tatsächlich, dass die Fehler in Mayers Formel nur zwischen einer Höhe von 5 Grad und dem Horizont merklich werden und dass der größte Fehler in dem speziellen Fall bei der horizontalen Refraktion kaum über 4' lag. Weil nur sehr wenige Sterne am Horizont beobachtet werden können, hatte diese Schwäche nur eine geringe praktische Bedeutung.

Wie Mayer seine Formel wirklich ableitete, konnte nie klar festgestellt werden, aber wie er es getan haben könnte, zeigte Christian Bruhns 1861 in einem historischen Überblick über die verschiedenen Theorien der astronomischen Refraktion bis zur Mitte des 19. Jh. Der Schlüssel zu seiner ziemlich komplizierten mathematischen Beweisführung ist, dass sie auf eine in Thomas Simpsons Werk »Mathematical Dissertations« (London 1743) genannte Regel aufbaut, die auf derselben auch von Mayer benutzten falschen Annahme beruht, nämlich, dass der Dichtegradient in der Erdatmosphäre gleichmäßig mit der Höhe über dem Meeresspiegel abnimmt. Deshalb könnte Mayers Formel von Simpsons Regel abgeleitet sein. Obwohl Mayers ältester Sohn später in »De refractionibus astronomicis« (Altdorf 1781) ausdrücklich auf Simpsons Regel hinweist, gibt es keinen klaren Beweis für das Bestehen einer direkten Verbindung zwischen ihnen. Historisch wichtiger ist die Tatsache, dass Mayer der erste Astronom war, der ein Refraktionsgesetz herausbrachte, in dem sowohl die thermischen als auch die barometrischen Variationen berücksichtigt wurden. Zu diesem Zweck adoptierte er die in Edmond Halleys »On Refraction, with a Table« in den »Philosophical Transactions« für 1721 aufgestellte Regel, dass die Refraktion direkt proportional zur Höhe der Quecksilbersäule in einem Barometer ist. In einer etwas verbesserten Version seiner ursprünglichen Formel leitet er seine Koeffizienten ab, indem er 33'00" durch 28 dividiert, um 70".71 als horizontale Refraktion für eine Änderung von 1 Zoll in der Barometerhöhe zu erhalten, bzw. + 70".71b für ein Sinken von b Zoll; und ½₂₀ t = 0,0046 t für ein Steigen von t° Réaumur ergibt h (1 + 0,0046 t) als korrespondierende Höhe der Atmosphäre, wenn h die Höhe bei 0° Réaumur ist. Wenn man also z = 90° – α als scheinbare Zenitdistanz einsetzt, wird aus Mayers Formel:

$$r = \frac{70".71 \, b \sin z}{(1 + 0.0046 \, t)^{3/2}} = \left[\sqrt{1 + \frac{(16.5 \cos z)^2}{1 + 1.0046 \, t}} - \frac{16.5 \cos z}{(1 + 1.0046 \, t)^{1/2}} \right]$$

Und genau diese Version wurde später in Nevil Maskelynes Ausgabe von Mayers »Tabulae motuum solis et lunae novae et correcae« (London 1770) veröffentlicht. Man erkennt, dass sie in der Anwendung sehr unpraktisch ist. Bradleys Formeln waren zwar auch auf Simpsons Regel aufgebaut, da sie aber für die logarithmische Berechnung besser geeignet waren, wurden sie nach Bekanntgabe in Thomas Hornsbys posthumer Ausgabe des ersten Bandes seiner »Astronomical Observations…« (Oxford 1798) allgemein bevorzugt. Man beachte, dass in Mayers Formel für z = 90 Grad die horizontale Refraktion

$$R = \frac{70".71 \, b \sin z}{(1 + 0.0046 \, t)^{3/2}} = 33'00"$$

sich auf b = 28 Pariser Zoll (Inches) und t = 0° R bezieht. Es ist äußerst interessant, festzustellen, dass Bradley denselben Wert von R für b = 29,6 englische Zoll

(= 27,775 Pariser Zoll) und 50° Fahrenheit (= 8° R) annahm. Umgekehrt, wenn Mayers R-Wert auf 27,775 Pariser Zoll und 8° R reduziert wird, beträgt R nur 31' 00", also bedeutend weniger als Bradleys Wert für die Horizontalrefraktion.

Es ist typisch für Mayer, dass er sich nicht nur für die theoretische, sondern auch für die praktische Messung der Refraktion interessierte, und 1755 entwarf er ein Thermometer zur Benutzung bei seinen Beobachtungen der Zenitdistanzen an seinem Mauerquadranten. Wie nachstehend beschrieben, dient es noch einem anderen Zweck. Das Instrument war eine Quecksilbersäule in einer sehr engen Röhre mit einem länglichen, ⅔ Pariser Zoll breiten und 1 ¾ Zoll langen Behälter für das Quecksilber. Die Röhre war mit dem Teil des Griffs, der dem Behälter am nächsten war, an einer schmalen Holzlatte mit einem kleinen Fenster für den Behälter selbst befestigt. In der Mitte des Fensters wurde der Behälter leicht aber sicher gehalten. Der Abstand zwischen Gefrier- und Siedepunkten des Wassers betrug ca. 13 Zoll (ungefähr 33 cm) und war in sechs Skalen aufgeteilt, und zwar nach: Joseph De l'Isle, Fahrenheit, Réaumur, einem Luftthermometer, Celsius und eine Skala der mittleren Jahrestemperatur, die sich von allen anderen durch ihre Kürze unterschied. Die Réaumur- und die Luftthermometerskala befanden sich der Röhre am nächsten, dann folgten auf beiden Seiten die Celsius- und die Fahrenheit-Skala und schließlich ganz außen die De l'Isle-Skala und die Skala der mittleren Temperaturen. Auffallend ist, dass Mayer zwar den Nullpunkt der Réaumurskala auf + 32° F anglich, aber + 82° ½ statt 80° Réaumur für den Siedepunkt von + 212 F einsetzte, wodurch seine Gradabstände etwas kleiner waren als bei den üblichen Réaumurgraden.

Die beachtenswerteste Skala ist aber die für die mittlere Jahrestemperatur, weil sie aus Untersuchungen abgeleitet wurde, die Mayer gerade mit Hilfe dieses Thermometers angestellt hatte. Sie erstreckte sich von + 26 ⅓° F bis + 70° F mit einem Mittel von + 48° F (der mittleren Jahrestemperatur von Paris und Göttingen) und hatte sieben Teile, die sich auf die Monate des Jahres bezogen. Diese waren sorgfältig gezeichnet und angeordnet, so dass die Mittelwerte sowie die maximalen und minimalen Werte sich in gleichmäßigen Abständen unter und über +48° F befanden. Die übrigen Unterteilungen waren jedoch umso kleiner je weiter sie in beiden Richtungen vom Mittelpunkt der Skala entfernt waren, wobei jedoch die sich jeweils in gleicher Entfernung befindlichen Paare exakt gleich waren. Der mittlere Teil enthielt Temperaturen für die Mitte der Monate April und Oktober und der sich nach oben anschließende Teil für Mai und September und der untere Teil für März und November. Diesen schloss sich in Richtung zunehmender Temperatur der Teil für Juni und August und in Richtung abnehmender Temperatur der für Februar und Dezember an. Von den beiden Extremen waren die maximale Temperatur auf den Monat Juli und die minimale auf Mitte Januar festgelegt. Die Monate und die jeweils dazu gehörenden Gradzahlen in Fahrenheit waren wie folgt angeordnet:

Juli	⅚	+70
Juni / August	5 ¾	
Mai / September = 9 ¾	9 ¾	
April / Oktober = 11	5 ½	+48
	5 ½	
März / November = 9 ¾	9 ¾	
Februar / Dezember	5 ¾	
Januar = ⅚	⅚	+26 ⅓

Tab. 1

Die sieben Teile waren in Fünf-Tages-Intervalle unterteilt mit Ausnahme der beiden Extreme, die nur eine Dreiteilung besaßen, weil etwa Mitte Juli und Mitte Januar die Temperaturen stationär bleiben. Drei Unterteilungen entsprechen hier also sechs Unterteilungen für die anderen Monate.

Die Einführung dieser außergewöhnlichen Skala stand in engem Zusammenhang mit Mayers Bestreben, empirische Regeln zu erstellen, die die jahreszeitlichen und täglichen Temperaturinhomogenitäten mit den mittleren Temperaturen an Orten bekannter Breite und Höhe über dem Meeresspiegel verbinden. Seine Inspiration entstammte der Astronomie und nicht der Meteorologie, vornehmlich seiner in den vergangenen vier Jahren erfolgreich durchgeführten Analyse der Mondbewegungstheorie und der Untersuchung der Störungen in der Bewegung von Jupiter und Saturn. Üblicherweise definieren Astronomen zuerst die mittlere Position eines Planeten und Satelliten, dann vergleichen sie diese mit der tatsächlichen Lage, um die Hauptabweichungen festzustellen. Anschließend suchen sie den Mittelwert dieser Abweichungen, also die Variationen zweiter Ordnung in diesem Wert und so fort, bis sie die komplizierteste Bewegung gefunden haben. Das war die Methode, die Mayer in einer Vorlesung am 13. September 1755 vor der Göttinger Sozietät der Wissenschaften zur Bestimmung einer mittleren Temperatur für jeden Bereich der Erde empfahl, weil diese grob genommen von der Breite abhing. Wenn zusätzlich eine empirische Regel für die Temperaturabnahme bei zunehmender Höhe eines gegebenen Ortes gefunden würde, wüsste man durch einen Vergleich der Temperaturen, ob die tatsächliche Temperatur höher oder niedriger ist als die für die Lage dieses Ortes auf der Erdoberfläche zu erwartende.

Mayers Formel zur Bestimmung der Temperatur in einer beliebigen Breite φ ergibt sich aus der Annahme, dass die Temperatur bei 45 Grad nördlicher oder südlicher Breite das arithmetische Mittel derjenigen am Äquator (= m) und an den beiden Polen (= m – n) ist. Die mittlere Temperatur bei $\varphi = 45°$ ist also:

$$\frac{m+(m-n)}{2} = m - \frac{n}{2} = m - n\left(\frac{1}{\sqrt{2}}\right)^2 = m - n\sin^2 45°;$$

oder allgemein: die mittlere Temperatur bei einer beliebigen Breite = m – n sin²φ. Spätere Beobachtungen in der nördlichen Hemisphäre haben dann gezeigt, dass diese empirische Regel nur zwischen den nördlichen Breiten von 40° und 60° zuverlässig ist. Dazu gehören Göttingen, Paris, London, Berlin und viele andere bedeutende astronomische Zentren. In den nördlicheren Breiten sind die nach dieser Regel berechneten Werte zu hoch. Die Werte m und n werden durch Beobachtungen der mittleren Temperaturen bei zwei verschiedenen Breiten gefunden. Eine zuverlässige Quelle für solche Daten war Pierre Bouguers »La Figure de la Terre« (Paris 1749); Daten, die sich auf die Küstenebenen von Peru bei φ = 0° bezogen; eine andere Quelle bildeten die Beobachtungen der Pariser Sternwarte bei einer Breite von φ = 49 Grad nördlich (auf volle Grad abgerundet). Durch einen Vergleich der mittleren Temperaturen bei diesen beiden Breiten und anschließende Anhebung der mittleren Poltemperatur von – 2 ⅔ auf 0° Réaumur erhielt Mayer die Näherungsrelation:

mittlere Temperatur = 12 + 12 cos 2φ (in Réaumurgraden).

Die Ergebnisse der Expedition von Bouguer nach Peru lieferten auch einen Beweis für eine gleichmäßige Temperaturabnahme mit zunehmender Höhe über dem Meeresspiegel in einem Ausmaß von 1° R auf 200 m. Für Göttingen ergibt sich also bei φ = 51 ½° und 140 m Höhe

eine mittlere Temperatur = 12 + 12 cos 103° – 70°/100 = 8 $\frac{4}{5}$° R.

Der Rest der Mayerschen Analyse beruht auf seinen Beobachtungsergebnissen mit seinem eigenen Thermometer. Seine Entdeckung der Höhe der maximalen und minimalen Jahres- und Tagestemperaturen von Göttingen im Laufe des Jahres 1755 und der Umstände, unter denen diese eintraten, zeigten Amplitude und Phase der beiden größten periodischen Komponenten, nämlich: die relativen Temperaturschwankungen zu allen Zeiten. Durch die Überlagerung dieser mit dem gerade abgeleiteten mittleren Wert aus der bekannten Breite und Höhe seiner Stadt fand er schließlich die tatsächlich beobachteten Temperaturen. Die Hauptschwäche dieser Theorie beruhte auf der Kargheit der zu jener Zeit verfügbaren Daten und lag nicht in der Methode selbst, die, wie Delambre später erklärte, eher außergewöhnlich war in ihrer Genialität als für die Stärke ihres Konzepts. Die Ergebnisse waren zweifellos von Nutzen in der physischen Geographie, Meteorologie, Landwirtschaft und natürlich für eine vernünftige Vorgabe einer der beiden Variablen in seiner Formel für die astronomische Refraktion.

Bisher wurden Mayers astronomische Untersuchungen in Göttingen nur in Bezug auf instrumentelle und physische Auswirkungen diskutiert, die die Genauigkeit seiner Zenitdistanzenbeobachtungen beeinflussen. Das jetzt noch zu lösende ergänzende Problem war natürlich die quantitative Bestimmung der Fehler bei seinen Meridiandurchgangsbeobachtungen mit Birds Quadranten. Diese Fehler sind auf zwei Ursachen zurückzuführen: 1) die zum Messen der Kulminationen der Himmelskörper auf dem Meridian benutzte Uhr und 2) das Ausrichten des Quadranten auf die Meridianebene. Zur bestmöglichen Eliminierung der ersten Fehlerquelle benutzte Mayer gleichzeitig zwei Kampe-Pendeluhren mit einer gedämpften Hemmung und von sehr feiner Konstruktion, wobei er die Zeiten der einen, die im rechten Winkel zu seiner Sichtlinie stand, mit denen der anderen verglich, die in einer Entfernung von 10 m so gestellt war, dass ihr Ticken mit beiden Ohren klar zu hören und der Unterschied zwischen beiden bis zu einem Zehntel einer Sekunde genau erkennbar war. Durch Reibung der Zahnräder, Unebenheit der Zähne und durch Viskosität des Schmieröls auftretende Fehler wurden meistens entdeckt und beseitigt. Keine der beiden Uhren besaß eine Temperaturkompensation, aber Mayer versuchte, die Auswirkung von Temperaturschwankungen auf ihren Gang zu eliminieren, indem er aufeinanderfolgende Durchgänge bestimmter Sterne maß. Sein Tage- bzw. Beobachtungsbuch enthält zahlreiche Stichproben dieser Art und beweist, dass er Dezimalteilungen einer Sekunde im Gegensatz zu anderen Bruch- oder Sexagesimalteilungen bevorzugte.

Mayers Versuch, die Abweichungen von der Meridianebene zu bestimmen, brachte ihm ein gewisses Ansehen, und die von ihm dabei hergeleitete Korrekturformel wurde nach ihm benannt und von den Astronomen bis weit in das 19. Jh. hinein benutzt. Mayer erkannte, dass außer den durch Verziehen auftretenden und bereits erörterten Fehlern drei weitere, unabhängige Fehler diese Diskrepanzen verursachten. Einer war die Neigung der Ebene des Quadranten oder ihre Abweichung von der Vertikalen, was bedeutet, dass, obwohl der Radius horizontal im Meridian eingestellt war, in jeder anderen Position das Fernrohr außerhalb des Meridians steht, ein Effekt, der in der Nähe des Zenits am größten ist. Dies entspricht einem Nivellierfehler bei einem horizontal montierten Instrument. Ferner gab es auch einen Azimutfehler aufgrund der Abweichung der Horizontlinie östlich oder westlich vom wahren Meridian und einen Kollimationsfehler, weil die Achse des Fernrohrs und die Ebene des Quadranten einander nicht parallel sind. Es ist durchaus möglich, dass Mayers Erkenntnis dieses letzten Fehlers ihn veranlasste, die Wasserwaage an seinem verbesserten Astrolab auf das Fernrohr zu montieren statt auf die untere Platte (siehe Kapitel 7). Seine Fertigkeit in der projektiven Geometrie ermöglichte ihm, sich vorzustellen, auf welche Weise jeder dieser Fehler funktionsmäßig mit der Zenitdistanz (α) und der Deklination (δ) bezogen auf den Äquator verbunden ist, nämlich:

$$\text{Nivellierfehler} = \frac{A \cos \alpha}{\cos \delta} \; ; \; \text{Azimutfehler} = \frac{B \sin \alpha}{\cos \delta}; \; \text{Kollimationsfehler} = \frac{C}{\cos \delta}$$

wobei A, B, C Proportionalitätskonstanten sind, deren Werte in jedem Fall durch eine einzelne Beobachtung bestimmt werden können. Weil alle drei Fehler unabhängig voneinander sind, ist der gesamte Fehler zur Zeit des oberen Durchgangs gleich ihrer Summe:

$$\frac{A \cos \alpha + B \sin \alpha + C}{\cos \delta}$$

Eine ähnliche Formel ergibt sich für den unteren Durchgang. Eine auffallende Ähnlichkeit besteht zwischen der obigen Formel und einer vom dänischen Astronomen Olaus Roemer (1644–1710) angewandten Regel, um genau die gleichen Korrektionen zu erhalten für Meridiandurchgangsbeobachtungen von Sternen, die er mehrere Jahrzehnte früher mit seinem »rota meridiana« durchgeführt hatte. Diese 1913 zuerst von G. van Biesbroeck wieder aufgedeckte Übereinstimmung wurde 1936 von Elis Strömgren bestätigt, der auf von Mayer gemachte Berechungen der Fehler an Roemers Durchgangsinstrument unter Verwendung der fraglichen Formel hinweist. Dies steht in einem Manuskript mit dem Titel »In Triduum Römeri« und wird zusammen mit Mayers Nachlass in der Göttinger Universitäts-Bibliothek aufbewahrt, was die Feststellung seiner Quelle ermöglichte, nämlich die zweite dreibändige Ausgabe von Peter Horrebows »Basis Astronomicae...« mit dem Titel »Operum mathematico-physicorum« (Kopenhagen 1741). Diese enthält grundlegende Erläuterungen über Roemers astronomische Instrumente, seine Beobachtungstechnik und einen Abschnitt mit dem Titel »Triduum observationum Tusculanarum Roemeri« (cf. op. cit. Band III, S. 167–208), woraus Mayer die in seiner weiter unten erörterten Untersuchung der Eigenbewegungen der Sterne verwendeten Werte der Rektaszensionen und Deklinationen entnahm. Diese posthume Veröffentlichung gibt jedoch keinerlei Hinweis auf Roemers eigener Handhabe der Instrumentenfehler, die sich unter einer Notizensammlung in einer Mappe mit der Aufschrift »Adversaria« befand und die Roemers Witwe 1739 der Universität von Kopenhagen übergab. Da die »Adversaria« erst 1910 veröffentlicht wurde und es keinen Hinweis dafür gibt, dass Mayer vor der Ausarbeitung seiner Vorlesung über dieses Thema 1756 jemals Zugang zu diesen Notizen hatte, dürfte ein Plagiat außer Frage stehen. Obwohl Mayer so seines Prioritätsrechtes beraubt wurde, verdient er auf jeden Fall Anerkennung für die Originalität, und die Formel zur Verbesserung der Meridiandurchgangsbeobachtungen wird weiterhin Mayers und nicht Roemers Namen tragen.

Aber nicht jeder Fehler konnte so einfach quantifiziert werden, und Mayer klagt, dass die Wand, an der der Quadrant befestigt war, sich mit der Zeit so weit neigte, dass der Silberfaden, der das Instrument in einer vertikalen Lage hielt, dieses berührte. Im April 1756 richtete Mayer den Quadranten aus, aber im Juli berührte er bereits wieder den Rand. Er schrieb dieses Phänomen dem langsamen sich Setzen des Fundaments – in Verbindung mit dem ständigen Feuchtigkeitsverlust des Gesteins durch die Sommerhitze – zu. Seine Erfahrungen ließ ihn erkennen, wie wichtig es für jeden astronomischen Beobachter war, den Zustand seines Instrumentes, die Sorgfalt und Vorkehrungen bei dessen Montage und Justierung, die Untersuchungsmethoden, die Fehler usw. zu veröffentlichen, so dass andere auch in der Lage wären, selbst zu beurteilen, in wie weit gezogene oder später zu ziehende Schlüsse aus seinen Beobachtungen als zuverlässig gelten können.

Ende 1756 und 1757 führte Mayer oft Beobachtungen mit Birds Quadranten, seinen Uhren, einem Barometer und seinem Thermometer durch. Gelegentlich benutzte er auch einen 15-Zoll-Radius großen tragbaren Messingquadranten, den er selbst sehr sorgfältig graduiert hatte. Eine Analyse seiner gesamten Beobachtungen zeigt, dass er von Februar bis Dezember 1756 nicht weniger als 145 Nächte in der Sternwarte verbrachte; 76 Nächte im Jahr 1757, 13 im Jahr 1758, 9 im Jahr 1759, 22 im Jahr 1760 und 4 im Jahr 1761, so dass fast 90 % aller erforderlichen astronomischen Beobachtungen von ihm bereits durchgeführt waren, als er am 7. April 1759 in einer Vorlesung vor der Göttinger Sozietät der Wissenschaften seinen neuen Katalog über Rektaszensionen und Deklinationen von mehr als 1000 Zodiakalsternen vorlegte. [EA: Dazu hat Wittmann einen Faksimile-Abdruck des Sternkatalogs mit Kommentaren publiziert, siehe Literatur ab 1980.] Die Gründe für die ab Oktober 1757 beginnende krasse Einschränkung seiner Aktivität wurden bereits in Kapitel 4 aufgeführt. Zum Schluss war sein schlechter Gesundheitszustand ein ebenso maßgebender Faktor wie die Verheerungen des Siebenjährigen Krieges. Alle seine Beobachtungen bis Anfang 1756 bezog er auf eine gemeinsame Epoche, und nach sorgfältiger Korrektur der Instrumentenfehler nahm er die jeweils erforderlichen Korrekturen für Refraktion, Präzession, Aberration und Nutation vor.

Die zur Bestimmung der Rektaszensionen heller (Zodiakal-) Sterne angewandte Methode nannte Mayer stolz: »die zuverlässigste und beste in Bezug auf die Beobachtungen und auch auf die Instrumente«. Bei objektiver Beurteilung muss man jedoch zugeben, dass ihr Wert nicht ganz so hoch gesehen werden sollte wie diese Aussage vermuten lässt. Im Grunde genommen leitete er die Rektaszensionen eines jeden Sterns aus der bekannten Differenz zwischen seiner Rektaszension und der der Sonne und aus der Rektaszension der Sonne selbst ab. Der Hauptvorteil dieser Methode liegt darin, dass sie nicht darunter leidet, dass die Ebene des Mauerquadranten sich nicht genau mit der des Meridians deckt. Ein Nachteil ist, dass die Richtung der täglichen Bewegung der Sonne parallel zu der des Sterns angenommen wird, was aufgrund des Neigungswinkels der Ekliptik von etwa 23° 27' gegen den Äquator nicht genau stimmt.

Mayers Annahme, dass solange die Sonne sich in der Nähe der Sommer- und Wintersonnenwenden befindet, wo sie ihre maximalen und minimalen Deklinationen von + 23° 27', bzw. - 23° 27' erreicht, kein nennenswerter Fehler eintreten werde, war natürlich gerechtfertigt. Die Rektaszension der Sonne um diese Jahreszeiten wurde aus Sonnentabellen berechnet, deren Elemente mit Hilfe von Durchgangsbeobachtungen in der Nähe der Äquinoktien verbessert worden waren.

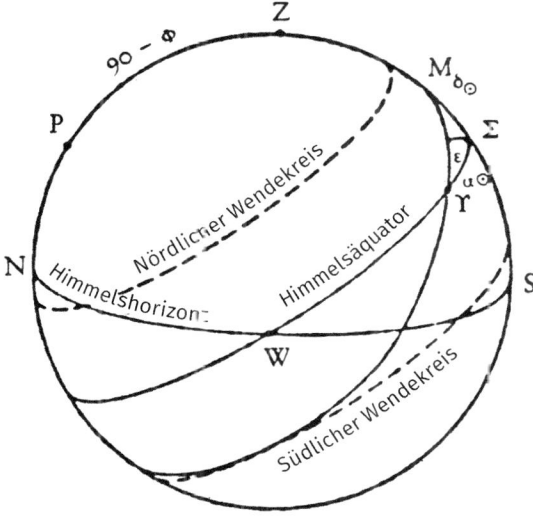

Fig. 21

Das von Mayer zur Berechnung der Rektaszension der Sonne (α_0) angewandte Prinzip ist in Fig. 21 dargestellt und entspricht einer Beobachtung, die am örtlichen scheinbaren Mittag in nördlicher Breite φ irgendwann im Mai angestellt wurde, ehe die Sonne den Wendekreis des Krebses erreichte. ϒ kennzeichnet das Frühlingsäquinoktium, M die Position der Sonne als diese den Meridian des Beobachters passiert. Die Rektaszension der Sonne α_0 = ϒΣ, ihre Deklination δ_0 = MΣ und die Schiefe der Ekliptik ε = MϒΣ. α_0 wurde mit Hilfe der Zenitdistanz (z_0) im Meridian gefunden, wahrscheinlich unter Verwendung einer in Mayers frühesten Astronomievorlesungsnotizen für den 18. Januar 1752 beschriebenen graphischen Methode. Ihr Wert kann auch ermittelt werden durch Einsetzen von δ_0 = φ − z_0 in die Gleichung sin α_0 = $^{\tan\delta}/_{\tan\varepsilon}$, abgeleitet aus dem sphärischen Dreieck ϒMΣ. Gleich wie sie gefunden wurde, α_0 setzt unbedingt eine vorherige Kenntnis von φ und ε voraus und folglich hat Mayer nicht recht, wenn er behauptet, dass φ nur zur Bestimmung der Sterndeklination erforderlich ist und dass die äquatorialen Koordinaten von der säkularen Variation von ε, die er zu 44" pro Jahrhundert schätzte, nicht beeinflusst werden.

Wenn die gemäß Beschreibung berechnete Differenz der Rektaszension zwischen zwei Sternen genau so groß wäre, wie das beobachtete Zeitintervall zwischen ihren jeweilgen Durchgängen durch die Ebene des Quadranten, könnte Mayer mit Recht behaupten, dass es keinen Ausrichtungsfehler zwischen der Ebene des Quadranten und der des Meridians gibt. Wenn er aber andererseits eine Abweichung bei seinem Vergleich entdeckte, musste er über einen unabhängigen Weg verfügen, um entscheiden zu können, welcher Wert zuverlässiger ist; insbesondere bei ähnlichen Messungen der Rektaszensionen des Mondes und der Planeten. Deshalb benutzte er seinen 15-Zoll-Radius großen Quadranten, um durch Beobachtungen bei gleichen Höhenbeobachtungen die Richtung der Meridianebene zu finden und damit die Winkelabweichung der Punkte am Rand des Quadranten zwischen den beiden Wendekreisen. Sobald er diese gefunden hatte, begann er mit der Untersuchung der schwächeren Sterne, wozu häufigere Beobachtungen und folglich mehr Berechnungen der physikalischen Korrektionen ihrer scheinbaren Koordinaten erforderlich waren.

Aber damit war erst die Hälfte der Arbeit erledigt. Mayer musste noch die Deklinationen der Sterne bestimmen, die er beobachtet hatte. Das erforderte eine sorgfältige Neubestimmung der Polhöhe (d. h. der Breite seiner Sternwarte), die er nach wiederholten Beobachtungen mit 51° 31' 54" oder 24" unter dem vor fünf Jahren im dritten Band der »Commentarii« veröffentlichten Wert angab. Ferner mussten die Werte der Refraktionen und ihrer Variationen, die von den Lufttemperatur- und Luftdruckschwankungen abhingen, sorgfältig bestimmt werden. Und schließlich waren noch die Skalenfehler des Birdschen Quadranten und die Lage des Fernrohrs zu untersuchen. Mayer errechnete auch für einige Einzelsterne die Korrektionen wegen der Präzession des Äquinoktiums (50".3), der Nutation der Erdachse und der Lichtaberration, weil diese alle die Deklinationen beeinflussen. Sein Wert von 9".6 für die maximale Nutation lag etwas über dem üblicherweise angenommenen Wert, war aber im Einklang mit Newtons Gravitationstheorie. Mayer benutzte die revidierten Werte für die Präzessions-, Nutations- und Aberrationskonstanten, um die passenden Korrektionen für die gesamten Daten herzuleiten, ehe er die Deklinationen endgültig katalogisierte.

Am 8. Januar 1758 übermittelte Mayer Abbé de la Caille, der ihm vorher einige Verbesserungen der in den »Astronomiae Fundamenta« (Paris 1757) veröffentlichten Koordinaten südlicher Sterne hatte zukommen lassen, die Ergebnisse seiner reduzierten Beobachtungen der Rektaszensionen von 15 der hellsten Tierkreissterne mit dem Hinweis:

Bei der Beobachtung dieser Sterne bemerkte ich einen recht ungewöhnlichen Befund, den – so hoffe ich – andere fähige Astronomen untersuchen werden. Die Differenz in den Rektaszensionen solcher Sterne, die etwa um 180° voneinander getrennt sind, ist nämlich in der einen Jahreszeit größer als in der anderen. Zum Beispiel: die Differenz zwischen Aquila (294° 23' 10".9) und Procyon (111° 37' 48".0) erscheint mir immer um 10" bis 15" größer in den Monaten Juli und August als im Februar, und das nach Anbringen aller notwendigen Korrektionen für Präzession, Nutation und Aberration und nach Bestimmen des Umlaufs der Sterne mit einer Pendeluhr durch Beobachtungen, die nur 24 Stunden auseinander liegen. Ich glaube schließlich bemerkt zu haben, dass diese Unterschiede keine andere Ursache haben können als die Einwirkung von Hitze und Kälte auf das Pendel, das sehr empfindlich variieren sollte nicht nur von Tag zu Tag sondern schon von Stunde zu Stunde.

La Caille neigte dazu, dieses Phänomen einem Fehler in Mayers Bestimmung der Polhöhe (d. h. seiner Breite) zuzuschreiben, der durch Berücksichtigung eines zu kleinen Wertes für die astronomische Refraktion entstand. Mayer selbst erwog dagegen, ob die Diskrepanz von 5" zwischen seinen und La Cailles Refraktionswerten nicht auch durch Fehler an dessen Sextanten erklärt werden könnten, die durch unterschiedliche Ausdehnung von Eisen und Messing, woraus sein Sextant gemacht war, verursacht wurden. La Caille verwarf diese Möglichkeit und ebenso Mayers Behauptung, dass eine Differenz von 20" zwischen ihren Instrumenten bei 90° bestünde, und listete 14 Deklinationsdifferenzen zwischen seinen eigenen und Mayers Beobachtungen auf von Sternen, die am weitesten entfernt vom Zenit oder ihm am nächsten standen und deren mittlere Fehler gerade über 3" lagen. Die Tatsache, dass der Unterschied der an denselben Tagen beobachteten Meridianhöhen derselben Sterne ca. 20" größer waren als die Breitendifferenz zwischen Paris und Göttingen, ist ein Paradox, das andere Astronomen lösen mögen. La Caille sah jedoch allmählich ein, dass Refraktionen in diesen beiden Städten tatsächlich unterschiedlich waren wegen ihrer verschiedenen geographischen Situation, wie Mayer in seiner Analyse von 1755 bereits erklärt hatte. So macht La Caille stattdessen am 16. Juli 1758 in seinem fünften Brief an Mayer einen Teilungsfehler am Birdquadranten für die Diskrepanz verantwortlich, ohne auch nur im geringsten zu ahnen, wie sorgfältig Mayer das Instrument gerade in dieser Beziehung geprüft und diese Möglichkeit ausgeschlossen hatte. Nicht imstande diese Erklärung zu akzeptieren, führte Mayer sein neuentdecktes Instrumentenproblem an und setzte einen Mangel an Parallelität zwischen dem geteilten Rand des La Caille-Sextanten und der Achse des Beobachtungsfernrohrs voraus. Dennoch weigerte sich der Franzose zu glauben, dass dies die Ursache für einen Fehler von 20" sein könnte oder dass seine Refraktionswerte laut Mayers Behauptung bei 45" zu groß wären.

Dabei blieb es offensichtlich, weil beide Beobachter nicht bereit waren, zu akzeptieren, dass die unerklärliche Differenz an ihrer Beobachtungstechnik oder an ihrem Reduktionsvorgang lag. Dieser Schriftwechsel hatte dennoch ein positives Ergebnis, auch wenn La Caille nie die theoretische Grundlage der Mayerschen Mondtheorie entdeckte, die eines der Hauptmotive zur Ergreifung dieser Initiative war. Es handelt sich um die verbesserte Refraktionstheorie, die La Caille erst mit Hilfe der Hinweise, Beobachtungen und Thermometerberichtigungen Mayers entwickeln konnte und anschließend in den 1761 erschienenen »Mémoires« der Pariser Akademie veröffentlichte. Nach Lösung dieses Problems hatte er die Sonnen- und Mondparallaxen untersucht und Halleys Komet mit dem Ergebnis beobachtet, dass dieser seine Perihelposition tatsächlich drei Tage später erreichte, als nach den Berechnungen von Guy Pingré vorausgesagt war. Da ihm die Schwierigkeiten, mit denen Mayer zu der Zeit in Göttingen zu kämpfen hatte, unbekannt waren, nahm er an, dass dieser gründliche Beobachtungen von dem Kometen und auch vom Venusdurchgang am 6. Juni 1761 durchgeführt hätte, und muss sehr enttäuscht gewesen sein zu erfahren, dass sein Briefpartner keines dieser selten auftretenden astronomischen Phänomene genau beobachtet hatte.

Die Manuskripte mit den Ergebnissen dieser zeitraubenden Untersuchungen Mayers blieben in Göttingen fast unbekannt liegen, bis Georg Christoph Lichtenberg Mayers »Fixarum Zodiacalium catalogus novus ex observationibus Göttingensibus ad initium anni 1756 constructus« in seinem Werk »Opera Inedita Tobiae Mayeri I« (Göttingen 1775) veröffentlichte, dessen Vorwort den Text der Vorlesung (über dieses Thema) vom 5. April 1759 enthält. Es war Lichtenberg damals allerdings nicht bekannt, dass Mayer die Größenklassen der 998 darin enthaltenen Sterne John Flamsteeds Sternkatalog aus dem dritten Band seiner »Historia coelestis Britannicae« (London 1725) entnommen hatte. Die Sterne sind nach steigender Rektaszension geordnet, und die Zahl der Beobachtungen, auf die jede äquatoreale Koordinate basierte, ist ebenfalls angegeben. Mayer schätzte, dass eine aus einer einzelnen Beobachtung bestimmte Position eine Genauigkeit von etwa 10" und eine aus zehn Beobachtungen hergeleitete eine Genauigkeit von 2" aufwies. Rektaszensionen ohne angegebene Anzahl waren solche, die durch Vergleich mit der Sonne bestimmt wurden, und bildeten eine Grundlage für alle übrigen.

Unter einer Anzahl von unidentifizierten »Sternen« befand sich auch Uranus, den Mayer am 25. September 1756 beobachtet und als Stern Nr. 964 in seinen Katalog eingetragen, aber nicht als Planet erkannt hatte, bis William Herschel 1781 seine Entdeckung bekanntgab. Nach Delambres Ansicht war diese Beobachtung vor der Entdeckung nicht verlässlich, weil die Position um mehr als 1' abwich, aber seine Annahme, dass Mayer den Stern 964 mehr als einmal beobachtete als dieser die Fäden des Fernrohrokulars seines Quadranten kreuzte, mag falsch gewesen sein. Eine Prüfung der entsprechenden sich in der Göttinger Universitäts-Bibliothek befindlichen Manuskriptunterlagen zeigte, dass Mayer tatsächlich seine übliche Methode, die notwendigen Korrekturen zum Ausgleich der Instrument- und Uhrenfehler sowie der Zeitgleichung, Präzession, Aberration und Nutation vorzunehmen, beibehalten hatte. Außerdem entdeckte von Zach, der das Manuskript mit diesen Beobachtungen einmal durchlas, beim Vergleich mit den Beobachtungen in Delambres Werk »Astronomie théorique et pratique« (Paris 1814), dass der Franzose sich gerade in dieser Nacht bei der Berechnung des Uhrfehlers um 4 Sekunden vertan und dadurch für die Kulminationszeit von γ Aquarii 22^h 6' 31.0" statt 22^h 5' 31.0" eingetragen hatte. Deshalb folgerte er, dass ein Teil des Fehlers Delambre und nicht Mayer zuzuschreiben sei. Diese Ansicht scheint eine gewisse unabhängige Bestätigung zu finden im hohen Genauigkeitsgrad von ca. 10", mit dem Pierre Simon de Laplace alle scheinbaren Uranus-Örter mit seinen Ellipsenbahnelementen berechnen konnte.

Die erste Reduktion von Mayers Katalog der ekliptikalen Koordinaten wurde von J. A. Koch im »Astronomischen Jahrbuch für das Jahr 1790« (Berlin 1787) veröffentlicht. Er schätzte eine Genauigkeit von besser als 10' für die von ihm auf den Anfang des Jahres 1778 reduzierten Sternpositionen – also die mittlere Epoche zwischen 1756,00 und 1800,00 – trotz seiner Annahme von Mayers eigenem Wert für $\varepsilon = 23° 28' 16"$ und seiner bewussten Auslassung der Säkularvariation der Sternlängen. Der erste vollständige Katalog aller von Mayer zwischen 1756 und 1761 angestellten astronomischen Beobachtungen wurde 1826 in London im Auftrag des Längenbüros herausgebracht. Sein Vorwort (oder »Ankündigung«, wie es dort heißt) enthält Nachdrucke von Lichtenbergs »Opera inedita« der Mayerschen »Observationes Astronomicae Quadrante Murali Habitae in Observatorio Göttingensi« sowie Lichtenbergs Beschreibung von Mayers Thermometer. Der Kataloginhalt selbst wurde einige Jahre später von Francis Baily in einem am 11. Juni 1830 vor der Astronomical Society London gehaltenen und im folgenden Jahr in ihren »Memoiren« veröffentlichten Vortrag eingehend besprochen. Die von Arthur Auwers überholte deutsche Ausgabe, die gegen Ende des 19. Jahrhunderts (Leipzig 1894) erschien, kann als angemessener Höhepunkt dieses wichtigen Aspektes der Forschungen Mayers betrachtet werden.

Aber wie das so oft im Bereich wissenschaftlicher Forschung der Fall ist, führt die Klärung eines wissenschaftlichen Problems zu neuen Fragen. So überzeugte Mayers natürliches Interesse, seine neu gewonnenen Sternkoordinaten mit denen in anderen Katalogen zu vergleichen, ihn davon, dass einige der von ihm gefundenen Differenzen nicht auf Beobachtungs- oder Reduktionsfehler zurückgeführt werden können, sondern als reell angesehen werden müssen. Der hohe Genauigkeitsgrad, den er bei seinen eigenen Resultaten erreichen konnte, bestärkte seine Überzeugung darin mehr, als dies sonst wohl der Fall gewesen wäre. Er wusste, dass vor ihm andere denselben Gedanken hatten und die Differenzen der tatsächlichen, der sogenannten »Eigenbewegung« gewisser Sterne zuschrieben; aber er erkannte, dass dies nur erste Versuche dessen waren, was ein ganz neues Gebiet der Positions-Astronomie werden sollte. Der Wegbereiter in dieser Forschung war Edmond Halley, der in den »Philosophical Transactions« für 1718 auf südliche Abweichungen von einem halben Grad in den Breiten der hellen Sterne Aldebaran, Arcturus und Sirius zwischen der Zeit des Ptolemäus (2. Jh. n. Chr.) und seiner eigenen aufmerksam machte. Zwanzig Jahre später stellte Jacques Cassini fest, dass die Breite des Arcturus sich in 150 Jahren um 5' geändert hatte, während der in seiner Nähe liegende η Bootis unverändert geblieben war. Danach beschrieb Pierre le Monnier in seinem Vorwort zur »Histoire céleste« (Paris 1741) die Methode, durch die er überzeugend bewies, dass eine langsame Eigenbewegung zwischen seinen eigenen und anderen Beobachtungen bestand, die Jean Picard und Philippe de la Hire fünfzig Jahre vorher in »Recueils d'observations…« (Paris 1693) veröffentlicht hatten.

Mayer wählte Vergleichsdaten aus Beobachtungen im »Triduum…« von Olaus Roemer, die am 20., 22. und 23. Oktober 1706 – genau ein halbes Jahrhundert vor seinen eigenen – angestellt worden waren. Als besonders vorteilhaft erwies sich dabei, dass Mayer dank der von Horrebow in dessen sorgfältiger Ausgabe von Roemers Werk mitgeteilten Information wusste, welche Korrektionen zur Beseitigung der Instrumentenfehler am Durchgangsinstrument des dänischen Astronomen (wie bereits vorher erwähnt) vorgenommen werden mussten. Er ergänzte seine eigenen Beobachtungen durch einige Sterne, die außerhalb des Tierkreises liegen und deren Koordinaten dem Werk »Astonomiae Fundamenta…« (Paris 1757) von Nicholas de La Caille entnommen waren. Von den insgesamt aus diesen Quellen ausgesuchten 80 Sternen schienen 15 bis 20 eine Eigenbewegung zu besitzen, wovon Arcturus sich am schnellsten bewegte, denn er hatte sich innerhalb von 50 Jahren, zwischen 1706 und 1756 um fast 2' südlich und 1' westlich verschoben. Aber Mayer wies in seinem Vortrag darüber vor der Göttinger Sozietät der Wissenschaft am 12. Januar 1760 darauf hin, dass einige schwächere Sterne sich genau so stark bewegten wie hellere, wogegen einige sehr helle Sterne erster Größe sich gar nicht bewegten. Die Lösung dieses Rätsels kam Anfang des folgenden Jahrhunderts, als man erkannte, dass Helligkeit kein zuverlässiges Zeichen für die Entfernung eines Sternes ist und dass die spezifische Helligkeit eines Sterns so unterschiedlich sein kann, dass er, obwohl er sehr schwach erscheint, sich dennoch vergleichsweise sehr nahe zu uns befinden mag. Nach Diskussion der ihm zur Verfügung stehenden Daten schloss Mayer diesen in Latein gehaltenen Vortrag mit folgenden Bemerkungen:

> Die Ursache dieser Bewegung läßt sich nicht durch die Bewegung unseres gesamten Sonnensystems erklären, obwohl es nicht ausgeschlossen ist, dass die Sonne sich durch den Raum bewegt, weil sie von gleicher Natur ist wie die Sterne und einigen von ihnen sehr ähnlich ist. Denn wenn die Sonne und alle Planeten, einschließlich unserm eigenen Heimatplanet Erde, sich mit ihr geradlinig in eine gewisse Richtung bewegen würden, würden alle in dieser Richtung wahrnehmbaren Sterne nach und nach scheinbar auseinanderlaufen und jene in der entgegengesetzten Richtung würden scheinbar zusammenlaufen, gerade wie bei einem Spaziergang durch den Wald die Bäume vor uns sich

immer mehr zu trennen und diejenigen hinter uns zusammenzurücken scheinen. Weil die Sternbewegungen keinem Gesetzt dieser Art unterliegen, was aus einer näheren Untersuchung der Tabelle hervorgeht, ist es klar, dass sie nicht nur vorgetäuscht oder auf diese gemeinsame Ursache oder auf eine ähnliche zurückzuführen sind, sondern dass es sich um Bewegungen der Sterne selbst handelt. Die genaue und wahre Ursache für diese Bewegungen wird vielleicht noch viele Jahrhunderte unbekannt bleiben.

Es ist eine traurige Ironie des Schicksals, dass Mayer einen wirklich bestehenden Effekt entdeckte, diesen dann aber aufgrund des damals verfügbaren, nicht überzeugenden Beweismaterials verwarf. Und es ist noch merkwürdiger, dass William Herschel, der von der falschen Hypothese ausging, dass helle Sterne uns näher seien als schwache, im Gegensatz zu Mayer den richtigen Schluss zog, indem er seine Analyse auf die Eigenbewegungen der zwölf hellsten dieser achtzig Sterne stützte, die er im vierten Band von Joseph Louis de Lalandes »Astronomie«, zweite Ausgabe (Paris 1781), passend zusammengestellt fand. Inzwischen war der ungekürzte Text von Mayers Vortrag über »De motu fixarum proprio« in Lichtenbergs »Opera Inedita…« (Göttingen 1775) erschienen und der Beweis, dass Herschel sich ein Exemplar dieses Buches verschaffte und es vor Veröffentlichung seines Artikels zu diesem Thema in den »Philosophical Transactions auf 1783« gelesen hatte, geht aus einem Nachtrag hervor, worin Mayers Analogie von einem Menschen, der durch den Wald geht, zitiert wird. In diesem Fall ist sie jedoch als Beweis für die säkulare Bewegung des Sonnensystems durch den Weltraum in Richtung des Sternes λ Herkules angeführt. Eine spätere Untersuchung Herschels, bei der eine bedeutend größere Zahl von Daten benutzt wurde, erwies sich aus demselben Grund wie bei Mayers Pionierarbeit als weniger überzeugend, weil nämlich der wahre Effekt durch unvermeidliche Fehler in den Sternkoordinaten, die durch die üblichen statistischen Verfahren nicht völlig beseitigt werden konnten, verdeckt war.

Obwohl nach 1783 die Tatsache, dass die Sonne sich durch den Weltraum bewegt, nicht länger bezweifelt werden konnte, blieb ihre Ursache reine Spekulation. Lalande hatte bereits seine Überzeugung geäußert, dass ein solches Phänomen auf eine Tangential- wie auch auf eine Radialkraft in Verbindung mit der axialen Rotation der Sonne zurückgeführt werden könne, aber Pierre Prévost neigte mehr zu der Ansicht, es als eine Folge der Differenz in der Netto-Gravitationsanziehung zwischen der einen Hemisphäre des Weltraums und der entgegengesetzten zu betrachten. Die kursierenden Theorien über die Ursache dieser Bewegung wurden von Prévost zu etwa der gleichen Zeit zusammengestellt, und Francis Baily machte ca. 50 Jahre später in einer Gedenkschrift über dieses Thema auf das Beobachtungsproblem aufmerksam. Im Prinzip ließe sich Prévosts Hypothese durch Feststellen, ob die Sonnenbewegung wie gefordert beschleunigt und gekrümmt ist, prüfen, aber praktisch war die Genauigkeit früherer Beobachtungen, wie jene, auf die Mayers Untersuchung notwendigerweise beruhte, für diesen Zweck unzulänglich. In der Hoffnung, zuverlässigere Resultate zu erzielen, stellte Prévost zusammen mit F. Maurice einen Vergleich der von Mayer beobachteten Rektaszensionen und Deklinationen der Sterne mit den 1797 beobachteten Werten an. Aber trotz der großen Sorgfalt, mit der sie Instrumentenfehler beseitigten und Variationen in der Eigenbewegung, Präzession usw. berechneten, gelang es ihnen nicht, den Genauigkeitsgrad zu erreichen, der zur Prüfung ihrer Hypothese, dass das Sonnensystem sich auf einem Kegelschnitt bewegt, erforderlich war. Zu den weiteren Komplikationen, die bei einer solchen Analyse auftreten, gehören die Schwierigkeit, die Entfernung der Sterne zu bestimmen und die Tatsache, dass jeder Stern neben der Bewegung, die er aufgrund der Sonnenbewegung zu haben scheint, noch seine eigene hat. Die bei dieser Art Untersuchung normalerweise befolgten statistischen Regeln bringen weitere Annahmen und Unsicherheiten mit sich. Diese zusammen mit der Revolution unserer Vorstellungen über die Beschaffenheit von Raum und Zeit, die von der Entdeckung der nicht-euklidischen Geometrie und von Einsteins allgemeiner Relativitätstheorie stammen, verhinderten die Möglichkeit, dass die wirkliche Ursache dieser Bewegungen in naher Zukunft erkannt wurden und bestätigen so, was Mayer am Ende seiner vorangegangenen Aussage vermutete.

KAPITEL 9

Der Längenpreis

Wie wir bereits aus Kapitel 7 entnehmen konnten, wurde Anfang 1755 Lord Anson, dem Ersten Lord der Admiralität, eine Kopie der »Commentarii« für 1754, die Mayers verbesserte Mondtabellen enthielten, und Mayers Manuskript »Methodus longitudinum promota« als Beweis seines berechtigten Anspruchs auf einen Längenpreis gemäß Gesetz 12, Königin Anne, Kapitel XV (1714) übergeben. Obwohl das auf demselben diplomatischen Weg nach London transportierte, von John Bird dann nachgebaute Holzmodell des Wiederholungskreises im Laufe der folgenden drei Jahre geprüft, aber von John Campbell schließlich verworfen worden war, erwiesen sich offizielle Prüfungen, die während derselben Zeit vom königlichen Astronomen James Bradley in Bezug auf die Genauigkeit der Mondtabellen angestellt wurden, als erfolgreich. In den Jahren 1756–1760 setzte Bradley gewissenhaft seinen Vergleich mit den auf Mayers verbesserten Mondtabellen basierenden Rechnungen fort, indem er nicht weniger als 1100 von ihm selbst in Greenwich durchgeführte Mondbeobachtungen einschloss, und konnte Mayers Angabe bestätigen, dass seine Mondpositionen im allgemeinen innerhalb von 1 ¼′ zuverlässig seien. Diese Genauigkeit reichte nicht ganz für den Anspruch auf den maximalen, vom Parlament ausgesetzten Preis, aber sie war sicherlich hoch genug, um die minimale Prämie von 10.000 Pfund zu bekommen, die für eine als »nützlich und anwendbar« erwiesene Methode zur Bestimmung der Länge auf See mit einer Genauigkeit von 1 Grad oder 60 Seemeilen ausgesetzt war. Eine Entscheidung des Längenbüros in dieser Angelegenheit wäre 1760 kurz nach Bradleys Mitteilung über seine Schlussfolgerung in Bezug auf die theoretische Zuverlässigkeit der verbesserten Mayer-Tabellen an den Admiralitätssekretär getroffen worden, wäre die britische Marine nicht in den Siebenjährigen Krieg hineingezogen worden.

Infolge dieses Verzugs hatte der Schiffszimmermann John Harrison aus Yorkshire Zeit, ein Schiffs-Chronometer fertigzustellen, das der gleichen Zweck wie die Mondtabellen erfüllte, nämlich, eine Standardzeit zur Verfügung zu stellen, mit der die beobachtete Ortszeit auf See verglichen werden konnte. Das dabei verwendete Prinzip war sehr einfach: das Chronometer brauchte lediglich auf eine bestimmte Standardzeit (z. B. für den Greenwich-Meridian) eingestellt und zur Einhaltung der mittleren Zeit reguliert zu werden. Die Differenz zwischen der mittleren Greenwich-Zeit und der mittleren Ortszeit des seefahrenden Beobachters ist dann ein direktes Maß für den Längenabstand des Beobachters vom Greenwich-Meridian.

Die mittlere Ortszeit wurde üblicherweise auf folgende Art gefunden. Unter Verwendung seines Hadley-Quadranten beobachtete der Seefahrer die Höhe des unteren oder oberen Sonnenrandes, notierte die Beobachtungszeit anhand seiner Taschenuhr und nahm die notwendige Korrektion für die Kimmtiefe und die atmosphärische Refraktion vor. Danach addierte oder subtrahierte er, je nach dem, den tabellierten Wert des Sonnenhalbmessers, um die Höhe und damit die Zenitdistanz des Zentrums der Sonnenscheibe zu finden. Als nächstes wurde die Deklination der Sonne für die ungefähre Beobachtungszeit und den Ort durch Interpolation aus den für den scheinbaren Greenwich-Mittag vorbereiteten Tabellen abgeleitet, wobei das Zeitintervall entsprechend dem geschätzten Längenwert auf See rechnerisch berücksichtigt wurde. Jeder Fehler infolge der Unsicherheit dieses Längenwertes kann wegen der kleinen täglichen Änderung der Deklination vernachlässigt werden. Durch algebraische Addition der Sonnendeklination zu ihrer Meridianhöhe fand der Seefahrer das Komplement seiner Breite, und eine einfache trigonometrische Berechnung führte zum Wert des örtlichen Stundenwinkels und folglich zur scheinbaren Ortszeit. Die gesuchte mittlere Ortszeit wurde schließlich durch Berücksichtigung der Zeitgleichung gewonnen. Dies ist eine tabellierte Korrektion für die periodischen Unterschiede in der Länge des Sonnentages (d.h. des Intervalls zwischen zwei aufeinanderfolgenden Sonnendurchgängen durch den Meridian), die bedingt sind durch die variable Bahngeschwindigkeit der Erde und die Neigung ihrer Bahn zur Äquatorebene, auf die sich unser Zeitmaß bezieht.

Inbegriffen in die erwähnten Beobachtungen war die Frage der Zuverlässigkeit des Schiffschronometers. Dieses Instrument wurde üblicherweise reguliert, indem man die Zeiten notierte, an denen sich die Sonne auf gleicher (beliebig wählbarer) Höhe vor und nach dem Meridiandurchgang befand. Der scheinbare örtliche Mittag ergab sich dann mittels der Uhr leicht durch Mittelung der beiden Zeiten. Zum Beispiel, wenn solche gleichen Höhenbeobachtungen nach der Uhr um 8 h 40 und um 15 h 16 vorgenommen waren und die Mittagszeit demnach als ½ (8 h 40 + 15 h 16) = 11.58 interpoliert würde, dann ging die Uhr zwei Minuten nach. Wenn das Schiff allerdings während der Zeit zwischen den Beobachtungen fahren würde, müsste zuerst die Auswirkung des Schifflaufes berücksichtigt werden, ehe das Nach-, bzw. Vorgehen bestimmt werden könnte. Im Allgemeinen wurde es als hinlänglich betrachtet, wenn der Uhrfehler unter vier Minuten pro Tag betrug. War er jedoch höher, dann wurden normalerweise täglich Beobachtungen dieser Art zur Feststellung des Uhrganges durchgeführt. Das nach der mittleren Sonnenzeit in Greenwich geeichte Standardchronometer dagegen musste einer viel strengeren Anforderung gerecht werden: es musste zu jeder Zeit – selbst nach mehreren Wochen auf See – eine Genauigkeit von bis zu vier Minuten aufweisen (1° bzw. 60 geographische Meilen), wenn diese Methode, selbst bei der unteren Grenze der Genauigkeit, gemäß der Spezifikation des Gesetzes von 1714, für die Bestimmung der Länge auf See allgemein nützlich und anwendbar sein sollte. Die eigentliche Schwierigkeit lag daher in der praktischen Herstellung eines Mechanismus, der dies trotz unvorhersehbarer Faktoren wie die Auswirkung irregulärer Schiffsbewegungen auf See und wechselnder klimatischer Zustände auf den Gang eines Chronometers leistete. Auch Schwerkraftänderungen bei unterschiedlichen Breiten beeinflussen bekannter weise die Schwingungsdauer einer Pendeluhr.

John Harrison zählte zu den ersten, die erkannten, dass eine auf See anwendbare Uhr mit einer Feder statt mit einem Gewicht angetrieben werden müsste, weil deren Wirkung von der Schwerkraft unabhängig ist; das gebräuchliche Pendel müsste zur Beibehaltung der Genauigkeit durch Ausgleich der Bewegungsauswirkungen des Schiffes auf See durch miteinander verbundene Unruhen ersetzt werden, die in entgegengesetzter Richtung gehen. An seinem ersten Schiffschronometer (H1), den Harrison 1735 nach sechs Jahren harter Arbeit fertigstellte, brachte er an den oberen und unteren Enden dieser beiden Unruhen vier Zylinderfedern zur Regulierung ihrer Schwingungszeiten an. Eine sekundäre Feder, die er die »konstante Kraft« nannte, trieb das Werk gleichmäßig weiter und die Hauptfeder wurde einmal täglich aufgezogen. Er reduzierte die Auswirkungen von Temperaturschwankungen und Spannungsänderungen in Verbindung mit den klimatischen Bedingungen weitgehend durch das Anbringen zweier neuer Bestandteile, die er vorher in seinem Regulator eingebaut hatte, nämlich das Kompensationspendel und die Transporthemmung. Das ganze Chronometer war an einer kardanischen Aufhängung in einer großen Holzkiste montiert und an den Ecken mit Spiralfedern gehalten. Es war in einem Schleppkahn auf dem Fluss Humber erfolgreich getestet.

Harrisons Erfindung wurde 1735 von fünf bedeutenden Mitgliedern der Royal Society, Edmond Halley, Robert Smith, James Bradley, John Machin und George Graham anerkannt, die eine Urkunde des Inhalts unterzeichneten, dass die Prinzipien der Erfindung einen für den vorgesehenen Zweck großen und hinlänglichen Sicherheitsgrad erwarten ließen und dass sie einer gründlichen Prüfung zu unterziehen sei. Ihre Empfehlung wurde dem Längenbüro mit dem Ergebnis vorgelegt, dass Vorkehrungen für Harrison getroffen wurden, im Mai 1735 mit seinem Chronometer auf dem königlichen Schiff (H.M.S.) Centurion nach Lissabon zu fahren. Diese Probefahrt war nicht beabsichtigt, um Harrison die Berechtigung zum Erhalt der im Gesetz 1714 ausgesetzten Belohnung zu ermöglichen, denn dazu war eine Reise zu den Westindischen Inseln vorgeschrieben; trotzdem zeigte der Erfolg, dass Harrison auf dem richtigen Wege war, und deshalb beschloss das Längenbüro, ihm 500 Pfund zur Konstruktion eines zweiten Gerätes gleicher Art, jedoch mit einigen Verbesserungen zu geben, was er 1739 fertigstellte. Dieses Chronometer (H2) wurde niemals auf See getestet, weil Großbritannien mit Spanien Krieg führte als es fertig war, und Harrison schon begonnen hatte, ein drittes Gerät (H3) zu bauen, das aufgrund seiner einfacheren Konstruktion weniger zur Unregelmäßigkeit neigte, leichter einzustellen und leichter nachzubauen war.

Die Konstruktion des H3 unterschied sich gewaltig von den beiden vorangehenden. Zwei Unruhen, die aus geraden Stäben mit Messingkugeln an ihren Enden bestanden, waren jetzt durch runde, flache Räder ersetzt, so dass eine einzige Zylinderfeder das bewerkstelligte, wozu vorher vier gebraucht wurden. Außerdem wurde diese Feder durch ein aus zwei flachen, fest miteinander verbundenen Stahl- und Messingstäben bestehendes »Metallthermometer«, dessen Krümmungsänderung bei verschiedenen Temperaturen eine Kompensation für die wechselnden Wärme- und Kälteauswirkungen bildete, bei verschiedenen Temperaturen in derselben Spannung gehalten, was nach Harrisons Voraussage eine Genauigkeit von drei Sekunden pro Woche auf See zu jeder Zeit und unter allen Klimaverhältnissen garantieren würde. Für die Konstruktion dieses dritten Chronometers benötigte Harrison über siebzehn Jahre; 1758 war es schließlich fertig und eingestellt.

Zu diesem Zeitpunkt hatte Harrison jedoch schon mit der Herstellung seines vierten Chronometers (H4) begonnen, der äußerlich einer etwa 13 cm Durchmesser großen Uhr glich. Er verglich dieses Instrument eine Zeit lang mit seinem Regulator und stellte fest, dass es beim Vergleich mit H3 »kaum schlechter« war. Diese Meinung äußerte Harrison in einer Bittschrift vom 26. Februar 1761 an Lord Anson, in der er um eine Prüfung dieser beiden Instrumente auf See ersucht. Gleichzeitig umreißt er in groben Zügen, wie man nach seiner Ansicht vorgehen müsse, um eine akkurate Genauigkeitsuntersuchung seiner Chronometer zu garantieren. Harrisons Bitte wurde einige Wochen später vom Längenbüro ohne weiteres stattgegeben und man traf schnell Vorkehrungen für seinen Sohn William, im April mit dem Kapitän John Campbell auf H. M. S. Dorsetshire nach Jamaika zu fahren. Vielleicht war zu schnell gehandelt worden, denn dieses Schiff wurde für einen anderen Einsatz angefordert, und erst im Oktober gab es einen Ersatz. Aber zu der Zeit hatte Harrison endgültig entschieden, seine Behauptung in Bezug auf die Leistung seines Chronometers zurückzuziehen und so wurde H3 nie auf See getestet.

Zur vorgeschlagenen Methode für die Genauigkeitsprüfung der Harrison-Uhr gehörte die Benutzung der Finsternis-Beobachtungen der Jupitersatelliten, die in Portsmouth und Jamaika zur Bestimmung der »wahren Längendifferenz« angestellt worden waren. Diese Wahl war schlecht durchdacht, angesichts der Tatsache, dass Abbé de la Caille vor weniger als zehn Jahren einen Vergleich von zwei Finsternis-Zeiten des ersten Satelliten Jupiters – des hellsten und am leichtesten zu beobachtenden – angestellt und systematische Diskrepanzen von annähernd 2 ½ Minuten bei Längenbestimmungen festgestellt hatte, was eine Ungenauigkeit dieser Methode von weit über 30 geographischen Meilen bedeutete (der Grenze, in der sich der Chronometer bewegen musste, wenn sein Erfinder sich für die

Belohnung von 20.000 Pfund qualifizieren wollte). Deshalb war das Ergebnis dieser Prüfung zur See nicht dadurch beeinflusst, dass die Jahreszeit ungünstig und es zu spät war, Beobachtungen eines solchen Phänomens noch an zwei Häfen durchzuführen, denn es wäre auf jeden Fall unmöglich gewesen, zwischen den in den jeweiligen Methoden auftretenden Fehlern zu unterscheiden. Es gab bereits eine alternative und ganz zuverlässige Methode aufgrund früherer Bestimmungen der Längendifferenz aus Beobachtungen des Merkurdurchgangs vom 25. Oktober 1743, die James Short in George Grahams Haus in London Fleet Street und Alexander Macfarlane in Jamaika in Kingston durchgeführt hatten. Nach Berücksichtigung der Parallaxenauswirkungen und der Längendifferenzen zwischen Greenwich und dem Haus des Herrn Graham sowie zwischen Kingston und Port Royal wurde die Längendifferenz zwischen Greenwich und Port Royal zu $5^h\,07^m\,02^s$ bestimmt – gerade über 20^s (oder fünf Seemeilen) weniger als der heutige Wert.

Ein von Harrison gemachter Vorschlag zur Prüfung des gleichmäßigen Gangs – im Gegensatz zur Genauigkeit – seiner Uhr war, dass sein Sohn William mit H. M. S. Deptford, das bestimmt war, den Gouverneur Lyttleton nach Jamaika zu bringen, fahren könne, um unmittelbar nach Ankunft in und kurz vor der Abreise von Jamaika korrespondierende Sonnenhöhen-Beobachtungen anzustellen. William Harrisons Ergebnisse könnten dann zusammen mit den Ablesungen des Chronometers und mit ähnlichen astronomischen Beobachtungen vor und nach der Schiffsreise von Herrn Robertson, dem Rektor der Royal Academy in Portsmouth dazu benutzt werden, um zwei unabhängige Messungen der benötigten Längendifferenz zu erhalten. Das Längenbüro war mit diesem Plan grundsätzlich einverstanden, beauftrage aber John Robison, der sich in Mathematik und besonders in Astronomie gut auskannte, die korrespondierenden Höhenbeobachtungen in Jamaika anzustellen. Es gab auch Anweisungen bezüglich der Uhreinstellung in Portsmouth und der von ihr bei Ankunft in Jamaika angezeigten Zeit. Die Uhr wurde in einer Kiste verpackt, die mit vier verschiedenen Schlössern verschlossen war. Die vier Schlüssel wurden – jeweils einer – William Harrison, Gouverneur Lyttleton, Kapitän Digges und seinem ersten Leutnant anvertraut. Man hatte auch vereinbart, dass alle vier Herren vor dem Öffnen der Kiste und sogar zum Aufziehen der Uhr selbst anwesend sein sollten, wobei Letzteres sich in der Praxis als lästig erwies.

Nur ein Beobachtungssatz korrespondierender Höhen kam am 26. Januar 1762 eine Woche nach Einlaufen der Deptford und erst zwei Tage vor William Harrisons Rückkehr nach England mit H. M. S. Merlin in Jamaika am Port Royal zustande. Kopien davon wurden anschließend jeweils unabhängig von den drei seitens des Längenbüros ernannten Experten Matthew Raper, John Howe und Gael Morris überprüft. Das Experiment wurde jedoch aus zwei Gründen als unzulänglich beurteilt: erstens, Fehler hätten dadurch entstehen können, dass die Astronomen ihre Instrumente vor den Nachmittagsbeobachtungen umstellten; und zweitens, Beobachtungen dieser Art an nur einem einzigen Tag reichten nicht aus, die Zeit irgendeines Ortes zu bestimmen. Hierbei ist interessant, dass diese auf der Längenbüroversammlung vom 3. Juni 1762 angeführten Einwände genauso gut ein schlechtes Licht auf die Integrität der Herren Robertson und Robison und gar auf die Mitglieder der Royal Society werfen konnten, die für die Aufstellung des ursprünglichen Planes zur Beobachtung der Jupitersatellitenfinsternisse, der gewiss der zweiten Kritik unterlag, verantwortlich waren. Andererseits gab es einen positiven Beweis für die Genauigkeit der Harrison-Uhr dadurch, dass die mit ihr gefundene Längendifferenz und die aus den vorerwähnten Beobachtungen des Merkurdurchgangs unabhängig bestimmte, sich nur um 5.1^s unterschieden, was bei der Breite von Jamaika etwa einer geographischen Meile entspricht.

Dennoch wurden auf der nächsten Versammlung des Längenbüros Zweifel über die Genauigkeit der Harrison-Methode zur Bestimmung der Länge geäußert, obwohl sechs Pariser Beobachter 1753 beim Merkurdurchgang für den Augenblick des letzten Kontakts Zeiten ermittelt hatten, die nur 23 Sekunden voneinander abwichen, während fünf Beobachter in London Resultate erzielt hatten, die ums Doppelte genauer waren, was bedeutet, dass die mit H 4 erreichte Genauigkeit in der Tat vollauf innerhalb der im Gesetz 1714 vorgeschriebenen Grenzen lag. Das Büro war jedoch nicht ganz überzeugt, ob die offensichtlich ausgezeichnete Leistung der Uhr kein Zufall wäre, und diese Ansicht wurde zweifellos bestärkt durch John Harrisons Weigerung, die Prinzipien seiner Konstruktion bekannt zu geben. Dies wurde aber widerlegt durch die Genauigkeit, mit der William Harrison die Position der Deptford zu verschiedenen Zeiten während der Ausreise voraussagte, was die Schiffsoffiziere sehr beeindruckt hatte.

Trotz sehr schlechten Wetters auf See bei der Rückreise betrug der Gesamtfehler der Uhr von Portsmouth und zurück $1^m 54.5^s$ (die Uhr ging nach), was bei der Breite dieses Hafens etwa achtzehn geographischen Meilen entspricht. Dieses von der Jamaikalänge (deren Wert auch fraglich war) unabhängige Ergebnis beweist ohne Zweifel die Genauigkeit der Uhr, konnte aber nicht zu Gunsten Harrisons verwendet werden, weil der laut Parlamentserlass autorisierte offizielle Probelauf in Jamaika endete. Außerdem bestand noch die Ungewissheit der Zeitrate (2 ⅓ Sek. pro Tag), die William Harrison für das Nachgehen der Uhr geschätzt hatte, und die würde das vorerwähnte Resultat beeinflussen. Dementsprechend weigerte sich das Büro zu beurkunden, dass Harrison die Forderungen des Gesetzes 1714 erfüllt habe, bis entweder er selbst oder ein von ihm Beauftragter mit der Uhr eine neue Reise nach Westindien gemacht hätte. Man war jedoch mit der Verleihung eines Zwischenpreises von 1500 Pfund aufgrund der vielversprechenden Leistung seiner Erfindung einverstanden. Diese Summe und die Garantie weiterer 1000 Pfund nach Abschluss der vorgeschlagenen neuen Probefahrt seien von jedem weiteren Preis, der ihm später zuteilwerden könnte, abzuziehen.

Objektiv betrachtet und im Licht der vorerwähnten Tatsachen war diese Entscheidung gerecht. Dennoch ist man leicht geneigt, mit Harrison zu sympathisieren, der sich ungerecht behandelt fühlte, weil er wusste, dass die Leistung seines Chronometers kein Zufall, sondern eine Glanzleistung war, die er stets wiederholen konnte. Die seitens des Büros bei den Verhandlungen in dieser Angelegenheit begangenen Fehler waren in erster Linie Mangel an Vorsorge bei der Planung und Durchführung der Probefahrt und anschließend eine zu strenge Auslegung des Wortlauts eines nicht sehr sorgfältig formulierten Gesetzes. Der erste Fehler könnte ihrer damals fehlenden Erfahrung in der Handhabe solcher Projekte und der Unkenntnis der Funktionen der Uhr zugeschrieben werden, der zweite zeigt lediglich, dass sie eine so hohe Summe öffentlichen Geldes nicht ausgeben wollten ohne den eindeutigen Beweis der Anspruchsberechtigung, eine verständliche Haltung, worunter Mayers Witwe auch noch zu leiden hatte.

Etwa zu dieser Zeit nahm Nevil Maskelyne auf Bradleys Vorschlag eine Kopie der Mayer-Tafeln auf seiner Expedition nach St. Helena mit zur Beobachtung des Venusdurchgangs. Auf der Hin- und Rückreise beobachtete er Monddistanzen mit einem Quadranten von Hadley und bestätigte Bradleys Ansicht, dass diese Methode in der Lage sei, die Länge auf See innerhalb von 60 Seemeilen zu bestimmen. Maskelyne war nicht der einzige, der Mayers Tafeln ausprobierte. Carsten Niebuhr, der begabte Student von Michaelis in Göttingen, der später eine wichtige wissenschaftliche Expedition in den Nahen Osten unternahm, war von Mayer selbst in der Beobachtungskunst der Monddistanzen und ihres Vergleichs mit den auf den neuen Mondtafeln basierenden Berechnungen unterwiesen worden. Die Ergebnisse der von Niebuhr 1761 auf See angestellten Vergleiche, bei denen er als Beobachtungsinstrument einen Hadley-Quadranten benutzte, wurden von Konstantinopel abgesandt und trafen 1762 in Göttingen ein. Sie waren so konsistent, dass Mayers Selbstvertrauen auf die Zuverlässigkeit seiner Tafeln und die Anwendbarkeit seiner Navigationsmethode mit Monddistanzen erheblich stieg.

Mayer war jedoch inzwischen schwer krank geworden und wusste, dass sein Tod seine Frau und seine vier überlebenden Kinder aus der in Kapitel 4 beschriebenen Gründen in eine schwierige Lage versetzen würde. Schon ehe Michaelis erkannt hatte, wie ernst Mayers finanzielle Lage war, schrieb er Frau Mayer und versicherte ihr, dass er ihre Interessen in dieser Sache auch nach dem Tod ihres Mannes weiterverfolgen würde. Dieses freiwillige Versprechen entsprach genau Mayers eigenem Wunsch, weil er Michaelis für die Mühe, die dieser sich bereits seinetwegen gemacht hatte, entschädigen wollte. Mayer hatte kürzlich seine Einwilligung erteilt, jeden gewonnenen Geldpreis mit der Wissenschaftlichen Sozietät Göttingen zu teilen, nachdem er informiert worden war, dass diese als legale Eigentümerin des Preisaufsatzes, nämlich der in den »Commentarii« gedruckten Mondtafeln, rechtlich darauf bestehen könnte.

Getreu seinem Versprechen veranlasste Michaelis, dass sein Kollege Abraham Gotthelf Kaestner Mayer fragen sollte, was er bezüglich des Längenpreises zu veranlassen wünschte. Aber Kaestner versuchte vergeblich, dieses Thema mit Mayer zu besprechen, und schrieb schließlich sechs Fragen, die er beantwortet haben wollte, nieder und gab sie Frau Mayer, damit diese sie ihrem Mann unterbreiten konnte, wenn er in der richtigen Verfassung wäre, klar zu denken. Mayers Antworten bestanden in Folgendem: nach seinem Tod sollte eine Bittschrift an die Admiralität geschickt werden, alle Dokumente sollten an einem Ort aufbewahrt werden; Erläuterungen über seine Entdeckungen seien an seinen Schwager Moritz Lowitz zu schicken; seine Schriften über die Längenbestimmung seien zu veröffentlichen, unabhängig davon, ob er den Preis gewinnen würde oder nicht; diejenigen in England, die ihm bei seinem Antrag auf Preisverleihung bereits geholfen hatten, sollten gebeten werden, sich erneut für ihn einzusetzen; Bradley sollte über seinen Tod benachrichtigt werden. Auf Mayers Wunsch fügte seine Frau einen siebten Punkt auf Kaestners Liste hinzu, und zwar eine Erklärung darüber, dass, wenn das Britische Parlament seinen (Mayers) Erben 10.000 Pfund zusprechen würde, davon der Göttinger Wissenschaftlichen Sozietät 2000 Pfund, Michaelis 1000 Pfund und Best 1000 Pfund zukommen sollten. Durch dieses von Frau Mayer handschriftlich geschriebene Dokument wurde die gesetzliche Frage aufgeworfen, ob es sich hier um eine Transaktion oder um eine Schenkung zwischen lebenden Personen oder um einen letzten Willen und ein Testament handelte. Es bestand eine gewisse Unklarheit darüber, ob die genannten Summen als endgültige Beträge oder als prozentuale Anteile des gesamten Preises anzusehen seien.

Zur Klärung dieses letzten Punktes schickte die Universität am 29. März 1762 Abgeordnete in Mayers Haus, um die Antworten der Witwe (A1–A8) zu den acht Fragen (F1–F8) zu Protokoll zu bringen.

F1: Hatte ihr verstorbener Mann dieses Dokument wirklich diktiert und hatte sie es niedergeschrieben?

A1: Sie hatte die sechs von Kaestner abgefassten Fragen gestellt und (die Antworten) aufgeschrieben, aber die siebte Frage und Antwort waren ausschließlich von Mayer diktiert worden.

F2: Unter welchen Umständen und an welchem Tag war das geschehen?

A2: Sie konnte sich nicht an das Datum erinnern, aber es war an dem Tag danach, an dem Kaestner seine Fragen niedergeschrieben hatte – wahrscheinlich 10 Tage vor Mayers Tod. Sie hatte einen Zeitpunkt abgepasst, an dem er voll bei Bewusstsein war.

F3: Hatte sie die zur Diskussion stehenden Summen vorgeschlagen oder hatte Mayer diese angegeben?

A3: Er hatte diese Summen genannt, sie hatte gar keine Vorschläge gemacht.

F4: Wie wäre es auszulegen, wenn die endgültige Belohnung größer oder kleiner als die spezifizierte sein würde, und hatte Mayer sich dazu geäußert?

A4: Er hatte sich niemals dazu geäußert, wie er verfügen wollte, wenn seine Erben 20.000 Pfund erhalten würden, aber sie nahm an, dass er in diesem Fall das Doppelte der Beträge zahlen wollte. Sie habe ihn gefragt, was geschehen sollte, wenn nur 2000 Pfund bezahlt würden? Er hatte geantwortet, dass dies nie geschehe, sollte es dennoch eintreten, würden die Begünstigten, denen etwas zuteilwerden sollte, sicherlich nichts von ihr erwarten.

F5: Was hatte Mayer über seine Schenkung gesagt?

A5: Er hatte über den Zeitpunkt oder die Art seiner Schenkung gar nichts gesagt.

F6: Warum hatte sie das Schriftstück nicht vor Mayers Tod an Michaelis geschickt?

A6: Sie hatte immer gehofft, dass ihr Mann nicht sterben würde. Er würde dies auf jeden Fall als verfrüht betrachtet haben, wenn sie das vor seinem Tod getan hätte.

F7: Was hatte Mayer ihr über den Preis gesagt, und was hatte er versprochen, wenn er ihn erhalten sollte?

A7: Die Schenkungen sollten den jeweiligen Leistungen und Ausgaben entsprechend vorgenommen werden.

F8: Was war ihr außer den vorerwähnten Tatsachen noch bekannt?

A8: Als Mayer ihr seine Absichten zuerst eröffnete, hatte sie ihn gefragt, ob seine vorgeschlagenen Schenkungen nicht zu hoch wären? Er hatte mit »nein« geantwortet, denn sie würde noch genug haben, um sich selbst und ihre Familie durchzubringen. Sie hatte ihre Meinung einmal in Gegenwart von Kaestner geäußert, aber Mayer hatte geantwortet, dass es so bleiben müsste, weil sonst diejenigen, die beschenkt werden sollten, sich weniger um die Sache kümmern würden.

Das Ergebnis dieser Erkundigung war ein auf den 15. Juni 1762 datierter gesetzlicher Vertrag, den Johann David Michaelis als Präsident und Johann Philipp Murray als Sekretär der Göttinger Sozietät der Wissenschaften sowie Frau Mayer selbst unterzeichnet hatten. Als Gegenleistung für ihr (Frau Mayers) Versprechen, bei einem Gesamtpreis von 10.000 Pfund der Sozietät, 2 000 alte Franken oder Altpreußische Münzen oder Braunschweiger Louis d'Or und Michaelis 100 solcher Münzen zu zahlen oder entsprechend proportionale Summen bei einem Preis bis hinauf zu 20.000 Pfund oder hinab zu 2.000 Pfund zu entrichten, verpflichteten sich die Sozietät und Michaelis, a) ihre jeweiligen rechtmäßigen Forderungen eines Anteils bei noch niedrigerer Belohnung abzutreten, b) Mayers Werk zu veröffentlichen und seiner Witwe die Gewinne zu geben und c) die Verbindung zwischen ihr und der Behörde in London aufrechtzuerhalten. Unterdessen prüfte der Göttinger Professor Johann Claproth die gesetzliche Frage und interpretierte

Mayers Absicht so, dass 40 Prozent jeder ihm zufallenden Belohnung ungeachtet ihrer Höhe an andere verteilt werden sollten und seine Familie (vertreten durch Frau Mayer) die restlichen 60 Prozent behalten sollte. Über Einzelheiten der ersten Verhandlungen informierten Michaelis und Claproth die Hannoverschen Beamten und Best in London. Als aber Michaelis von Best über die unruhige Lage am Ende des Siebenjährigen Krieges in England und über James Bradleys Tod benachrichtigt wurde, drängte er bewusst nicht auf Mayers Anspruch, damit dieser nicht ohne die verdiente Beurteilung abgewiesen würde.

Frau Mayer, der man eine sehr nervöse Disposition nachsagte, war verständlicherweise durch diese Taktik irritiert und beschuldigte Michaelis der Vernachlässigung ihrer Interessen. Im Mai 1763 erhielt sie dann einen Brief von Joseph Louis de Lalande, der ihr riet, eine Bittschrift an das Längenbüro und gleichzeitig Briefe an Joseph Grenville, dem ersten Lord des Schatzamts, und an einen gewissen Herrn Mackenzie (Lord Mackenzie, Minister am Hof von Sardinien) zu schicken. Lalandes Rolle bei der Beurteilung der von Harrison erwarteten Bekanntgabe seiner Uhrenkonstruktion vor einer elfköpfigen Unterkommission des Unterhauses wurde kürzlich erst enthüllt durch die Prüfung seines Manuskriptes »Voyage en Angleterre« (1763), das sich in der Bibliothèque Mazarine befindet. Er war offensichtlich bereits in London, als diese Angelegenheit akut wurde, und seine Hilfe könnte erbeten worden sein durch den Vetter des Herrn Dutemps, dem Sekretär von Lord Mackenzie. Dank dieses Tagebuches wissen wir, dass der Autor der anonymen Abhandlung »An Account of the Proceedings in order to the discovery of longitude« (London 1763), worin die Handhabe der Probefahrt nach Jamaika stark kritisiert wird, nicht – wie meist angenommen – James Short, F. R. S. (Fellow of the Royal Society = gewähltes Mitglied der königlichen Gesellschaft) war, sondern Taylor White, F. R. S., ein bekannter Rechtsanwalt und Schatzmeister des Findelhauses in London, von dem William Harrison einer der Direktoren war. Als Michaelis erfuhr, dass Lalande sich eingeschaltet hatte, stimmte er zu, eine Bittschrift aufzusetzen, riet aber Frau Mayer, sich mit keiner der beiden Personen in Verbindung zu setzen, ehe er Bests Rat eingeholt hätte. Einige Tage später schrieb Michaelis an Best und erwähnte, dass sich in Frau Mayers Besitz Mondtabellen befänden, die bedeutend besser seien, als die 1755 übersandten, und er fuhr fort, dass er gelesen habe, dass Harrison, dessen Erfindung nicht würdig wäre, mit der Entdeckung Mayers verglichen zu werden, 5.000 Pfund (tatsächlich die Gesamtsumme einer Reihe von ihm im Laufe vieler Jahre erhaltenen Zahlungen zur Vergütung der Entwicklungskosten seiner vier Schiffsuhren) erhalten hätte.

Als Michaelis am 17. Juni erfuhr, dass Lalande inzwischen offiziell hinzugezogen worden war, um den beiden gewählten Vertretern der Pariser Akademie, Charles Etienne Camus und Ferdinand Berthoud, bei der Beurteilung des Längenproblems zu helfen, beschloss er, dass die Zeit zu handeln gekommen sei. Deshalb übersandte er Best eine Bittschrift von ihm selbst an die Admiralität, einen

Brief von ihm an Lalande und zwei vor zwei Tagen in Französisch abgefasste Briefe von Frau Mayer an Grenville und Mackenzie. Best leitete Michaelis' Bittschrift sofort weiter an Sir Philip Stephens, Clevlands Nachfolger als Admiralitätssekretär, ebenso seinen Brief an Lalande, der inzwischen von London nach Paris zurückgekehrt war. Aber er leitete die Briefe von Frau Mayer nicht weiter, weil Grenville eigentlich nichts mit der Sache zu tun hatte und er nicht genau wusste, wer dieser Herr Mackenzie war. Auf Frau Mayers Veranlassung setzte Michaelis einen Brief an die Lords der Admiralität in Englisch auf, den sie handschriftlich kopierte und von ihm als Begleitschreiben mit den verbesserten Mondtabellen abschicken ließ, um deren Versand ihr Mann sie auf dem Sterbebett zur Bekräftigung seines Antrages gebeten hatte.

Nachdem Michaelis' Bittschrift auf einer Versammlung des Längenbüros am 9. August 1763 vorgetragen war, beschlossen die Bevollmächtigten, dass zwei in Astronomie gut bewanderte Herren, nämlich Nevil Maskelyne und Charles Green, die gerade zur Abfahrt auf dem Schiff Princess Louisa nach Barbados rüsteten, um Harrisons Uhr zu testen, so viele Finsternisse der Jupitersatelliten wie sichtbar und auch Monddistanzen beobachten sollten, um diese beiden Methoden zur Bestimmung der Länge zu vergleichen und dabei die Genauigkeit der neuen, verbesserten Mondtafeln zu prüfen, die sich jetzt in ihrem Besitz befanden. Maskelyne hatte gerade in »The British Mariner's Guide« (London 1763) eine Erläuterung darüber veröffentlicht, wie er mit Hilfe der früheren, 1755 übermittelten Tabellen Mayers während seiner Reise nach St. Helena Monddistanzen bestimmt hatte. Sie war durch ausgearbeitete Beispiele und eine Gebrauchsanweisung für Beobachtungen mit dem Hadley-Quadranten ergänzt. Diese Ergebnisse bestätigten die Anwendbarkeit der Methode Mayers zur Bestimmung der Länge auf See innerhalb von 1° oder 60 Seemeilen. Das Gesetz 1714 schrieb aber eine Reise nach Westindien vor und darüber hinaus, dass die Methode nicht nur nützlich, sondern auch praktikabel sein müsste, was vermutlich bedeutete, dass mehrere geschulte Seefahrer bei Gebrauch dieser Tabellen unabhängig voneinander einen gleichen Genauigkeitsgrad erreichen müssten. Als Maskelyne im November 1763 zu den Barbados-Inseln aufbrach, hatte er dennoch jeden Grund, mit einem günstigen Resultat für diese Methode zu rechnen. Ein Jahr nach Maskelynes Rückkehr begann von Münchhausen, inoffizielle aber einflussreiche Beziehungen in London aufzunehmen, um die Witwe und Kinder eines »so eminenten Astronomen wie den verstorbenen Professor Mayer« privat zu vertreten, während Best die Angelegenheit ebenfalls weiter vorantrieb, indem er an die zur Klärung der Längenfrage Bevollmächtigten schrieb, um sie an die Hintergründe der Forderung Mayers und die Dringlichkeit einer positiven Lösung zu erinnern.

Auf einer denkwürdigen Versammlung des Längenbüros am 9. Februar 1765 fiel endlich die langerwartete Entscheidung. Beschlüsse über die Preisverleihung des Parlaments an Harrison und Mayer waren gefasst. Harrison wurde in Anerkennung der Leistung seiner Uhr, deren Genauigkeit gemäß Forderung des Gesetzes 1714 innerhalb der engsten Grenze von ½° oder 30 Seemeilen lag, die Hälfte des Maximum-Preises (nämlich 10.000 Pfund) zugesprochen, während Mayers Erben in Anerkennung der Mondtabellen, die nach wie vor Beobachtungsresultate innerhalb von 1° oder 60 Seemeilen ermöglichten, eine Summe von »nicht mehr als 5.000 Pfund« erteilt werden sollte. Die allgemeine Anwendbarkeit der Methode Harrisons konnte nicht geprüft werden, solange er nicht die Prinzipien seiner Uhrkonstruktion bekannt gegeben hatte und von anderen geschulten Uhrmachern angefertigte Nachbildungen auf ähnlichen Reisen erfolgreich getestet waren. Deshalb war die Empfehlung bezüglich seiner Belohnung gerecht. Dagegen war die allgemeine Nützlichkeit der Monddistanzen-Methode zum Teil durch die Erfahrung von vier Schiffsoffizieren bewiesen, die Maskelyne auf der Versammlung vorstellte, um zu bezeugen, dass sie die Länge auf See bei Benutzung der weniger genauen (d. h. der älteren) Tafeln Mayers und der dazu in »The British Mariner's Guide« veröffentlichten Gebrauchsanweisungen finden konnten. Deshalb war es ziemlich hart, den Erben Mayers nicht mehr als die Hälfte des Minimum-Preises zu erteilen.

Zu allem Überfluss hatte Alexis Clairaut vor der Parlamentsentscheidung bezüglich dieser Preise einen Brief in »The Gentleman's Magazine« für Mai 1765 veröffentlicht, worin er beteuerte, dass er und Euler Mondtheorien entwickelt hätten. die genauer wären als die von Mayer, dessen Tabellen ihre Genauigkeit in erster Linie dessen geschickter Interpretation der Beobachtungsdaten verdankten. Obwohl die Theorie 1755 der Admiralität zugeschickt worden sei, wäre sie noch nicht veröffentlicht. Clairaut wies darauf hin, dass die Analyse, auf der sie aufgebaut sei, von Euler stamme, nicht jedoch von Eulers Mondtheorie, sondern von seinem 1748 an die Pariser Akademie geschickten Preisaufsatz über Unregelmäßigkeiten in den Bewegungen Jupiters und Saturns. Dieser öffentliche Protest mag durchaus der Grund gewesen sein, warum das Parlament nur einige Tage danach beschloss, Mayers Erben 3.000 Pfund zuzusprechen und Euler, der ganz überrascht war, zusätzlich 300 Pfund zu geben. Um die zur Erhaltung ihres Anteils des Preisgeldes erforderliche Reise nach London zu vermeiden, gab Frau Mayer ihrem Anwalt Johann Christoph Röder die Anweisung, eine Handlungsvollmacht in Latein abzufassen, mit der Best diese Angelegenheit für sie erledigen könnte. Christian Frederick Georg Meister, Rektor der Georg-August-Universität und Professor für Zivil- und Kirchenrecht, setzte – wahrscheinlich auf einen Rat aus Hannover, den Michaelis erhielt – ein ebenfalls in Latein abgefasstes Empfehlungsschreiben auf, das mit dem gleichen Datum (3. August 1765) versehen war und Best Handlungsvollmacht verlieh. Eine andere Rechtsvollmacht wurde von Frau Mayer selbst, dieses Mal auf deutsch, geschrieben und von Meister und Röder durch Unterschrift beglaubigt. Außerdem schrieb, unterzeichnete und versiegelte Frau Mayer ein sehr eindrucksvolles Dokument auf Pergament, mit dem sie den Ausschussmitgliedern des Längenbüros das Manuskript der letzten Mondtafeln vermachte und worin sie fünfundzwanzig dieser Herren namentlich aufführt. Hier folgt der ursprüngliche Wortlaut:

Kund und zu wissen Sey hiedurch allen und jeden, dass, nachdem durch eine entworfene und bestätigte Parlaments-Acte im fünften Jahr der Regierung Unsers Allergnädigsten Herrn GEORG III. von GOTTES GNADEN, König von Großbritanien, Frankreich und Irland, Beschützer des Glaubens usw, unter dem Titel [Eine Akte, um zwo andere klärer und würksamer zu machen, die eine welche im zwölften Jahr der Regierung der Königin Anna vollzogen ist unter den Titel: eine Acte um eine andere mehr zu beförcern, die in den zwölften Jahr der Regierung der Königin Anna Glorwürdigen Andenkens gemachet ist, mit der Aufschrift: eine Acte um eine öffentliche Belohnung für diejenige Person oder Personen fest zusetzen, welche die Meeres Länge ausfindig machen werden, besonders in Absicht auf diejenigen, welche sich wegen der zu Entdekkung solcher Länge geschehenen Vorschläge mit Erfahrungen beschäftigen, und die Anzahl der Kommissarien zu Vollstreckung gedachter Acte zu vermehren] welche unter andern anführt, dass die Erfindung der Meeres Länge einen großen Fortgang vermittelst gewisser Mondtafeln genommen habe, die von Tobias Mayer, Weyland Professor zu Göttingen in Deutschland nach den von Herr Isaac Newton beschriebenen Grundsätzen der Schwere entworfen worden sind, welche Tafeln zu entwerfen, ihm die von dem Professor Euler auf der Universität Berlin an die Hand gegebenen Lehr-Sätz ungemein behülflich gewesen sind, und dass die erwähnten Tafeln dem gemeinen Wesen zum großen Nutzen gereichen, und dass sie noch mehr verbessert und gemeinnütziger gemachet werden können, und dass die Witwe oder sonstige Erben und Erbnehmen des gedachten Professor Mayers vermöge beregter im zwölften Jahr der Regierung der Königin Anna bestätigten Acte eine offentliche Belohnung verdienten, im Fall sie oder dieselben das Eigenthum mehr berührter Tafeln an die oberwehnten Commissarien zum allgemeinen Besten überließen. So ist vermöge bemeldter Acte vom fünften Jahr der Regierung Höchstgedachter Seiner Majestät GEORG III. [unter andern] ausgemachet, dass eine Belohnung oder Geldsumme von nicht mehr als drey tausend Pfund Sterling eins für alles an die Witwe oder übrige Erben und Erbnehmen des ermeldten Professor Mayers dafür bezahlet werden soll, dass sie oder dieselben das Eigenthum des gesammten nachgelassenen Manuscrips der von mehrbenanndten Tobias Mayer entworfenen Mondtafeln an die obbezeichneten Kommissarien zum öffentlichen Gebrauch und allgemeinen Besten abtreten. Und nachdem die mehresten von den Kommissarien den für jetzo behuef Erfindung der Meeres Länge angesetzten und bestellten Kommissarien [vermöge der ihnen durch obangezogene Parlaments Acten, oder durch eine oder andere derselben verliehene

Macht und Gemacht] vermittelst des sicher unter ihrer Hand und Siegel enthaltenen schriftlichen Scheins, der um oder auf den 13ten des letztverwichenen Monaths Junius ausgestellet ist, solche angeführte Belohnung den zeitigen Kommissarien von der Flotte bescheiniget, und diese Kommissarien von der Flotte ersuchet haben, dass sie an den Rentmeister von seiner Majestät Flotte erforderliche Assignation ertheilen möchten, um die Summe der Drey Tausend Pfund an die Witwe oder sonstige Erben und Erbnehmen des mehr gedachten Professor Mayers oder an diejenige Person, welche um solche in Empfang zu nehmen von ihr oder demselben genugsam bevollmächtiget seyn würde, wann sie oder dieselben den obermeldeten zu Ausfindung der Meeres Länge bestellten Kommissarien das Eigenthum der beregten Mondtafeln zum allgemeinen Nutzen abtreten oder abtreten lassen, welche Belohnung oder Geld-Summe aus denjenigen Vorräthen zu zahlen ist, die sich in des gedachten Rentmeisters Händen befinden, und zum Dienst der Flotte nicht wirklich ausgesetzet sind. Zu Wissen sey demnach, dass ich Maria Victoria Mayer, des Seel: Tobias Mayer nachgelassene Witwe [der in oberwehnter Parlaments Acte vom fünften Jahr der Regierung Höchstgedachter Seiner Majestät Königs GEORG III. gleichwie auch in vorangeführten wie gedacht, auf den 13ten des letztverwichenen Monaths Junius datirten Schein nahmentlich bezeichnet ist] gleichwie auch obrigkeitlich bestellte Vormünderin meiner mit ihm mehrgedachten Tobias Mayer ehelich erzeugten Kinder, mithin die einzige rechtmäßige Vertreterin von ihm, den erwehnten Tobias Mayer in Kraft seines letzten Willens und den Rechten gemäß befundenen Testaments, habe, [um mich in der Eigenschaft einer Witwe, Vormünderin und Vertreterin wie nur gedacht des Rechts zu bedienen die beregte Belohnung der Summe von Drey Tausend Pfund vermöge zuletzt ermeldter Parlaments Acte und Scheins nach Maaßgabe der darinn niedergeschriebenen und daraufgerichteten Bedingungen in Empfang zu nehmen] nicht minder in Betracht mehrermeldter Belohnung Hiedurch gehandelt, verkauft und abgetreten gleichwie ich die obbennandte Maria Victoria Mayer hiedurch aufs bündigste und vollkommenste verhandele, verkaufe und abtrete an den Hochgebohrnen Herrn Johann Grafen von Egmont ersten Admiralitäts Kommissarius, den Hochwohlgebohrnen Herrn Johann Cust Baronet, Sprecher vom Hause der Gemeinen, den Hochwohlgebohrnen Herrn Richard Lord Vicomt Howe, ersten Kommissarius von der Flotte, den Hochwohlgebohrnen Herrn Wilhelm Grafen von Dartmouth ersten Handlungs Kommissarius, den Hochwohlgebohrnen Herrn Wilhelm Rowley Ritter von Bath-Orden und Admiral der Flotte, Herr Isaac Townsend Ritter, Herr Henrich Osborn Ritter, Herr Thomas Griffin Ritter, und den Hochwohlgebohrnen Herrn Eduard Hawke Ritter von Bath, Admirals der weißen Flagge, Herr Carl Knowles Ritter, den Hochwohlgebohrnen Johann Forbes Ritter, und Herr Georg Pocock, Ritter von Bath, Admirals der blauen Flagge, den Hochgebohrnen Herrn

Johann Herzog von Bedford, Herrn vom Heiligen Dreyfaldigkeits Hause, den Hochgebohrnen Herrn Jacob Grafen von Morton, Präsident der Königlichen Societaet, den Hochehrwürdigen Herrn Nevil Maskelyne, Königlichen Stern Kundiger zu Greenwich, den Hochehrwürdigen Herrn Thomas Hornsby, Savilianischen Professor der Mathematick zu Oxford, den Hochehrwürdigen Herrn Joseph Betts, Savilianischen Professor der Mathematick zu Oxford, den Hochehrwürdigen Doctor Anton Shepherd, Plumianischen Professor der Mathematick zu Cambridge, Herr Eduard Waring, Lucasianischen Professor der Mathematick zu Cambridge, den Hochwohlgebohrnen Herrn Thomas Salisbury Ritter, Richter des Hohen Admiralitaets Hofes, Herr Carl Lowndes Ritter und Herr Gray Cooper, Ritter Secretarien bei der Rentkammer, Herr Philipp Stephens Ritter Admiralitaets Secretaire, Herr Georg Cckburne Ritter zweyter Rentmeister bey der Flotte, und den Hochehrwürdigen Doctor Roger Long, Lowndessischen Professor der Sternkunde auf der Universität zu Cambridge, sämtliche jetziger Zeit zu Ausfindung der Meeres Länge in Kraft verschiedener Parlaments Acten bestellte Kommissarien. Das ganze Eigenthum des gesamten nachgelassenen Manuscripts der Mondtafeln, die gedachter Weyl: Tobias Mayer gemachet hat, wovon die Rede und die Meynung ist, in und vermöge der Parlaments Acte vom fünften Jahr der Regierung Seiner Majestaet GEORG III. gleichwie auch in dem oberwehnten, auf den 13ten Tag des letzt verwichenen Junius wie bezeichnet datirten Scheine, dass es denen zu Erfindung der Meers Länge bestellten Kommissarien zum öffentlichen Gebrauch und gemeinen Besten abgetreten werden soll, zugleich mit gedachtem zuletzt ermeldten Manuscipt der Mondtafeln, welche jetzt in den Händen und in der Gewalt mehrberührter Commissarien sich befinden. Dass sie haben und behalten sollen das Eigenthum des gedachten gesammten Manuscripts der Mondtafeln zugleich mit ebendenselben Mondtafeln, welche hiedurch abgetreten werden, oder davon die Rede und Meynung ist, dass sie an beregte zu Entdekkung der Meers Länge bestellte Commissarien, welche zuvor hierinn besonders als ihre Executoren, Verwalter und Bevollmächtigte benennet und beschrieben sind, von jetzt an auf ewig zum öffentlichen Gebrauch und allgemeinen Besten abgetreten werden sollen. Zu Urkund dessen habe ich die obbenanndte Maria Victoria Mayer dieses eigenhändig unterzeichnet und untersiegelt den 5ten Tag des November Monaths im Jahr Christi eintausend Siebenhundert und fünf und sechzig.
Maria Victoria Majerin

In London war Maskelyne, der damals gerade zum Astronomer Royal ernannt worden war, bereits seit mehreren Monaten mit der Bearbeitung dieses Mondtafel-Manuskripts zusammen mit der »Methodus longitudinum promota« und verschiedenen anderen einschlägigen Schriftstücken für den Druck beschäftigt.

Er reduzierte die Berechnungen vom Pariser zum Greenwich Meridian, wobei er Mayers Resultat von 9 Min. 6 Sek. als Längendifferenz benutzte; er berechnete die Tabellen der stündlichen Längenbewegung des Mondes neu und rechnete die Thermometerskala in Mayers allgemeinen algebraischen Formeln und Tabellen der astronomischen Refraktionen von Réaumur auf Fahrenheitsgrade um. Bei Berücksichtigung der Änderung der Refraktion aufgrund des Atmosphärendrucks hatte Mayer eine beliebige aber gleichförmige Barometerskala benutzt, auf der ein Teilstrich eine Refraktionsvariation bewirkte, die ⅔ der Variation für ein Intervall von 1° R- entsprach. Der neue »Astronomer Royal« berechnete diese Variationen neu für eine absolute Quecksilber-Zollskala; er setzte auch passende Überschriften über die Tabellen zur Berechnung der Äquatorkoordinaten des Mondes und der Planeten, und über die Mondtafeln selbst. Mayers »Theoria lunae juxta systema Newtonianum«, die er 1755 auf Bradleys Drängen hin nur zögernd aufgestellt hatte, wurde 1767 von Maskelyne in London gedruckt und veröffentlicht, während zweitausend Kopien der verbesserten Sonnen- und Mondtafeln ebenfalls unter seiner persönlichen Aufsicht gedruckt und bis 1770 im Royal Observatory aufbewahrt wurden. Dann brachte man sie in Latein und Englisch heraus und verkaufte sie für zehn Schillinge pro Exemplar.

Eine anfängliche Schwierigkeit bei der Anwendung der Mayer-Tabellen zur Errechnung der Winkeldistanzen des Mondes von der Sonne und den Tierkreissternen bestand in den erforderlichen komplizierten Berechnungen, aber man schaffte bald Abhilfe durch Hilfstafeln, die zusammen mit den Ephemeriden und entsprechenden Erläuterungen den »Nautical Almanac« bildeten. Dr. Bradleys ehemaliger Assistent Charles Mason wurde mit den Berechnungen der Monddistanzen für diesen Almanac beauftragt und stellte bald wider Erwarten merkliche Fehler in Mayers Tabellen fest. Mit Hilfe der Mondbeobachtungen von Dr. Bradley, die sich – wie die von Mayer und La Caille – ebenfalls auf die Zeit 1750 bis 1760 bezogen, gelang es Mason, den mittleren Fehler in der Bestimmung der Länge des Mondes auf die Hälfte seines früheren Werts, d.h. auf etwa 30" (Bogensekunden) zu reduzieren. Obwohl seine Resultate auf 0".1 angegeben sind, fand Mason dennoch Differenzen von 19" oder mehr bei sechsundsechzig Beobachtungen der Mondlänge und den entsprechenden berechneten Werten. Das ermutigte ihn, noch weiter zu gehen bei seinem Versuch, die Genauigkeit seiner eigenen Tabellen zu erhöhen. In Masons verbesserten »Tafeln von 1780« sind erstmalig die Auswirkungen der Planetenpräzession auf die Himmelskoordinaten der Sterne berücksichtigt, ein Phänomen, das Mayer vernachlässigt hatte.

So wurde der wissenschaftliche Wert der Beiträge Mayers zur Entwicklung der Ozeannavigation weitgehend dank Maskelynes Eifer und Fleiß schnell und voll ausgenutzt. Frau Mayer, die über die finanzielle Bewertung der Erfindung ihres verstorbenen Mannes seitens des Britischen Parlaments sehr enttäuscht war, versuchte erfolglos darauf zu bestehen, dass sie und ihre Kinder Anrecht auf den vollen Preisbetrag hätten. Entsprechend dem Wortlaut des Vertrages, den sie mit Michaelis und Murray am 15. Juni 1762 abgeschlossen hatte, erhielt sie immerhin von der Göttinger Sozietät der Wissenschaften die Erlaubnis, von Zeit zu Zeit Geld von der Universitätskasse abzuheben, die den Gegenwert von 1.800 Pfund in Goldbarren auf ihren Namen in Verwahrung hielt. Die restlichen 40 Prozent des Preisgeldes wurden aufgeteilt zwischen der Akademie (600 Pfund), Michaelis (300 Pfund) und Best (300 Pfund). 1780 starb Frau Mayer, und sieben Monate nach ihrem Tod, am 14. August 1780, wurde ihr Erbanteil einschließlich Zinsen gesetzlich übertragen auf ihre beiden überlebenden Söhne, Johann Tobias Junior, der inzwischen Professor für Physik in Altdorf bei Nürnberg war, und Georg Friedrich, der in Göttingen studierte. In ihrem Testament hatte sie auch verfügt, dass 200 Reichstaler an die örtliche wissenschaftliche Gemeinschaft und kleinere Summen an ihre Pflegeschwester und an einige eng befreundete Bekannte zu geben seien.

Am Anfang des neunzehnten Jahrhunderts war der mittlere Fehler bei vorherbestimmten Werten der beiden Koordinaten des Mondes durch die Entdeckung von neuen Gleichungen in der Mondtheorie und den Ersatz bestimmter theoretischer Terme für ihre empirischen Äquivalente durch Laplace und andere auf etwa 8" herabgesetzt worden. Dieser Fehler lag bereits in der Größenordnung moderner Bestimmungen, weil auch diese die gleichen unvoraussagbaren Faktoren enthalten, die auch für die damals gefundenen Diskrepanzen größtenteils verantwortlich waren. So wurden Masons Mondtafeln innerhalb von dreißig Jahren nach ihrer Veröffentlichung überholt und durch Tabellen ersetzt, die von den Rechnern der »Connaissance des Temps« – dem französischen Äquivalent des »Nautical Almanac« – zusammengestellt wurden. Durch die Bereitstellung der ersten zuverlässigen Basis für die früheren Berechnungen der Monddistanzen hatten Mayers ursprüngliche Tafeln trotz allem eine wichtige und fundamentale Rolle gespielt, die genaue Bestimmung der Länge auf See praktisch zu ermöglichen. Zusammen mit Harrisons Chronometer wurde durch sie erstmals die Navigation von einer Kunst in eine exakte Wissenschaft verwandelt.

Kapitel 10

Erdbeben-, Magnetismus- und Farbentheorie

Die Zeit nach dem Siebenjährigen Krieg brachte drastische Umstellungen in Göttingens politischer und finanzieller Lage mit sich. 1763 wurde auch Christian Gottlob Heyne (1729–1812) als Professor für Rhetorik und klassische Philologie an die Georg-August-Universität berufen und wurde gleichzeitig Leiter der Universitätsbibliothek als Nachfolger von Gesner, dessen Tod kurz vor dem Mayers von Kaestner in seiner Elegie ebenfalls betrauert wird. Heyne war eine starke Persönlichkeit und ein tüchtiger Verwalter. Er wurde Sekretär der Göttinger Sozietät der Wissenschaften und übernahm 1770 die Herausgabe ihrer »gelehrten Anzeigen«. Seine autokratische Handhabung der Universitätsangelegenheiten machte ihn bei den Professoren unbeliebt, aber er war ein geschickter Diplomat. Er gewann das Vertrauen der Hannoverschen Beamten und hatte eine enge Freundschaft mit ihrem Innenminister Georg Friedrich Brandes (1719–1791), der später sein Schwiegervater wurde, als er, zwei Jahre nach dem Tod seiner ersten Frau, Brandes zweite Tochter Georgine Christine 1777 heiratete. Der Briefwechsel zwischen diesen beiden Herren ist äußerst umfangreich, und es befinden sich noch über 1500 Briefe von Brandes an Heyne in der Göttinger Universitätsbibliothek. Diese belegen in allen Einzelheiten das Regime, das nun die früher von von Münchhausen und Michaelis ausgeübten Funktionen der Planung und Besetzung neuer Professuren, der Vorsorge für den Einkauf wichtiger Bücher und des Vorgehens gegen unerquickliche Intrigen, die an der Universität (und anderswo damals und weiterhin) geschmiedet wurden, übernahm. 1770 nach dem Tod von Münchhausen hatte man zwar zwei Staatsräte als Kuratoren für Universitätsangelegenheiten ernannt, aber diese waren natürlich ältere Herren, die in schneller Folge durch andere ersetzt wurden und sich zufrieden gaben, die Handhabung dieser Angelegenheiten in fähigeren, jüngeren und aktiveren Händen zu lassen.

Als Georg III. 1771 die Universität auf diesem neuen diplomatischen Wege bat, an der Herstellung eines zuverlässigeren Militäratlasses mitzuarbeiten und jemanden zur Bestimmung der genauen geographischen Koordinaten einer Reihe von Städten in Nordwestdeutschland zu schicken, wurde Kaestner um Rat gefragt, wen man mit dieser Aufgabe, für die sowohl astronomische als auch geodätische Messungen erforderlich waren, beauftragen könnte. Seine Wahl fiel automatisch auf Georg Christoph Lichtenberg, den er in Astronomie unterwiesen hatte und für einen sehr fähigen Schüler hielt. Lichtenberg hatte nicht nur zwei Berichte über das Erdbeben von 1767 und den Venusdurchgang von 1769 in den ›Göttingischen

Anzeigen« veröffentlicht, sondern auch den zusätzlichen Vorteil, dem Hannoverschen Monarchen persönlich bekannt zu sein durch eine zufällige Begegnung an der privaten Sternwarte des Königs in Kew als er im vergangenen Jahr London besucht hatte. Wahrscheinlich verdankte Lichtenberg seine kurz darauf erfolgte Beförderung zum außerordentlichen Professor in Philosophie und die sofortige Zustimmung zu Kaestners Empfehlung seitens Georg III. eher dieser Begegnung als seinem Ruf als Astronom.

Weil die geographischen Koordinaten für Göttingen selbst bereits mit hinreichender Genauigkeit durch Mayers Beobachtungen bekannt waren, gab man Lichtenberg den Auftrag mit seinen Messungen in Hannover zu beginnen. Es gab jedoch weder in Göttingen noch in Hannover ein geeignetes Instrument zur Durchführung der erforderlichen astronomischen Beobachtungen. Deshalb beauftragte der König den geschulten Londoner Instrumentenbauer Jeremiah Sisson mit der Herstellung eines astronomischen Quadranten eigens zu diesem Zweck. Dieses Instrument wurde pünktlich nach Hannover geschickt, wo Lichtenberg es einstellte und prüfte, ehe er am 26. März 1772 seine Beobachtungen der Meridianhöhen damit begann. Nach Abschluss dieser Arbeit am 13. Juli kehrte er nach Göttingen zurück. Vor Ablauf eines Monats erfuhr er, dass der König wünschte, er solle ähnliche Messungen in Osnabrück und Stade vornehmen. Diese schloss er ordnungsgemäß im Dezember 1773 ab. Zusätzlich zu seinem Quadranten, der für die Breitenbestimmungen ausreichte, benutzte Lichtenberg eine Präzisionsuhr und ein achromatisches Linsenfernrohr mit schwacher Vergrößerung, um die Finsterniszeiten des Mondes und der Satelliten des Jupiters zu messen, woraus er dann die Längen herleitete. Er führte auch Messungen der magnetischen Variation an allen drei Beobachtungsstationen durch. Ein Mangel seiner 1773 veröffentlichten Resultate ist, dass sie nicht die genaue Lage seiner temporären Beobachtungen in Bezug auf umgebende topographische Eigenschaften aufweisen, was keine exakte Prüfung der Genauigkeit seiner Messungen zulässt. Diese Unsicherheit ist bei Osnabrück am größten. Trotzdem wurden diese Messungen damals allgemein als die besten ihrer Art betrachtet. Ein Vergleich mit ähnlichen Messungen, die ein halbes Jahrhundert später von Carl Friedrich Gauß und Heinrich Christian Schumacher angestellt wurden, scheint diese Ansicht zu bestätigen.

Wenn auch nicht ungewöhnlich in Bezug auf ihre Neuheit, so ist die oben beschriebene Arbeit doch insofern wichtig, als Lichtenberg durch sie Tobias Mayers frühere Bestimmung der Breite und Länge Göttingens und seine bahnbrechenden Bemühungen zur Steigerung der Genauigkeit geodätischer und astronomischer Instrumente zu schätzen lernte. In seinem Bericht diskutiert Lichtenberg die Instrumentenfehler seines Quadranten und bemerkt:

> Die gesamte Untersuchung dieser Fehler folgt der Tradition Tobias Mayers, der als erster in Deutschland – etwa zur gleichen Zeit wie Bradley in England – ge-

naue Bestimmungen der Instrumentenfehler und des Exzentrizitätsfehlers bei der Skala anstellte und die Methode entwickelte, den Fehler auf ein Minimum zu reduzieren.

Vermutlich wird hier auf das Wiederholungsprinzip der Winkelmessung Bezug genommen, die Mayer 1752 zum ersten Mal bei seinem neuen Goniometer anwandte und drei Jahre später für seinen Wiederholungskreis (Kapitel 7) benutzte.

1773 verbrachte Lichtenberg nach Abschluss seiner astronomischen Beobachtungen in Osnabrück auf seiner Rückreise nach Göttingen einige Tage in Hannover, wo er eine Besprechung mit älteren Regierungsbeamten hatte. Einer von diesen war Christian Schernhagen, ein Hannoverscher Finanzbeamter. Bei der informellen Unterhaltung schnitt Lichtenberg das Thema der Mondzeichnungen und der zahlreichen unveröffentlichten Manuskripte Mayers an, die die Hannoversche Regierung 1763 Mayers Witwe abgekauft hatte, aber die immer noch unbeachtet in der Göttinger Sternwarte lägen. Ebenso lägen die Manuskripte einer Reihe von Vorträgen, die Mayer zwischen 1755 und 1762 an der Göttinger Sozietät der Wissenschaften gehalten habe, in den Archiven der Sozietät. Man schlug ihm vor, eine Eingabe in dieser Sache zu machen, mit dem gegenseitigen Einvernehmen, dass sein Name bei den sich daraus eventuell ergebenden scharfen Diskussionen keine Rolle spielt. So unterbreitete er kurz nach seiner Rückkehr nach Göttingen einen schriftlichen Bericht an die Hannoversche Regierung, in dem er sich bereit erklärte, Mayers Schriften herauszugeben. Er nimmt in diesem Schriftstück Bezug auf das Bedauern Johann Heinrich Lamberts darüber, dass Mayers Werke unbekannt seien, und behauptet, dass Nevil Maskelyne ihm persönlich versichert hätte, dass die Mitglieder der Längenkommission gern die Mondkarte und in der Tat alle Manuskripte Mayers in London veröffentlichen würden. Die von Lichtenberg explizit aufgeführten unveröffentlichten Schriften sind:

1. Eine große Anzahl von Beobachtungen und die gut gezeichnete Mondkarte (Abb.-Tafel 16).
2. Ein Katalog von Zodiakalsternen, der so vollständig zu sein scheint, wie alle bis dahin in England und Frankreich erschienenen Verzeichnisse.
3. Tabellen der Mondbewegung.
4. Eine neue Berechnungsmethode für Sonnenfinsternisse.
5. Eine neue Theorie der Magneten.
6. Eine neue Erklärung für Erdbeben.
7. Eine Abhandlung über die Messung von Farben.

Von diesen würde er besonders gern die Herausgabe und Veröffentlichung der unter 2. und 3. angeführten Gegenstände sehen, wenn sich ein Herausgeber in Göttingen finden ließe. Die Punkte 5., 6. und 7. waren im Ausland noch unbekannt, obwohl kurze Auszüge darüber noch zu Mayer Lebzeiten in den »Göttingischen Anzeigen von gelehrten Sachen« erschienen waren.

Der Inhalt dieser Eingabe wurde König Georg III. ordnungsgemäß vorgetragen, und er autorisierte Hannover, Kaestner und die Sozietät der Wissenschaften in Göttingen zu unterweisen, Lichtenberg freien Zugang zu den Unterlagen unter ihrer Obhut zu gewähren. Dies geschah am 1. April 1773, und bereits vier Tage später befanden sich die Manuskripte in Lichtenbergs Händen, so dass ihm gerade genug Zeit blieb, sie sorgfältig durchzusehen und dem Göttinger Künstler Joel Paul Kaltenhofer einen Auftrag zur Anfertigung eines genauen Kupferstiches des kleineren Exemplars der beiden gut erhaltenen Mondkarten Mayers zu erteilen, ehe er seine Reise nach Stade antrat. Abgesehen davon, dass Kaltenhofer als einer der besten Kupferstecher jener Zeit in Deutschland galt, hatte er Mayer auch persönlich gekannt und selbst am Fernrohr beobachtet und Mondzeichnungen hergestellt. Lichtenberg engagierte für diese Prestigearbeit auch den Göttinger Drucker Johann Christian Dieterich, in dessen Haus er wohnte und den er folglich gut kannte.

Während der Sommermonate, als Lichtenberg sich in Stade aufhielt, gelang es Kaltenhofer, zwei Probestiche der Mondkarte Mayers anzufertigen. Der erste davon war ohne besondere Anweisungen gemacht worden und gefiel Lichtenberg gar nicht – abgesehen von anderen Fehlern war der Schattierungskontrast zu stark – der zweite Stich glich der Originalzeichnung mehr und gefiel ihm. Auf Lichtenbergs Bitte hin superponierte Kaltenhofer ein Gitter, mit dessen Hilfe man die selenographischen Koordinatenwerte der einzelnen Punkte der Mondoberfläche ablesen konnte. Als die größere Karte über ein Jahrhundert später (Tafel 16) in Dresden photolithographisch reproduziert wurde, wurde dies auch gemacht. Aufgrund seines späteren Schriftwechsels mit Dieterich beschloss Lichtenberg im September 1773, die in seiner Eingabe erwähnten Punkte 3, 5 und 6 fallen zu lassen und stattdessen Mayers Vorlesungen über die Variationen eines Thermometers und über die Eigenbewegungen der Sterne (Kapitel 8) herauszugeben. Es hatte sich herausgestellt, dass die Mondtabellen lediglich die ersten Entwürfe der in den »Göttinger Commentarii« für 1753 veröffentlichten Tabellen waren. Diese waren inzwischen durch die spätere von Nevil Maskelyne 1770 (Kapitel 9) posthum veröffentlichte Version überholt. Die Entscheidung, Mayers Beschreibung des Birdschen Mauerquadranten einzuschließen, erfolgte zweifellos hauptsächlich deshalb, weil er das wichtigste Instrument war, mit dem die Beobachtungen der Sternpositionen des Tierkreises durchgeführt worden waren.

Aus einem in den Archiven der Göttinger Sozietät der Wissenschaften aufbewahrten Dokument geht eindeutig hervor, dass Lichtenberg den Wert von Mayers Versuch, den Ursprung der Erdbeben zu erklären, nur gering schätzte. Deshalb ist es wahrscheinlich, dass er ihn schon aus diesem Grund ausschloss, selbst, wenn er nicht wusste, dass er bereits in den »Hannoverischen nützlichen Sammlungen für 1756« erschienen war. Er schreibt (ER: Ich bin nicht sicher, ob das folgende Dokument mit dem von Forbes gelesenen identisch ist.):

Der seel. Tobias Mayer hat einmal die Erdbeben aus einer Verrückung der Richtung der Schwere zu erklären versucht. Entweder war das Gantze ein Scherz, oder muß doch wenigstens jetzt für einen gehalten werden. Vielleicht hat ihn seine Betrachtung der magnetischen Abweichungen dazu verleitet, weil da mit den Magnetnadeln wirklich vorgeht, was(?) bey seinen Erdbeben mit den Rombchen (? ER: Kaum lesbar; vielleicht ungewöhnliche Verkleinerungsform von »Rombus«) vorgehen müßte. Allein sollten nicht die Veränderungen, die in unserer Erde vorgehen, am Ende eine Veränderung der Richtung der Schwere bewirken können, die in einer begrifflichen Zeit so klein wäre, daß es auf der gantzen Erde kein Maaß für dieselben gäbe, als etwa das langsame Zurücktreten des Meeres von manchen Ufern und sein Anwachsen an anderen? Es könnte möglich sein, so wie bey der Magnet Nadel wie (?; die?) Ebbe und Fluth entstehen, die sich nach Jahrhunderten erst merklich machte, wenigstens verbiete (??) einmal das Abufern und Wachsen des Meerwassers diese Rücksicht (?) so wie die Variation des Compasses.

Das Erdbeben, das Mayers Spekulation verursachte, ereignete sich in Göttingen am 18. Februar 1756 kurz nach 8 Uhr, genau an seinem 35. Geburtstag. Man hatte es fast überall in Niedersachsen gespürt. Mayers erste Sorge war, ob sein Mauerquadrant davon betroffen sein würde, den er am Tag vorher gründlich justiert hatte. Zu seiner Überraschung konnte er nicht die geringste Verschiebung feststellen, obwohl er wusste, dass er eine solche entdeckt haben würde, wenn die Richtung der Horizontalen sich um nur einige Bogensekunden verändert hätte. Er beschloss, dass man nach neuen Naturkräften suchen sollte, um die Ursachen solcher Phänomene zu ergründen, und zwei zu jener Zeit offensichtliche Kandidaten waren Erdmagnetismus und Gravitation. Wie Johann Gottlob Krüger in den »Braunschweigischen Anzeigen für 1756« ausführte, beweisen Beobachtungen des Magneten und der magnetischen Variation, die am 1. November 1755 in Augsburg gleichzeitig mit dem berühmten Erdbeben in Lissabon durchgeführt wurden, und dass erratische Verhalten der Schiffskompasse bei Erdbeben im allgemeinen den Einfluss des ersten Faktors und folglich, dass Elektrizität die Ursache des Phänomens ist. Mayers Wahl, die Ursache eher in der Schwerkraft zu suchen, stammt wahrscheinlich von der Analogie zwischen den Schwingungen einer Magnetnadel, für die die Kraft fast umgekehrt mit dem Quadrat des Abstands schwankt, der die anziehenden und abstoßenden Pole trennt, und den Schwingungen eines von der Schwerkraft beeinflussten Pendels. Die logische Folgerung, die er daraus zog, war, dass die allgemeine Gravitation (eine Anziehungskraft, die sich bekanntlich umgekehrt mit dem Quadrat des Abstands zwischen irgend zweien Materiepartikeln ändert), die Schwankungen in der magnetischen Variation kontrolliert und deshalb irgendwie Erdbeben verursacht.

Obwohl Mayer nie in der Lage war, sein Versprechen, die Beziehung zwischen Schwerkraft und Erdbeben genauer zu untersuchen, zu halten, verfolgte er den anderen Aspekt seiner Analogie, nämlich die Annahme, dass die magnetische Kraft umgekehrt zum Quadrat des Abstands zwischen zwei magnetisch sich anziehenden oder abstoßenden Teilchen variiert. Er benutzte dies als grundlegende Arbeitshypothese und entwickelte eine höchst eindrucksvolle »Theoria Magnetis« (1760) – »sein Schwanengesang« wie Kaestner es nannte –, in der er Formeln aufstellt, mit deren Hilfe die beobachteten Werte der Variation (D) und der Inklination (η) einer Magnetnadel mit der Breite und Länge eines jeden Ortes auf der Erdoberfläche verknüpft werden, an dem D und η gemessen wurden.

Historisch ist die »Theoria Magnetis« von großer Bedeutung, weil sie den ersten hypothetisch-deduktiven Beweis und die experimentelle Verifikation der Gültigkeit des inversquadratischen Abstandsgesetzes der magnetischen Anziehung und Abstoßung enthält – ein Vierteljahrhundert vor Erscheinen der allgemein bekannten, aber weniger strengen empirischen Darstellung dieses Gesetzes durch Charles Augustin Coulombe im Jahr 1788. Mayers kurze Fortsetzung der Theoria Magnetis »Nova theoria declinationis et inclinationis acus magneticae« (1762) ist eine Weiterführung von Eulers »Recherches sur la déclinaison de l'aiguille aimentée«, die in den »Memoiren« der Berliner Akademie der Wissenschaften für 1757 erschien und ein bahnbrechender Versuch war, eine mathematische Grundlage für die Deutung der Linien gleicher magnetischer Variation auf Edmond Halleys »Weltkarte von 1702« zu schaffen. Mayers Schlüsse waren jedoch auf eine Originalanalyse gegründet, die nicht nur die Variation, sondern auch die Inklination der Magnetnadel berücksichtigte – ein Phänomen, dass Euler bisher vollkommen vernachlässigt hatte – und eine teilweise Korrektion der falschen Annahme Eulers erforderte (worauf dessen ganze Analyse aufgebaut war) nämlich, dass die Nettokraft der magnetischen Anziehung in der Ebene des magnetischen Meridian gemessen ist. Die Konstruktion der Inklinationskreise ist in Wirklichkeit so, dass der Inklinationswinkel tatsächlich im vertikalen Kreis gemessen wird, weil die Magnetnadel infolge ihrer Montage auf einen vertikalen Zapfen oder einen horizontalen Träger eingeschränkt ist.

Mayers einleitende Bemerkungen im ersten Kapitel der »Theoria Magnetis« enthalten von allen seinen Werken die einzige klare Darlegung seines methodologischen Vorgehens bei wissenschaftlichen Untersuchungen. In einigen Abschnitten erkennt man die Abhängigkeit von seiner philosophischen Einstellung, die grob als Newtonisch bezeichnet werden könnte im Hinblick auf seine früheren astronomischen Arbeiten. Genauso wie Newton es erforderlich fand, die mechanische Grundlage der Descartschen Wirbeltheorie zu widerlegen, ehe er im Band III der zweiten Ausgabe seiner »Philosophia Naturalis Principia Mathematica« (Cambridge, 1713) sein neues System darstellte, fand auch Mayer es erforderlich, die allgemein anerkannte Cartesische Theorie der Magnetwirbel anzugreifen, ehe er versuchte, seine neue Magnettheorie auf das aufzubauen, was er gemäß der Newtonschen Mechanik »ein sicheres Fundament des Denkens« nennt. Seine grundlegende Hypothese war, dass einzelne Magnetpartikel auf Teilchen in einem anderen Magnet dem quadratischen Abstandsgesetz zufolge wirken. Die Abstandsabhängigkeit der magnetischen Anziehung eines ganzen Magneten auf einen anderen war komplex, aber dennoch ableitbar mit Hilfe der Infinitesimalrechnung nach den mechanischen Prinzipien für den mathematisch zu handhabenden und praktischen Fall künstlicher Stabmagneten gleichförmiger Dicke. Mayers zweite Hypothese war, dass der gegenseitige Einfluss der Teilchen, die denselben Magnet bilden, sich direkt proportional zur Entfernung vom Mittelpunkt des jeweiligen Magneten ändert. Diese Grundsätze seiner Theorie, doch keine Einzelheiten der acht Experimente, mittels derer er ihre Gültigkeit festgestellt hatte, erschienen in einem in den »Göttinger Anzeigen für 1760« veröffentlichten Auszug seiner Vorlesung über dieses Thema.

Die Hauptkritik an Mayers Magnettheorie kam kurz nach Erscheinen des genannten Auszuges von Franz Aepinus (1724–1802). Dieser, damals Physikprofessor an der Petersburger Akademie der Wissenschaften, hatte gerade seinen eigenen bedeutenden Beitrag zur Wissenschaft »Tentamen theoriae electricitatis et magnetismi« (St. Petersburg 1759) veröffentlicht, der erste systematische Versuch, mathematische Methoden auf den damals bekannten Bereich elektrischer und magnetischer Phänomene anzuwenden. Deshalb war gerade er qualifiziert, diesen Aspekt der Arbeit Mayers zu beurteilen. Eine gründliche Prüfung des an anderer Stelle beschriebenen Textes zeigte aber, dass zwischen Mayers Prinzipien und den praktischen Schwierigkeiten, auf die Aepinus hinwies, nicht unbedingt ein Konflikt bestand. Lichtenberg scheint von der Theorie der »Theoria Magnetis« sehr beeindruckt gewesen zu sein, obwohl er sie nie gründlich studierte; vermutlich, weil er nicht gewillt oder nicht in der Lage war, die darin enthaltenen doppelten Integrationen zu prüfen, aber auch, weil er, wie er im Sommer 1773, als er noch in Stade war, in seinem dritten Sudelbuch treffend bemerkt: »einen kleinen Beitrag zum Werk anderer Leute zu machen, oder Fliegen zu verscheuchen, dazu schien mir meine Zeit zu schade.«

Ein guter Grund für seine Entscheidung, diese Abhandlung nicht zu veröffentlichen ist, dass sie im Vergleich mit den anderen sechs Vorlesungen, die schließlich in den »Opera inedita« erschienen, unverhältnismäßig lang ist. Außerdem kann mit Sicherheit angenommen werden, dass sein Freund Dieterich diese wegen der darin enthaltenen zahlreichen mathematischen Symbole und Formeln nur ungern gedruckt hätte. Laut C. F. Ofterdinger (1887) hatte Lichtenberg den Plan, diese Vorlesung und die nachfolgenden zusammen mit fünf anderen Manuskripten in einer zweiten Ausgabe herauszubringen, die dann aber niemals erschien.

Die ursprüngliche Quelle dieser Mitteilung könnte Christian Conrad Nopitsch' Ausgabe des »Nürnbergischen Gelehrten-Lexicons ...« (Altdorf 1802) von Georg Andreas Will gewesen sein, in dem auf Seite 401 genau dieselben Titel, die Ofterdinger zitiert hatte, unter der etwas unklaren Überschrift stehen: »Unter den übrigen unvollendeten Abhandlungen, die in weiteren Bänden folgen sollen, sind noch unveröffentlicht«. Das bedeutet nicht unbedingt, dass Lichtenberg für die getroffene Auswahl verantwortlich war, im Gegenteil, wir können sicher sein, dass er es nicht war, weil er wusste, dass zwei der genannten Abhandlungen fehlten. Die Tatsache, dass die Titel genau den in den »Göttinger Anzeigen« von 1755 bis einschließlich 1762 zitierten entsprechen, aber nicht denen auf den Manuskripten selbst, lässt darauf schließen, dass Nopitsch seine Liste anhand dieser Quelle – der einzigen gedruckten Information hierüber – vorbereitet hatte, ohne eine Gelegenheit zu haben, die Originale selbst zu sehen.

Nur Lichtenbergs strenge moralische Verpflichtung gegenüber den Erben Mayers, der Hannoverschen Regierung und gegenüber den berühmten wissenschaftlichen Zeitgenossen, die darauf warteten, dass er dem Gedächtnis des Mannes, den sie so sehr bewundert hatten, gerecht wurde, hielten ihn davon ab, der Versuchung zu erliegen, die kurze Reise nach Hamburg zu machen und das nächste Schiff nach England zu nehmen – diese »glückliche Insel«, auf die zurückzukehren er sich so sehnte. Dieser Wunsch wurde erfüllt, aber erst ein Jahr später. Inzwischen hatte er einen großen Teil seiner Aufmerksamkeit der Verfassung von Kommentaren zu Mayers Abhandlungen über Temperaturschwankungen (erläutert in Kapitel 8) und über die Farbenmischung (erläutert in Kapitel 5) gewidmet. Warum er den längsten Kommentar zu dieser letzten Abhandlung schrieb, kann vielleicht damit begründet werden, dass sie ihm ein Testfall zu sein schien für seine Ansicht, dass die Wirklichkeit nur durch Mathematik unter Ausschluss des verzerrenden Einflusses der Sinne erreichbar ist. Newtons Physik, die auf Mathematik begründet ist, schien ihm anfänglich einen hohen Sicherheitsgrad zu besitzen, aber er musste später erkennen, dass Newtons Entdeckungen ebenso sehr durch einen im Wesentlichen nichtmathematischen Induktionssprung bedingt waren, und das machte ihn hinsichtlich der Kraft der mathematischen Deduktion skeptisch. Obwohl Mayer die Newtonsche Deutung des prismatischen Spektrums aufgrund seiner eigenen Erfahrung bei der Arbeit mit Farben in Frage gestellt hatte, unterwarf er auch das Farbphänomen genauer Messung. Das könnte Lichtenberg veranlasst haben, den größten Teil seines Kommentars der Untersuchung der empirischen Grundlage zu widmen, auf die Mayers Theorie der Farbenmischung aufgebaut war.

Wir wissen aus einem anderen Bericht in den »Göttingischen Anzeigen für 1759« und aus Lichtenbergs »Appendice Observationum« zu den »Opera inedita«, dass Mayer der Göttinger Sozietät der Wissenschaften am 7. April 1759 ein Beispiel der praktischen Anwendung einer neuen Technik für die Verwendung natürlicher Farben bei Ölgemälden vorgestellt hat. Folgender Text ist ein Auszug aus Lichtenbergs Bericht, der die genaue Beschreibung beider enthält (ER: die Übersetzung von Lichtenbergs Text ist »schwierig«, weil Lichtenberg, wie verschiedene Übersetzer anmerken, ein »kompliziertes«, um nicht zu sagen »holperiges« Latein schrieb und weil der Gedankengang m. E. sprunghaft ist. Um eine gewisse Verständlichkeit zu erzielen, habe ich die Ausführungen an einigen Stellen sehr frei umgeändert. Ich ging dabei von der Annahme aus, dass »Mayers Wachsfarbenvervielfältigung« technologisch mit der Herstellung der »Millefiorigläser« oder der gemusterten »Zuckerstangen« grundsätzlich übereinstimmt).

An dem vom Erfinder [Mayer] eigenhändig fertiggestellten Muster, das seine Witwe und sein Sohn mir [Lichtenberg] freundlicherweise zur näheren Untersuchung zur Verfügung stellten, beobachtete ich folgende Punkte. Es schien eine Art Kunstwerk zu sein, an dem Farbenwachs anstelle von Glas oder farbigem Marmor verwendet wurde. Und zwar so, dass nicht nur Stangen oder dünne Stäbe und ähnliche Objekte, sondern auch ganze Wachsplatten, zu den verschiedensten Formen des zu schaffenden Bildes gebogen und gerundet, mit anderen unterschiedlichen Formen in einem rechteckigen Prisma zusammengefügt sind. Die Grundflächen dieses Prismas geben das gewünschte Bild, aber die Abschnitte (wie viele es auch geben mag) sind parallel zu den Grundflächen und ergeben andere, ihnen ähnliche oder gleiche Bilder. Von diesem Prisma schnitt der Erfinder mit einem dünnen breiten Messer dünne Tafeln parallel zur Grundfläche ab und legte sie auf Metalltafeln oder auf kleine Brettchen. Ein solches Muster wurde mir zusammen mit dem Prisma gezeigt, von dem es abgeschnitten war. Die Höhe des hier von mir erwähnten Prismas beträgt jetzt nur ¾ Zoll (ca. 2 cm). Aber man erzählte mir, dass sie ursprünglich 3 oder mehr Zoll betrug. Die Grundflächen sind rechteckig, etwa 15 cm breit und 10 cm hoch. Sie stellen klare Kopien dar von Guid. Renis »Erigone und Bacchus verwandelt in einem Weinstock«. Mit dem größten Vergnügen kann man die wunderbare, klare Ähnlichkeit der Grundflächen und der Abschnitte erkennen, weil es weder eine dünnste Linie, noch den kleinsten Punkt gibt, die nicht in allen Aspekten genau übereinstimmen, und dass gilt für die gesamte Höhe des Prismas. Außerdem glänzen die verschiedenen Wachse in den lebhaftesten Farben und sind mit der größten künstlerischen Vollendung zusammengestellt und derart fast miteinander verschmolzen, dass man sich vorstellen kann, die ausgebleichten Venen eines weichen Marmors zu sehen. Bestimmte Teile des Bildes scheinen weniger perfekt zu sein, z. B. einer der Arme. Bei ihm fehlen Farben zwischen dem stärksten Licht und dem Schatten, mit denen der Übergang vom einen zum andern sanfter und gleichmäßiger gewesen wäre. Aber ich stelle mir vor, dass dies weniger ein Kunstfehler, sondern Absicht des Künstlers war. Nachdem er in Erigoneses Haar und dem ganzen Kopf seine

wundervolle Geschicklichkeit beim Überlagern der Grenzen von Licht und Schatten ausgezeichnet bewiesen hat, scheint er nicht so viel Gewicht auf die restlichen Details gelegt zu haben.
Das sind die wesentlichsten Merkmale, die ich beobachten konnte. Wahrscheinlich wurde das gesamte Bild aus diesen weniger ausgearbeiteten Teilen in der Art eines Kunstgemäldes (ER: »Mosaiks«) entworfen. Jedoch können die Farben auf keinen Fall die Grundfläche des mit Wachs bestrichenen Prismas durch eine Bewegung parallel zur Achse (wie einige unbegründet glauben) mit durch irgendeine unbekannte Flüssigkeit verdünnten Pigmenten durchdrungen haben. Auch könnten sie die weniger ausgearbeiteten Teile, die Leinwand nicht völlig mit ihren Resten und dem Bild ausfüllen (ER: ???). Wenn Mayer wirklich sagte, dass dies der Fall wäre, wie ich einige Leute behaupten hörte, nehme ich an, dass es sich nicht um Worte eines Erfinders handelte, der einem Freund die Geheimnisse seiner Kunst anvertraut, sondern um einen Erfinder, der Spaßes halber diese Geheimnisse vor denen hütet, die eine unpassende Neugier zeigen und Dilettanten waren. Daher ist zu vermuten, dass dieses Bild nicht dem normalen Kunstwerk in allen Einzelheiten gleichkommt, denn Wachs kann verdünnt, gebogen und gedrängt werden, Marmor aber nicht. Ich möchte hier nicht auf die mutmaßlichen Vorteile des Werkes eingehen, die für den Erfinder zweifellos groß waren. Ich füge nur hinzu, dass bestimmte Teile so zusammengefügt waren, dass sie außer mit flüssigem Wachs unmöglich verbunden werden konnten, wie es bei Rohren oder Spalten der Fall ist, wo andere, bereits gut eingetrocknete wieder ausgehöhlt worden waren.
Bei seinen Überlegungen zur Farbenmessung könnte Mayer durch zwei Wege auf diese Art des Malens gestoßen sein; entweder, indem er sich in groben Zügen eine Pyramide oder ein Prisma bildete, von dem alle Dreiecke geschnitten werden konnten ähnlich dem, was wir uns oben selbst bildeten, oder, was einleuchtender scheint, indem er sich Farbmesser ausdachte, die zuverlässig, dauerhaft und leicht reproduzierbar sein würden, so wie sie sein müssten, um zuverlässige und leicht zu fertigende Abbilder des Prüfsteins zu erhalten. Erstens sind in Wachs gesetzte Pigmente lebhafter und dauerhafter. Außerdem, wenn eine Mischung hergestellt ist, könnten hexagonale Prismen so gemacht werden, wie sie üblicherweise aus Wachs entstehen. Diese kleinen Quadrate könnten individuell herausgeschnitten werden, oder, wenn sie alle in einem Prisma vereinigt waren, könnte ein komplettes vielfarbiges Dreieck mit einem gemeinsamen Schnittpunkt hergestellt werden.

(ER: Lichtenbergs Vermutung, Mayer habe sich die Vervielfältigungstechnologie ausgedacht, weil er eine Reproduktionsmöglichkeit für sein Farbdreieck suchte, ist nicht von der Hand zu weisen; in der Tat, wäre das Verfahren für das »einfach strukturierte Farbdreieck« gut geeignet.)

Dieses Musterstück von Mayers Kunst und dass Manuskript der Abhandlung »Artis qua picturae datae extypae multiplicantur specimen exhibitum«, in der er dies beschrieben hatte, sind leider verloren gegangen. Aber sein ältester Sohn nimmt in einem Brief vom 2. November 1774 an Johann Heinrich Lambert Bezug darauf und erwähnt, dass das Musterstück ursprünglich gut 7 bis 8 cm hoch gewesen wäre. Offensichtlich hatten sich so viele der in Mayers Haus während der letzten Hälfte des Siebenjährigen Krieges einquartierten französischen Offiziere Teile davon abgeschnitten, dass es schließlich nur noch knapp 3 cm hoch war. Dieser Umstand und weniger Mayers fehlende Angabe gewisser Einzelheiten erklärt die Mängel, auf die Lichtenberg Bezug nimmt. Außerdem hat eine Durchsicht von Mayers »Personalakte« ein undatiertes und nicht nummeriertes Dokument in seiner Handschrift zu Tage gefördert, das vermutlich die Anlage zu einem Schreiben vom 30. August 1759 an den Hannoverschen Regierungsrat von Hardenberg ist und die Überschrift »Eigenschaften und Vorzüge der neuen Kunst, Gemälde mit Farben zu drucken« trägt. Darin beschreibt Mayer die Eigenschaften und Vorteile seiner neuen Kunst. Der Inhalt eines ebenfalls undatierten Briefes seitens von Hardenberg lässt darauf schließen, dass er diese Erläuterung gelesen und ein zweites von Mayer mitgeschicktes Musterstück der Kunst gesehen hatte. Über Mayers Zustimmung zu dem von Hardenberg in diesem Brief gemachten Vorschlag, ein weiteres Musterstück an die Kopenhagener Kunstakademie zu schicken, gibt es keinerlei Unterlagen und auch nicht über ein Antwortschreiben zu der von Münchhausen in einem Brief vom 4. November 1759 geäußerten Bitte, dass Mayer ein Institut vorschlagen sollte, in dem die Kunst weiter entwickelt werden könnte. Fest steht, dass Mayer in einer späteren Mitteilung an die Hannoversche Regierung unmittelbar nach Erhalt des Briefes von Münchhausen, in dem das offizielle Einverständnis zu seinen Vorschlägen seitens der Regierung erklärt wird, seiner Hoffnung Ausdruck gibt, dass diese Kunst zuerst in Deutschland zur Perfektion gebracht werde, ehe man sie im Ausland bekannt gäbe. Aber, da er selbst weder ein ausgebildeter Künstler war, noch die Zeit aufbringen konnte, die dazu nötig gewesen wäre, machte er zwei Vorschläge zur Verwirklichung dieses Zieles: a) man könne einen Berufskünstler engagieren und diesen zur Entwicklung der Kunst mit Hilfe von Lehrlingen finanziell unterstützen; b) Mayer selbst würde ungelernte junge Leute in sein Haus nehmen und diese im Laufe von einem oder zwei Jahren ausbilden. Wenn er auch keine perfekten Künstler aus ihnen machen könnte, wären sie für einen Verleger bei der Herstellung von Farbplatten zur Illustration seiner Bücher von Nutzen. Aus Mayers Kommentar im Brief vom 15. November 1759, dass nämlich seine bisherigen Bemühungen nicht zur Perfektion seiner Kunst gereicht hätten, geht hervor, dass er begonnen hatte einzusehen, dass seine Ziele nicht so einfach in die Praxis umzusetzen waren, wie er ursprünglich geglaubt hatte.

Die ihm vor einem Jahr bei seiner Vorlesung für die Lehre der Farbenmischung aufgegangenen praktischen Schwierigkeiten können dem Inhalt seiner unveröffentlichten »Bemerkungen und Excerpte über Farben« entnommen werden, die er einige Wochen nach der Vorführung des ersten Musters seiner Kunstarbeit (beschrieben von Lichtenberg) an der Göttinger Sozietät der Wissenschaften notiert hatte. Darin behandelt Mayer vorwiegend die physikalischen Eigenschaften und die chemische Zusammensetzung der Farbpigmente sowie das Schattierungsproblem. Im ersten Teil dieses Manuskripts findet er durch fortlaufende Unterteilung 16 Schattierungsstufen zwischen Blau-Weiß und einer Schattenfarbe. Dann berücksichtigt er die spezifischen Stärken der von verschiedenen Pigmenten verursachten Färbung und ihre jeweiligen Gewichte, wobei die Verhältnisse der Schattenfarbe in Achteln gewichtet werden. Dies war natürlich eine rein empirische Korrektion. Deshalb hätte es ebenso gut Lichtenbergs genaue Kenntnis des Inhalts dieses Manuskripts oder sein Studium der »Farbenpyramide« (Berlin, 1772) von Johann Heinrich Lambert sein können, dass ihn veranlasste, sein eigenes Farbendreieck aus trockenen Pigmenten zu konstruieren und Mayers mathematische Theorie der Farbenmischung allgemein anzuwenden durch Abwägen der Anteile der Grundfarben umgekehrt proportional zu ihren Färbungsstärken und direkt proportional zu ihren Mengen. Er erwähnte selbst nicht, dass er entweder Mayer oder Lambert Dank schuldete für die Einführung dieses Faktors in die Theorie.

Die »Excerpte« enthalten eine Reihe von Rezepten und Anweisungen zur Herstellung von sehr weißem Wachs, Trockenöl, Glanzlack, Farblack für Holzoberflächen mit Ölen, raffiniertem Leinöl, venezianischem Glas sowie von Ölen für die Ölmalerei und zum Glasieren usw. Er gibt auch eine Aufstellung von verschiedenen Farbzusammenstellungen zur Verwendung bei Ölgemälden, die 5 verschiedene Weiß, 9 verschiedene Gelbs, 10 Rots, 5 Grüns, 5 Blaus, 9 Brauns und 2 Schwarz enthält. In den Schlussbemerkungen dieses Manuskripts, datiert auf den 20. Oktober 1759 behandelt Mayer unter der Überschrift »Vom Coloris« dass Schattierungsproblem. Er betrachtete jetzt alle Arten der Schattenfarben als Mischungen von Orange-Gelb und der Grundfarbe Blau, die er mit r^6g^6 bzw. b^{12} bezeichnete. Die Mischung $r^2g^2b^8$ ist als »perfektes Schwarz« und $r^4g^4b^4$ als die »totale Schattenfarbe« gekennzeichnet. Die von Mayer als »willkürlich« bezeichneten gewählten Verhältnisse gründete er vermutlich auf die Ergebnisse wiederholter Experimente. Aus zwei Seiten Anmerkungen am Ende des Manuskripts geht hervor, dass ihm auch der Einfluss des Hintergrundes und Abstandes eines Objekts auf die Intensität und Qualität der Schatten, die es wirft, gut bekannt war. Die praktischen Schwierigkeiten beim Versuch, solche Faktoren auf eine streng mathematische Formel zu reduzieren und die Färbungseigenschaften so vieler verschiedener chemischer Mixturen vereitelten im Endeffekt die Vorzüge der Mayerschen Farbenlehre als Basis zur naturalistischen Darstellung eines Objekts oder Kunstwerks. Andererseits boten sie eine nützliche Anleitung zur Formulierung empirischer Regeln, die verschiedene Künstler anwenden konnten, um einen höheren Grad an Beständigkeit bei künstlerischen Reproduktionen zu erzielen. Obwohl der Nürnberger Künstler Georg Christoph Günther einen Abschnitt seiner »Practischen Anweisung zur Pastellmalerey« (Nürnberg, 1762) der Beschreibung dieser Kunst widmet und einige Dilettanten sich damit befassten, gibt es kaum Hinweise dafür, dass es – wie Mayer gehofft hatte – eine weit verbreitete Verwendung fand, bis Wilhelm Ostwald sie in unserem Jahrhundert auf einer allgemeinen und soliden theoretischen Basis entwickelte.

Die »Opera Inedita Tobiae Mayeri I« sind Georg III. gewidmet und als Lichtenberg ihm am 26. Oktober 1774 eines der ersten gedruckten Exemplare persönlich überreichte, war er davon sehr beeindruckt. Der König lobte Dieterichs Druck, den er ausgezeichnet und der Werke Mayers würdig fand. Als Lichtenberg dies vier Tage später Dieterich mitteilt, fügt er seine eigene Beurteilung der Arbeit hinzu und bemerkt:

> Es hat mir alles gefallen an dem Buch, als dieses nicht, daß der Mond und der Triangel von dem Buchbinder gebrochen sind, das ist ein großes Versehen und muß ja vermieden werden, wenn Du noch mehrere heften lässest, ich habe Dir, wenn Du Dich erinnerst, ja gesagt, daß das Format hauptsächlich auch des Monds wegen so groß ist genommen worden, wird er nun gebrochen, so fällt ja, wie Du siehst, die gantze Absicht weg. Exemplare und gutgewählte must Du schicken: An Lambert und Bernoulli in Berlin, Röhl in Greifswald, Ljungberg in Kiel, Pater Hell in Wien, de la Lande in Paris, an Niebuhr, meine Brüder, und Mayers Witwe, bey allen must Du schreiben, daß ich Dir es aufgetragen hätte.

Nur wenige Wochen danach beehrte der König Lichtenberg mit einer Einladung zu einem Aufenthalt mit der königlichen Familie in Kew, wo er während dieser Zeit regelmäßig die dortige Sternwarte besuchte. Im Februar 1775 kehrte Lichtenberg nach London zurück. Dort wohnte er bei seinem Freund Lord Boston im Westend und verkehrte weiterhin ungezwungen in den Kreisen der Astronomen, Politiker und Aristokraten. Am 2. März stellten Nevil Maskelyne und der Moral- und Politikphilosoph Dr. Richard Price ihn bei einer Versammlung der Royal Society vor, und den ganzen folgenden Sonntag verbrachte er mit Maskelyne an der Sternwarte zu Greenwich. Im Lauf des Sommers unternahm er mehrere Reisen in andere Teile Englands einschließlich Oxford, wo er die Bekanntschaft des ersten Radcliffe-Beobachters Dr. Thomas Hornsby machte, dessen Sternwarte nach Lichtenbergs Ansicht so viel besser war als die in Kew, wie Kew besser war als die in Göttingen. Hornsby hat offensichtlich Mayers Arbeit und auch die »Opera Inedita« sehr geschätzt.

Am 31. Dezember 1775 kehrte Lichtenberg mit drei neuen englischen Schülern nach Göttingen zurück, wo er während seiner Abwesenheit zum ordentlichen

Professor an der Georg-August-Universität ernannt worden war. Sein Schicksal wollte es, dass er diese Stadt – abgesehen von zwei kurzen Reisen nach Hamburg und Gotha – nie wieder verließ. In den nächsten Jahren widmete er den größten Teil seiner Arbeitszeit der Vorbereitung von Vorlesungen. 1777 traten dann zwei Umstände ein, die einen deutlichen Wechsel seiner wissenschaftlichen Interessen verursachten und jeden Gedanken völlig auslöschten, den er hinsichtlich der Herausgabe eines zweiten Bandes der unveröffentlichten Werke Mayers laut Versprechen im Vorwort zur »Opera Inedita« noch gehegt haben mochte. Diese waren seine Entdeckung der elektrischen Staubfiguren, die später nach ihm benannt wurden, und der Tod seines Freundes und Universitätskollegen Johann Christian Polycarp Erxleben. Sein wachsendes Interesse an der Elektrizitätswissenschaft und das zunehmende Engagement bei den Vorlesungen über Experimentalphysik, die Erxleben vorher gehalten hatte, ließen ihn immer weniger geneigt sein, astronomische und mathematische Forschungsthemen zu verfolgen. Lichtenberg benutzte Erxlebens »Anfangsgründe der Naturlehre« (Göttingen 1772) als Grundlage für seine Vorlesungen und brachte dieses Textbuch neu heraus. Er veröffentlichte vier neue Auflagen in den Jahren 1784, 1787, 1791 und 1794, die er jeweils durch zusätzliche Anmerkungen und seine eigenen neuesten Versuchsergebnisse ergänzte. Seine Vorlesungen und Vorführungen waren so beliebt und machten ihn so bekannt, dass Georg III. seine drei jüngsten Söhne nach Göttingen schickte, um ihre Physikausbildung als Privatschüler Lichtenbergs abzuschließen. Vorlesungen, die Gottlieb Gamauf, einer seiner Studenten, kopierte und 1799 – neun Jahre nach Lichtenbergs Tod – veröffentlichte, zeigen seine Bemühung um den methodologischen Aspekt der Wissenschaft oder genauer gesagt, seine undogmatische Untersuchung aller Phänomene und die ständige Kritikfähigkeit, sowie seine kontinuierliche Infragestellung nicht nur der Hypothesen selbst, sondern auch der menschlichen Fähigkeit, eine Hypothese aufzustellen.

Finanzielle Überlegungen und ein Wunsch mit eigenen Worten zu reden, waren vermutlich Lichtenbergs Motivierung für das gleichzeitige Engagement an mehreren literarischen Unternehmen, wie Dieterichs »Göttinger Taschen Calender« und Georg Forsters »Göttingisches Magazin für Wissenschaften und Literatur«. Die zahlreichen Artikel und Berichte, die er für diese Zeitschriften, für Heinrich Christian Boies Blatt »Das deutsche Museum« und für das »Neue Hannoverische Magazin« schrieb, brachten Lichtenberg unter seinen Zeitgenossen zusätzlich zu seinem hohen Ansehen, das er bereits als Astronom und Experimentalphysiker genoss, den wohlverdienten Ruf der Popularisierung der Wissenschaft und den eines Schriftstellers ein. Dieser doppelte Ruf ist seitdem durch die posthume Veröffentlichung eines großen Teils seiner umfangreichen Korrespondenz, seiner zehn »Sudelbücher«, sowie durch seine physikalischen und mathematischen Schriften noch erhöht worden. Lichtenbergs Schwäche als Wissenschaftler liegt in der geringen Zielstrebigkeit und dem mangelnden Durchhaltevermögen beim

Verfolgen eines wissenschaftlichen Problems. Das war genau die Eigenschaft, die er an Mayer so bewunderte. Er bemerkte dazu:

> Es sagte einmal jemand von Tobias Mayer: er habe selbst nicht gewusst, dass er so viel wisse – und darin steckt gewiss etwas sehr Wahres. Dies ist die eigentliche Art, es in der Welt weit zu bringen. Die gewöhnlichen Gelehrten treiben die Wissenschaften als einen Zweck und sehen das, was sie noch nicht wissen, schon wenigstens in den Titeln voraus; das ist niederschlagend. Mayer suchte immer selbst, und Alles, was er lernte, war ihm ein Bedürfniß – so konnte er es in seiner Wissenschaft weit bringen. Heutzutage lernt man das Gegenteil, man bietet Synthesen an, die man nie braucht, zusammen mit einer Menge nutzloser Dinge, obwohl sie sehr erfindungsreich sind. Franklin scheint mir ein ähnlicher Lerner gewesen zu sein. Meister hatte einiges davon, auch Cook. Letzterer sagte: »Zur Hölle mit aller Gelehrsamkeit«, und er dachte, lernte und studierte sorgfältig und war vermutlich ein größerer Gelehrter, als viele Leute, die er und die ganze Welt so bezeichnen.

Es ist angemessen, am Ende einer Biographie, die im Jahr der 200. Wiederkehr des Todestages von James Cook geschrieben wurde, an diesen großen englischen Kapitän zu erinnern, dessen drei berühmte Forschungs- und Entdeckungsreisen den praktischen Nutzen der neuen wissenschaftlichen Methoden der Meeresnavigation bestätigen, deren Bahnbrecher sein Yorkshirer Landsmann John Harrison und der deutsche Astronom Tobias Mayer, der das Meer selbst nie gesehen hatte, waren. Diesen genialen und voraussehenden Männern war Berkelys und Humes philosophischer Skeptizismus fremd, sie waren weder vom Leibnizschen und Wolffschen Neoscholastizismus angesteckt, noch befassten sie sich mit tiefschürfenden Deutungen der Weltanschauung Descartes oder den neuen Klassifikationsschemen der französischen Enzyklopädisten. Und dennoch waren es ohne Zweifel Wolffs Schriften über reine und angewandte Mathematik, die Mayer zu seinem Jugendwerk in Esslingen anregten und vermutlich haben Wolffs Philosophievorlesungen in Halle Franz angespornt, die kosmographischen Ideale, die Mayers reiferes Forschungsprogramm in Nürnberg und Göttingen bestimmten, so leidenschaftlich zu verfolgen. Euler bildet Mayers engstes Bindeglied zur Wissenschaft Newtons, die er mit großem Erfolg auf seine Mondtheorie und mit großer Geschicklichkeit, aber erfolglos, auf den Erdmagnetismus anwandte. Es wäre jedoch irreführend und historisch inadäquat, Mayer einer dieser Traditionen oder gar beiden zuzuordnen. Es ist zweifellos angemessener, ihn mit Kaestner als einen Vermesser der Erde, des Meeres und des Himmels zu betrachten und Mayer zu den wenigen großen Männern zu zählen, die im 18. Jahrhundert in Deutschland den Weg zur Aufklärung in der Naturwissenschaft geebnet haben.

Anhang

Abbildungs-Tafeln

Tafel 1: Tobias Mayer (1723–1762). Porträt von Westermayer nach J. P. Kaltenhofer, aus: Zach 1799

Tafel 2: Geburtshaus von Tobias Mayer (Foto Hüttermann, 2010).
Gedenkplakette am Geburtshaus.

ABBILDUNGS-TAFELN 259

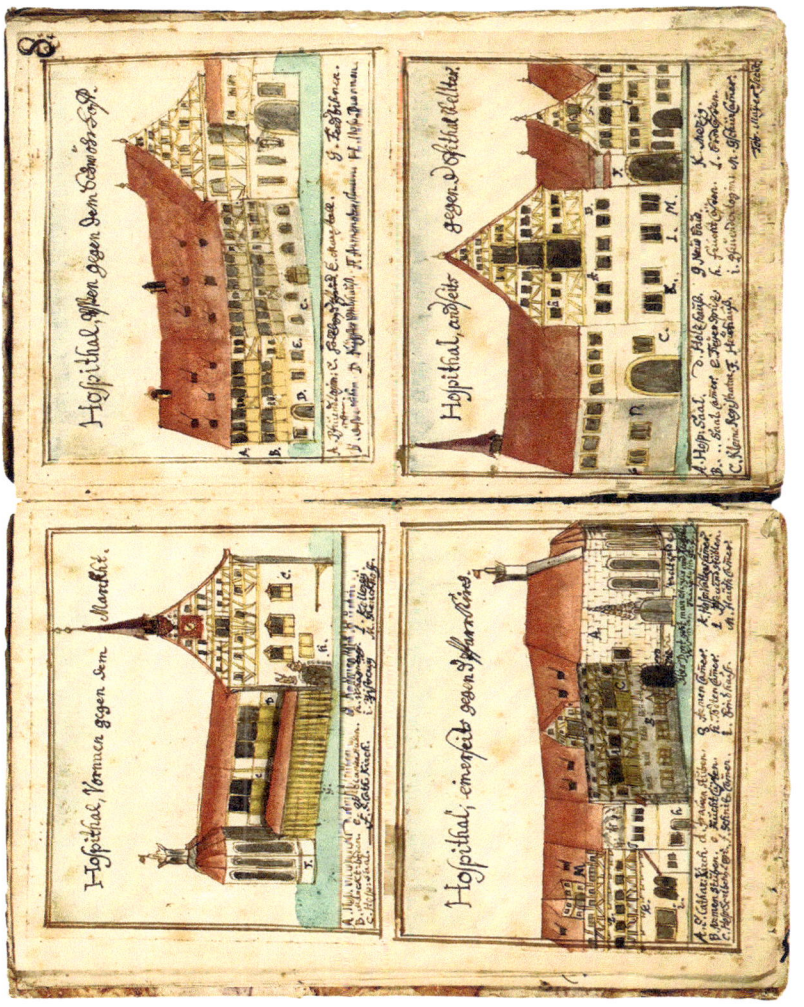

Tafel 3: Vier Ansichten des Katharinen-Hospitals Esslingen,
gezeichnet von Tobias Mayer 1737, Original im Stadtmuseum Esslingen

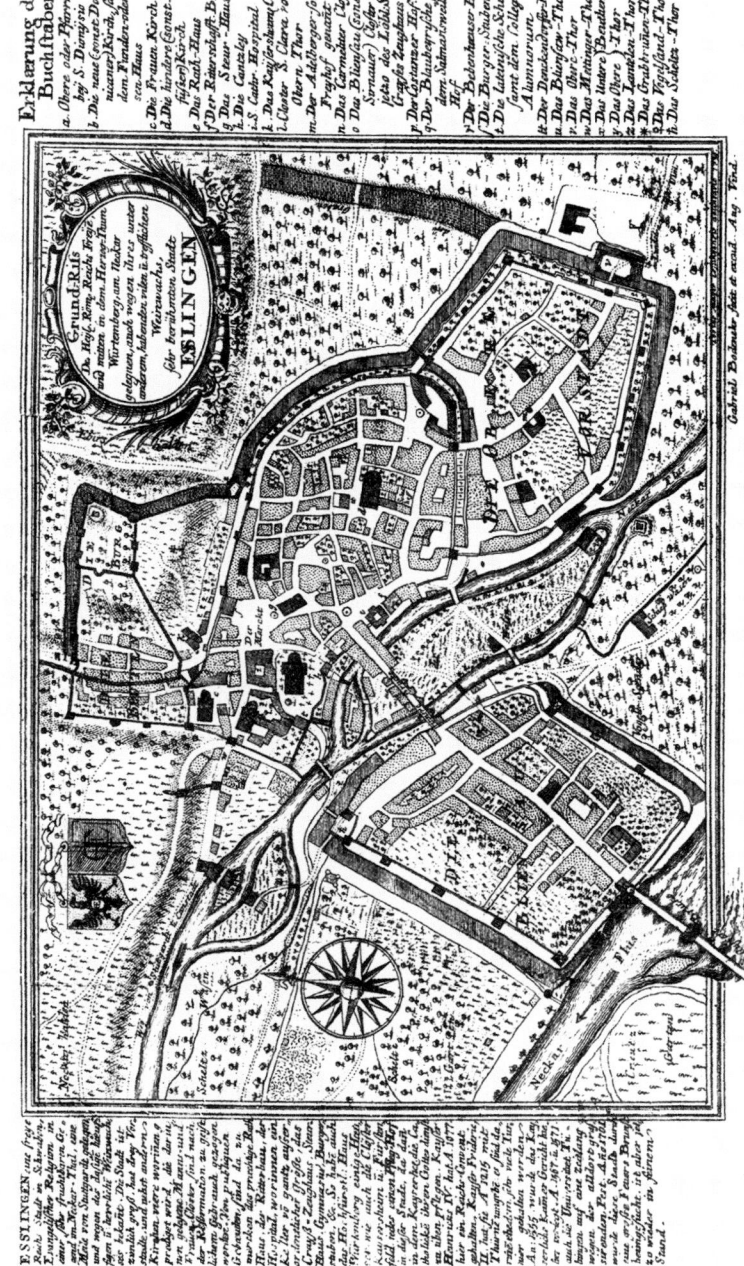

Tafel 4: Stadtplan von Esslingen, gezeichnet von Tobias Mayer 1739, Kupferstich von Johann Gabriel Bodenehr, Augsburg 1741.

Tafel 5: Gedenkmedaille von 1717 anlässlich des 200. Jahrestages der Reformation; © Germanisches Nationalmuseum Nürnberg, Med1310_a (Porträt M. Luther) bzw. Med1310_r (Ansicht von Esslingen).

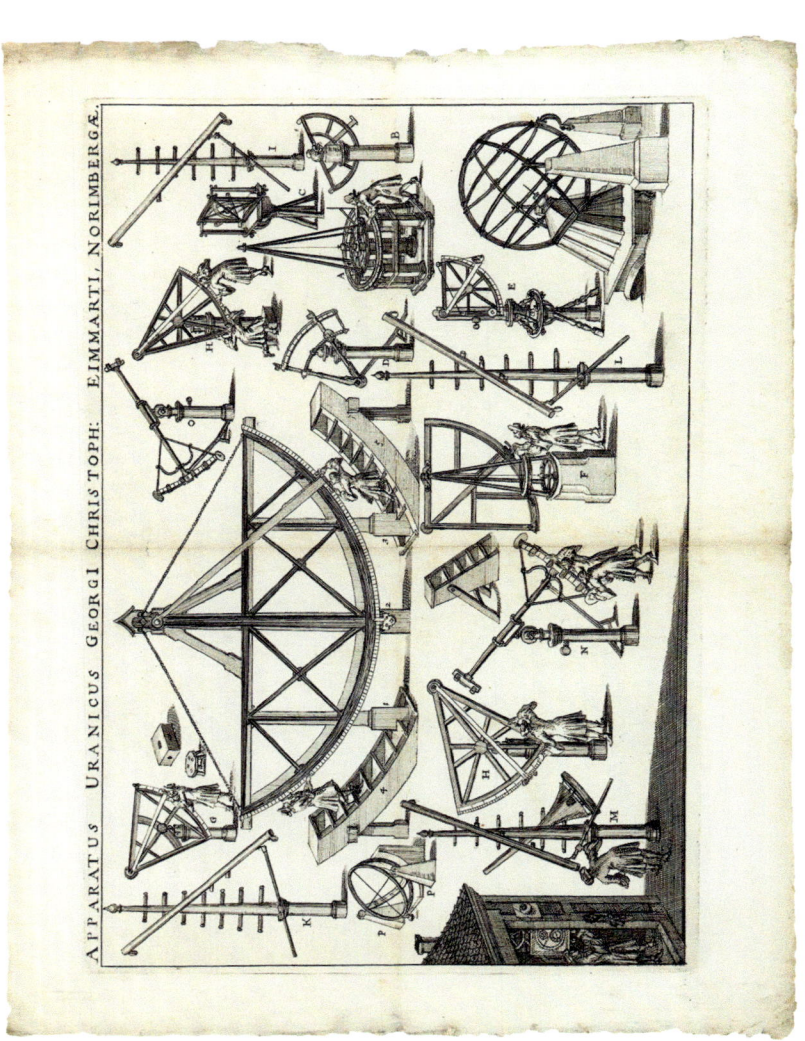

Tafel 6: Astronomische Instrumente von Georg Christoph Eimmart, Nürnberg.
Foto: © Stadtbibliothek im Bildungscampus Nürnberg, Will. III. 849.4°

ABBILDUNGS-TAFELN 263

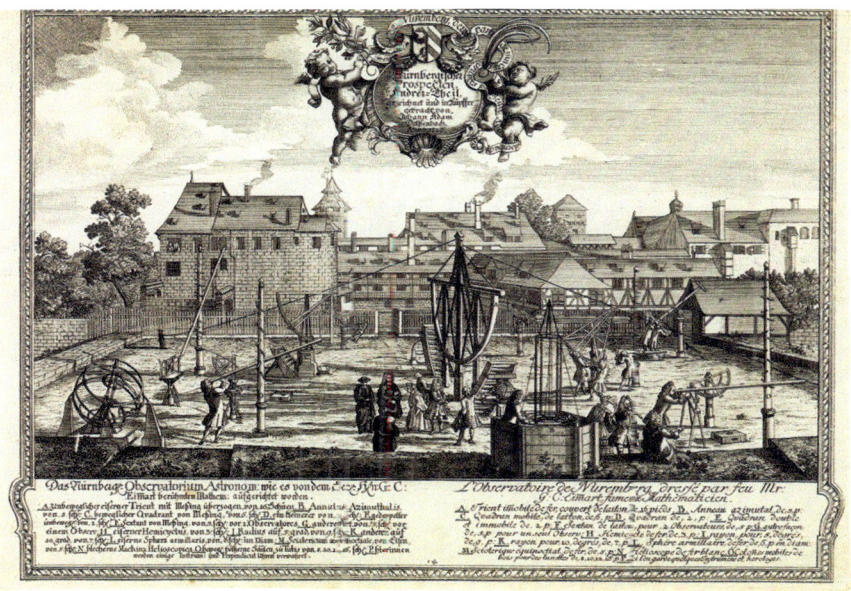

Tafel 7: Ansichten, gestochen von Johann Adam Delsenbach (1687–1765).
a) Das Eimmart-Observatorium nahe Vestnertor der Nürnberger Festung (1716);
b) Vor dem Vestnertor der Stadt Nürnberg. © Germanisches Nationalmuseum Nürnberg,
a) StN10517, b) StN1963.

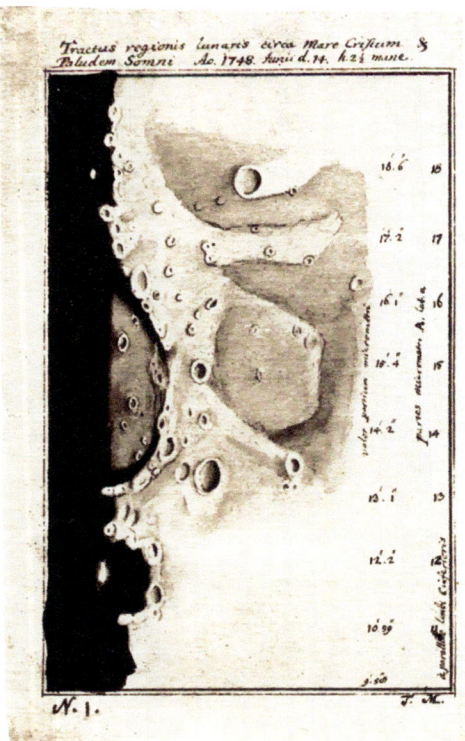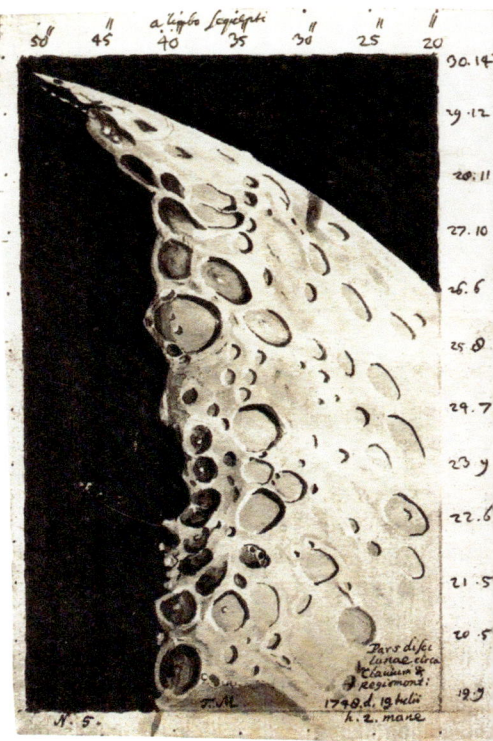

Tafel 8: Zwei der 40 detaillierten Zeichnungen der Oberfläche des Mondes,
die die Grundlage von Mayers Mondkarte (mit 40 cm Durchmesser) bildeten.
(Die Abszissen sind Winkeldistanzen vom Mondrand in Bogensekunden,
die Ordinaten sind die Anzahl der Linien von Mayers Glasmikrometer.)
a) No. 1: Eine Region nahe des Mare Crisium, gezeichnet um 2.30 Uhr am 14. Juni 1748.
(Man beachte die Umrechnung von Linienabständen des Mikrometers in Bogensekunden.)
b) No. 5: Die Region in der Nähe der Krater Clavius und Regiomontanus,
gezeichnet um 2 Uhr am 19. Juli 1748

ABBILDUNGS-TAFELN

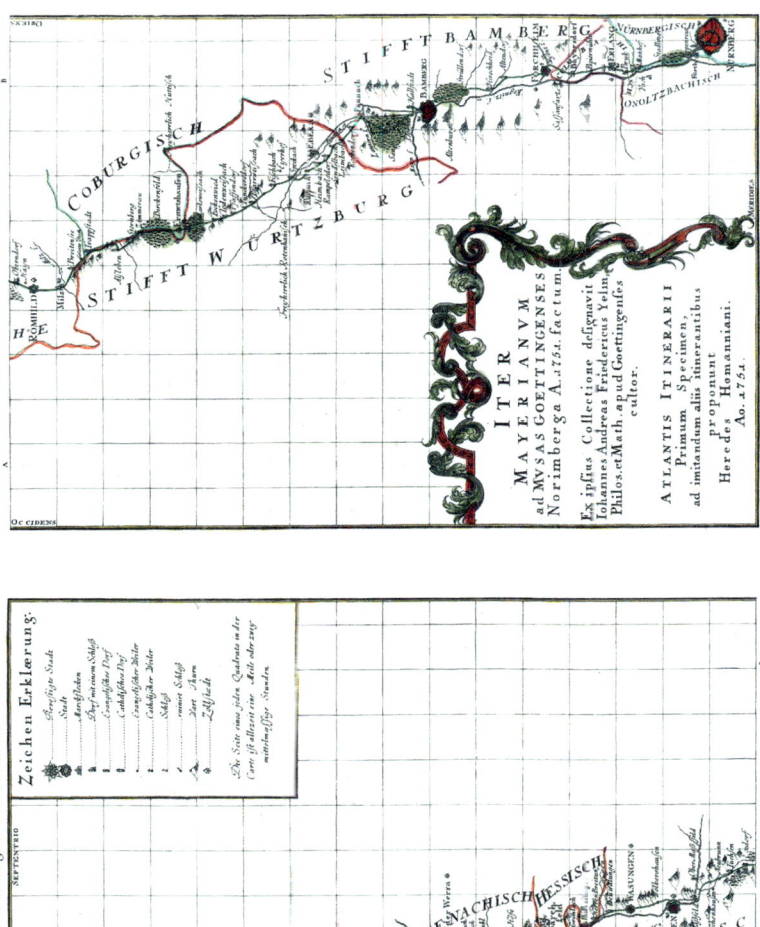

Tafel 9: Straßenkarte Nürnberg–Göttingen (1751), gezeichnet von J.A.F. Yelin und gedruckt bei Homann Erben in Nürnberg

Tafel 10: Germaniae Mappa Critica von Tobias Mayer (1750), gedruckt bei Homann Erben Nürnberg

Tafel 11: Mayers Observatorium, Ansicht von Süd-West.
Aus: August Tecklenburg, Göttingen, die Geschichte einer deutschen Stadt, Göttngen 1929.

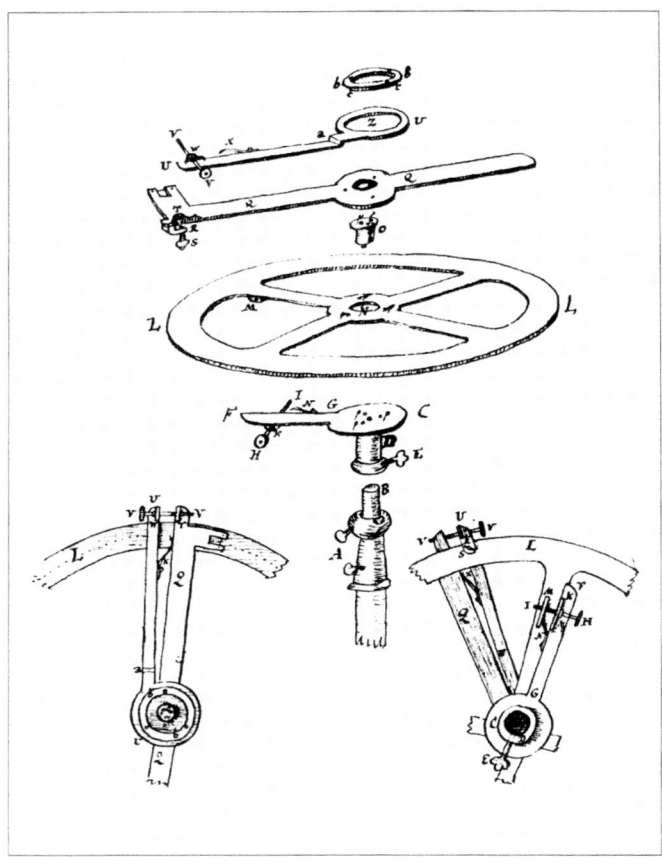

Tafel 12: Mayers neues und verbessertes Winkelmessinstrument, 1759.

ABBILDUNGS-TAFELN 269

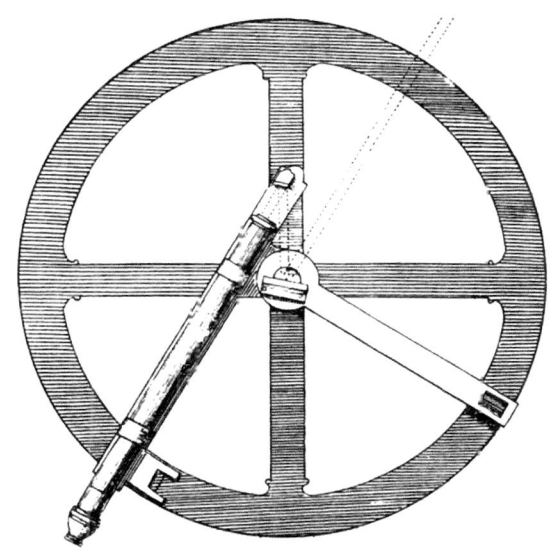

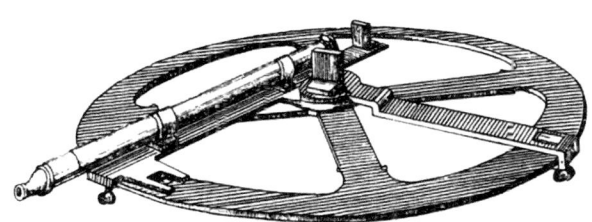

Tafel 13: Mayers Wiederholungskreis, 1755. Publiziert in Nevil Maskelines Ausgabe
von Mayers »New Tables of the Sun and Moon«, 1770. Aus: Joh. A. Repsold,
Zur Geschichte der astronomischen Messwerkzeuge I. Leipzig 1908

Tafel 14: Borda-Wiederholungskreis von Francois Antoine Jecker, sign. No. 499 Jecker à Paris, ca. 1820. Object NAV0072 im National Maritime Museum Greenwich. © Crown copyright. Photo: National Maritime Museum

Tafel 15: Mayers astronomischer Quadrant mit Radius 2 Meter im
Göttinger Observatorium, hergestellt vom Londoner Instrumentenbauer John Bird 1755/56.
Foto 2011: Armin Hüttermann

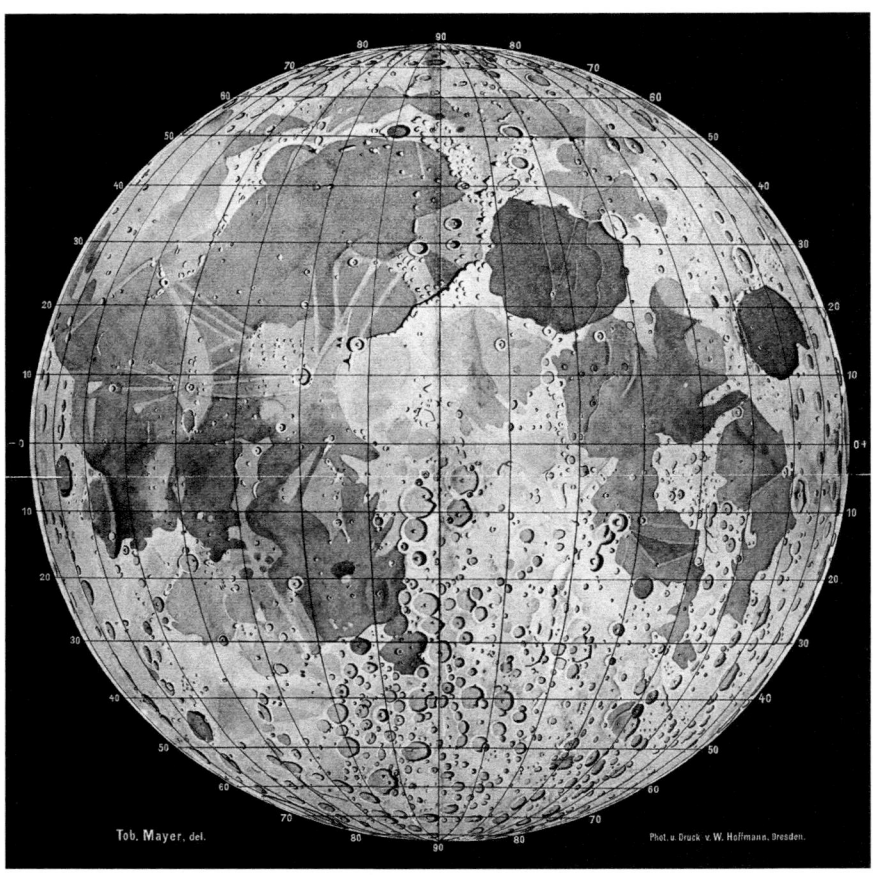

Tafel 16: Mayers Mondkarte mit 40 cm Durchmesser, gedruckt auf Initiative von Wilhelm Klinkerfues (Direktor des Göttinger Observatoriums) von W. Hollmann, Dresden, 1881.

Tobias Mayers Stammbaum

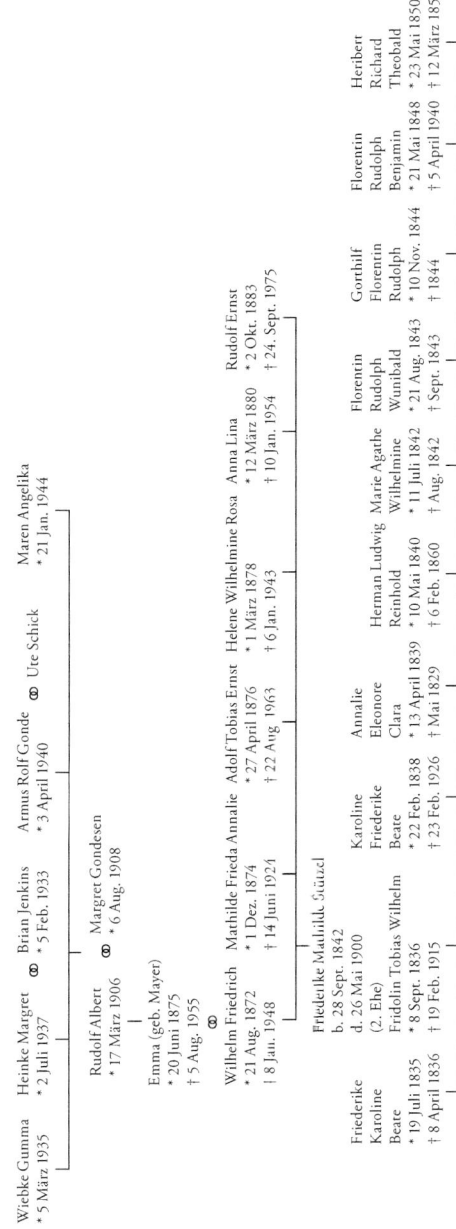

Der Göttinger Zweig von Mayers Stammbaum basiert auf einem Manuskript mit dem Titel »Tobias Mayersche Verwandtschaftstafel«, das unter Cod. Ms. Hist. fol. 739 K.K. in der Niedersächsischen Staats- und Universitätsbibliothek Göttingen aufbewahrt wird. Der Esslinger Zweig wurde von Johann Samson Wilhelm (alias »Streichholm »Mayer« dem Erfinder des Phosphorzündholzes – erstellt und in der Folgezeit (1887) durch einen Sohn aus dritter Ehe, Fridolin Tobias Mayer, erweitert. Die Nachkommen aus seinen ersten beiden Ehen und deren Kinder sind in Schriftstücken mit dem Titel »Stammbaum der Familie Mayer von 1705 an« aufgeführt, die [1980] von Dr. med. Rudolf Mayer, 71 Heilbronn am Neckar, aufbewahrt werden. Weitere Einzelheiten über »Streichholz-Mayer« befinden sich in unpublizierten Schriftstücken und der Überschrift »Vortrag von Herrn Stadtpfleger Weiß, gehalten im Kaufmännischen Verein am 25. November 1884« und in dem Artikel »Hundert Jahre Zündholz: Eine Ehrenrettung eines Esslingers« in der Esslinger Zeitung vom 6. April 1927 (Seite 4). Kopien dieser Schriftstücke und weitere vier Briefe, datiert 4. April 1814, 21. September 1815, 12. Dezember 1818 und 18. Dezember 1828, von Johann Tobias Mayer (Junior) in Göttingen an seinen Cousin in Esslingen befinden sich ebenfalls in Dr. Mayers Sammlung.

274 ANHANG

Tobias Mayers Stammbaum

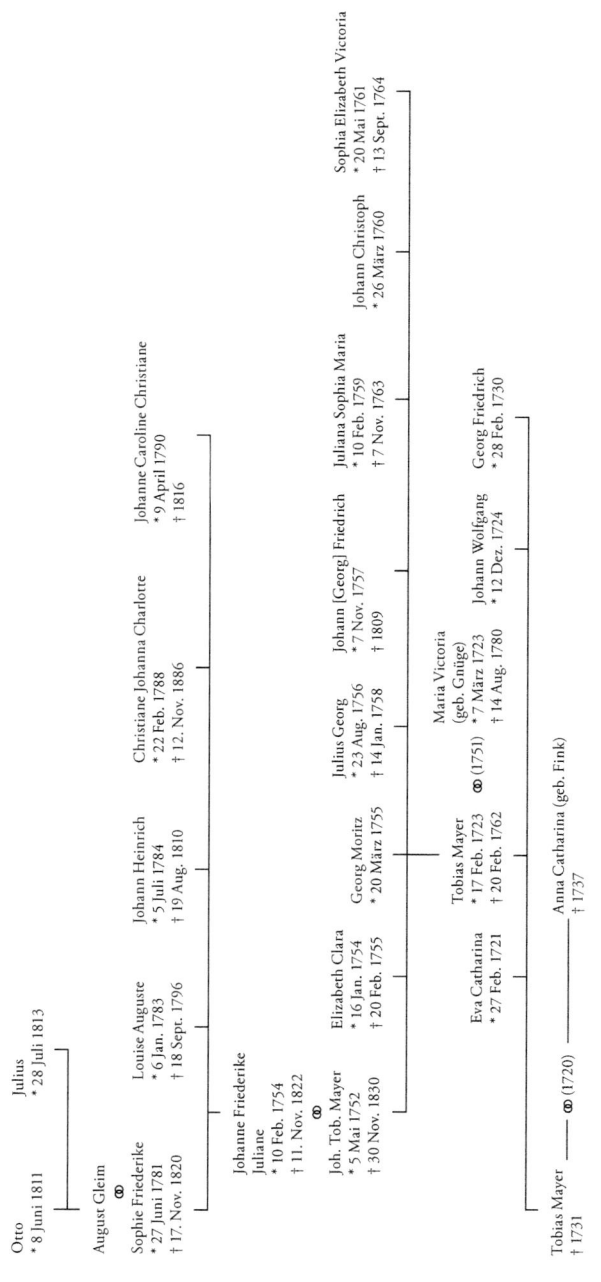

DER GÖTTINGER ZWEIG

Tobias Mayers veröffentlichte Werke

Die besten Verzeichnisse von Mayers Schriften sind in folgenden Publikationen enthalten:

Kaestner, A. G.: Elogium Tobiae Mayeri (Göttingen 1762).
Mursinna, S. (Hrg.): Biographia selecta sive memoriae aliquot virorum doctissimorum cum commentationibus quibusdam aliis ad historiam litterarium spectantibus 1. (Halae Magdeburicae 1782), S. 275–286.
Nopitsch, C. C. (Hrg.): Georg Andreas Will's Nürnbergisches Gelehrten-Lexicon oder Beschreibung aller Nürnbergischen Gelehrten beyderley Geschlechts. (Altdorf 1802), S. 401.
Poggendorff, J. C.: Biographisch-Literarisches Handwörterbuch 2. (Leipzig 1863), S. 91.
Zach, F. X. von (Hrg.): »Verzeichnis der sämtlichen Schriften Tob. Mayer's«, Monatliche Correspondenz zur Beförderung der Erd- und Himmels-Kunde 11 (Gotha 1805), S. 462–470.

Die oben genannten Werke enthalten aber nur wenige Informationen über die verschiedenen Karten, die Mayer für den Homannschen kartographischen Verlag in Nürnberg während und nach seiner fünfjährigen Zeit dort als Angestellter (1746–1751) herstellte. Die umfassende, grundlegend überarbeitete und auf neuesten Stand gebrachte Liste aller Schriften von ihm, die bisher publiziert wurden – manche zum ersten Mal in den letzten zehn Jahren – enthält die Titel aller bekannten Landkarten, die seinen Namen enthalten oder ihm zugeschrieben werden. Die unten gegebenen Verweise auf sie sind nicht abschließend; manche Karten könnten noch in anderen Atlanten neben den hier aufgeführten zu finden sein. Die folgenden Abkürzungen wurden mit der Absicht angenommen, die Bücher oder Zeitschriften zu bezeichnen, in denen der betreffende Eintrag gefunden werden kann:

AA	Auwers, A. (ed.) Tobias Mayer's Sternverzeichniss, nach den Beobachtungen auf der Göttinger Sternwarte in den Jahren 1756 bis 1760 (Leipzig 1894).
AGM 1	[Homann Erben] Atlas Geographicus Maior ... Tom. I (Nürnberg 1759).
AGM 2	[Homann Erben] Atlas Geographicus Maior... Tom. II (Nürnberg 1784).
AGS	[Homann Erben] Atlas Germaniae Specialis... (Nürnberg 1753).
AS	Annals of Science.
BM	The British Museum Catalogue of Printed Maps Charts and Plans. Photolithographic edition to 1964. Vol. 9 LONDON-MOR (London 1967) p.769.
CM	Mayer's Lunar Tables, improved by Mr. Charles Mason (London 1780).
EGF1-3	Forbes, E. G. (ed.) The Unpublished Writings of Tobias Mayer, 3 vols. (Göttingen 1972) EGF 1 Vol. I: Astronomy and Geography EGF 2 Vol. II: Artillery and Mechanics EGF 3 Vol. III: Theory of the Magnet and its application to terrestrial magnetism
EGF/L	Forbes, E. G. (ed.) Tobias Mayer's Opera Inedita: the first translation of the Lichtenberg edition of 1775 (London 1971).
FB	Baily, F. »Mayer's Catalogue of Stars, corrected and enlarged; together with a Comparison of the Places of the greater part of them, with those given by Bradley; and a reference to every observation of every Star«. Memoirs of the Royal Astronomical Society 4 (1831), pp. 391–445.
GCL	Lichtenberg, G. C. Opera Inedita Tobiae Mayeri I (Gottingae 1775).
GgA	Göttingische Anzeigen von gelehrten Sachen (alias »Göttingische gelehrte Anzeigen«).

JAK	Koch, J. A. »Mayerisches Zodiacal-Sternverzeichniss, auf den Anfang des Jahres 1800 reducirt«, Astronomisches Jahrbuch für das Jahr 1790 (Berlin 1787), S. 113–144.
JFB	Benzenberg, J. F. Erstlinge von Tobias Mayer, aufs neue herausgegeben, nebst einiger Nachrichten von seinen Erfindungen und seinem Leben (Düsseldorf 1812).
MAS	[Homann Erben] Maior Atlas Scholasticus (Nürnberg 1752).
MH 1	Hell, M. Tabulae Lunares Tob. Mayeri (Vindob. 1763).
MH2	Hell, M. Tabulae Lunares Tob. Mayeri iuxta edit. London 1770 (Vindob. 1771).
NM	Maskelyne, N. (ed.) Tabulae motuum solis et lunae novae et correctae auctore Tob. Mayer: quibus accedit methodus longitudinum promota eodem auctore (Londini 1770).
RH	Heath, R. Astronomia accurata ... the seaman's ready computer (London 1760).
SN	Staatsarchiv Nürnberg »Nürnberger Karte u. Pläne« (Repertorium 58).

Veröffentlichte Karten und Schriften

1739

Grund-Riss der Heyl. Röm. Reichs Freye, und mitten in dem Herzog-Thum Würtemberg, am Neckar gelegenen, auch wegen ihres unter anderem habenden vilen u. trefflichen Weinwachs, sehr berühmten Stadt Esslingen. Esslingen 1739. (siehe Tafel 4). (Reproduziert als Kupferstich durch Gabriel Bodenehr in Augsburg 1741; katalogisiert in Max Schefold, Alte Ansichten aus Württemberg, Esslingen 1957, p.121; Nr.1479, 15.5 cm × 22.1 cm)

1741

Neue und allgemeine Art, alle Aufgaben aus der Geometrie vermittelst der geometrischen Linien leichte aufzulösen; insbesondere wie alle reguläre und irreguläre Vielecke, davon ein Verhältnis ihrer Seiten gegeben, in der Circul geometrisch sollen eingeschrieben werden, sammt einer hiezu nötigen Buchstaben-Rechnenkunst und Geometrie. Esslingen 1741. [JFB]

1743

Esslingen, 1743. (Diese Karte wurde als Tab. XXXI in Mayers Mathematischer Atlas von 1745 publiziert).

1745

Mathematischer Atlas, in welchem auf 60 Tabellen alle Theile der Mathematik vorgestellet, und nicht allein zu bequemer Wiederholung, sondern auch den Anfängern besonders zur Aufmunterung durch deutliche Beschreibung und Figuren entworfen werden. Augspurg 1745.

1746

Geographische Verzeichnung des Budissinischen Creises in dem Marggrafthum Ober Lausitz, aus zuversichtlichen geodetischen Zeichnungen genomen und ans Licht gestellet von Homaennischen Erben. Anno 1746. [AGM 2,29]

1747

Untersuchungen über die geographische Länge und Breite der Stadt Nürnberg. [EGF 1]

Von der Construction der Land-Karten. Mit dem Exempel einer Karte von Ober-Teutschland erkläret. [EGF 1]

Belgium Catholicum seu Decem Provinciae Germaniae Inferioris cum confiniis Germaniae sup. et Franciae Legitime omnia delineata et ad ductum observationum astronomicarum, nec non Geometricarum operationum a Cassinio Snellio Muschenbrokio aliisque rite habita cum examinata studiodissime et representata a Tob. Maiero. Math. Cult. Edentibus Homannianis Heredit. A. 1747. [AGM 1,33]. (Ein kolorierter Kupferstich dieser Karte ist enthalten in SN, Nr. 1178.)

Belgii Universi seu Inferioris Germaniae quam XVII Provinciae, Austriaco, Gallico et Batavo Sceptio parentes constituunt, nova Tabula Geographica a Tobia Majero Math. Cult. ad leges legitimae delineationis revocata. Cura et Studio Homannianorum Heredum. A.1747. [AGM 1,34]

Comitatus Glaciencis Tabula Geogr. ex autographis delineationibus deprompta Edentibus Homannianis Heredibus A. 1747 [AGM 2,17]

Ducatum Curlandiae & Semigalliae quatuor Consiliaris supremis tabulam hanc Ducatuum Curlandiae & Semigalliae geographicam a Barnimanniani Heredes A. 1747. [AGM 1,105 + 106]

Regni Bohemiae, Duc. Silesiae, Marchonatuum Moraviae et Lusatiae Tabula generalis ex mensurationibus geodeticis Mulleri, Welandii aliorumque ad normam observationum astronomicarum adaptis deprompta et des gnata a Tob. Majero Mathem. Cult. Edentibus Homan. Heredibus Norimbergae A. MDCCXXXVII. [AGM 1,12; AGM 2,9; MAS, 4; etc.]

S. R. I. Circulus Austriacus quem componunt Archid. Austriae, Ducatus Stiriae, Carinthiae, Carniolae, Comit. Tyrolensis, ditionesque Sveviae austriacae, cum suis confiniis a Tobia Majero, Math. Cult. legitime designatus. Curantibus Homannianis Heredibus. A° 1747. [AGM 2,31; MAS, 5]. (Ein kolorierter Kupferstich dieser Karte ist in SN, Nr.990 enthalten.)

1748

Vorstellung der in der Nacht zwischen dem 8. und 9. August 1748 vorfallenden partialen Mondfinsternis ... (Diese astronomische Karte erscheint als Tab. XXI in Johann Gabriel Doppelmaier's Atlas Coelestis, Nürnberg 1752).

Carte des XVII Provinces ou de L'Allemagne Inferieure, dressée suivant la Projection Stereographique, et appuyée par les mesures faites de Mess. Cassini, Snellius et Mouschenbrok, par Mr. Tob. Maier de la Société geographique, et publiée par les Heritiers de Homann. l'An 1748 [MAS, 15]

Carte des Indes Orientales dessinée suivant les Observations les plus recentes, dont le principal est tirée des Cartes hydrographiques de Mr. D'Apres de Mannevillette. Dediée tres humblement à son Altesse Serenissime, Monsgr. le Prince Guillaume Charles Henry Friso, Souverain Prince d'Orange Pr. de S. E. de Nassa[u] Stadthoudre hereditaire, Admiral & General Capit. des Provences unies & c. & c. Chevalier de l'Ordre de Iarretiere. par ses tres humbles & tres soumis serviteurs L'Auteur & les Heritiers de Homan. l'An 1748. [AGM 1,126 + 127]

Cartes des Indes Orientales I. feuille dans la quelle on represente les Indes deça la Riviere de Ganges, le Golfe de Bengale, Siam, Malacca, Sumatra, dressé par Mr. Tobie Mayer, de la Societé Geograph. publiée par les Heritiers de Homann. Avec Privilege Imperial. l'An 1748. [AGM 1,126]

Carte des Indes Orientales, 2de feuille qui comprend les Isles de Sonde, Archipel des Philippines, & les Isles Moluques. Par Mr. Tobie Mayer, de la Societé Geographique, au Bureau des Heritiers de Homann. l'An 1748. [AGM 1,127]

Eigentliche Vorstellung der Schlacht und Gegend bey St. Jacob vor Basel, 26. Aug. 1444. Verlegt von den Homannischen Erben in Nürnberg 1748. I. I.F.Ingen. del.

Geographischer Entwurf der beyden Freyen Reichs-Herrschaften Sulzbürg und Pirbaum, samt ihren auch incorporirten, in anderer Ständen Territorio aber liegenden Dorfschaften und Unterthanen. Levé par Tob. Maier, de la Soc. geogr. à Norimberg. 1748. (Diese Karte wurde als kolorierter Kupferstich reproduziert in SN, No.927 unter dem Titel: Reichsherrschaften Sulzbürg und Pyrbaum. Tob. Maier von der Geogr. Gesellschaft Nürnberg; Seb. Dorn sc[ulpsit) 1748).

Septem Provinciae seu Belgium Foederatum quod generaliter Hollandia audit, speciali mappa delineatum, adhibitis in auxilium observationibus astronomicis nec non mensurationibus Snellii, Muschenbrokii etc. Auctore Tobia Mayero, Soc. Geogr. Sodali. Edentibus Homannianis Heredibus. A. 1748. [AGM 1,41; MAS, 31]

Status Ecclesiastici nec non Magni Ducatus Toscanae Nota Tabula Geographica secundum principia legitimae Delineationis descripta a Tob. Majero, Societ. Geogr. Sodali curantibus Homannianis Heredibus Norimbergae A. 1748. [AGM1,57; MAS, 40]

1749

Ducatus Silesiae Tabula geographica generalis statui hodierno, ei nempe qui post pacem Dresdensem locum obtinet, adaptata. iustaque Graduatione rectificata, per Tob. Maier. Norimbergae Impensis Homannianorum Heredum A. 1749 [AGS, 13]

Magni Ducatus Lituaniae in suos Palatinatus et Districtus divisus, delineatus a I. Nieprecki ... correctus a T. M. 1749 [AGM 1, 104]

Mappa Geographica Status Genuensis ex subsidiis recentissimis praecipue vero ex majori mappa du Chafrion mediante legitime projiciendi methodo delineata a Tobia Majero Soc. Cosmogr. Sodali, in lucem proferentibus Homannianis Heredibus. [AGM, 60; MAS, 41]

Regnorum Magnae Britanniae et Hiberniae Mappa Geographica iuxta Observationes astronomicas recentiores denuo correcta et ad formam legitimae projectionis reducta a Tobia Maiero, edentibg. Homanianis Heredibus Norimbergae ad 1749. [AGM 1, 28]. (Diese Karte wurde als kolorierter Kupferstich reproduziert in SN, No. 1215 unter dem Titel: Großbritannien und Irland, mit Nebenkärtchen: Shetlandinseln. Tobias Mayer Verleger: Homannische Erben 1749).

Statuum Italiae Superioris vulgo olim Lombardia dictorum geographica Delineatio VIII foliis ex Subsidiis D^{ni} de Honstein, Capitanei Architectorum Venetorum exhibita, quorum Folium I. Ducatum Sabavdicvum tanquam Statum Lombardiae conterminum representat, designatum a Tobia Mayero, Soc. C. Sod. Edentibus Homannianis Heredibus A°. 1749. [AGM 1, 67]

Tartariae Sinensis Mappa Geographica ex Tabulis specialibus R. R.P.P. Jesuitarum nec non Relationibus R. P. Gerbillon per Dom. d'Anville Geographum Parisiensem primum A°. 1732 nunc secundum LL. projectionis stereographicae in usum translationis Germanicae Historiae Sinen. Haldianae descripta per Tobiam Mayer, Soc. Cosmogr. Sodal. Curis Homannianorum Heredum. A°. 1749. [AGM 1, 123 + 124; AGM 2, 13]

1750

Beschreibung eines neuen Mikrometers, Kosmographische Nachrichten und Sammlungen auf d. J. 1748 (Nürnberg 1750), 1–11.

Astronomische Beobachtung der großen Sonnenfinsterniss J. J. 1748. den 25. Julius / zu Nürnberg in dem Homannischen Hause angestellet, ibid., 11–40.

Beobachtung einiger Zusammenkunften des Mondes mit Fixsternen / im Jahr 1747 und 1748 zu Nürnberg in dem Homannischen Hause angestellet, ibid., 41–51.

Abhandlung über die Umwälzung des Mondes um seine Axe, und die scheinbare Bewegung der Mondsflecken, worinnen der Grund einer verbesserten Mondsbeschreibung aus neuen Beobachtungen geleget wird, ibid., 52–183.

Tobias Mayer's Beweis dass der Mond keinen Luftkreis habe, ibid. 397–419.

Bericht von dem Mondskugeln ... (Nürnberg 1750). Es wird vermutet, dass diese Abhandlung von Mayer verfasst wurde, aber J. M. Franz zugeschrieben und unter dessen Namen in der ausgewählten Bibliographie zu Kapitel 2 aufgeführt ist. Da aber Mayer selbst bei der Formulierung und Herausgabe assistiert haben dürfte, sehen wir uns berechtigt, ihn in diesem Anhang aufzuführen.

Vorlesung über Sternkunde [EGF 1]

Comitatus Mansfeld prout ille juris hodie Saxonico. Electoralis et Magdeburgici, atque adeo secundum statum novissimum se habet, geographice ab anonymo delineatus. Ad normam legitimae designationis reductus a Tob. Mayero. Curantibus Homanianis Heredibus. A. MDCCL. [AGM 2,63; AGS,71]

Germania atque in ea locorum principalorum mappa critica ex latitudinum observationibus quas hactenus colligere licuit, omnibus; mappis specialibus compluribus; itinerariis antiquis Antonini, Augustano et Hierosolymitano, adhibita circumspectione ac saniori crisi concinnata simulque cum aliorum Geographorum mappis comparata a Tob. Mayero, Societatis Cosmographiae sodali, impensis Homanniorum Heredum. Norib. 1750. [AGM 1,8; AGS, 8]

Mappa Geographica Regni Poloniae ex novissimis quotquot sunt mappis specialibus composita et ad LL. stereographicae projectionis revocata a Tob. Mayero, S. C. S. Luci publicae tradita per Homannianos Heredes. Norimb. A. MDCCL. [AGM 1, 103; MAS, 70]

Mappa specialis Principatus Halberstadiensis una cum unitis cum eo terris Comitatus Reinstein et Dynastiae Derenburg, repraesentata simul Abbatiam Quedlingburg & Comitat. Wernigerode, nec non -conterminum Principat Blanckenburg, Herciniam Anhaltinam et Dynastiam Schaven. Delineata primum à G. Hier. Riese, Architect. milit. Borussico et Architecto provinciali Halberstadiensi. Dein correctior reddita à Tobia Majero, Societ. Cosmog. sodali. Curantibus Homannianis Heredibus Norimbergae A. MDCCL. C. P. S. C. M. [AGM 2, 123; AGS, 145]

1751

Programma de refractionibus objectorum terrestrium (Gottingae 1751).

Artillerie (Geschützwesen, Fortification, Belagerungswesen) [EGF 2]

Helvetia Tredecim Statibus Liberis, quos Cantones vocant, composita. Una cum foederatis & subjectis Provinciis, ex probatissimus subs diis geographice delineata per D^m Tobiam Mayerum, Professorem Matth. Goetingensem. Luci publicae tradita ab Homannianis Heredibus Norimbergae A. 1751. [AGM 1, 67; MAS, 47]

Serenissimo Principi Gloriosissime Nunc Regenti Domino Suo Clementissimo Ludovico VIII Principi Pro Felici Tabulam hanc geographicam Landgraviatus Hasso-Darmstadini & omnium eo spectantium Comitatuum Regiorum Urbium & Pagorum, nec non adjacentium Terrarum studiodissime designatam humillime .D. D.D. Auctor devotissimus Christophorus Max. Pronner. Curantibus Homanianis Heredibus A. 1751. (Ex Originali Proneriano ad hanc Graduationem reduxit D^{us}. Tobias Majer P. P. Göttingens.). [AGM 2, 101]

Sinus Finnici Delineatio Geographica ex quam plurimis subsidiis novissimus stereographice tradita, per D^m. Tobiam Maijerum, Professorem Matheseos Goettingensem. Currantibus Homannianis Heredibus Norimb. A. 1751. [AGM 1, 91]

1752

Mechanik [EGF 2]

Latitudo geographica urbis Norimbergae, Commentarii Societatis Regiae Scientiarum Gottingensis 1 (1752), 373–378.

Observationes quaedam Astronomicae Norimbergae A. 1749 et 1750. Habitae in Aedibus Homannianis, ibid., 379–384

1753

In Parallaxin Lunae eiusdemque a terra distantiam inquisitio, ibid.2 (1753), 159–182.

Nova methodus perficiendi instrumenta geometrica. Et novum instrumentum goniometricum, ibid. 325–336. (GgA 51. Stück vom 26. April 1753, p. 466).

Novae tabulae motuum solis et lunae, ibid. 383–430. (GgA 51. St. vom 26. April 1753, p. 467). [MH 1, RH]

Vorlesungen über Sternkunde. [EGF 1]

Territorii Episcopatus Osnabrugensis Tabula geographica, olim à Joh. Gigante Ludensi, D. Med. & Math. 1631. Delineata, nunc vero revisa, et fere ubique emendata et in omnes suos districtus vel satrapias (Ambter) accurato divisa à Johanne Henrico Meuschen Osnabrugensi, Med. Pract. et rerum Naturalium Collectore. Reducente ad leges nostrae delineationis D. Tob. Mayero, M. P. Cura et impensis Homannianorum Heredum. 1753. [AGM 2, 110]

Territorium Reipublicae liberae Helveticae Scaphvsiensis ex mensuratione olim Pejeriana ad hanc formam reducta mappa. Excusa studio Homannianorum Heredum. 1753. [AGM 1, 68]

1754

Sphärische und theoretische Astronomie [EGF 1]

Observationes astronomicae A. 1753 Gottingae habitae, Commentarii Societatis Regiae Scientiarum Gottingensis 3 (1754), 441–454. (GgA 75. St. vom 21. Juni 1753, pp. 689–690; 5. St. vom 12. Januar 1754, pp. 41–42; und 89. St. vom 27. Juli 1754. pp. 769–770)

Tabularium lunarium in commentt. S. R. Tom. II contentarum usus in investiganda longitudine maris, ibid. 375–396. (GgA 139. St. vom 17. November 1753. pp. 1241–1253).

Methodus longitudinum promota [NM]. (GgA 125. St. vom 19. Oktober 1754, pp. 1073–1076).

Delineato Geographica generalis comprehendens ditiones Landgrafii Hasso-Darmstadiensis ex subsidiis C. Pronneri. Ex originali Proneriano reduxit T. M. 1754 [BM 29015 (3)]

1755

Experimenta circa visus aciem, Commentarii Societatis Regiae Scientiarum Gottingensis 4 (1755), 120–135. (GgA 47. St. vom 20. April 1754, pp. 401–402).

Dictata ad geographiam (de figura telluris). [EGF 1]

De variationibus thermometri accuratius definiendis [GCL, EGF/L]. (GgA 29. St. vom 8. März 1755, pp. 265–266; ibid. 113. St. vom 20. September 1755. pp. 1045–1046).

Ausmessung der Vielecke durch Diagonalen. (GgA 29. St. vom 8. März 1755, pp. 266–267). Siehe auch Eric G. Forbes »Tobias Mayer's method of measuring the areas of irregular polygons«, Annals of Science 26 (1970), 319–329.

Theoria lunae juxta systema Newtonianum. (Editiert und dann publiziert unter diesem Titel von Nevil Maskelyne, London 1767).

1756

Versuch einer Erklärung des Erdbebens, Hannoverische nützliche Sammlungen 1756, 290–296. (GgA 38. St. vom 27. März 1756, pp. 314–316).

Theoria motus Martis ex principio attractionibus Newtonianae deducta [EGF 1]. (GgA 50. St. vom 24. April 1756, pp. 425–426).

Observationes astronomicae quadrante murali habitae in observatorio Gottingensis [GCL, EGF/L]. (GgA 139. St. vom 18. November 1756, pp. 1257–1258).

1757

Methodus facilis et accurata eclipses solares computandi [GCL, EGF/L]. (GgA 110. St. vom 12. September 1757, pp. 1065–1066). Siehe auch: Eric G. Forbes »Tobias Mayer's method for calculating the circumstances of a solar eclipse«, Annals of Science 28 (1972), 177–189.

1758
De affinitate colorum [GCL, EGF/L], (GgA 147. Stück vom 9. Dezember 1758, pp. 1385–1389).
Siehe auch: Eric G. Forbes, »Tobias Mayer's theory of colour-mixing and its application to artistic reproductions«, Annals of Science 26 (1970), 95–114.

1759
Novus fixarum catalogus [GCL, JAK, FB AA, EGF/L]. (GgA 45. St. vom 14. April 1759, pp. 401–402).
Artis, qua picturae datae ectypa multiplicantur, specimen exhibitum (siehe Kommentar in Kapitel 10). (GgA 45. St. vom 14. April 1759, p. 402).
Novum aut Correctius Astrolabii Genus. (GgA 114. St. vom 22. September 1759, pp. 993–995).
Siehe: Eric G. Forbes, »Tobias Mayer's new astrolabe (1759): its principles and construction«, Annals of Science 27 (1971), 109–116.

1760
De motu fixarum proprio [GCL, EGF/L].(GgA 9. St. vom 21. Januar 1760, pp.73–75).
Theoria magnetis. (GgA 72. St. vom 15. Juni 1760, pp.633–636). Siehe auch EGF 3 (1972).

1761
Astronomical Observations, made at Göttingen, from 1756 to 1761. (Published by Order of the Commissioners of Longitude. London 1826)

1762
Nova theoria declinationis et inclinationis acus magneticae [EGF 3]. (GgA 425. St. vom 5. Februar 1762, pp. 377–379).

1762
Tabulae motuum solis et lunae novae et correctae auctore Tob. Mayer: quibus accedit methodus longitudinum promota eodem auctore [NM, MH 2]. (GgA 62. Stück vom 24. Mai 1770, pp.545–548).

[EA: Inzwischen gibt es eine Werkausgabe von Tobias Mayer, in der alle Karten und Schriften nachgedruckt wurden:
Tobias Mayer – Schriften zur Astronomie, Kartographie, Mathematik, Farbenlehre
Band 1: Augsburger und Nürnberger Arbeiten (Herausgeber E. Knobloch/E. Anthes), 2006
Band 2: Göttinger Arbeiten (Herausgeber E. Anthes), 2005
Band 3: Opera Posthuma (Herausgeber K. Reich/E. Anthes), 2006
Band 4: Tafeln und Karten (Herausgeber A. Hüttermann), 2009
Reihe Historia Scientiarum, Olms-Weidmann, Hildesheim – Zürich – New York]

Literaturverzeichnis

Kapitel 1: Erste Werke

Benzenberg, J. F. Erstlinge von Tobias Mayer, ... nebst einigen Nachrichten von seinen Erfindungen und seinem Leben (Düsseldorf 1812).

Eberhardt, P. »Urkundliche Beiträge zu der Jugendgeschichte des Astronomen Johann Tobias Mayer« in: Otto Bechtle (Hrg.) Aus Alt-Esslingen, 2. verbesserte Ausgabe (Esslingen 1924), pp. 207–224. Dies ist die leicht verbesserte Version eines Aufsatzes, der unter demselben Titel in Literarische Beiträge des Staatsanzeigers Nr. 12 & 13 (Stuttgart 1908), 177–187, erschien.

Forbes, E. G. »The Life and Work of Johann Tobias Mayer 1723–62« Quarterly Journal of the Royal Astronomical Society 8 (1963), 227–252.

Forbes, E. G. »Tobias Mayer. Zur Wissenschaftsgeschichte des 18. Jahrhunderts«, in: Otto Borst (Hrg.), Jahrbuch für Geschichte der oberdeutschen Reichsstädte; Esslinger Studien 76 (Stuttgart 1970), 132–167.

Günther, S. »Mayer: Johann Tobias M.«, Allgemeine deutsche Bibliographie 21 (1885), 109–118.

Hartmann, J. »Gelehrter – Tobias Mayer«, Württembergische Neujahrblätter (Stuttgart 1896), 48–51.

Haug, W. Das St. Katharinen-Hospital der Reichsstadt Esslingen: Geschichte, Organisation und Bedeutung (Esslingen 1965).

Hausleutner, D. »Biographische Nachrichten – 2. Tobias Mayer«, Schwäbisches Archiv (Stuttgart 1793), 385–392.

Hofmann, J. E. (Hrg.) »Wolff's Anfangs-Gründe aller Mathematischen Wissenschaften«, 7(1750–1757), Christian Wolff Gesammelte Werke 12 (1) – Deutsche Schriften (Hildesheim und New York 1973).

Keller, J. J. Beschreibung der Reichsstadt Esslingen... (Esslingen 1798).

Kommerell, V. »Tobias Mayer Mathematiker, Physiker und Astronom 1723–1762«, Schwäbische Lebensbilder 2 (1941), 351–366.

Mayer, D. »Die lateinische Lehranstalt Esslingens vor hundert Jahren und seit hundert Jahren«, Programme des Gymnasiums in Esslingen (Esslingen 1900).

Nopitsch, C. C. Lebensbeschreibung Tobias Mayer (Altdorf 1805).

Ofterdinger, C. F. »Joh. Tob. Mayer«, in Otto Böklen (Hrg.), Mathematisch-naturwissenschaftliche Mitteilungen 2 (1887), 116–132

Pfaff, K. Geschichte der Reichsstadt Esslingen (Esslingen 1840).

Pölnitz, G. F. von Lebensbilder aus dem Bayerischen Schwaben (München 1955).

Schwäbische Kronik, des Schwäbischen Merkurs zweite Abteilung I. Blatt: Nro. 42, Samstag der 19. Februar 1860 (299); Nro. 44, Donnerstag der 20. Februar 1862 (373). II Blatt: Nr. 101, 3. März 1909 (11).

Schwäbischer Merkur, 20. Februar 1862

Wolff, C. von Der Anfangs-Gründe aller Mathematischen Wissenschaften ... Die fünffte Auflage verbessert und vermehrt (Band I, Frankfurt und Leipzig 1738; Band II, III, IV Halle 1737).

Zach, F. X. von (Hrg.) »Biographische Nachrichten aus Tobias Mayer's Jugendjahren aus einem Schreiben des königl. Dänischen Justiz-Raths C. Niebuhr«, Monatliche Correspondenz zur Beförderung der Erd- und Himmels-Kunde 8 (1803), 257–270.

– »Weitere biographische Nachrichten von Tobias Mayer's Jugendjahren, von Professor Wurm in Blaubeuren«, ibid. 9 (1804), 45–56.
– »Bruchstück zu Tobias Mayer's Leben. Von ihm selbst aufgesetzt, und von seinem Sohne, dem kön. Grossbrit. Hofrathe und Prof. der Physik in Göttingen, Johann Tobias Mayer, mitgetheilt«, ibid., 415–432.

Kapitel 2: Kartographie der Erde und des Mondes

Bobinger, M. Alt-Augsburger Kompassmacher, Sonnen- Mond- und Sternuhren, Astronomische und mathematische Geräte, Räderuhren. Bd. 16 Abhandlungen zur Geschichte der Stadt Augsburg (Augsburg 1966).
Doppelmaier, J.G. (Hrg.), Nicolas Bion's Neueröffnete mathematische Werck-Schule (Nürnberg 1712); ^{2}1720; ^{3}1741.
Eberle, W. »Der Nürnberger Kartograph Johann Baptista Homann. Zu seinem 200. Todestag«, Mitteilungen und Jahresberichte der Geographischen Gesellschaft in Nürnberg 3 (Nürnberg 1924), herausgegeben von Dr. Christian Kittler.
Euler, L. Opuscula (varii argumenti), Bde.1–3 (Berlin 1746–1751).
Forbes, E.G. »Tobias Mayers Mondkarten«, Sterne und Weltraum 8 (1969), 36–39.
– »Das Eimmartische Observatorium zu Nürnberg«, ibid. 9 (1970), 311–315.
– »Nuremberg's Astronomical Heritage«, Journal of the British Astronomical Association 81 (1971.), 391–393.
Franz, J.M. Bericht von den Mondskugeln, welche bey der kosmographischen Gesellschaft in Nürnberg, aus neuen Beobachtungen verfertigt werden durch Tobias Mayern, Mitgliede derselben Gesellschaft ([Nürnberg] 1750).
– Mayer, T. et al. Kosmographische Nachrichten und Sammlungen auf das Jahr 1748 (Nürnberg 1750).
Glaser, C.J. Epistola Eucharistica, ad Virum Nobilissimum, Amplissimum atque Excellentissimum Dominum M. Martinum Knorre … qua Uraniae Noricae Templum Eimmartinum (Norimbergae 1691).
Hagers, J.G. Geographischer Büchersaal zum Nützen und Vergnügen eröfnet Bd. 1, (Chemnitz 1766).
Nagel, F.A. »Das Georg Christoph Eimmartische Observatorium auf der Vestnertorbastei nach einem Kupferstich vom Jahre 1716«, Fränkischer Kurier, 29. Dezember 1929, Nr. 360, S. 8.
Pilz, K. 600 Jahre Astronomie in Nürnberg (Nürnberg 1976).
Rost, J.L. Der Aufrichtige Astronomus (Nürnberg 1727).
Sandler, C. »Johann Baptista Homann. Ein Beitrag zur Geschichte der Kartographie«, Zeitschrift der Gesellschaft für Erdkunde zu Berlin 21 (1886), 328–384.
– Johann Baptista Homann, Matthäus Seutter und ihre Landkarten: ein Beitrag zur Geschichte der Kartographie (Amsterdam [1963]).
Sandner, W. »Sternfreunde und Sternwarten in Nürnberg – Ein Stück Kulturgeschichte«, Natur u. Kultur 53 (1961), 222–229.
Schultheiss, W.K. Geschichte der Schulen in Nürnberg. Fünftes Heft (Nürnberg 1857), S. 84–100.
Stetten, P. von Erläuterungen der in Kupfer gestochenen Vorstellungen, aus der Geschichte der Reichsstadt Augsburg. In historischen Briefen an ein Frauenzimmer (Augsburg 1765).

Kapitel 3: Der mathematische Kosmograph

Büsching, A. F. Neue Erdbeschreibung. Erster Theil (Hamburg 1760).
Franz, J. M. Avertissement des Heritiers de Homann, sur la Construction de Grands Globes (Nuremberg 1746).
- Homannische Vorschläge von den nöthigen Verbesserungen der Weltbeschreibungswissenschaft und einer diesfalls bei der Homann'schen zu errichtenden neuen Akademie [Nürnberg] 1747).
- Project des Heritiers de Homann sur les corrections necessaires dans la science Cosmographique et sur l'Erection d'une nouvelle Académie au Bureau de Homann (Nuremberg 1747).
- Description complete ou Second Avertissement sur les Grands Globes Terrestres et Celestes auxquels la Societé Cosmographique établie à Nurenberg fait travailler actuellement par George-Maurice Lowitz, de la Societé Cosmographique & desinateur des susdits Globes ([Nürnberg] 1749).
- Als S. T. Herr Georg Moritz Lowitz öffentlicher Lehrer der Mathematik in Nürnberg den 27. December 1751 seine feyerliche Antritsrede daselbst hielte/wollte dabey die Notwendigkeit eines zu errichtenden Lehrbegriffs der mathematischen Geographie bey der kosmographischen Gesellschaft darthun u.s.w. (Nürnberg 1751).
- Gedanken von einem Reise-Atlas und von der Notwendigkeit eines Staats-Geographus bey Gelegenheit der Abreise Tit. Herrn Professor Tobias Mayer aus Nürnberg nach Göttingen den 15. Merz 1751. u.s.w. (Nürnberg 1751).
- Der deutsche Staatsgeographus mit allen seinen Berichtungen Höchsten und Hohen Herren Fürsten und Ständen im deutschen Reiche nach den Grundsätzen der kosmographischen Gesellschafft Vorgeschlagen von den dirigirenden Mitgliedern der kosmographischen Gesellschaft (Franckfurt und Leipzig 1753).
- Die kosmographische Lotterie was diese seye und was die Deutsche Nation für Bewegungsgründe habe, derselben förderlich zu seyn. Auf Gutbefinden der kosmographischen Gesellschafft in Vorschlag gebracht von derselben dirigirenden Mitgliedern in Nürnberg (Nürnberg 1753).
- Troisième Avertissement sur les Grands Globes ou la Societé des Sciences Cosmographiques de Nurenberg rend compte au Public du Retardement de cet ouvrage u.s.w. ([Nürnberg] 1753).
- Avertissement touchant la Publication d'un Grand Atlas de Cartes Geographiques de toutes L'Allemagne, dressé par les Heritiers du feu Geographe Homann a Nurnberg (Nürnberg 1754).
- Freundliche Aufmunterung an die Weltbeschreiber wie auch an die Kenner und Beförderer dieser Wissenschaft. Oder Art und Weise, wie durch den Beytrag derselben von der kosmographischen Gesellschaft insbesondere die Verbesserung der Weltbeschreibung befördert werden soll u.s.w. (Leipzig 1756).

Franz, J.M., Lowitz, G.M., Mayer T. ACTA SOCIETATIS COSMOGRAPHICAE seu Minorum Scriptorum a Membris Societatis annunciandi Instituti Cosmographici causa editorum in unum Volumen Collectio facta Anno MDCCLIV quo expiravit huius Societatis Directorium Norimbergense id que ad Musas Goettingensis felicissimis Ausp ciis emigravit.
Gresky, W. »Die Wegekarte Nürnberg-Göttingen von 1751«, Göttinger Jahrbuch (1970), 103–106.
Günther, S. (Hrg.) Erd- und Himmelsgloben, ihre Geschichte und Construction. Nach dem Italienischen Matteo Fiorinis frei bearbeitet (Leipzig 1895).
Lowitz, G. M. Kürzere Erklärung über Zwey Astronomische Karten von der Sonnen- oder Erd-Finsternis den 25. Julius 1748. zu derselben deutlicher Einsicht und bequemen Gebrauch bey künfftiger Wahrnehmung dieser Himmels-Begebenheit denenjenigen zu Liebe, die der Astronomie nicht kundig sind, u.s.w. (Nürnberg 1748).

- Beschreibung eines Quadrantens der zur Sternkunde und zu der Erdmessung brauchbar ist. Nebst der Einladung eine feyerliche Rede anzuhören, womit das öffentliche und ordentliche Lehr-Amt der mathematischen und astronomischen Wissenschaften antretten wird der Verfasser Georg Moriz Lowitz. Mitgliede der kosmographischen Gesellschaft (Nürnberg 1751).
- Auflösung einer Astronomischen Aufgabe: Die bey der Abreise des S. T. Herrn Tobias Mayer Mitgliede der hiesigen Kosmographischen Gesellschaft, welcher als ordentlicher Lehrer der Weltweisheit und Haushaltungs Kunst, von Nürnberg nach Göttingen beruffen worden, demselben als ein Merkmal seiner Ergebenheit dargeleget Georg Moriz Lowitz Mitgliede der Kosmographischen Gesellschaft in Nürnberg ([Nürnberg] 1751).

Ruge, S. »Aus der Sturm- und Drang-Periode der Geographie«, Zeitschrift für Wissenschaftliche Geographie 5 (1885), 249–260 und 355–364.

Sandler, C. »Die homännischen Erben«, ibid., 7 (1890), 333–355 und 418–448.

Senex, M. »A Letter from the Widow of the late Mr. John Senex, F.R.S. to Martin Folkes, Esq.; President of the Royal Society, concerning the large Globes prepared by her late Husband, and now sold by herself, at her House over-against St. Dunstan's Church in Fleet-street«, Phil. Trans. Royal Soc. 46 (No. 493 for Oct.–Dec. 1749), 290–292.

Kapitel 4: Seine Jahre in Göttingen

[Anon.] Siebenfacher Königl. Gross-Britannische- und Churfürstl. Braunschweig-Lüneburgischer Staats-Calender … [1752–1760].

Arnim, M. Mitglieder-Verzeichnisse der Gesellschaft der Wissenschaften zu Göttingen (1751–1927) in ihrem Auftrag zusammengestellt (Göttingen 1928).

Forbes, E. G. »The Foundation of the First Göttingen Observatory: a Study in Politics and Personalities«, Journal for the History of Astronomy 5 (1974), 22–29.

- »Tobias Mayer und die Gründung der ersten Sternwarte zu Göttingen«, Sterne und Weltraum 13 (1974), 191–196.

Frensdorff, F. (Hrg.) »Kurtze Nachricht von Göttingen entworfen im Jahre 1754 durch Johann Georg Bärens«, Jahrbuch des Geschichtsvereins für Göttingen und Umgebung 1 (1908), 55–117.

Goetting, H. »Geschichte des Diplomatischen Apparats der Universität Göttingen«, Archivalische Zeitschrift 65 (1969), 11–46.

Haase, C. »Göttingen und Hannover, Geistige und genealogische Beziehungen im ausgehenden 18. Jahrhundert«, Göttinger Jahrbuch (1967), 95–124.

Hollmann, S. C. Geschichte der Universität Göttingen (Göttingen 1787).

Meinhardt, G. Münz- und Geldgeschichte der Stadt Göttingen (Göttingen 1961), 108–134.

Nissen, W. Göttinger Gedenktafeln. Ein biographischer Wegweiser (Göttingen 1962).

Pütter, S. Versuch einer academischen Gelehrtengeschichte von der Georg-August Universität zu Göttingen (Göttingen 1765). cf. 1. Th., S. 238–242.

Rintel, M. Versuch einer skizzirten Beschreibung von Göttingen nach seiner gegenwärtigen Beschaffenheit nebst einem Grundriss der Stadt (Göttingen 1794).

Saathoff, A. Geschichte der Stadt Göttingen seit der Gründung der Universität (Göttingen 1940).

Schöne, A. Prof. Hollmann's Chronik; daraus: Die Universität im 7j. Kriege (Leipzig 1887).

Selle, Götz von (Hrg.) Die Matrikel der Georg-August-Universität zu Göttingen 1734–1837 (Hildesheim u. Leipzig 1937).

Unger, F. W. Göttingen und die Georgia Augusta (Göttingen 1861).

Van Kempen, W. Göttinger Chronik (Göttingen 1953).
Wagner, F. Chronik der Stadt Göttingen (Göttingen 1937).
Wedekind, R. Des Göttinger Univ.-Profs. u. Gymnasial-Directors ... Tagregister von dem gegenwärtigen [7j.] Kriege (Göttingen 1896).
Yuschkevich, A. P. und Winter, E. (Hrg.) »Der Briefwechsel L. Eulers mit G. F. Müller 1735–1767«, Die Berliner und die Petersburger Akademie der Wissenschaften im Briefwechsel Leonhard Eulers (Berlin 1959).

Kapitel 5: Der Professor

Ebel, W. Catalogus professorum Gottingensium 1734–1962 (Göttingen 1962).
Forbes, E. G. The Unpublished Writings of Tobias Mayer, Vol. I Astronomy and Geography, Vol. II Artillery and Mechanics (Göttingen 1972).
- »Tobias Mayer's method of measuring the areas of irregular polygons«, Annals of Science 26 (1970), 319–329.
Wilke, C. H. Neue und elementare Methode, den Inhalt der geradlinigen Figuren zu finden (Halle 1757).
Wolff, C. von Compendium Elementorum Matheseos Universae; in usum studiosae iuventutis adornatum. (Lausanne & Genevae 1742; ²1758).

Kapitel 6: Die Mondtafeln

Courvoisier, L. (Hrg.) »Zur Vorgeschichte der Eulerschen Mondtheorie«, Leonhardi Euleri Opera Omnia, Ser. Secunda 22 (Lausannae 1958).
Dunthorne, R. »On the motion of the moon«, Phil. Trans. Royal Soc. 44 (1747), 412–420.
- »On the acceleration of the moon«, ibid. 46 (1752), 162–172.
Forbes, E. G. »Tobias Mayer's contributions to the development of lunar theory«, Journal for the History of Astronomy 1 (1970), 144–154.
- The Euler-Mayer Correspondence (1751–1755): a new perspective on eighteenth century advances in lunar theory (London 1971).
- »Tobias Mayer's method for calculating the circumstances of a solar eclipse«, Annals of Science 28 (1972), 177–189.
Klingenstierna, S. »Methodus nova eclipses solares computandi in breves regulas redacta«, Acta S. R. Scient. Upsaliensis 1742 (Stockholm 1748), 107–128.
Kopelevich, Y. K. »The Correspondence of Leonhard Euler and Tobias Mayer«, Istoriko-Astronomijezke Issledowanje 5 (1959), 279–427.
- and Forbes, E. G. ibid.10 (1969), 285–310.
- »The Petersburg Academy Contest in 1751«, Soviet Astronomy – AJ 9 (1966), 653–660.
La Caille, Abbé N. L. de »Sur le calcul des projections en général, et en particulier sur le Calcul des Projections propres aux Eclipses du Soleil & aux Occultations des Étoiles fixes par la Lune«, Histoire de l'Académie Royale des Sciences, Année 1744 (Paris 1748), 191–238.
Schumacher, H. C. (Hrg.) »Reliquiæ von Tobias Mayer«, Astronomische Nachrichten 13 (Altona 1836), 353–356.

Kapitel 7: Der Wiederholungskreis und das verbesserte Astrolabium

Buhle, J. G. Literarischer Briefwechsel von J. D. Michaelis 1 (Göttingen 1794).
Euler, L. »Sur l'atmosphère de la lune prouvée par la dernière Éclipse annulaire du soleil«, Histoire de l'Académie Royale des Sciences et Belles Lettres de Berlin, Année 1748 4 (Berlin 1750), 103–121.
Forbes, E. G. »Tobias Mayer's new astrolabe (1759): its principles and construction«, Annals of Science 27 (1971), 109–116.
Hadley, J. »The Description of a new Instrument for taking Angles«, Phil. Trans. Royal Soc. 37 (1731,), 147–157.
May, W. E. »Early Reflecting Instruments«, Nautical Magazine 145 (1945), 21–26.
Mylius, C. Gedanken über die Atmosphäre des Monds (Hamburg 1746).
– »Gedanken über des Herrn Prof. Mayers in Göttingen Beweis, daß der Mond keinen Luftkreis habe«, Physikalische Belustigungen 1 (1751), 288–302.
Ramsden, J. Description of an Engine for Dividing Mathematical Instruments (London 1777).

Kapitel 8: Der praktische Astronom

Auwers, A. Tobias Mayer's Sternverzeichniss, nach den Beobachtungen auf der Göttinger Sternwarte in den Jahren 1756 bis 1760 (Leipzig 1894).
Baily, F. »Mayer's Catalogue of Stars, corrected and enlarged; together with a Comparison of the Places of the greater part of them, with those given by Bradley; and a reference to every observation of every Star«, Memoirs of the Royal Astronomical Society 4 (1831), 391–445.
– »On the Proper Motion of the Fixed Stars«, ibid 5 (1833), 147–170.
Bernoulli, J. Lettres Astronomiques (Berlin 1771).
Bouguer, P. La Figure de la Terre (Paris 1749).
Bruhns, C. Die astronomische Strahlenbrechung in ihrer historischen Entwicklung (Leipzig 1851).
Eibe, T. und Meyer, K. Ole Römers Adversaria (Copenhagen 1910).
Galle, J. G. Olai Roemeri Triduum (Berlin 1845).
Halley, E. »Considerations on the Change of the Latitudes of some of the principal fixt Stars«, Phil. Trans. Royal Soc. 30 (1718), 736–738.
Hell, M. Tabulae Lunares Tob. Mayeri (Vindob. 1763).
– ditto. juxta edit. London 1770 (Vindob. 1771).
Herschel, W. »On the proper Motion of the Sun and Solar System: with an Account of several Changes that have happened among the fixed Stars since the Time of Mr. Flamsteed«, Phil. Trans. Royal Soc. 73 (1783), 247–283.
Horrebow, P. Operum mathematico-physicorum 3 (Copenhagen 1741).
Koch, J. A. »Mayerisches Zodiacal-Sternverzeichniss, auf den Anfang des Jahres 1800 reducirt«, Astronomisches Jahrbuch für das Jahr 1790 (Berlin 1787), 113–144.
Lalande, J. J. L. de Astronomie (Paris 1771); ^{2}1787; ^{3}1792.
Lindenau B. von und Bohnenberger, J. G. F. (Hrg.) »Ueber den von Tobias Mayer im Jahr 1756 beobachteten Planeten Uranus. Von Hrn. Oberhofmeister Freiherrn von Zach«, Zeitschrift für Astronomie und verwandte Wissenschaft 3 (1817), 3–22.
Mason, C. Mayer's Lunar Tables, improved by Mr. Charles Mason (London 1780).

Prévost, P. »Mémoire sur le mouvement progressif du centre de gravité de tout le Système solaire«, Nouveaux Mémoires de l'Académie Royale des Sciences et Belles-Lettres. Année 1781 (Berlin 1783), 418–421.
- »Mémoire sur l'origine des vitesse projecties, contenant quelques recherches sur le mouvement du Système solaire«, ibid., 422–462.
- und Maurice, F. »Über die eigene Bewegung einiger Sterne, zwischen 1756 und 1797«, Astronomisches Jahrbuch für das Jahr 1805 (Berlin 1802).

Schur, W. Beiträge zur Geschichte der Astronomie in Hannover (Berlin 1901).

Strömgren, E. »Om Ole Romers Meridianobservationer Til Bestemmelse af Fiksstjerners Rektascensioner samt om Formlen til Saadanne Observationers Korrigering for Fejl i Meridian-Instrumentets Opstilling«, Nordisk Astronomisk Tidsskrift Ny Raekke 17 (1936), 17–26.

Kapitel 9: Der Längenpreis

Chapin, S. L. »Lalande and the Longitude: a little known London Voyage of 1763«, Notes & Records of the Royal Society 32 (1978), 165–180.

Forbes, E. G. »The Foundation and Early Development of the Nautical Almanac«, Journal of the Institute of Navigation 18 (1965), 391–401.
- »The Origin and Development of the Marine Chronometer«, Annals of Science 22 (1966), 1–25.
- »Tobias Mayer's Lunar Tables«, ibid., 105–116.
- »Tobias Mayer (1723–1762): a case of forgotten genius«, British Journal for the History of Science 5 (1970), 1–20.
- »Who discovered longitude at sea?«, Sky and Telescope 41 (1971), 3–6.
- »Tobias Mayer. A Case Study in the Interaction between Cartography, Astronomy, and Navigation during the Eighteenth Century«, in: Paul Fritz und David Williams (Hrg.), City and Society in the 18th Century (Toronto 1973). Publications of the Association for 18th Century Studies.
- »The Dawn of Astronomical Navigation«, Journal of the British Astronomical Association 85 (1974), 25–29.
- The Birth of Navigational Science (London 1974). (National Maritime Museum Monograph No. 10).
- »Tobias Mayer's Claim for the Longitude Prize: a Study in 18th Century Anglo-German Relations«, Journal of Navigation 28 (1975), 77–90.
- »Die Entwicklung der Navigationswissenschaft im 18. Jahrhundert«, Rete 2 (1975), 307–321.

Kapitel 10: Erdbeben-, Magnetismus- und Farbentheorie

Bernoulli, J. Johann Heinrich Lamberts deutscher gelehrter Briefwechsel, Bd. 2 (Berlin 1782); S. 431–456 enthält Korrespondenz zwischen J. T. Mayer (Junior) und Lambert.

Deneke, O. Lichtenberg erzählt sein Leben (München 1944).

Forbes, E. G. »Tobias Mayer's theory of colour-mixing and its application to artistic reproductions«, Annals of Science 26 (1970), 95–114.
- Tobias Mayer's Opera Inedita: the first translation of the Lichtenberg edition of 1775 (London 1971).

- »Georg Christoph Lichtenberg and the Opera inedita of Tobias Mayer«, Annals of Science, 28 (1972), 31–42.
- The Unpublished Writings of Tobias Mayer. Vol. III. Theory of the Magnet and its application to terrestrial magnetism (Göttingen 1972).

Hahn, P. Georg Christoph Lichtenberg und die exakten Wissenschaften (Göttingen 1927).

Hansteen, C. Untersuchungen über den Magnetismus der Erde (übersetzt von P. T. Hanson), Anhang, enthaltend Beobachtungen der Abweichung und Neigung der Magnetnadel (Christiana 1819). Thl. l, 278–310 bezieht sich auf Mayers Theorie des Magneten.

Herrmann, D. B. »Georg Christoph Lichtenberg und die Mondkarte von Tobias Mayer«, Mitteilungen der Archenhold-Sternwarte, Nr. 72 (Berlin-Treptow 1965).

Leitzmann, A. und Schüddekopf, C. Georg Christoph Lichtenberg: Briefe (Hildesheim 1966).

Lichtenberg, G. C. »Observationes Astronomicae per Annum 1772. Et 1773. Ad Situm Hannoverae, Osnabrugi et Stadae Determinandum Institutae«, Novi Commentarii Societatis Regiae Scientiarum Gottingensis 7 (1776), 210–232.

Literatur ab 1980

Anthes/Hüttermann (Hrg.): Tobias Mayers Beiträge zur Wissenschaft des 18. Jahrhunderts im Lichte neuerer Untersuchungen. AVA Akademische Verlagsanstalt, Leipzig 2013 Acta Historica Astronomiae Band 48).

Hüttermann, Armin (Hrg.): Tobias Mayer 1723–1762. Begleitband zur Ausstellung in Stuttgart, Esslingen und Göttingen. Stuttgart 2012.

Hüttermann, Armin: Tragische Faszination – Mayers Militärtechnik. Von kindlichem Spiel und tragischem Ende. Katalog zur Ausstellung im Tobias-Mayer-Museum. Marbach 2022 (Schriftenreihe Nr. 40).

Jordan, Klaus: Tobias Mayers festungskundliche Arbeiten im Vergleich mit der im 18. Jahrhundert üblichen Festungs-Bau-Manier. In: Anthes/Hüttermann [2013], S. 95–114.

Knobloch/Reich/Anthes/Hüttermann (Hrg.) Tobias Mayer Werke, Olms-Weidmann Hildesheim, Reihe Historia Scientiarum Band 1: Augsburger und Nürnberger Arbeiten (Herausgeber E. Knobloch/E. Anthes), 2006; Band 2: Göttinger Arbeiten (Herausgeber E. Anthes), 2005; Band 3: Opera Posthuma (Herausgeber K. Reich/E. Anthes), 2006; Band 4: Tafeln und Karten (Herausgeber A. Hüttermann), 2009.

Knubben, Thomas: Tobias Mayer oder Die Vermessung der Erde, des Meeres und des Himmels, Stuttgart: S. Hirzel Verlag, 2023

Lang, Heinwig: Drei Farbsysteme des 18. Jahrhunderts von Mayer, Lambert und Lichtenberg. In: Farbe und Design 15/16 (1980), S. 50–59.

Lang, Heinwig: Tobias Mayers Abhandlung über die Verwandtschaft der Farben 1758. Übersetzung des lateinischen Textes und eines Kommentars von G. Ch. Lichtenberg nebst Einleitung und Erläuterung zu den Texten. In: Die Farbe 28 (1980), Heft1–2, S. 1–34.

Mesenburg, Peter: Die Mappa Critica des Tobias Mayer (1750). In: Anthes/Hüttermann [2013], S. 265–282.

Wepster, Steven: Between Theory and Observations. Tobias Mayer's Explorations of Lunar Motion, 1751–1755. Springer 2010.

Wittmann, Axel: Der Zodiakalsternkatalog von Tobias Mayer. (Erläuterungen und) Faksimile-Abdruck des Sternkatalogs. In: Mitteilungen der Gauss-Gesellschaft e.V. Göttingen Nr. 49 [2012], S. 9–48.

Register

Personenregister

Aepinus, Franz 247
Anson, G. 74, 196, 223, 226
Auwers, Arthur 219
Auzout, A. 141
Ayrer, G. H. 116

Baily, Francis 219, 221
Baker, Thomas 133
Balcke, H. E. 91, 114
Bärens, J. G. 101 f.
Barrow, Isaac 39
Behr, B. C. von 104
Bellin, J. N. 74
Benzenberg, J. F. 20, 23, 34, 138
Berkely, G. 255
Berthoud, Ferdinand 232
Best, W. P. 114, 193, 195, 232 f.
Bevis, John 75, 167, 171
Biesbroeck, G. van 213
Bion, Nicolas 45, 181
Bird, John 102, 114, 197, 203, 223
Bobinger, Maximilian 43
Bodenehr, Gabriel 33, 43
Böhme, A. G. 71
Böhmer, G. L. 97
Borda, J. C. 201
Boscovich, Roger 82
Bouguer, Pierre 49, 158, 181, 183, 207, 211
Bourguignon D'Anville, H. F. 48, 74
Boyle, Robert 153
Bradley, James 20, 75, 114 f., 145, 171, 194, 196, 223, 225, 230, 238
Brahe, Tycho 47, 100, 146, 171
Brander, G. F. 43
Brandes, G. F. 241
Browne, James 62
Bruns, Christian 207
Buffon, Georges 152
Bullialdus, I. 146
Bülow, J. H. von 106, 120

Bünau, Graf 104
Büsching, A. F. 71, 90, 92, 95

Cabot, Sebastian 177
Campbell, John 197, 223, 226
Camus, C. E. 232
Cardano, Girolamo 36
Caspart, J. F. 33
Cassini de Thury, C. F. 74 f., 84, 99
Cassini, Jacques 67, 146, 164 f., 181, 183, 220
Cassini, G. D. 50, 53, 139, 178
Ceulen, Ludolph von 138
Clairaut, A. C. 49, 130, 160, 165 f., 172, 234
Claproth, Johann 231
Cleveland, John 195
Cnopf, M. F. 81
Columbus, Christoph 46, 177
Cook, James 255
Coronelli, M. V. 37
Coulombe, C. A. 246

D'Alembert, Jean 166, 172
De La Caille, N. L. 20, 66, 82, 166, 173 f., 216, 220, 226
De la Hire, Philippe 141, 146, 194, 220
Delambre, J. J. 20, 62, 218 f.
De la Place, P. S. 119, 219
De L'Isle, Guillaume 48
De L'Isle, J. N. 50, 65, 87, 99, 173, 181, 183, 209
Delsenbach, J. A. 45
Derham, William 141, 146
Desagulier, J. T. 82
Descartes, René 39, 130, 255
Dieterich, J. C. 244, 247, 254
Dietrich, E. G. 33
Doppelmaier, J. G. 47, 141, 181
Drümel, J. H. 71
Dunthorne, Richard 171

Ebersperger, J. G. 45, 89
Eimmart, G. C. 47, 50
Einstein, Albert 222
Erxleben, J. C. P. 254
Euler, Leonhard 20, 50, 74, 108, 111, 131, 140, 144, 149, 151, 157, 161, 164, 166, 171 f., 179, 185, 193, 195, 206 f., 234, 246, 255

Fabricius, J. A. 48
Fabri, Honorato 39
Fink, M. C. (Mutter von TM) 23
Fischer, G. A. 33
Flamsteed, John 50, 146, 161, 171, 178, 218
Forster, Georg 254
Foulkes, Martin 194
Franz, J. H. 71
Franz, J. M. 45, 69, 77, 81, 85, 90, 157, 183
Franz, J. S. M. (geb. Yelin) 81
Frensdorff, Ferdinand 101
Frisius, G. R. 145

Galilei, Galileo 150
Gamauf, Gottlieb 254
Gascoigne 141
Gaubil, Antoine 173
Gauß, C. F. 20, 242
Geiger, Georg 33, 130
Georg II 88, 99 f., 108, 110, 193, 195
Georg III 123, 241, 244, 254
Gesner, J. M. 106, 241
Glaser, C. J. 47
Glaser, G. C. 132
Gmelin, G. L. 24
Gnüge, J. C. 79
Gnüge, M. V. 79
Goethe, J. W. 155
Goulon, Peter von 132
Graham, George 225, 227
Grant, Robert 21
Green, Charles 233
Gregory, David 146
Grenville, Joseph 232
Gresky, Walter 79
Grimaldi, Francesco 53
Günther, G. C. 253
Günther, J. W. 33, 35
Günther, Siegmund 118

Haase, J. M. 48, 80, 87, 145
Hadley; John 191
Haller, Albrecht von 101, 104, 106, 110, 113, 195
Halley, Edmond 82, 146, 148, 159, 161, 208, 219, 246
Halley, John 225
Hamberger, G. C. 106
Hardenberg, F. C. von 104, 251
Harenberg, J. C. 71
Harriot, Thomas 39
Harrison, John 223, 225 f., 233, 255
Harrison, William 226 f.
Hauber, E. D. 49
Haugwitz, Graf von 76
Hausleutner 43
Hausleutner, D. 20, 40
Heath, Robert 171
Heine, J. C. 102, 115
Heinsius, Gottfried 53
Herschel, William 218, 221
Heumann, J. W. 101
Hevelius, Johann 49, 53
Heyne, C. G. 241
Hildebrandt, H. A. 108
Hipparchus 161
Hollmann, S. C. 95, 101, 104, 106, 116
Homann, Christoph 45
Homann, J. B. 45, 47
Homann, J. C. 70
Hooke, Robert 141
Hornsby, Thomas 208, 253
Horrebow, Peter 213, 220
Howe, John 227
Hume, D. 255
Huygens, Christian 140 f., 146, 148

Jaillot, J. B. M. 87

Kaltenhofer, J. P. 244
Kampe, F. L. 102, 116, 197
Kandler, G. D. 34
Karl VI 33
Kästner, A. G. 11, 19, 32, 119, 122, 230, 241, 255
Keill, John 45, 140, 148
Keller, J. J. 20
Kepler, Johannes 47, 140, 146, 148, 173, 194

Kies, Johann 109, 195
Kirch, Gottfried 141, 146
Klingenstiern, Samuel 173
Koch, J. A. 219
Krüger, J. G. 245

La Caille *siehe* De La Caille
La Condamine, C. M. de 49, 181
Lagrange, J. L. de 166
Lalande, J. L. de 20, 62, 175, 221, 232
Lambert, J. H. 20, 144, 155, 243, 251 f.
Lamy 40
Leibniz, G. W. 147, 255
Le Monnier, Pierre *siehe* Monnier P. C.
Lenz, Jonathan 41, 45
Levi, Raphael 194
Lichtenberg, G. C. 20, 144, 174, 218 f., 241, 244, 248, 251, 253
Lowitz, G. M. 46, 50, 75, 77, 80 f., 87, 91, 97, 120, 122, 157, 181, 183, 230
Lowitz, J. T. 97

Macclesfield, Georg (2nd Earl of) 102, 104, 114, 193, 196
Macfarlane, Alexander 227
Machin, John 225
Mackenzie, Lord 232
Maire, Christoph 82
Maraldi, J. D. 75, 165, 181
Marperger, P. J. von 89
Maskelyne, Nevil 20, 208, 229, 233, 237, 243 f., 253
Mason, Charles 238
Matthiae, Georg 106
Maupertuis, Pierre de 49 f., 109, 181
Maurice, F. 222
Mayer, Georg Friedrich 239
Mayer, Georg Moritz 185
Mayer, Georg Wilhelm 43
Mayer, Johann Tobias 107, 239
Mayer, M. V. geb. Gnüge 119, 123, 229, 231–233, 238
Mayer, T. (Vater) 23
Meining, J. C. 147
Meißner, Sekretär 26
Meister, C. F. G. 234
Mercator, Gerhard 48
Michaelis, A. B. 125

Michaelis, J. D. 101, 105 f., 111 f., 193, 196, 229, 231, 233, 241
Moll, Herman 49, 87
Monnier, P. C. le 63, 67, 140, 158, 172, 207, 220
Morris, Gael 227
Mossheim, J. L. von 104
Müller, G. F. 109, 160
Müller, J. M. 125
Müller, M. C. 47
Münchhausen, G. A. von 77, 88, 94, 97, 99, 107, 111 f., 119, 123, 125, 193, 233, 241, 251
Münster, Sebastian 48
Murray, J. P. 231
Musschenbroeck, Pieter van 152
Mylius, Christlob 185

Newcastle, Herzog von 107
Newton, Isaac 49, 55, 130, 146, 148, 160, 246, 248
Nicolai (Schulmeister) 28
Niebuhr, Carsten 32, 42, 138, 229
Nopitsch, C. C. 20, 47, 248

Ofterdinger, C. F. 41, 247
Ostwald, Wilhelm 155

Palm, Herr von 24
Pardies 40
Pascal, Blaise 150
Pauer, C. G. 182
Pearson, William 202
Peirese, N. C. F. de 66
Penther, J. F. 77, 99 f., 125, 130
Perreuse, Marquis le 117, 126
Picard, Jean 181, 183, 220
Pichler, W. J. 32
Pingré, Guy 218
Preissler, G. M. 123
Prévost, Pierre 221
Ptolemäus 50, 61, 169, 171
Pütter, J. S. 118, 120

Quincy, C. S. de 132

Ramsden, Jesse 198
Raper, Matthew 227

Ribow, G. H. 118
Riccioli, G. B. 53, 146
Rizzi-Zannoni, G. A. 87
Robertson, J. 227
Robins, Benjamin 131
Robison, John 227
Röder, J. C. 234
Roederer, J. G. 154
Roemer, Olaus 213, 220
Römer, O. C. 141
Rosenbusch, F. A. 19
Rost, J. L. 45, 139, 141
Ruge, Sophus 45
Runge, P. O. 155

Salzmann, J. G. 33, 41
Sandler, Christian 87
Scharff, Kommissar 118
Scheidt, C. L. 76, 90, 95, 101, 126, 195
Schelle, H. C. 102
Schernhagen, Christian 243
Schlossberg, G. A. 32
Schmettau, Feldmarschall von 76, 99
Schmid, G. D. 33
Schnaitmann, Commisario 25
Schumacher, Christoph 171
Schumacher, H. C. 242
Schwickelt, A. W. von 104
Segner, J. A. 99, 102, 108, 111, 113, 151, 195
Senex, John 82
Senex, Mary 82
Seutter, Matthias 43
Short, James 227, 232
Shovell, Cloudesley 177
Silbereisen, Andreas 43
Simpson, Thomas 208
Sisson, Jeremiah 242
Smith, Peter 80

Smith, Robert 225
Snell, Willebrod 138
Stephens, Philip 233
Stetten, Paul von 43
Stevin, Simon 150
Strömgren, Elis 213
Sturm, J. C. 39, 44
Sturm, L. C. 132, 153

Tacquet, Andreas 39
Thon, H. G. 102
Torricelli, Evangelista 150
Treuer, G. S. 106
Troughton, Edward 202

Unger, L. 115

Valerius, Lucas 150
Varignon, Pierre 150
Vaubans, S. L. de 132
Vieta 39

Walliser, J. F. 33
Walther, Bernhard 47, 66, 171
Weber, Andreas 104
Weidler, J. F. 144
Whiston, William 140, 146
White, Taylor 232
Wilke, C. H. 137
Will, G. A. 248
Wolff, Christian von 40, 45, 129, 141, 145, 149, 152, 255
Wurzelbau, J. P. von 46f., 66, 139, 141

Yelin, J. A. F. 79, 88, 125
Yelin, J. S. M. 81

Zach, F. X. von 20, 218

Sachregister

Aberration 67, 145, 214
Abplattung 49, 74, 174
Abrégés Géographiques 74
Abstandsgesetz 246 f.
Acta Cosmographica 88
Admiralität 195, 233
Aegydienakademie 80
Aegydien-Gymnasium 47
Akademie der Wissenschaften 90, 100, 109, 195
Akademieklasse
– korrespondierende 72
– literarisch-historische 71
– mathematische 71
Akademie, Nürnberg 73
Aldebaran 172, 219
Algebra 39, 130, 133, 181
algebraische Substitution 36
Allgemeine Deutsche Biographie 118
Almagestum Novum 53
Alumneum 41
amerikanische Kolonien 90
Analysis 133
analytische Geometrie 34
Anfangsgründe der Naturlehre 254
Angriffsmethoden 131
Antares 172
Aquarii 219
Äquatorfernrohr 80
Äquatorialkoordinaten 194, 238
Äquatorprojektionen 145
Äquinoktialpunkt 58
Äquinoktien 215
Archimedesschnecke 148
Architektonik 133, 152
Architektur, militärische 34
Arcturus 219
Armillarsphäre 47, 182
Artillerie 130 f., 150
Artilleriemaßstäbe 131
Asienkarte 74
Astrolab 134, 180, 198, 200
Astronomer Royal 237
Astronomical Society 219
Astronomie 139
Astronomie, physikalische 146

Astronomie, praktische 144
astronomische Geographie 80
astronomische Instrumente 84
Astronomisches Jahrbuch 219
astronomisches Problem, Lowitz 78
Äther 165
Ätherhypothese 164
Ätherteilchen 160
Ätherwiderstand 161
Atlas Coelestis 47, 52
Atlas Germaniae Specialis 74
Atlas von Deutschland 73
Atlas von Russland 74
Atmosphäre, Mond 185
Augsburg 25, 43, 207, 245
Augsburger Maße 44
Autographenbuch 41
Axiome 36
Azimutalquadrant 47
Azimutfehler 212

Bachmannhaus 107
Bahnexzentrizität 66
Bahnkurve 148
Balken 152
Ballistik 131
Barbados-Inseln 233
Bauarchitektur 152
Bauzeichnungen 32
Befestigungen 113
Beobachtungen, astronomische 99, 242
Beobachtungen, rechtliche 214
Beobachtungsfernrohr 203
Berlin 52, 99 f., 195
Berliner Akademie, Preisaufsatz 165
Berliner Kalender 70, 109, 144, 158, 195
Berliner Sternwarte 195
Besatzungsperiode 126
Beschleunigungskraft 149
Bewegung des Sonnensystems 221
Bibliothek, Göttingen 106
Bibliothek, Hannover 106
Bibliothekssammlung 107
Bielefeld 116
Birdscher Quadrant 216
Bittschrift 177

Bleischrot 131
Bordas Hauptänderungen 201
Bordas Modell 201
Braunschweigische Anzeigen 245
Breitenbestimmung 105
Britisches Parlament 230, 238
British Mariner's Guide 233 f.
Buchstaben-Rechnenkunst 34
Bülow-Sammlung 107
Bürgermeister Göttingen 116
Bürgermeister von Esslingen 32

Censorinus 60
Charakterzüge 31
China 173
Chorknaben 42
Chronologie 144
Chronologie, biblische 173
Chronometer 225
Chronometrie 181
Collectanea geographica 51
Commentarii 106, 166, 193, 216, 223, 229
Connaissance des Temps 70, 239
Cosmographische Societät 71

Das deutsche Museum 254
Deklinationen 216
Deklinationsdifferenzen 217
Deputation 104
Deutschlandatlas 100
Dichte flüssiger Körper 147
Dichtegradient 158, 208
Differentialgleichungen 166
Differentialrechnung 39
Dionysius 60
Doktorprüfungen 104
Doppeldiopter 134, 180
Drachen 203
Draconis 67, 181
Dransfeld 118
Dresden 244
dritte Ankündigung 82
Durchgangsinstrument 220
Dynamik 149, 151

Eheschließung 63
Ehrengarde 117
Ehrenmitglieder 104

Eigenbewegungen der Sterne 219, 244
Eimmart-Observatorium 47, 66, 80, 181
Einquartierung 117 f.
Ekliptik 53
ekliptikale Koordinaten 57, 65, 219
ekliptikale Längen 166
Elektrizität 245
Elektrizitätswissenschaft 254
Ellipsenfläche 141
Elliptizität 49
Empfehlungsschreiben 234
empirische Äquivalente 239
Encyclopaedia Britannica 62
Entwicklungskosten 232
Enzyklopädisten 255
Ephemeriden 46, 238
Erbfolgekrieg, österreichisch 33
Erbfolgekrieg, polnisch 33
Erdabplattung 145
Erdatmosphäre 208
Erdbahn, Exzentrizität 164
Erdbeben von 1756 245
Erdbeben von 1767 241
Erdbewegung; Retardation 164
Erde 164
Erdglobus 46, 49, 82
Erdmagnetismus 245
Erdradius 174
Ernennungsschreiben 126
Erstlinge 41, 44
Esslingen 23, 41, 43, 69, 145, 207
Esslinger Stadtrat 33
Esslinger Waisenhaus 32
Eulenburg 100
Exzentrizität 172
Exzentrizitätsfehler 183, 198

Fakultäten 103
Fakultätsmitglied 125
Fallgesetz 150
Farbendreieck 153, 252
Farbenlehre 252
Farbenmischung 248, 251
Farbenmischung, Theorie 153
Farbenpyramide 252
Farbphänomen 248
Farbpigmente 252
Farbplatten 251

Feldaufteilungsmethode 134
Feldmessungen 198
Fernrohr 171
Ferro 69
Festungsbaukunst 130
Festungsbaumethoden 133
finanzielle Bewertung 238
Finsternis 173
Finsterniskarte 50
Firma Homann 86
Formel Eulers 207
Forschungen, astronomische 99, 108
Fortifikation 132
Fossilienkabinett 107
französische Revolution 98
Frühlingsäquinoktium 215

Gedenkrede 34
Geldverknappung 95
gelehrte Anzeigen 241
Genauigkeit 178–180
Gentleman's Magazine 167, 234
Geographie 33, 69, 139
Geographie, mathematische 145
geographische Landvermessung 80
geographische Propaganda 84
geographische Wissenschaft 84
Geometrie 36
– nicht-euklidische 222
– praktische 130
geometrische Probleme 34
geometrische Projektion 80
Georg-August-Universität 40, 99, 102, 110, 241, 254
Geschichte 33
Geschossbahn 131
Gesellschaftsatlas 48
Glasmikrometer 54
Gleichungen 36, 133
– lineare 130
– n-ten Grades 130
Globen
– Mayers Bedingungen 92
– terrestrische 48
– Verzögerungen 95
– Vorbesteller 93
Globenfabrik 73, 77, 85, 88, 91, 94, 114
Globenkonto 81, 94

Globenproduktion 95
Globushersteller 49
Goniometer 144, 180 f., 190
Gotha 254
Göttingen 63, 77, 88, 99, 116, 125, 157, 193, 209, 211, 218, 242
– Göttinger Akademie 104
– Bibliothek 100
– Schulden 120
– Sternwarte 99
– wiss. Gesellschaft 101
Göttinger Anzeigen 247
Göttinger Sozietät 110, 204
Göttinger Sternwarte 195, 204, 243
Göttinger Taschen Calender 254
Göttingische Anzeigen 88, 106, 242, 244
Göttingische Zeitungen 105
Gradeinteilung 180
Gravitation 245
Gravitationsanziehung 66, 140, 160, 221
Gravitationstheorie, Newton 216
Gravitationszentrum 159
Greenwich 99, 115, 178, 253
Greenwich-Meridian 223, 238
Grenz-Winkel 190
griechische Grammatik 34
Grundfarben 153
Grundlagen der Geographie 80
Grundlektionen 33
Grundlinie 100

Hadley-Quadrant 191, 194, 224
Halberstadt 100
Halle 100
Halle, Universität 113
Halleys Komet 28
Halo 185
Hamburg 254
Handlungsvollmacht 234
Hannover 100, 242 f.
Hannoverische nützliche Sammlungen 244
Hannoversche Regierung 243
Hannoversches Magazin 105
Harrison-Chronometer 223
– H1 225
– H2 225
– H3 226
– H4 226

Hauskauf 107
Helligkeit 220
Helligkeitsminderung 191
Hildesheim, Erzbischofsamt 101
Hilfsmittel 181
– astronomische 181
– geographische 181
– geometrische 181
Hilfstafeln 238
Himmelsäquator 139
Himmelsbeobachtung 100
Himmelsglobus 49, 75, 82
Himmelskörper 181
Hochzeit 79
Hochzeitsreise 79
Hollandreise 42
Holzmodell 197
Homann-Atlanten 87
Homannbüro 45, 77, 90, 99
– Aufteilung der Pflichten 81
Homanngebäude 66, 181
Homännische Geographische Werke 86
Homann, Landkarten 51
Horizontalrefraktion 158
Horizontspiegel 191
Hörner 55
hydraulischer Maschinen 148
Hydrographie 145
Hydrostatik 147

Impuls 149
Indexspiegel 191
Infinitesimalrechnung 181
Inklination 246
Inklinationswinkel 246
Institut, pädagogisches 106
Institutum Cosmographicum 88
Instrumente 134
– astronomische 100, 181
– Liste von Lowitz 120
Instrumentenfehler 51, 116, 203, 242
Interpolation 61

Jahresgehalt 125
Jahresrente 119
Jahrestemperatur 209
Jamaika 227
Jerusalem 74

Jupiter 164, 210, 234
Jupiter-Atmosphäre 63
Jupitermonde 63, 178
Jupiters Anziehung 66
Jupitersatellitenfinsternisse 228
Jura 103

Kampe-Pendeluhren 212
Kanonenkugel 131
Kanzler 104
Kapitalbeschaffung 87
Kapitulation 116
Karten des Mittelmeers 74
Kartenentwurf 48
Kartenstecher 87
Karten von Amerika 74
Karten von Schweden 74
Karte von den Philippinen 74
Karte von Esslingen 87
Kartographie 144, 181
– Hilfsmittel 52, 181
Kaspische Steppe 97
Kassel 100, 116
Katalogisierung 106
Katechismus 33
Kegelschnitte 133
Kew 242, 253
Kinderlehre 29
Kindheit 23
Kindheitserfahrungen 32
Kirchenstaat 82
klassische Literatur 34
Kollimationsfehler 198, 212
Kolorieren 153
Kometen 49, 140
Kometenschweif 140
Konflikte mit Segner 112
Konjunktion 173
Konsilium 104
Konstantinopel 229
Konstruktionsrichtlinien 131
Konvergenzasymptote 207
Konvergenzuntersuchungen 165
Kopenhagen 102
Kopenhagener Kunstakademie 251
Körper 130
Korrektion 191
Korrektion der Instrumentenfehler 214

Kosinusformel 58
Kosmograph 70
kosmographische Akademie 76
Kosmographische Gesellschaft 46, 63, 69, 75, 82, 85, 88, 91, 98 f., 106, 110, 132
kosmographische Ideale 255
Kosmographische Nachrichten 77, 85
Kosmographischer Merkur 85
Kosmographische Sammlungen 64, 185
Kosmographisches Institut 90
Kräfteparallelogramm 150
Krefeld 117
Kreisartillerie 34
Kreisfiguren 130
Kriegsbaukunst 132
Kriegswirren 97
kubische Gleichung 36
Kunsthandwerker 114
Kunsttalent 32
Kupferplatten, Kauf 123
Kupferstecher 244
Kupferstich 244
Kupferstiche 123

Laboratorii Cosmographico Mechanici 88
Landvermessung 80, 130, 180
Länge auf See 111, 177, 194
Längenbestimmung 114, 123, 176, 230
Längenbüro 178, 219, 223, 232
Längenkommission 243
Längenpreis 223
Längenproblem, Beurteilung 232
Längenunterschiede 178
Lappland 50, 145
Lateinschule 33, 42
Lausitz 100
Lehrplan Mayers 126
Lesen 29
Lesetisch 29
Libration 53, 123
Librationsbewegung 123
Librationsperiode 56
Licenz-Aequivalent-Gelder 125
Lichtaberration 216
Linsenfernrohr 242
Lissabon 245
London 71, 90, 102, 114, 197, 219, 233, 243, 253

London Fleet Street 227
Lord des Schatzamts 232
Loxodrome 49, 145
Luftdichte 157, 206
Luftdruck 148
Lüneburg 100
Luxusausgabe 87

Magdeburg 100
magnetische Variation 242
Magnetnadel 245 f
Magnetpartikel 247
Magnettheorie 247
Magnettheorie, Kritik 247
Manilius 56, 58
Mansfeld 100
Manuskripte, unveröffentlichte 243
mappa critica 74
Mappe mit Karten 41
Marbach 23
Mariahilfsstift 101
Marinebereich 99
Mars 141, 164
Marsaphel 164
Marsbahn 164
Marsbewegung 164
Maschinen 148
Mathematik
 – angewandte 129
 – praktische 99
 – reine 130
 – reine und angewandte 40
Mathematikkenntnisse 34
mathematische Geographie 80
mathematische Lehrbücher 35
Mathematischer Atlas 43, 129
mathematische Wissenschaften 40
Mauerquadrant 114, 203, 244
 – Transport 115
Maximum-Minimum-Methode 148
Mayers Schriften 243
Mechanik 147, 149
 – praktische 130
mechanische Übertragung 148
mechanische Uhr 47
Mechanistik 149
Mecklenburg 100
Medizin 103

Meereslängenbestimmung 159
Meeresnavigation 255
Memoiren 246
Meridiandurchgang 179
Meridiandurchgangsbeobachtungen 212
Meridianebene 216
– Korrekturformel 212
Meridianhöhen 139, 242
Meridianlinie 100
Meridianrichtung 139
Merkur 76, 178
Merkurdurchgang 227
Messingexemplare 197
Messingmodell 197
Messingoktant 114
Messingquadrant 214
Messings Commission 76
Methode der kleinsten Quadrate 58, 62
Methodenbeschreibung 197
Methoden, projektive 70
Methodenvergleich 233
Mikrometer 54, 141, 201
Mikrometermessung 63
Militärarchitektur 33
Militäratlas 241
Militärbauwesen 130
Militärbefestigungen 131
Militärwesen 32
Minden 116, 118
Minen 132
Mondanomalie 165
Mondapogäum 160
Mondbahn 53, 159
Mondbahnexzentrizität 165
Mondbedeckung 63, 178
Mondbewegung, mittlere 161
Mondbewegungstheorie 210
Mondbreite 173
Monddistanz 65, 179f., 193, 229, 238
Monddistanzen-Methode 234
Monddurchmesser 55
Mondephemeriden 194
Mondfinsterniskarte 52
Mondfinsternisse, Katalog 172
Mondglobus 62, 96, 122
Mondhalbmesser 159
Mondhörner 64
Mondkarte 47, 243

Mondknoten 59
Mondkugel 123
Mondlänge 172
Mondlibration 62
Mondoberfläche 53, 96
Mondparallaxe 52, 65, 105, 157, 159, 173 f.
Mondposition 171, 179, 223
Mondrotation 57, 62
Mondscheibe 172
Mondtabellen 114, 223
Mondtabellen, verbesserte 233
Mondtafel-Manuskript 237
Mondtafeln 166, 171, 179, 196
Mondtafeln, Euler 65
Mondtafeln, letzte 235
Mondtheorie 105, 144, 159, 165 f., 171, 234, 239
Mondtheorie, Eulers 234
Mondungleichheiten 164
Mondungleichungen 172
Mond, Winkeldurchmesser 65
Mondzeichnungen 243
München 107
Mündungsgeschwindigkeit 132
Munitionslager 116
Münster 100
Musterstück 251

Näherungsformel von Bouguer 207
Nahrungslager 116
Nautical Almanac 238
Neoscholastizismus 255
Neues Hannoverisches Magazin 254
Nicolai-Sammlung 132
Nivellierfehler 212
Nonius 181, 204
Normal-Gleichungen 62
Nouvelle Carte 74
Nullmeridian 61, 69
Nürnberg 45, 51, 66, 69, 88, 97, 99, 125, 139, 181
Nürnberger Stadtrat 89
Nutation 60, 75, 145, 166, 216

Oberflächen 130
Ohrfeigen 31
Oktant 191
Okularmikrometer 47

Ölgemälde 249
Opera Inedita 218, 247, 253
Optik, geometrische 130
Orthogonalprojektion 173
Ortsbestimmung 100
Ortszeit 223
o-Sagittarius-Bedeckung 64
Osnabrück 100, 242
Oxford 253
Ozeannavigation 238

Paderborn 100
parabolische Bewegung 148
parallaktische Montierung 64
Parallaxe 179
Paris 67, 69, 99, 166, 178, 209
Parlamentsbeschlüsse, britische 107
Peking 173
Pendelexperimente 145
Penduluhr 100, 116, 172
Peru 74, 145, 211
Petersberg 100
Philosophia Naturalis 246
Philosophical Transactions 82
Philosophie 103
philosophische Einstellung 246
Plänemappe 34
Planeten 140
Planetenbewegung 140, 148
Planetenbewegung, Theorie 181
Planetenpräzession 238
Planetenstörungen 164
Plan von Esslingen 33
Plejaden 66
Polarkoordinaten 56
Pol der Ekliptik 75
Polhöhe 217
politische Geographie 88
Polygonprobleme 138
Popularisierung der Wissenschaft 254
Port Royal 227
Portsmouth 227
Positions-Astronomie 219
Präzession 67, 75, 216
Präzessionseffekt 82
Präzessionskonstante 145
Präzisionsuhr 242
Preisanteile 230

Preisfragen 105
Preisverleihung 230, 233
Prioritätsstreit 137
Privatunterricht 105
Probestiche der Mondkarte 244
Professor der Ökonomie 99
Projektilbewegung 148
Projektionsmethode 48, 69, 80
– orthographische 52
– stereographische 48
Projektionstheorie 50
Proportionen 36
Prorektor 104
Protektion, französische 116
Pulvermagazin 102

Quadrant 144, 182
Quadrant, 3 Fuß 102
Quadrant, 6 Fuß 102
Quadrant, astronomisch 242
Quadratwurzelziehen 132
Quecksilbersäule 208

Radcliffe-Beobachter 253
Rechtsvollmacht 234
Recipiangel 134, 180
Reflexionswinkelmessinstrument 183
Refraktion 67, 157, 179
– astronomische 51, 206
– horizontale 207
Refraktionsbeobachtungen 157
Refraktionsformel 158
Refraktionstheorie 218
Refraktionswinkel 180
Regensburg 100
Regulus 172
Rektaszension der Sonne 215
Rektaszensionen, Katalog 214
Relativitätstheorie 222
Religion 31
Repetitionswinkelmessung 191
Reproduktionen 87
Romantik 98
Rossbach 117
Rostock 100
Royal Astronomer 114
Royal Society 71, 82, 102, 114, 144, 193, 253
Russland 97

Sachsen 100
Sandershausen 118
Saroszyklus 159, 172
Satellitenbewegungen 140
Saturn 164, 210, 234
Schallgeschwindigkeit 157
Scharwache 104
Schattentiefe 123
Schattierungsproblem 252
Schiffbruch 177
Schiffs-Chronometer 223
Schraubenmikrometer 182
Schraubenmikrometer-Okular 102
Schreiben 29
Schriften, unveröffentlicht 243
Schriftwechsel Euler-Lowitz 50
Schulatlas 90
Schulgehen 28
Schulmeister 28
Schulmethode 31
Schulunterricht 34
Schussweite 132, 148
Schwerin 100
Schwerkraft 160, 245
Schwerkraftanziehung 164
Schwerpunkt 150
Schwingungsdauer 225
Scilly-Inseln 177
Segmente, Mondglobus 123
Sekundenpendel 148
Selbstverteidigung 116
Selenographia 53
selenographische Breite 58
selenographische Koordinatenwerte 244
selenographische Längen 61
Sextant 181 f.
Sextant, nautischer 197
Sichtbarkeit 190
Siebengestirn 172
Siebenjähriger Krieg 23, 116, 125, 197, 214, 223, 232, 241, 251
Simpsons Regel 208
Sirius 219
Societatis Cosmographica 76
Sonne 140
Sonnenapogäum 141
Sonnenbewegung 141
Sonnenbewegung, mittlere 161

Sonnendurchmesser 64
Sonnenfinsternis 51, 64 f., 172 f.
Sonnenparallaxe 174
Sonnentafeln, Euler 65
Sonnentheorie 66
Sonnenuhr 134
Sonnen- und Mondfinsternisse 178
Sonnen- und Mondtafeln, Druck 238
Sozietät der Wissenschaften 193, 239, 241, 243, 248
Spannungen, Lowitz-Mayer 183
Sphäroidform 161
Sphäroid-Gestalt 173
Spica 172
Spiegelkreisinstrument 191
Spiegelquadrant 182
Spirallinie 136
Sprengkraft 131
Sprengstoffmischung 132
Sprengstoffmittel 131
staatliche Unterstützung 83
Staatsgeographus 77, 83
Staatskasse 120
Stabmagneten 247
Stade 242
Stadtschulmeister 31
Standardzeit 223
Statik 149
Staubfiguren 254
Sterbebett 233
stereographische Projektion 69, 80
Sternbedeckungen 64
Sterndeklination 215
Sternkonfigurationen 50
Sternkoordinaten 219
Sternkunde 181
Sternlichtrefraktion 185
Stern, nächster 140
Sternpositionen 49, 219
Sternwarte 114, 117
– Direktoren 101
– Leitung 111, 120
– Planung 100
Stettin 100
St. Helena 233
St. Katharinen-Hospital 32
St. Lazare Archipel 74
Störungen 166

St. Petersburg 97, 100, 165
- Akademie der Wiss. 109
- Lehrstuhl 109
Straßburg 118
Struktur, kopernikanische 140
Studentenzahl 126
Subskribenten 83
Subskriptionsgelder 95
Sudelbücher 254
südlichen Hemisphäre 82

Tafeln, Sonne- und Mondbewegungen 108
Tafeln von 1780 238
Tageslicht 191
Talgkerze 191
Teilungsmaschine 198
Temperaturen, mittlere 211
Temperaturkompensation 212
Temperaturschwankungen 211, 248
terminum visionis 190
terrestrische Länge 48
Testament 230, 239
The Act 12 Queen Anne, Cap. XV 177
Theodolit 200
Theologie 103
Theoria Magnetis 246
Thermometer 209
Tierkreis 116
Tierkreissterne 216
topographische Merkmale 53
Trägheitskraft 149
Transformation, projektive 144
Tretmühle 151
Triangulation, französische 100
Trigonometrie 39, 131, 181
Triquetrum 47
Troisiéme Avertissement 81
tropisches Jahr 144
Troughtons Modell 202
Tübingen 195
Tuchfabrikant, Göttingen 107
Turmstraße 101

Uhrenkonstruktion 232, 234
Uhrfehler 52, 64
Ulm 41
Umlegen des Instruments 203

Ungarn, Karte von 100
Universitätsangelegenheiten 241
Universitätsbibliothek 241
- Göttingen 173, 218
Universitätskasse 239
Universitätskirche 116
University Court 104
Unterhaus, Protokollbuch 107
Unterrichtsplan 33
Uranus 218
Ursprung der Erdbeben 244

Variationen, barometrische 208
Variationen zweiter Ordnung 210
Venus 164, 166, 178
Venusdurchgang 218, 229
Venusdurchgang von 1769 241
Vergütungen 111
Verlosungsplan 89
Vermessung, französische 99
Vermessungsamt 83
Vermessungsinstrumente 85
Vermessungskarte von Deutschland 75
Verteidigung 131
Vertrag Lowitz - Franz 93
Vertrag mit Bird 114
Verziehen eines Quadranten 204
Visiere 180
Vorlesungsprogramm 126

Wahrnehmungsgrenzen 191
Wahrnehmung, visuelle 190
Wasserbau 24
Wasserburg 100
Wasserräder, oberschlächtige 151
Wasserrad, Theorie 151
Weltkugel 46
Westfalen 100
Westindische Inseln 225
Wettbewerb 165
Wetter 148
Widerstand 116
Wiederholungskreis 180, 191, 196, 198, 223
Wiederholungsprinzip 191, 198, 243
Willstätter Gymnasium 80
Winkelabstand 179
Winkeldistanzen 181

Winkelmessung, azimutal 201
Wirkungsgrad 151
Wismar 100
Wissenschaften, mathematische 129
Wissenschaftliche Sozietät 229
Wissenschaft, theoretische 99
Wolfenbüttel 100
Wolffsche Philosophie 40, 70
Wurzeln 36
Wurzelziehen 130

Zahlen, kommensurable 130
Zeitgleichung 218, 224
Zeituhr 178
Zell 100
Zenit 203
Zenitdistanz 203, 209
Zentrifugalkraft 148
Zentripetalkraft 149
zirkumpolare Sterne 82
Zodiakalsterne 179, 214
Zykloidenbogen 148